Oliver Urschel

Risikomanagement in der Immobilienwirtschaft

Ein Beitrag zur Verbesserung der Risikoanalyse und -bewertung

Karlsruher Schriften zur Bau-, Wohnungs- und Immobilienwirtschaft

Band 4

Herausgeber

Karlsruher Institut für Technologie
Lehrstuhl Ökonomie und Ökologie des Wohnungsbaus
Prof. Dr.-Ing. habil. Thomas Lützkendorf

Risikomanagement in der Immobilienwirtschaft

Ein Beitrag zur Verbesserung der Risikoanalyse und -bewertung

von
Oliver Urschel

KIT Scientific Publishing

Dissertation, genehmigt von der Fakultät für Wirtschaftswissenschaften
des Karlsruher Instituts für Technologie, 2009
Referenten: Prof. Dr. Thomas Lützkendorf, Prof. Dr. Ute Werner

Impressum

Karlsruher Institut für Technologie (KIT)
KIT Scientific Publishing
Straße am Forum 2
D-76131 Karlsruhe
www.uvka.de

KIT – Universität des Landes Baden-Württemberg und nationales
Forschungszentrum in der Helmholtz-Gemeinschaft

KIT Scientific Publishing 2010
Print on Demand

ISSN 1863-8694
ISBN 978-3-86644-492-8

Risikomanagement in der Immobilienwirtschaft

Ein Beitrag zur Verbesserung der Risikoanalyse und -bewertung

Zur Erlangung des akademischen Grades eines

Doktors der Wirtschaftswissenschaften (Dr. rer. pol.)

von der Fakultät für Wirtschaftswissenschaften

des Karlsruher Instituts für Technologie (KIT)

genehmigte

DISSERTATION

von Dipl.-Ing. Dipl.-Kfm. Oliver Urschel

Tag der mündlichen Prüfung: 15. Dezember 2009

Referent: Prof. Dr. Thomas Lützkendorf

Korreferentin: Prof. Dr. Ute Werner

Karlsruhe 2009

Für Silke
und
meine Eltern

Inhaltsübersicht

A: Einleitung 31

B: Einführung 37
1 Einflüsse aktueller Themen und Trends auf die Bedeutung des Risikomanagements in Immobilienunternehmen 37
2 Stand der Forschung zum Immobilien-Risikomanagement 62
3 Das Risikomanagement im Allgemeinen 71

C: Identifikation relevanter Risikofelder und Risiken 83
1 Risikoerkennung 83
2 Entwicklung eines Systems von Risikokategorien 86
3 Identifikation untergeordneter Risikokategorien und Einzelrisiken 114
4 Risikoindikatoren und Datenquellen 125
5 Fazit 146

D: Ansätze zur Systematisierung von Risiken 149
1 Theoretisch begründete Ansätze der Risikosystematisierung 150
2 Beschreibung der Abhängigkeiten zwischen Risiken 158
3 Entwicklung einer phasen- und akteurspezifischen Risikozuordnung 205
4 Fazit 239

E: Bewertung von Risiken 243
1 Methoden und Verfahren der Risikobewertung 244
2 Konzeption eines Risikobewertungssystems 275
3 Einsatz des Risikobewertungsmodells im Portfoliokontext 303
4 Erweiterung der Risikobewertung durch Einsatz von Simulationen 317
5 Zusammenfassende Betrachtung 327

F: Ergebnisse der Arbeit und Ausblick ... 331
1 Ergebnisse der Arbeit ... 331
2 Wertung der Ergebnisse und Ausblick ... 336

Literaturverzeichnis ... 341

Anhang A: Ergebnis der Literaturauswertung ... 383

Anhang B: Risikokatalog ... 461

Inhaltsverzeichnis

A: Einleitung 31

B: Einführung 37

1 Einflüsse aktueller Themen und Trends auf die Bedeutung des Risikomanagements in Immobilienunternehmen 37

1.1 Ende der „Wertzuwachsgarantie" für Immobilien in Deutschland 39

1.2 Der demographische Wandel 40

1.3 Die Nachhaltigkeitsdebatte 42

1.4 Basel II 43

1.5 Das Gesetz zur Kontrolle und Transparenz im Unternehmensbereich 47

1.6 Wachsende Professionalisierung der Wohnungs- und Immobilienwirtschaft 49

1.7 Zusammenfassende Betrachtung 60

2 Stand der Forschung zum Immobilien-Risikomanagement 62

3 Das Risikomanagement im Allgemeinen 71

3.1 Definition des Begriffs Risiko 72

3.2 Risikomanagement 74

3.3 Der Risikomanagement-Prozess 75

3.3.1 Der Risikomanagementprozess nach Maier et al. 2007 76

3.3.2 Der Risikomanagementprozess nach Klaproth 2004 77

3.3.3 Weitere Risikomanagement-Prozessmodelle 78

3.3.4 Zusammenfassende Bewertung der vorgestellten Risikomanagement-Prozessmodelle 79

C: Identifikation relevanter Risikofelder und Risiken 83
1 Risikoerkennung 83
2 Entwicklung eines Systems von Risikokategorien 86
2.1 Darstellung der Systeme zur Risikokategorisierung ausgewählter Literaturbeiträge 87
2.1.1 Risikokategorien aus Sicht der Projektentwicklung 87
2.1.2 Risikokategorien aus Sicht des Bauprojektmanagements 91
2.1.3 Risikokategorien aus Sicht des Immobilien-Portfoliomanagements 93
2.1.4 Risikokategorien aus Sicht des Ratings 96
2.2 Entwicklung einer Systematik zur Risikokategorisierung 101
3 Identifikation untergeordneter Risikokategorien und Einzelrisiken 114
3.1 Vorgehensweise 114
3.2 Ergebnisse der Untersuchung 117
3.2.1 Allgemeine Ergebnisse 117
3.2.2 Ergebnisse zu Standort- und Marktrisiken 118
3.2.3 Ergebnisse zu Risiken des Objekts in der Nutzungsphase 119
3.2.4 Ergebnisse zu Objekteigenschaften 120
3.2.5 Ergebnisse zu Risiken des Objekts in der Entstehungs- und in Bauphasen 120
3.2.6 Ergebnisse zu Unternehmensrisiken 121
3.3 Zusammenfassung der Ergebnisse 122
4 Risikoindikatoren und Datenquellen 125
4.1 Statistische Ämter und andere staatliche Stellen 126
4.2 Forschung und Beratung 129
4.3 Presse 131
4.4 Eigenerhebung von Daten 132
4.5 Geographische Daten und Geo-Informationssysteme 133
4.6 Zusammenfassung 134
5 Fazit 146

D: Ansätze zur Systematisierung von Risiken ... 149
1 Theoretisch begründete Ansätze der Risikosystematisierung ... 150
1.1 Systematische und unsystematische Risiken ... 150
1.2 Ein- und zweidimensionale Risiken ... 153
1.3 Quantifizierbare und nicht quantifizierbare Risiken ... 154
1.4 Existentielle und finanzielle Risiken ... 154
1.5 Weitere Ansätze ... 155
1.6 Zusammenfassung ... 157
2 Beschreibung der Abhängigkeiten zwischen Risiken ... 158
2.1 Grundlagen der Betrachtung von Abhängigkeiten zwischen Risiken ... 159
2.1.1 Betrachtung von Abhängigkeiten zwischen Risiken in den Wirtschaftswissenschaften ... 159
2.1.2 Grundlagen einer Systematik zur Beschreibung gegenseitiger Abhängigkeiten immobilienspezifischer Risiken ... 164
2.2 Hinweise auf Risikozusammenhänge in der Literatur ... 166
2.2.1 Untersuchung auf Basis einer Expertenbefragung ... 167
2.2.2 Untersuchung auf Basis von Regressionsanalysen von Marktdaten ... 179
2.2.3 Weitere Hinweise auf Risikozusammenhänge in der Literatur ... 189
2.3 Zusammenfassung und Entwicklung eines eigenen Modells ... 193
2.3.1 Modell der Risikobeziehungen ... 193
2.3.2 Darstellung der Risikobeziehungen ... 203

3 Entwicklung einer phasen- und akteurspezifischen Risikozuordnung 205
3.1 Modelle des Lebenszyklus von Immobilien 206
3.2 Akteure im Lebenszyklus von Immobilien 213
3.2.1 Projektentwickler 219
3.2.2 Immobilienunternehmen 222
3.2.3 Nutzer 224
3.2.4 Planer 226
3.2.5 Ausführende Unternehmen 227
3.2.6 Eigenkapitalgeber 228
3.2.7 Fremdkapitalgeber 229
3.2.8 Versicherer 230
3.2.9 Die Politik 231
3.3 Auftreten von Risiken im Lebenszyklus von Immobilien 233
3.4 Risikoprofil 234
3.5 Anwendung der phasen- und akteursbezogenen Risikosystematik am Beispiel des Risikos der wirtschaftlichen Entwicklung 236
4 Fazit 239

E: Bewertung von Risiken 243
1 Methoden und Verfahren der Risikobewertung 244
1.1 Einfache Risikomaße und Risikobewertungsverfahren 244
1.2 Statistische Risikomaße 247
1.3 Risikomaße aus der Finanzwirtschaft 253
1.4 Risikobeurteilung durch Scoring- und Ratingsysteme 259
1.4.1 Grundlagen 259
1.4.2 Ablauf des Scoring-Verfahrens 261
1.5 Zusammenfassende Betrachtung 273

2 Konzeption eines Risikobewertungssystems 275
2.1 Grundlagen des Scoring-Modells 276
2.1.1 Betrachtete Risiken 276
2.1.2 Risikomessung 276
2.1.3 Gewichtung 281
2.1.4 Zusammenfassung der Grundlagen des Scoring-Modells 283
2.2 Integration von Interdependenzen zwischen Risiken in das Scoring-Modell 283
2.3 Beispielhafte Umsetzung des Risiko-Bewertungssystems 294
2.4 Zusammenfassung 301
3 Einsatz des Risikobewertungsmodells im Portfoliokontext 303
3.1 Grundlagen des qualitativen Immobilien-Portfoliomanagements 303
3.2 Vorgehensweise 311
3.3 Zusammenfassende Betrachtung 316
4 Erweiterung der Risikobewertung durch Einsatz von Simulationen 317
4.1 Grundlagen der Simulation 318
4.2 Einsatzmöglichkeiten von Simulationsverfahren im Rahmen der Risikobewertung 323
5 Zusammenfassende Betrachtung 327

F: Ergebnisse der Arbeit und Ausblick 331
1 Ergebnisse der Arbeit 331
2 Wertung der Ergebnisse und Ausblick 336

Literaturverzeichnis 341

Anhang A: Ergebnis der Literaturauswertung 383
1 Standort- und Marktrisiken 384
2 Objektrisiken (Nutzungsphase) 416
3 Objekteigenschaften 426
4 Objektrisiken (Entstehungsphase) 430
5 Unternehmensrisiken 442

Anhang B: Risikokatalog 461
1 Wirtschaftliche Entwicklung 464
2 Soziodemographische Entwicklung 468
3 Politische, steuerliche und juristische Rahmenbedingungen 472
4 Immobilienmarkt 476
5 Standortrisiken 480
6 Großschadensereignisse 484
7 Soziale Risiken 488
8 Umweltrisiken 492
9 Gebäudesubstanz 496
10 Ökologisches Risiko 500
11 Mietwert 504
12 Bewirtschaftungskostenrisiko 508
13 Wertentwicklung 512
14 Rechtliche Risiken (Objekt) 516
15 Projektkonzeption 520
16 Finanzierung 524
17 Boden- und Baugrundrisiko 528
18 Kostenrisiken 532
19 Terminrisiko 536
20 Genehmigungsrisiko 540
21 Technische Risiken 544
22 Führungs- und Organisationsrisiken 548
23 Personalrisiken 552
24 Risiken aus Supportprozessen 556
25 Risiken aus der Finanzierung (Unternehmen) 560
26 Rechtliche Risiken (Unternehmen) 564

Abbildungsverzeichnis

A: Einleitung

Abb. 1: Aufbau der Arbeit ... 33

B: Einführung

Abb. 2: Ausgewählte Wohnungsportfolio-Transaktionen 2000-2006 in Deutschland ... 53

Abb. 3: Stufen der Komplexität des Immobilien-Risikomanagements ... 63

Abb. 4: Der Regelkreis des Risikomanagements ... 81

C: Identifikation relevanter Risikofelder und Risiken

Abb. 5: Kategorisierung der Risiken nach dem Risikoträger ... 90

Abb. 6: Grundlegender Aufbau der Systematik von Risikokategorien ... 104

Abb. 7: Systematik zur Gliederung und Kategorisierung der Risiken ... 113

Abb. 8: Ergebnisse der Literaturrecherche ... 124

Abb. 9: Aufbau der Tabellen in Anhang A ... 124

D: Ansätze zur Systematisierung von Risiken

Abb. 10: Annäherung des Gesamtrisikos des Portfolios an das systematische Risiko bei steigender Anzahl von Assets im Portfolio ... 151

Abb. 11: μ-σ-Kombinationen ausgewählter Portfolios bei zwei Anlagemöglichkeiten und verschiedenen Korrelationskoeffizienten ... 161

Abb. 12: Interdependenzen zwischen finanzwirtschaftlichen Einflussgrößen ... 175

Abb. 13: Beschreibung verschiedener Einflussfaktoren auf die Nachfrage am Wohnungsmarkt ... 187

Abb. 14: Bestimmungsfaktoren der Büroflächennachfrage ... 189

Abb. 15: Einflussfaktoren auf die Preisbildung an Wohnungsmärkten 192
Abb. 16: Generelle Interdependenzen von immobilienspezifischen Risiken – Darstellung des im Rahmen dieser Arbeit entwickelten Modells 202
Abb. 17: Risikokette der Soziodemographischen Entwicklung 203
Abb. 18: Lebenszyklusmodell der Deutschen Gesellschaft für Facility Management 211
Abb. 19: Modell des Immobilien-Lebenszyklus zur Verwendung im Rahmen dieser Arbeit 212
Abb. 20: Farbskala im Risikoprofil 235
Abb. 21: Risikoprofil der Risikokategorie „Wirtschaftliche Entwicklung" 237

E: Bewertung von Risiken

Abb. 22: Beispiel zur Berücksichtigung höherer Momente von Wahrscheinlichkeitsverteilungen 250
Abb. 23: Ausfallwahrscheinlichkeit und Value-at-Risk 256
Abb. 24: Das Baumverfahren zur Ermittlung der Gewichte in Scoring-Verfahren 266
Abb. 25: Beispiel für Korrekturfaktoren bei der dynamischen Gewichtung 268
Abb. 26: Beispielhafte Anwendung der verschiedenen Verfahren der Klasseneinteilung bei einem gammaverteilten Indikator 279
Abb. 27: Beispiel für eine Matrix von Wirkungszusammenhängen 287
Abb. 28: Aus der Wirkungsbeziehungsmatrix ermittelte Baumstruktur der risikobezogenen Abhängigkeiten des wirtschaftlichen Umfelds auf regionaler Ebene 290
Abb. 29: Ablauf des Scoringverfahrens mit Berücksichtigung der Interdependenzen zwischen den Risiken 302
Abb. 30: Typischer Aufbau der BCG-Portfoliomatrix 305
Abb. 31: Typischer Aufbau der McKinsey-Portfoliomatrix 306
Abb. 32: Normstrategien im Immobilien-Portfoliomanagement 309
Abb. 33: Ablauf einer Monte-Carlo-Simulation 321

Anhang A: Ergebnis der Literaturauswertung

Abb. 34: Aufbau der Tabellen 383

Tabellenverzeichnis

A: Einleitung

B: Einführung

Tab. 1: Übersicht ausgewählter Quellen zum Immobilien-Risikomanagement 70
Tab. 2: Überblick zu verschiedenen Risikomanagement-Prozessmodellen 80

C: Identifikation relevanter Risikofelder und Risiken

Tab. 3: Risikokategorien im Immobilienrating 98
Tab. 4: Gegenüberstellung verschiedener Systematiken zur Kategorisierung von Risiken und Auswahl von Elementen für eine eigene Systematik 110
Tab. 5: Beschreibung möglicher Datenquellen zum Risikomanagement 145

D: Ansätze zur Systematisierung von Risiken

Tab. 6: Ergebnisse der unstrukturierten Befragung 168
Tab. 7: Gegenüberstellung der Ergebnisse der strukturierten Befragung 171
Tab. 8: Genauere Analyse der Interdependenzen - Ergebnisse der Faktorenanalyse 177
Tab. 9: Gegenüberstellung von Lebenszyklusmodellen 208
Tab. 10: In der Literatur genannte und ausgewählte Akteursgruppen 219

E: Bewertung von Risiken

Tab. 11: Berechnungsbeispiel zur Berücksichtigung höherer Momente von Wahrscheinlichkeitsverteilungen 249
Tab. 12: Beispiel zur dynamischen Gewichtung, Variante 1 269
Tab. 13: Beispiel zur dynamischen Gewichtung, Variante 2 270
Tab. 14: Beispiel zur dynamischen Gewichtung, Variante 3 271
Tab. 15: Beispiel für die Aggregation der Teilbewertungen zu einem Gesamtergebnis mit starren Gewichten 273
Tab. 16: Messvorschrift eines qualitativen Indikators am Beispiel der architektonischen Gestaltung von Bürogebäuden 280
Tab. 17: Zu- und Abschläge aufgrund von Wirkungszusammenhängen 288
Tab. 18: Begrenzungen der Zu- und Abschläge 289
Tab. 19: Ablauf der rekursiven Berechnung am Beispiel des Zuschlags für das Wirtschaftliche Umfeld 292
Tab. 20: Anwendungsbeispiel des Risiko-Bewertungssystems Version 1 295
Tab. 21: Anwendungsbeispiel des Risiko-Bewertungssystems Version 2 296
Tab. 22: Anwendungsbeispiel des Risiko-Bewertungssystems Version 3 297
Tab. 23: Anwendungsbeispiel des Risiko-Bewertungssystems Version 4 299
Tab. 24: Anwendungsbeispiel des Risiko-Bewertungssystems Version 5 300

Abkürzungsverzeichnis

AG	Aktiengesellschaft
AGK	Allgemein- und Gemeinkosten
AktG	Aktiengesetz
BaFin	Bundesanstalt für Finanzdienstleistungsaufsicht
BauGB	Baugesetzbuch
BBR	Bundesamt für Bauwesen und Raumordnung, Bonn
BCG	The Boston Consulting Group (Unternehmensberatung)
BfW	Bundesverband freier Immobilien- und Wohnungsunternehmen
BGB	Bürgerliches Gesetzbuch
BIP	Bruttoinlandsprodukt
BMWi	Bundesministerium für Wirtschaft und Technologie, Berlin
BO BW	Landesbauordnung Baden-Württemberg
B-Plan	Bebauungsplan
BREEAM	Building Research Establishment Environmental Assessment Method (Britisches System zur Nachhaltigkeitszertifizierung von Gebäuden)
BStatG	Gesetz über die Statistik für Bundeszwecke
BVI	Bundesverband Deutscher Investment-Gesellschaften
CAPM	Capital Asset Pricing Model
COV	Kovarianz
DCF	Discountet Cash Flow (diskontierter Zahlungsstrom)
E	Erwartungswert
EDV	Elektronische Datenverarbeitung
EnEV	Energieeinsparverordnung
EU	Europäische Union
FM	Facility Management
F-Plan	Flächennutzungsplan
GdW	Bundesverband Deutscher Wohnungsunternehmen

GEFMA	German Facility Management Association
GESIS	Gesellschaft Sozialwissenschaftlicher Infrastruktureinrichtungen, Mannheim
GfK	Gesellschaft für Konsumforschung, Nürnberg
GG	Grundgesetz für die Bundesrepublik Deutschland
gif	Gesellschaft für immobilienwirtschaftliche Forschung e. V.
GmbH	Gesellschaft mit beschränkter Haftung
GroMiKV	Groß- und Millionenkreditverordnung
HGB	Handelsgesetzbuch
HOAI	Honorarordnung für Architekten und Ingenieure
HR	Human Ressources
HVB	HypoVereinsbank, München (mittlerweile Teil der UniCredit)
ifo	Institut für Wirtschaftsforschung, München
IFS	Institut für Städtebau, Wohnungswirtschaft und Bausparwesen, Berlin
IFW	Institut für Weltwirtschaft, Kiel
InvG	Investmentgesetz
INWIS	Institut für Wohnungswesen, Immobilienwirtschaft, Stadt- und Regionalentwicklung, Bochum
IPD	Investment Property Database, Wiesbaden
ISO	International Organization for Standardization
IWH	Institut für Wirtschaftsforschung, Halle
IWU	Institut Wohnen und Umwelt, Darmstadt
K.O.	Knock-Out
KAGG	Kapitalanlagegesellschaftengesetz
KfW	Kreditanstalt für Wiederaufbau
KG	Kommanditgesellschaft
KonTraG	Gesetz zur Kontrolle und Transparenz im Unternehmensbereich
KWG	Gesetz über das Kreditwesen
LEED	Leadership in Energy and Environmental Design (US-amerkanisches System zur Nachhaltigkeitszertifizierung von Gebäuden)
LGD	Loss Given Default (Verlust im Falle des Ausfalls)
MaRisk	Mindestanforderungen an das Risikomanagement
Morix	Markt- und Objektrating (der HypoVereinsbank)

ÖPNV	öffentlicher Personennahverkehr
p	Wahrscheinlichkeit
PD	Probability of Default (Ausfallwahrscheinlichkeit)
PfandBG	Pfandbriefgesetz
PPP	Public Private Partnership (Öffentlich-private Partnerschaft)
r	Rendite
REIT	Real Estate Investment Trust
r_f	Fremdkapitalzins
RM	Risikomanagement
rm	Rendite des Marktportfolios
RR	Recovery Rate
RWI	Rheinisch-Westfälisches Institut für Wirtschaftsforschung, Essen
SIA	Schweizerischer Ingenieur- und Architektenverein
SolvV	Solvabilitätsverordnung
SR	Sharpe-Ratio
SWOT	Strengths, Weaknesses, Opportunities, Threats
TEGoVA	The European Group of Valuer's Associations
TGA	Technische Gebäudeausrüstung
TR	Treynor-Ratio
VaR	Value at Risk
VAR	Varianz
VDP	Verband deutscher Pfandbriefbanken
VGF	Verband geschlossene Fonds
VOB	Verdingungsordnung für Bauleistungen
VÖB	Bundesverband öffentlicher Banken
VOB/B	Verdingungsordnung für Bauleistungen, Teil B
WGG	Wohnungsgemeinnützigkeitsgesetz
WoBG	Wohnungsbaugesetz
WoFG	Wohnraumförderungsgesetz
WSVO	Wärmeschutzverordnung

Formelzeichen

γ^3	Schiefe
μ	Erwartungswert
ρ	Korrelationskoeffizient
σ	Standardabweichung
σ^2	Varianz
$\varphi(i)$	Eintrittswahrscheinlichkeit

A: Einleitung

No Risk – No Fun

No Risk - No Fun – mit diesen Worten kommentierte ein Mitschüler des Autors regelmäßig seine wenig nachvollziehbaren Aktionen beim Doppelkopf, die bei seinem jeweiligen Spielpartner für einen entsetzten Gesichtsausdruck und bei den Gegnern für ein breites Siegerlächeln sorgten. Manchmal führten sie zum Erfolg, oft aber auch nicht – Spaß hatten dabei trotzdem alle. Dass hinter dieser – zugegebenermaßen recht einfachen und nur unter Abwesenheit großer Verlustgefahren zu rechtfertigenden – Sicht zum Thema Risiko ein wahrer Kern steckt, zeigt sich auch in einem Artikel zum Thema Risiko, der in der Wirtschaftswoche in der Ausgabe vom 8. Juli 2009 erschien. Dieser stellt darauf ab, dass ohne das Eingehen von Risiken auch keine Gewinne möglich sind, da das Eliminieren jeglichen Risikos auch das Eliminieren von Chancen bedingt.[1] Hieraus ergibt sich für alle Unternehmen die Notwendigkeit, zwar Risiken einzugehen, dies aber kontrolliert zu tun und das eingegangene Risiko stets zu steuern.

Auch in der Immobilienwirtschaft ist festzustellen, dass das auf wirtschaftswissenschaftlichen Methoden basierende, in die Organisation eingebundene und professionell betriebene Risikomanagement das bisher als universellen Risikoindikator dienende Bauchgefühl der Leitungsebene ablöst. Hierzu tragen einerseits neue Vorschriften und Trends, wie das Gesetz zur Kontrolle und Transparenz im Unternehmensbereich (KonTraG), die verschärften Eigenkapitalvorschriften der Banken

[1] Vgl. Kutter 08.07.2009. Ähnlich sehen dies auch Maier et al.. Vgl. Maier et al. 2007, S. 2–3.

(Basel II) sowie die fortschreitende Professionalisierung der Immobilienbranche bei. Andererseits hat die gegenwärtige Finanzkrise, die ihren Ursprung in einer Immobilienkrise in den USA hat, sicherlich diese Entwicklung noch beschleunigt. In der Folge richten auch Immobilienunternehmen, die bisher über kein institutionalisiertes Risikomanagement verfügten, nun ebenfalls ein solches ein. Allerdings ist der Stand des Risikomanagements in den Unternehmen der Immobilienwirtschaft noch sehr verschieden – die eingesetzten Verfahren zur Risikoerkennung, Bewertung und Steuerung schwanken zwischen Banalität und Professionalität.[2]

Nicht wesentlich anders ist der Stand der wissenschaftlichen Forschung zu dem Thema, mit dem Unterschied, dass hier die Bandbreite noch größer ist. Hierbei mangelt es bereits an gemeinsamen Standards zur Erkennung, Beschreibung und Systematisierung von Risiken. So kann es durchaus vorkommen, dass zwei Autoren in Beiträgen zum Immobilien-Risikomanagement denselben Begriff für zwei vollkommen verschiedene Risiken verwenden.[3] Die Ursache liegt dabei auch im sehr heterogenen Fokus der verschiedenen Autoren. Die einen konzentrieren sich auf die Projektentwicklung, andere auf die Nutzungsphase, die Finanzierung oder auch das Bauprojektmanagement. Im Bereich der Risikobewertung versuchen viele Autoren, gerade aus dem anglo-amerikanischen Raum, Methoden aus dem finanzwirtschaftlichen Bereich, die meist auf der Kapitalmarkttheorie basieren, auf die Immobilienwirtschaft zu übertragen – ein aufgrund der gerade in Deutschland mangelnden Datenlage[4] sehr ambitioniertes Unterfangen mit derzeit eingeschränktem praktischen Nutzwert.

---

2 Vgl. Schnarr, Hölzer 25.11.2008; Lausberg 25.11.2008.

3 Ein Beispiel hierfür ist das sog. „Abnahmerisiko", welches einerseits für das Risiko steht, dass ein fertiggestelltes Werk aufgrund von Mängeln durch den Besteller im Sinne des Werkvertragsrechts nicht abgenommen wird, und andererseits für das Risiko, dass sich für eine Immobilie, die am Markt angeboten wird, kein Abnehmer findet.

4 Vgl. Wellner 2003, S. 233.

Aus der Tatsache, dass es derzeit auf dem Gebiet des Immobilien-Risikomanagements an einer allgemeinen Risikosystematik fehlt, ergibt sich als vordringlich zu behandelndes Problemfeld der Forschung die vollständige Erfassung, Systematisierung und Beschreibung der spezifischen Risiken. Daher werden im Rahmen der vorliegenden Arbeit zunächst die in der Immobilienwirtschaft relevanten Risikofelder und Risiken identifiziert, sowie vorhandene Ansätze zur Systematisierung von Risiken erörtert und durch eigene Vorschläge ergänzt. Ziel des ersten Teils ist die Entwicklung und Erstellung eines Risikokatalogs, in dem die identifizierten Risiken auf standardisierten Datenblättern hinsichtlich ausgewählter Merkmale beschrieben und systematisiert werden.
Auf Grundlage der Ergebnisse des ersten Teils wird anschließend ein Vorschlag für ein praxistaugliches Verfahren zur Bewertung und Aggregation der Risiken ausgearbeitet. Hieraus ergibt sich der in der folgenden Abbildung dargestellte Aufbau der vorliegenden Arbeit:

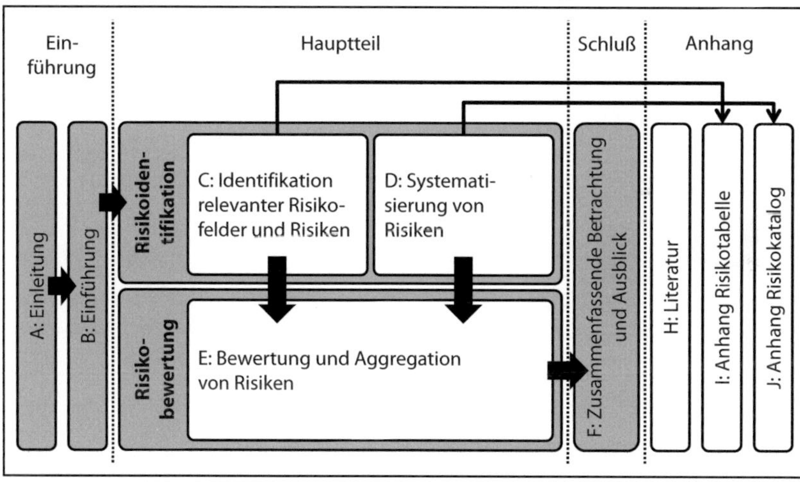

Abb. 1: *Aufbau der Arbeit. (Eigene Darstellung).*

Nach einer Einführung, in der die Grundlagen des Risikomanagements erläutert und dessen Bedeutung für die Immobilienwirtschaft hervorgehoben wird, widmet sich Kapitel C der Identifikation relevanter Risikofelder und Risiken. Hier sollen im Rahmen einer Analyse einer repräsentativen Auswahl von wissenschaftlichen Beiträgen zum Risikomanagement in der Immobilienwirtschaft sachlich gegliederte Risikokategorien und Einzelrisiken abgeleitet werden. Die Ergebnisse der Literaturanalyse finden sich im Anhang der Arbeit. Des Weiteren soll in diesem Kapitel auch kurz auf mögliche Risikoindikatoren und Datenquellen zur Beurteilung der Risiken eingegangen werden. Kapitel D schließt daran mit einer Darstellung von Ansätzen zur Systematisierung von Risiken neben der in Kapitel C verwendeten sachlichen Gliederung an. Neben der in der Literatur gebräuchlichen Gliederung aufgrund theoretischer Aspekte in systematische und unsystematische Risiken sollen an dieser Stelle insbesondere zwei eigene Ansätze zur Beschreibung von Risiken ausgearbeitet werden. Hierbei handelt es sich um die Beschreibung der Beziehungen zwischen den verschiedenen Risiken, sowie um die Zuordnung des Risikos zu den verschiedenen Lebenszyklusphasen der Immobilie und den betroffenen Akteuren. Die Ergebnisse des ersten Teils bilden auch die Grundlage des Risikokatalogs, der sich im Anhang befindet. Hier werden die Hauptrisikokategorien nach einem einheitlichen Schema im Sinne eines Nachschlagewerks beschrieben.

Kapitel E dagegen widmet sich dem Thema Risikobewertung. Hier wird zunächst für einzelne Immobilienobjekte auf Grundlage des Scoringverfahrens ein eigener Ansatz entwickelt, welcher zusätzlich die im D abgeleiteten Interdependenzen zwischen den Risiken berücksichtigt. Hierdurch soll das Scoringverfahren ein besseres Bild der tatsächlichen Lage der Immobilie abgeben. Im weiteren Verlauf wird auf Einsatzmöglichkeiten im Rahmen der Portfolioanalyse eingegangen, um schließlich im Sinne eines Ausblicks auf Erweiterungsmöglichkeiten durch stochastische Simulationen einzugehen.

Die Ergebnisse der Arbeit werden in Kapitel F zusammengefasst, bevor in einem Ausblick weiterer Forschungsbedarf aufgezeigt wird.

B: Einführung

Dieses Kapitel behandelt einige grundlegende Fragestellungen zum Immobilien-Risikomanagement. Zunächst wird hierbei auf aktuelle Themen und Trends eingegangen, die dazu beigetragen haben, dass die Bedeutung des Risikomanagements in Immobilienunternehmen in den letzten Jahren gewachsen ist. Anschließend werden die grundlegenden Begriffe des Risikomanagaments erläutert, um hiermit die Basis für die weiteren Ausführungen in den folgenden Kapiteln zu schaffen.

1 Einflüsse aktueller Themen und Trends auf die Bedeutung des Risikomanagements in Immobilienunternehmen

Obwohl das Risikomanagement in der Immobilienwirtschaft in den letzten Jahren an Bedeutung gewonnen hat, bewegt man sich immer noch auf einem vergleichsweise niedrigen Niveau. So weisen viele der von den Unternehmen aufgebauten Risikomanagementsysteme erhebliche Mängel auf.[5] In der Branche genießen Erfahrung und Intuition häufig immer noch einen höheren Stellenwert als systematische Analysen und Fakten.[6] Diese Situation spiegelt sich auch in der wissen-

5 Vgl. Huther 2003, S. 20; Armonat 2006, S. 160.

6 Vgl. Isenhöfer, Väth 2000, S. 176; Maier et al. 2007, S. 15.

schaftlichen Literatur zum Risikomanagement in der Immobilienwirtschaft wieder. So sind zwar viele Publikationen zu dem Thema erschienen, gleichzeitig mangelt es aber bereits an einer gemeinsamen Sprache. Viele Autoren beschäftigen sich dabei mit dem Risikomanagement aus Sicht eines Bauleiters oder aus Sicht eines Immobilien-Projektentwicklers. Dabei konzentrieren sie sich natürlich auf technische und wirtschaftliche Risiken in der Entstehungsphase der Immobilie, ihr Einfluss auf die Nutzungsphase bleibt jedoch weitestgehend unbeachtet. Weiterhin existieren umfassende Erkenntnisse zum Risikomanagement aus Sicht der finanzierenden Banken, die in die Entwicklung entsprechender Immobilienratingsysteme eingeflossen sind. Im Gegensatz hierzu ist die Literatur zum Risikomanagement aus Sicht eines langfristigen Bestandshalters noch eher unterentwickelt. Eine übergeordnete Darstellung und Ordnung aller immobilienspezifischen Risiken zu einem Gesamtsystem sucht man bisher vergebens.

Dennoch bleibt das Risikomanagement ein dringendes Thema in der Branche. Da die Zeiten des von der Nachkriegszeit bis in die 90er Jahre des letzten Jahrhunderts als nahezu sicher angesehenen Wertzuwachses von Immobilien in Deutschland wohl vorüber sind, und auch aktuelle Trends wie der demographische Wandel und die Forderung nach einem stärkeren Beitrag der Immobilienwirtschaft zu einer nachhaltigen Entwicklung zu einer Änderung der Risikosituation führen, sind die Unternehmen gezwungen, sich stärker mit den Risiken ihrer Investitionen auseinanderzusetzen. Weitere Stichworte in diesem Zusammenhang sind „Basel II“, das „Gesetz zur Kontrolle und Transparenz im Unternehmensbereich“ oder die durch Veränderungen des Umfelds notwendige Professionalisierung der Branche.

Im Folgenden sollen diese Entwicklungen und Trends im Detail dargestellt werden.

1.1 Ende der „Wertzuwachsgarantie" für Immobilien in Deutschland

In der Vergangenheit wurde oft davon ausgegangen, dass Immobilien in Deutschland eine mindestens akzeptable Rendite bei überschaubaren Risiko erwirtschaften. Dies gilt zumindest seit den 1970er Jahren nicht mehr uneingeschränkt in dieser Form.[7] Spätestens die Diskussion um sog. „Schrottimmobilien", die in Deutschland in den 90er Jahren oft unter Ausnutzung erheblicher Subventionen errichtet bzw. saniert und an meist unerfahrene Investoren verkauft wurden, macht deutlich, dass auch die vermeintlich sichere[8] Investition in Immobilien zu deutlichen Verlusten führen kann.[9]

Momentan ist davon auszugehen, dass sich die Wertentwicklung von Immobilien innerhalb der Bundesrepublik Deutschland sowohl regional als auch bezüglich der einzelnen Immobilienkategorien differenzieren wird. Maßgeblich dafür sind Faktoren wie die Bevölkerungsentwicklung, die wirtschaftliche Entwicklung, sowie soziodemographische Faktoren wie die Entwicklung der Anzahl der Haushalte und die Altersstruktur. Am stärksten vom Wertverfall betroffen sind Regionen ohne dauerhaft gesicherte Arbeitsplätze, in denen gleichzeitig bereits heute ein Angebotsüberhang besteht. Obwohl zumeist die neuen Bundesländer mit Schrottimmobilien in Verbindung gebracht werden, betrifft dieses Problem unter anderem auch westdeutsche Regionen wie Nordhessen und das südliche Niedersachsen.

Gleichzeitig sind Immobilien in den Wachstumsregionen bereits in den letzten Jahren deutlich im Wert gestiegen. Für diese Gebiete ist zu erwarten, dass die Nachfrage noch bis zur Mitte des Jahrhunderts wei-

---

7 Vgl. Eekhoff et al. 2007, S. 23; Knuf 2004, S. 159. Betrachtet man die reale Wertentwicklung, also die Wertentwicklung nach Abzug der Inflation, stagnieren die Immobilienpreise in Deutschland spätestens seit den späten 70er Jahren. Unter Bezug auf das Basisjahr 1975 haben sie sogar leicht an Wert verloren. Vgl. Kholodilin et al. 2008, S. 216.

8 Vgl. Jedem 2006, S. 167–168.

9 Vgl. beispielsweise Derleder 2007.

ter zunehmen wird und anschließend stabil bleibt bzw. sich durch den natürlichen Abgang von Flächen kompensieren lässt. Für den Großteil der Standorte zwischen diesen Extremen wird damit gerechnet, dass zwar noch für einige Jahre mäßige Wertzuwächse realisierbar sind, danach aber die Zahl der Standorte mit Wertverlusten nach und nach ansteigt.[10]

Daher bietet die Wahl des Standorts große Chancen-, aber auch Risikopotentiale. Gerade in einem schwieriger werdenden Geschäftsumfeld besteht die Notwendigkeit, professionell zu agieren, wozu auch ein geordnetes Risikomanagement zählt.[11]

1.2 Der demographische Wandel

Unter dem Begriff des demographischen Wandels werden mehrere Effekte zusammengefasst, die in der Zukunft und ansatzweise bereits heute zu einer tiefgreifenden Veränderung der Nachfrage nach Wohn- und Gewerbeimmobilien führen. Dies sind insbesondere

» der prognostizierte Rückgang der Bevölkerungszahl in Deutschland, und

» die Veränderung der Altersstruktur der Bevölkerung.[12]

Generell wird in Deutschland von einer sinkenden Bevölkerungszahl bis zum Jahr 2050 ausgegangen, da die Sterbe- die Geburtenziffer in Deutschland dauerhaft übersteigt. Wie stark dieser Rückgang ausfällt, hängt im Wesentlichen von der Zuwanderung aus dem Ausland ab. Je nach der gewählten Variante wird mit einem Stagnieren der Bevölkerungsentwicklung, aber auch mit einem Rückgang von 82,4 Mio. Einwohner im Jahr 2001 auf ca. 76,6 Mio. Einwohner im Jahr 2030 gerech-

---

10 Vgl. Just 11.09.2003, S. 18–20. Eine Orientierungshilfe bieten hier die im Onlineportal raumbeobachtung.de, das vom Bundesamt für Bauwesen und Raumordnung betrieben wird, zur Verfügung gestellten Informationen und kartographischen Darstellungen. Vgl. auch Kapitel C.4 dieser Arbeit.

11 Vgl. Knuf 2004, S. 159.

12 Vgl. Bürkner et al. 2007, S. 12.

net.[13] Das Ausbleiben einer ausreichenden Anzahl an Geburten führt neben der steigenden Lebenserwartung zu einer Veränderung der Altersstruktur. Hierbei ist davon auszugehen, dass der Anteil der über Sechzigjährigen zunehmen, der unter Zwanzigjährigen aber sinken wird. Damit einher geht eine Erhöhung des Durchschnittsalters der Bevölkerung und eine Erhöhung des Altersquotienten.[14] Die Auswirkungen werden in einigen Gegenden Deutschlands noch durch Binnenwanderungen verstärkt. Diese sind stark von der Abwanderung der jungen Bevölkerung betroffen, so dass hier der Bevölkerungsrückgang und die Alterung der Gesellschaft überdurchschnittlich ausfallen.[15]

Zwar wird der Bevölkerungsrückgang aus der Perspektive der Wohnungsunternehmen durch den Trend zu kleineren Haushalten sowie die wachsende Wohnfläche pro Kopf, und den hierdurch steigenden Wohnungsbedarf teilweise aufgefangen,[16] auf der anderen Seite geht der demographische Wandel aber auch mit einer nachhaltigen Änderung der Haushaltsstrukturen und damit der Art des Wohnungsbedarfs einher.[17] Daher bietet der demographische Wandel Chancen durch Bereitstellung neuer Dienstleistungen und Angebote,[18] aber auch Risiken.

---

13 Vgl. unter anderem Dorbritz et al. 2008, S. 16-17; Bürkner et al. 2007, S. 13-16.

14 Der Altersquotient misst den Anteil der über Sechzigjährigen im Verhältnis zu den Personen im erwerbsfähigen Alter (zwischen 20 und 60 Jahren). Vgl. Bürkner et al. 2007, S. 16-17; Dorbritz et al. 2008, S. 18-19.

15 Vgl. Bundesamt für Bauwesen und Raumordnung (Bonn) 2009; Just 11.09.2003; Just 03.02.2004.

16 Vgl. Dorbritz et al. 2008, S. 60-66; Bundesamt für Bauwesen und Raumordnung (Bonn) 2009.

17 Siehe auch Eekhoff et al. 2007, S. 13-20.

18 Dies können Dienstleistungen für spezielle Nutzergruppen, wie zum Beispiel „betreutes Wohnen“ oder Kommunikationsdienstleistungen sein. Siehe auch Freitag 06.09.2006.

1.3 Die Nachhaltigkeitsdebatte

Ein weiterer Prozess, der zu einem tiefgreifenden Umbruch bisher bekannter Verhaltensmuster und Strukturen führt, ist der fortschreitende Klimawandel.[19] Folgen des Klimawandels werden in der Zukunft zunächst direkte Beeinträchtigungen im Gebäudebestand, unter anderem eine Zunahme der Schäden durch extreme Wetterereignisse wie Hochwasser- oder Sturmschäden sein.[20]
Der Bereich des Klimaschutzes ordnet sich inzwischen meist unter dem wesentlich weiter gefassten Stichwort „Nachhaltigkeit" in einen größeren Kontext ein, unter dem allgemein ökologisch, sozial und ökonomisch verantwortliches Handeln zusammengefasst wird.[21] Hierbei haben nicht zuletzt die spürbaren Auswirkungen des Klimawandels, aber auch der derzeitigen Wirtschaftskrise, zu einem Bewusstseinswandel in Politik und Gesellschaft geführt, weswegen die Nachhaltigkeit mittlerweile bei breiten Schichten der Bevölkerung einen hohen Stellenwert genießt.[22] Da die Bau-, Wohnungs- und Immobilienwirtschaft als Schlüsselbranche für eine nachhaltige Entwicklung gilt[23], ist sie neben den sich verändernden Umweltbedingungen auch einer sich verändernden Politik[24] und einer veränderten Marktlage[25] ausgesetzt. Die Marktveränderung wird auch dadurch beschleunigt, dass die Anbieter nachhaltiger

---

19 Die Tatsache, dass sich das Klima in den letzten Dekaden verändert hat, wurde durch zahlreiche wissenschaftliche Untersuchungen bestätigt. Vgl. hierzu Umweltbundesamt (Dessau) 2006.

20 Vgl. z. B. Auer et al. 2008.

21 Vgl. Deutscher Bundestag 1998, S. 32-43.

22 Vgl. Wippermann et al. 2008.

23 Vgl. United Nations 2007.

24 Hier lassen sich als Beispiel die stetig verschärften Grenzwerte zum Energiebedarf im Neubau von Gebäuden im Rahmen der Wärmeschutzverordnung bzw. der Energieeinsparverordnung, sowie entsprechende Förderprogramme zum energiesparenden Bauen durch die KfW anführen. Vgl. BINE Informationsdienst 2009.

25 Siehe unter anderem Wallbank et al. 2006. Entsprechend existieren Vorschläge, Nachhaltigkeitskriterien auch bei der Wertermittlung und dem Objektrating von Gebäuden zu berücksichtigen. Vgl. Lorenz 2006; Lützkendorf, Lorenz et al. 2007.

Immobilien durch die Einführung des Energieausweises[26] und die Entwicklung von Nachhaltigkeitszertifizierungssystemen[27] diese Qualität nun eindeutig signalisieren können.
Wie auch die demographische Entwicklung bietet die Entwicklung zu mehr Nachhaltigkeit in der Immobilienwirtschaft Chancen, aber auch Risiken.[28]

1.4 Basel II

Der Begriff „Basel II" bezieht sich auf die Empfehlungen zur Bankenregulierung des Basler Ausschusses für Bankenaufsicht. Der Basler Ausschuss besitzt selbst keine Gesetzgebungs- oder Regelungskompetenz. Allerdings werden seine Empfehlungen in vielen Ländern in nationales Recht umgesetzt.[29]

---

26 Vgl. EnEV, § 16.

27 Anerkannte Zertifizierungssysteme sind unter anderem LEED (http://www.usgbc.org/leed), BREEAM (http://www.breeam.org), Green Star (http://www.gbca.org.au/green-star), sowie das „Gütesiegel Nachhaltiges Bauen" der Deutschen Gesellschaft für Nachhaltiges Bauen e. V. (Deutsche Gesellschaft für Nachhaltiges Bauen e.V. 2009).

28 Für die Bauwirtschaft werden hierbei durchaus Chancen gesehen, da die Entwicklung zu einer nachhaltigen Immobilienwirtschaft hier auch neue Aufträge generiert (vgl. Auer et al. 2008). Im Bezug auf Immobilienunternehmen ist die Lage eher ambivalent: einerseits besteht hier die Chance, sich durch das Angebot nachhaltiger Immobilien positiv vom Wettbewerb abzuheben, andererseits bedingt dies auch teilweise erhebliche Investitionen in den Gebäudebestand.

29 Der Ausschuss wurde 1975 von den Präsidenten der Zentralbanken der G10-Staaten eingerichtet und ist mit Vertretern der Zentralbanken und Bankaufsichtsbehörden der führenden Industriestaaten hochrangig besetzt. Er unterhält ein ständiges Sekretariat bei der Bank für internationalen Zahlungsausgleich in Basel, wo auch in der Regel die Treffen stattfinden (Vgl. Deutsche Bundesbank 2001, S. 16; Romeike 2004, S. 15–16). Der Basler Ausschuss besitzt selbst keine Gesetzgebungs- oder Regelungskompetenz. Allerdings werden seine Empfehlungen in vielen Ländern in nationales Recht umgesetzt. In Deutschland finden sich entsprechende Regelungen im Gesetz über das Kreditwesen (KWG), der Solvabilitätsverordnung (SolvV), der Groß- und Millionenkreditverordnung (GroMiKV) sowie den Mindestanforderungen an das Risikomanagement (MaRisk) der Bundesanstalt für Finanzdienstleistungsaufsicht (BaFin), welche § 25 KWG präzisieren (Vgl. Deutsche Bundesbank 2006, S. 71).

1988 veröffentlichte der Ausschuss seine erste Empfehlung zur Ausstattung der Banken mit Eigenkapital, die in über 100 Ländern zur Anwendung kommt. Kernpunkt der Eigenkapitalrichtlinie ist, dass die Banken zur Absicherung ihrer standardisiert risikogewichteten[30] Kreditpositionen 8% der Summe als Eigenkapital vorhalten müssen.[31] Hierdurch sollen auch andere, in dieser Betrachtung nicht explizit berücksichtigte Risiken, mit abgesichert werden. Die Unterlegung von Risikopositionen mit Eigenkapital dient auf zwei Arten der Begrenzung des Risikos: einerseits wird die Risikoaufnahme durch die beschränkte Verfügbarkeit des Eigenkapitals begrenzt, andererseits können bei einer ausreichenden Eigenkapitalausstattung Risiken im Schadensfall ausgeglichen werden, ohne dass es zur Zahlungsunfähigkeit der Bank kommt.[32] 1996 wurde die Eigenkapitalrichtlinie um die sog. Marktpreisrisiken[33] der Banken erweitert, die nun ebenfalls mit Eigenkapital zu unterlegen waren. Des Weiteren können die Banken seitdem auch interne Risikosteuerungsmodelle für die bankaufsichtliche Eigenkapitalberechnung verwenden, insofern diese von der Bankaufsicht zertifiziert sind.[34]

Mit der Zeit wurde allerdings vermehrt Kritik an den Empfehlungen zur Eigenkapitalausstattung laut. Diese bezog sich einerseits auf die standardisierte Berechnung der Kreditrisiken, welche das Risiko der Kreditinstitute nur sehr grob und damit ungenau abbildet, und andererseits auf die Nichtberücksichtigung neuer Finanzinstrumente sowie die Beschränkung auf Kredit- und Marktpreisrisiken.[35] Eine Novellierung der Regelungen war also dringend geboten.

---

30 Dies beschränkt sich auf eine einfache, durch die Aufsicht vorgegebene Klassifizierung nach Kreditnehmerarten (Firmen, Banken, öffentliche Hand) der Forderungen in fünf Klassen mit Risikogewichten von 0%, 10%, 20%, 50% und 100%.

31 Vgl. Klinger et al. 2003, S. 7; Deutsche Bundesbank 2006, S. 70.

32 Vgl. Deutsche Bundesbank 2006, S. 70.

33 Dieser Begriff umfasst Zins- und Aktienkursrisiken des Handelsbuches, Währungsrisiken, Risiken aus Rohwarengeschäften. Vgl. Deutsche Bundesbank 2001, S. 16.

34 Vgl. Deutsche Bundesbank 2001, S. 16; Romeike 2004, S. 16; Beinert 2003, S. 32–34.

35 Vgl. Deutsche Bundesbank 2001, S. 16.

Da die Eigenkapitalanforderungen alleine nicht in der Lage sind, die Stabilität einer Bank und damit des gesamten Finanzsektors zu gewährleisten, basieren die neuen Basler Richtlinien zur Bankenaufsicht (Basel II) auf drei sich gegenseitig ergänzenden Säulen: der Mindestkapitalanforderung, dem bankaufsichtlichen Überprüfungsprozess sowie erweiterten Offenlegungspflichten.[36]

In Bezug auf das Risikomanagement von Immobilienunternehmen ist allerdings weiterhin hauptsächlich die Eigenkapitalunterlegung von Krediten interessant. Diese soll nach den neuen Eigenkapitalvorschriften stärker dem Ausfallrisiko des Kredits angepasst werden und nur noch im Durchschnitt bei mindestens 8% liegen.[37] Zur Bestimmung dieses Risikos ist zwingend vorgesehen, bei der Kreditvergabe ein sog. Rating[38] durchzuführen.[39] Dabei ist zunächst zu erwarten, dass die Banken bei risikoreichen Krediten auf die erhöhten Eigenkapitalkosten mit einem höheren Kreditzins reagieren. Hinzu kommt, dass durch die in jedem Fall durchzuführende kreditspezifische Bestimmung der Ausfallwahrscheinlichkeit die Quersubventionierung bonitätsschwacher Kreditnehmer durch Schuldner guter Bonität abnehmen wird. Dieser Effekt dürfte die erhöhten Eigenkapitalanforderungen sogar noch um einiges übertreffen. Insgesamt führen die neuen Vorschriften zur Eigenkapitalausstattung der Banken also zu einer leichten Verbilligung von

---

36 Vgl. Deutsche Bundesbank 2001, S. 17; Reichling 2003, S. 6–7.

37 Vgl. Deutsche Bundesbank 2001, S. 17–20; Romeike 2004, S. 16; Klinger et al. 2003, S. 10.

38 Ein Rating ist dabei die Bewertung eines Schuldners nach seiner Bonität (Kreditwürdigkeit) auf Basis standardisierter qualitativer und quantitativer Kriterien, wobei zahlreiche Informationen zu einer hochaggregierten Kennzahl verdichtet werden (vgl. Romeike 2004, S. 98–99). Hierbei ist zwischen einem Objektrating und einem Bonitätsrating zu unterscheiden. Ein Objektrating misst dabei die Werthaltigkeit einzelner Immobilien, z. B. im Zuge der Beleihung oder einer Projektfinanzierung. Das Bonitätsrating bewertet die Bonität des Schuldners als Ganzes und schließt im Falle von Immobilienunternehmen sowohl die Bewertung des Portfolios als auch z. B. die Managementqualität ein (vgl. Bundesverband öffentlicher Banken e.V. (VÖB) 2006, S. 12-13; Trotz 2004, S. 5 u. 15-16; Gesellschaft für immobilienwirtschaftliche Forschung (gif) e.V. 2004, S. 4; Romeike 2004, S. 22).

39 Vgl. Reichling 2003, S. 17.

Krediten an bonitätsstarke Schuldner und auf der anderen Seite zu einer erheblichen Verschlechterung der Konditionen für bonitätsschwache Schuldner.[40]
Mit der Durchführung eines Ratings durch den Kreditgeber steigen insbesondere bei der Kreditvergabe an Firmenkunden die Anforderungen an die Qualität der eingereichten Unterlagen erheblich an. Weiterhin gewinnen auch sog. weiche Erfolgsfaktoren, wie die Managementqualität und Innovationskraft der Unternehmen, an Bedeutung und beeinflussen so die Höhe der Kapitalkosten.[41] Ein wirksames Risikomanagement hilft, durch die damit einhergehende Reduzierung der Schwankungsbreite der Zahlungsströme des Unternehmens eine stabile Gewinnentwicklung sowie eine ausreichende Kapitaldienstfähigkeit sicherzustellen und die Insolvenzwahrscheinlichkeit zu vermindern, was das Risiko des Kreditgebers senkt. Dies schlägt sich auch in einem besseren Rating für Unternehmen nieder, die über ein Risikomanagement verfügen.[42] Hierdurch werden Immobilienunternehmen in ihrer Rolle als Kreditnehmer indirekt dazu angehalten, sich mit den Risiken ihrer Geschäftstätigkeit auseinanderzusetzen und ein wirksames Risikomanagement zu installieren.

Darüber hinaus wurden in Folge der Zulassung bankinterner Ratingverfahren[43] die Kreditgeber dazu angeregt, sich im Zuge der Entwicklung von Verfahren zur Risikobewertung von Immobilienfinanzierungen selbst verstärkt mit immobilienspezifischen Risiken auseinanderzusetzen. Die durch ihr Geschäftsmodell bedingte große Erfahrung der Finanzdienstleistungsbranche bei der Bewertung von Risiken wurde auf diese Weise in den Bereich des Immobilien-Risikomanagements übertragen, und die wissenschaftliche Auseinandersetzung mit dem Thema

40 Vgl. Reichling 2003, S. 9–18; Eekhoff et al. 2007, S. 22-23.

41 Vgl. Beinert 2003, S. 29–30; Reichling 2003, S. 15-17.

42 Vgl. Gleißner, Romeike 2005, S. 28–29.

43 Vgl. Romeike 2004, S. 63.

wurde angeregt.[44] Von diesem indirekt durch die Regelungen von Basel II induzierten Wissenszuwachs auf dem Gebiet des Immobilien-Risikomanagements im weitesten Sinne partizipieren auch die Unternehmen der Immobilienwirtschaft.

1.5 Das Gesetz zur Kontrolle und Transparenz im Unternehmensbereich

Bei dem „Gesetz zur Kontrolle und Transparenz im Unternehmensbereich" (KonTraG) handelt es sich um ein sog. Artikelgesetz, das zahlreiche Vorschriften im Handelsgesetzbuch (HGB) und im Aktiengesetz (AktG) ändert.[45] Hintergrund des Gesetzes war eine Reihe spektakulärer Unternehmenszusammenbrüche in Deutschland, darunter die Konkurse der Balsam AG, der COOP AG, der Südmilch AG und der Metallgesellschaft. Hierdurch stand der Gesetzgeber unter Druck, präventive Regelungen zu schaffen, um solche Zusammenbrüche verhindern zu können. Das KonTraG trat am 1. Mai 1998 in Kraft.[46] Insgesamt ist das KonTraG Teil eines weitreichenden Reformvorhabens, welches das deutsche Aktienrecht modernisieren, internationalisieren und stärker auf eine Wertsteigerung für die Anteilseigner ausrichten soll.[47]

Die in Bezug auf die Bedeutung des Risikomanagements in Unternehmen wichtigste Regelung des KonTraG war die Ergänzung des § 91 Abs. 2 des AktG. Hierin wird nun die Einrichtung eines Überwachungssystems zur frühen Erkennung von den Fortbestand der Gesellschaft

---

[44] In diesem Zusammenhang entstanden sowohl Forschungsarbeiten, die sich mit dem Immobilienrisiko aus Sicht der Fremdkapitalgeber auseinandersetzen, als auch Verfahren zum Rating von Immobilienobjekten (unter anderem Lausberg 2001; Jedem 2006; Lange 2005; Mönke 2002; Trotz 2004; Bundesverband öffentlicher Banken e.V. (VÖB) 2006).

[45] Vgl. Picot 2001, S. 5.

[46] Vgl. Picot 2001, S. 7; Zimmer, Sonneborn 2001, S. 41–43.

[47] Vgl. Picot 2001, S. 9.

gefährdenden Entwicklungen als Pflicht des Vorstands explizit gefordert.[48] Der Geltungsbereich dieser Regelung ist nicht auf Unternehmen in der Rechtsform einer Aktiengesellschaft beschränkt, sondern kann sich auch auf Gesellschaften mit beschränkter Haftung und andere Formen der Kapitalgesellschaft erstrecken.[49] Damit dürfte die Verpflichtung zur Einrichtung eines Früherkennungssystems[50] für nahezu alle Kapitalgesellschaften der gewerblichen Immobilienwirtschaft einschlägig sein.

In Abgrenzung zu einem umfassenden integrierten Risikomanagement bleibt festzuhalten, dass das KonTraG lediglich die Früherkennung existenzbedrohender Risiken zum Ziel hat, was nur einen kleinen Teil des unternehmerischen Risikomanagements darstellt.[51] Des Weiteren stellt das Risikoverständnis des KonTraG sowohl vom Wortlaut als auch vom Sinnzusammenhang her einzig auf den einseitigen, nur die negativen Abweichungen betrachtenden Gefahrbegriff ab.[52]
Zusammenfassend bleibt festzustellen, dass das KonTraG zwar die Bedeutung des Risikomanagements auch in Immobilienunternehmen angehoben hat, ein gesetzeskonformes Risikofrühwarnsystem aber nur eine Minimallösung darstellt.

[48] Vgl. AktG, § 91.

[49] In der Literatur wird diskutiert, ob die Regelungen in § 91 Abs. 2 AktG eine Ausstrahlungswirkung auf Unternehmen anderer Gesellschaftsformen, aber mit ähnlicher Größe, Komplexität, Struktur etc. haben, oder ob beispielsweise Geschäftsführer einer GmbH nicht nach § 43 Abs. 1 GmbHG ohnehin dazu verpflichtet sind, im Rahmen ihrer allgemeinen Sorgfaltspflichten ein solches Frühwarnsystem einzurichten. Vgl. Picot 2001, S. 14.

[50] Teile der Literatur leiten aus dieser Vorschrift die Pflicht zur Einrichtung eines umfassenden Risikomanagements ab. Vgl. Zimmer, Sonneborn 2001, S. 41.

[51] Vgl. Pöschl 2004, S. 77.

[52] Vgl. Huther 2003, S. 17.

1.6 Wachsende Professionalisierung der Wohnungs- und Immobilienwirtschaft

Die Wohnungswirtschaft war aufgrund der Probleme bei der Wohnversorgung im Zuge der Industrialisierung in Verbindung mit starken Binnenwanderungen und der Wohnungsnot nach dem zweiten Weltkrieg starken staatlichen Eingriffen ausgesetzt. Zum Ende des zweiten Weltkriegs fehlten in der neu gegründeten Bundesrepublik Deutschland etwa 6 Millionen Wohnungen, wobei sich die Lage durch starke Zuwanderung weiter verschlechterte. Die Wohnungspolitik dieser Zeit war daher durch staatliche Eingriffe in den Markt, zum Beispiel durch eine Fixierung der Preise und die amtliche Verteilung des Angebots, gekennzeichnet.

Diese Maßnahmen wurden 1950 durch das I. Wohnungsbaugesetz (I. WoBG) abgelöst, dem 1956 das II. Wohnungsbaugesetz (II. WoBG) folgte. Die Ziele des II. Wohnungsbaugesetzes, das bis 2002 in Kraft war,[53] lassen sich in die sozialnormativen Ziele

» Schaffung und Gewährleistung eines quantitativ hinreichenden Wohnungsangebots,
» Schaffung und Gewährleistung qualitativ wünschenswerter Wohnverhältnisse und
» Sicherung von unter wirtschafts- und sozialpolitischen Aspekten tragbarer Mietbelastungen,

sowie die strukturellen Ziele

» Förderung des privaten Wohneigentums
» Einflussnahme auf die regionale Entwicklung (Stadtentwicklung und Raumordnung) durch gezielten Mitteleinsatz
» und die Sicherung von Arbeitsplätzen

aufteilen. In Ostdeutschland dagegen hatte das planwirtschaftliche System der Wohnungsversorgung bis zur Wiedervereinigung 1990 weiter Bestand. In der Folge bestand das Ziel der Wohnungspolitik in Ost-

53 Das II. Wohnungsbaugesetz hat auch nach seinem Auslaufen weiterhin Gültigkeit für Bestandswohnungen.

deutschland in der Angleichung der Lebensverhältnisse an den Westen.[54] Gegen Ende der 90er Jahre galten schließlich große Teile des Wohnungsmarkts in Deutschland als ausgeglichen. Allerdings bestanden weiterhin Probleme auf regionalen Teilmärkten, zum Beispiel Leerstand oder eine Veränderung der Bedarfsstrukturen aufgrund sozioökonomischer Entwicklungen. Außerdem ist es Teilen der Bevölkerung aufgrund mangelnder Kaufkraft oder aufgrund von Zugangsproblemen immer noch nicht möglich, sich aus eigener Kraft mit Wohnraum zu versorgen. Die bisherigen Rechtsgrundlagen und Handlungsansätze der Wohnungspolitik wurden den Anforderungen in diesem geänderten Szenario nicht mehr gerecht. Daher wurde das II. Wohnungsbaugesetz zum 1. Januar 2002 vom Wohnraumförderungsgesetz (WoFG) abgelöst.[55] Hierbei liegt der Fokus nicht mehr auf der allgemeinen Ausweitung des Wohnraumangebots, sondern in der Bereitstellung preiswerter Mietwohnungen für Haushalte mit Zugangsschwierigkeiten zum allgemeinen Wohnungsmarkt[56] sowie in der Förderung der Wohneigentumsbildung für Haushalte mit Kindern und behinderte Menschen.[57] Dabei wird nicht alleine auf den Neubau von Wohnungen gesetzt, sondern auch der Wohnungsbestand mit einbezogen. Mit der Förderalismusreform ging die Gesetzgebungskompetenz zur sozialen Wohnraumförderung auf die Länder über, soweit das WoFG aber nicht durch landesrechtliche Regelungen ersetzt wurde, bleibt es aber weiterhin in Kraft.[58]

---

54 Vgl. Kühne-Büning et al. 2005, S. 237–238.

55 Vgl. Kühne-Büning et al. 2005, S. 294–300.

56 Das Gesetz nennt hier insbesondere Haushalte mit geringem Einkommen sowie Familien und andere Haushalte mit Kindern, Alleinerziehende, Schwangere, ältere Menschen, behinderte Menschen, Wohnungslose und sonstige hilfebedürftige Personen. Vgl. WoFG, §§ 1 Abs. 1 S. 1.

57 Vgl. WoFG, §§ 1 Abs. 1 S. 1.

58 Vgl. Bundesministerium für Verkehr; Bau und Stadtentwicklung (Berlin) 31.07.2008.

Vor dem Hintergrund der Ziele des II. WoBG unterhielten viele Kommunen, Bundesländer[59] und andere Organisationen wie der Deutsche Gewerkschaftsbund[60] oder Industrieunternehmen[61] eigene Wohnungsunternehmen, die nach dem Wohnungsgemeinnützigkeitsgesetz (WGG)[62] als gemeinnützig anerkannt waren. Dieses setzte eine Zweckbindung der Mittel, die Bindung an das Kostendeckungsprinzip,[63] ein Verzicht der Anteilseigner auf die Ausschüttung von Dividenden und Einschränkungen bei der Wahl der Rechtsform voraus, und hatte aber auch die Steuerfreiheit der Gesellschaft zur Folge.[64] Diese Fokussierung auf politische und nicht ökonomische Ziele führte dazu, dass unternehmerische Entscheidungen eher aufgrund einer politischen Willensbildung als aufgrund ökonomischer Überlegungen getroffen wurden, was ein Risikomanagement ebenso wie eine moderne Investitionsrechnung obsolet machte. Wie wenig moderne Methoden der Betriebswirtschaftslehre bis vor kurzem die Wohnungswirtschaft durchdrungen hatten, zeigt sich sehr deutlich in einer Umfrage des Instituts Wohnen und Umwelt aus dem Jahr 2002. Hierin geben 8% der befragten Unternehmen an, überhaupt keine Investitionsrechnung durchzuführen, 31% stützen sich auf die althergebrachten statischen Verfahren, und 43% wenden

[59] Diese wurden zur Umsetzung staatlicher Wohnungspolitik gegründet. Vgl. Donner 14.03.2003, S. 2.

[60] Die „Neue Heimat" bewirtschaftete zeitweise 400.000 Wohnungen. Mitte der 1980er Jahre wurde die Unternehmensgruppe jedoch insolvent und wurde letztendlich aufgelöst. Vgl. Donner 14.03.2003, S. 5.

[61] Hierbei handelt es sich um Werkswohnungen primär für die eigene Belegschaft.

[62] Das WGG wurde 1940 eingeführt und hatte über das Ende des zweiten Weltkriegs hinaus in Deutschland und Österreich Bestand. Es wurde 1969 in Deutschland novelliert und erst zum 01.01.1990 aufgehoben. Vgl. Donner 14.03.2003, S. 4–5.

[63] Diesem wäre eine Gewinnerzielungsabsicht gegenüberzustellen.

[64] Vgl. Lohse 2006.

noch die II. Berechnungsverordnung[65] an. Lediglich 9% stützen ihre Entscheidung auf einen vollständigen Finanzplan, weitere 4% wenden dynamische Verfahren an. [66]
Mit dem Wegfall des WGG zum 01. Januar 1990 entfiel jedoch bei diesen Unternehmen der Status der Gemeinnützigkeit und damit sowohl die Beschränkungen bei der Geschäftstätigkeit, aber auch prinzipiell die Steuerfreiheit.[67] Mit der Ablösung des II. WoBG durch das WoFG zum 1. Januar 2002 wurde außerdem der staatliche Förderauftrag der Wohnraumversorgung deutlich reduziert.

Im Rahmen der notwendigen Konsolidierung der öffentlichen Haushalte, sowie der Fokussierung vieler Industrieunternehmen, die zuvor große Bestände an Werkswohnungen unterhalten hatten, auf ihr Kerngeschäft, änderte sich die Einstellung zu den Wohnungsunternehmen.[68] Es kam in der Folge zu einer Reihe teils spektakulärer Portfolioverkäufe zumeist an ausländische Finanzinvestoren, von denen insbesondere der Verkauf der 114.000 Eisenbahnerwohnungen des Bundeseisenbahnvermögens an die Deutsche Annington und ein Käuferkonsortium im Dezember 2000, der Verkauf der GAGFAH mit 82.000 Wohnungen durch die Bundesversicherungsanstalt für Arbeitnehmer an Fortress im Juli 2004 und der Viterra mit 138.000 Wohnungen durch die E.on AG an die Deutsche Annington im März 2005 hervorzuheben sind. Die folgende Abbildung zeigt eine Übersicht aller Portfolioverkäufe in Deutschland in den letzten Jahren.

---

65 Ebenfalls ein statisches Verfahren, welches lediglich zur Berechnung einer statischen Anfangsrendite geeignet ist. Zur Kritik an der II. Berechnungsverordnung vgl. Schulte et al. 1999, S. 29–31.

66 Vgl. Enseling et al. 2003, S. 26.

67 Da die ehemals gemeinnützigen Wohnungsunternehmen aber auf ihren Wohnungsbestand derzeit noch hohe Abschreibungen für Abnutzung geltend machen können, greift die Besteuerung erst nach einer gewissen Übergangsfrist. Dies ist darin begründet, dass Bestandsimmobilien bei Wegfall des Wohnungsgemeinnützigkeitsgesetzes zu ihren Verkehrswerten (statt der deutlich niedrigeren Buchwerte) in die Eröffnungsbilanz übernommen werden konnten, um die Besteuerung stiller Reserven zu vermeiden. Vgl. Donner 14.03.2003, S. 5.

68 Vgl. Schäfers, Hörner 2002, S. 540–542; Janicki 2002, S. 595–596; Eekhoff et al. 2007, S. 20, 22 u. 32-33.

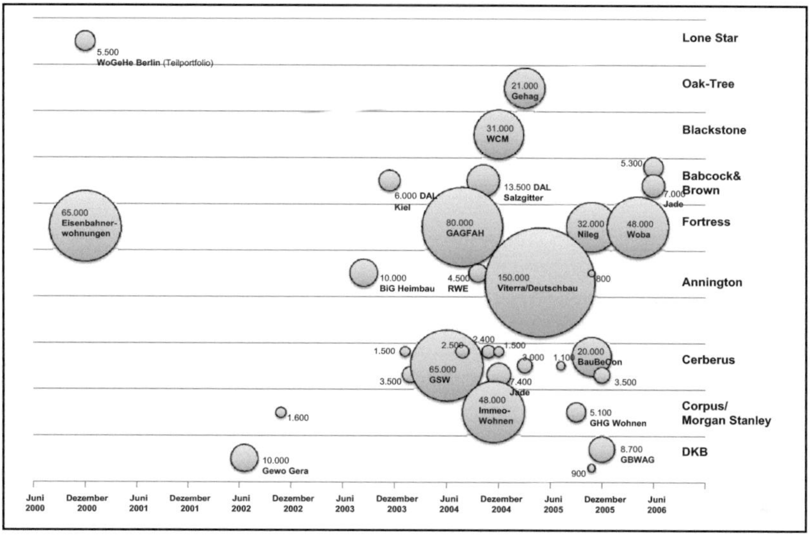

Abb. 2: *Ausgewählte Wohnungsportfolio-Transaktionen 2000-2006 in Deutschland (Freitag 06.09.2006, S. 28).*

Erwähnenswert ist allerdings in diesem Zusammenhang auch der geplante Verkauf der Freiburger Stadtbau sowie von 610 Wohnungen in Heidelberg, die jeweils an Bürgerentscheiden scheiterten,[69] als ein Spiegelbild der sehr kontrovers geführten Debatte um den Verkauf kommunaler Wohnungsbestände. Die Gegner betonen dabei die positiven Wirkungen von Wohnungsunternehmen im Besitz der öffentlichen Hand gerade aufgrund der heterogenen Situation der regionalen Wohnungsmärkte in Deutschland. Stichwort in diesem Zusammenhang ist der Begriff der „Stadtrendite", welcher die über den ökonomischen Gewinn hinausgehenden positiven Wirkungen von kommunalen Wohnungsunternehmen für die Stadt beinhaltet.[70] Hierbei ist insbesondere hervorzuheben, dass kommunale Wohnungsunternehmen

[69] Vgl. Rips 2007, S. 11; Freitag 2007, S. 27; in Heidelberg wurde zwar kein bindendes Abstimmungsergebnis erzielt (vgl. Stadt Heidelberg 16.07.2008), der Gemeinderat entschied sich jedoch in der Folge gegen einen Verkauf der Wohnungen. Vgl. Stadt Heidelberg 31.07.2008.

[70] Vgl. Bielka 2007, S. 63–66.

- » überproportional an der Wohnraumversorgung einkommensschwacher Haushalte beteiligt sind[71] und darüber hinaus durch ihre Mietpolitik zu einer Dämpfung der Mietpreise beitragen können,[72]
- » zur Stabilisierung gefährdeter Wohnquartiere beitragen,[73]
- » auch soziale, stadtentwicklungspolitische und städtebauliche Maßnahmen durchführen,[74] bzw. mit ihrem Grundstücksbestand und ihren Neubau- und Modernisierungsmaßnahmen eine Schlüsselrolle bei der Stadtentwicklung einnehmen,[75]
- » durch die Bereitstellung von Gewerbeflächen insbesondere für Gründer und Kleinbetriebe die lokale Wirtschaft stärken,[76]
- » und schließlich, dass sie häufig Gewinne erwirtschaften, die sie reinvestieren oder ausschütten.[77]

Kritisiert wird, dass im Falle eines Verkaufs diese langfristig positiven Wirkungen zugunsten eines kurzfristigen Mittelzuflusses aufgegeben werden, und sich die finanziellen und sozialen Probleme der Kommunen hierdurch langfristig eher noch verschärfen.[78]

Nichtsdestotrotz ist festzustellen, dass ein schlecht geführtes defizitäres Wohnungsunternehmen kaum eine Bereicherung, sondern eher eine Belastung für die betreffende Kommune ist.[79] Hier hat auch durch die Veräußerung von Wohnungsbeständen an primär gewinnorientierte Finanzinvestoren insofern ein Umdenken eingesetzt, als dass auch die öf-

---

71 Vgl. Harms 2007, S. 58; Freitag 2007, S. 27–28; Kiepe 2007, S. 45–46.

72 Vgl. Rips 2007, S. 22.

73 Vgl. Harms 2007, S. 58; Rips 2007, S. 22.

74 Vgl. Harms 2007, S. 58; Freitag 2007, S. 27–28; Kiepe 2007, S. 45–46.

75 Vgl. Rips 2007, S. 22; Kiepe 2007, S. 45–46.

76 Vgl. Rips 2007, S. 22.

77 Vgl. Harms 2007, S. 58.

78 Vgl. Freitag 2007, S. 27; Kiepe 2007, S. 45–46.

79 Vgl. Rips 2007, S. 10.

fentliche Hand als Eigentümer von ihren Wohnungsunternehmen eine angemessene (Gesamt[80]-) Rendite erwartet und die Unternehmen daher auch entsprechend professionell agieren müssen.
Freitag stellt fest, dass kommunale Wohnungsunternehmen „in der Regel von qualifizierten Unternehmerpersönlichkeiten professionell im Rahmen eines nachhaltigen Geschäftsmodells“[81] geführt werden. Hierzu ist, gerade auch im Zusammenhang mit dem komplexer gewordenen Marktumfeld, auch die Einführung eines Risikomanagements nötig.[82]

Auch bei der Betrachtung institutioneller Immobilieninvestoren zeigen sich Defizite im Risikomanagement. Vor allem bei den offenen Fonds haben die sehr weitreichenden Anlagevorschriften[83] der §§ 27-28 des Kapitalanlagegesellschaftengesetzes (KAGG) und der §§ 67-69 des Investmentgesetzes (InvG),[84] sowie die auch für gewerblich genutzte Immobilien über viele Jahre als nahezu sicher angenommene Wertsteigerung offenbar dazu geführt, dass eine genaue Beschäftigung mit dem Thema Risikomanagement für eine erfolgreiche Geschäftstätigkeit nicht zwingend nötig war. Armonat stellte in einer Umfrage unter Entscheidern institutioneller Immobilieninvestoren aus dem Jahr 2001 folgendes fest:

» Bei der Risikoeinschätzung verlassen sich über 90% der befragten Entscheider auf Marktanalysen und Expertengespräche, welche wiederum meist eher auf der persönlichen Erfahrung des Gutachters beruhen. Objektive Analysen wie Benchmarks oder Data

80 Diese kann dann auch entsprechende positive externe Effekte der Tätigkeit des Wohnungsunternehmens beinhalten.

81 Vgl. Freitag 2007, S. 30–31.

82 Vgl. Schwarz 2004, S. 102.

83 Diese sehen unter anderem eine Beschränkung auf Mietwohn- und Geschäftsgrundstücke, eine Beschränkung des Anteils einzelner Grundstücke sowie unbebauter Grundstücke am Fondsvermögen, eine Begrenzung des Währungsrisikos sowie einen hohen Anteil liquider Anlagegüter am Fondsvermögen vor. Vgl. InvG, §§ 67–80.

84 Das InvG löste das KAGG mit Wirkung zum 01. Januar 2004 ab.

Warehouses als zentrale Datenquelle fallen diesen gegenüber in ihrer Bedeutung stark ab. Eine objektive Risikoeinschätzung ist aufgrund dieser Zahlen kaum zu erwarten.

» Bei den Kennzahlen zur Risikoeinschätzung präferieren 91% der Entscheider die Leerstandsquote. Die Bedeutung von Bonitätskennziffern oder Ratingagenturen (75%), Erwartungswerten und Standardabweichungen (60%) oder volkswirtschaftlichen Kennzahlen (58%) ist wiederum deutlich geringer. Gerade die Leerstandsquote ist jedoch als Risikofrühwarnindikator denkbar ungeeignet, da dieser Wert erst dann reagiert, wenn die Marktrisiken bereits eingetreten sind.[85]

» Schließlich zeigt sich bei der Frage nach der subjektiven Einschätzung der Eignung verschiedener Modelle zur Risikobewertung, dass zwar Szenarioanalysen (38%), Sensitivitätsanalysen (31%), und Risikonutzenbewertungen (21%) als durchaus geeignete Verfahren angesehen werden. Allerdings wird auch das sehr pauschale und grobe Verfahren der Risikozu- und abschläge auf Zielrenditen von immerhin 29% der Befragten als geeignet angesehen, wobei gleichzeitig die Bewertung mit Hilfe von Wahrscheinlichkeitsverteilungen, auf der viele Verfahren der Risikomessung im Finanzwesen beruhen, nur von 8% der Befragten als geeignet eingestuft wird.[86]

Die Schlussfolgerungen in Bezug auf die Situation des Risikomangements bei institutionellen Immobilieninvestoren aus diesen Ergebnissen sind ernüchternd. Armonat kommt dabei zu dem Ergebnis, „dass Renditen zwar gemessen werden, die Risikoermittlung als Bestandteil der Performancebewertung in Immobilienkapitalanlagen aber nur rudimentär ausgebildet ist. Weder Instrumente noch geeignete Quellen scheinen den Entscheidungsträgern zur Verfügung zu stehen. Erst recht muss bezweifelt werden, dass das finanzwirtschaftliche Risiko der An-

[85] Die späte Reaktion auf Marktveränderungen durch die Investoren trägt auch zum Entstehen des sog. „Schweinezyklus" auf dem Immobilienmarkt bei. Vgl. Pfeiff 2003, S. 60.

[86] Vgl. Armonat 2006, S. 157–160.

lagen derzeit ausreichend gemessen werden kann, um auf dieser Basis verlässliche Vergleiche des Risikoniveaus - vor allem auch zu anderen Kapitalanlagen - anstellen zu können."[87]

Doch auch bei den institutionellen Investoren hat das Risikomanagement deutlich an Stellenwert gewonnen. Hierzu beigetragen hat vor allem die Krise der offenen Immobilienfonds in den Jahren 2004 und 2005. Hierbei waren Fonds der Deka Bank, der Deutschen Bank und der KanAm Grund Kapitalanlagegesellschaft durch sehr hohe Mittelabflüsse in Schwierigkeiten geraten und mussten zeitweise geschlossen bzw. durch ihre Muttergesellschaften massiv unterstützt werden. Hierbei spielten neben dem unmittelbaren Auslöser der Krise, nämlich den hohen Mittelabflüssen, auch strukturelle Probleme der Branche wie teilweise hohe Leerstände und niedrige Renditen eine Rolle. [88]
Inzwischen sind die offenen Immobilienfonds gesetzlich dazu verpflichtet, ein Risikomanagement zu unterhalten - eine entsprechende Regelung wurde mit Wirkung vom 28. Dezember 2007 in das Investmentgesetz aufgenommen. Das Risikomanagementsystem soll dabei „die Identifizierung, Beurteilung, Steuerung und Überwachung sämtlicher damit verbundener Risiken, wie insbesondere Adressenausfall-, Zinsänderungs-, Währungs- sowie sonstiger Marktpreisrisiken, operationeller Risiken und Liquiditätsrisiken"[89] sicherstellen. Darüber hinaus sind die Forderung nach einer Risikobegrenzung durch Limiten, einer regelmäßigen Risikoberichterstattung, regelmäßigen Stresstests sowie der Organisation des Risikomanagements in einer von der Portfolioverwaltung unabhängigen Stelle erwähnenswert.[90] Damit geht das Investmentgesetz mit seinen Anforderungen an das Risikomanagement weit über die des KonTraG hinaus.

---

87 Armonat 2006, S. 160.

88 Vgl. Hammer 2004; Hinter Fassaden, 05.11.2004.

89 InvG, § 80b.

90 Vgl. InvG, § 80b.

Aktuellere Untersuchungen zeigen, dass das Risikomanagement von Immobilieninvestoren zwar inzwischen an Bedeutung gewonnen hat, bei der Umsetzung aber nach wie vor erhebliche Defizite bestehen. Eine von Schwenzer im Jahr 2008 unter Immobilienunternehmen mit den Schwerpunkten Wohnen und Gewerbe, sowie den Immobilienabteilungen großer Konzerne[91] durchgeführte Umfrage kommt hierbei zu folgenden Ergebnissen:

» Die Bedeutung des betrieblichen Risikomanagements wird von einer großen Mehrheit (92 %) der Unternehmen als wichtig oder sehr wichtig eingestuft.

» Allerdings dient das Risikomanagement im Wesentlichen der Erfüllung gesetzlicher Anforderungen und der Vermeidung von Gefahren. Die Identifikation von Chancen und der Einsatz des Risikomanagements als Instrument der strategischen Planung spielen dagegen nur eine untergeordnete Rolle.

» Schließlich wird das Risikomanagement bei einem beachtlichen Teil der Unternehmen (44 %) von den mit der operativen Durchführung betrauten Mitarbeitern nicht in ausreichendem Maße akzeptiert.[92]

Eine weitere Untersuchung wurde von Donner 2008 / 2009 zur Situation des Risikomanagements bei internationalen Immobilieninvestoren durchgeführt,[93] an der sich 50 von 613 angefragten institutionellen Investoren beteiligten, von denen 62 % aus Deutschland stammten. Der Autor vermutet dabei im Zusammenhang mit der geringen Rücklaufquote von 8,2 % und der Aktualität des Themas in der Immobilienkrise, dass „bei vielen Investoren noch erheblicher Nachholbedarf und Unsicherheit bezüglich des Risikomanagements besteht."[94]

---

91 Insgesamt beteiligten sich 37 von 180 angefragten Unternehmen an der Befragung. Hierbei handelte es sich um 17 Unternehmen mit dem Schwerpunkt Wohnen, 12 mit dem Schwerpunkt Gewerbe und 8 Immobilienabteilungen von Großunternehmen. Vgl. Schwenzer 2008, S. 28-31.

92 Vgl. Schwenzer 2008, S. 31-34 u. 36.

93 Vgl. im Folgenden Donner 2009a. Die Ergebnisse der Studie wurden auch in Donner 2009b zusammengefasst.

94 Donner 2009a, S. 64.

Bei genauer Betrachtung der Ergebnisse zeigt sich abermals die bereits zuvor festgestellte Ambivalenz, dass das Thema Risikomanagement zwar als wichtig eingestuft wird, die eingesetzten Methoden und Verfahren aber Mängel aufweisen. So verfügen 44 % der befragten Unternehmen über eine eigenständige Risikomanagementabteilung, ansonsten ist das Risikomanagement häufig dem Konzern- oder Immobiliencontrolling oder der Compliance-Abteilung zugeordnet. Des Weiteren ist das Risikomanagement, von wenigen Ausnahmen abgesehen, überwiegend auf den obersten Hierarchieebenen angesiedelt und in 50 % der Fälle als Linienfunktion mit Weisungsbefugnis ausgestaltet.[95]
Dem gegenüber zählt bei den zur Risikoidentifikation genutzten Verfahren immer noch das Bauchgefühl, welches mit 20 Nennungen bereits den vierten Rang belegt, zu den am häufigsten eingesetzten Verfahren.[96] Auch bei den zur Risikobewertung benutzten Methoden liegt das Bauchgefühl nach DCF-Modellen, Sensitivitäts- und Szenarioanalysen mit 21 Nennungen an vierter Stelle. Erst danach folgen Rating, Value-at-Risk und Scoringverfahren, Simulationen werden dagegen nur selten eingesetzt.[97] Im Rahmen der Risikosteuerung kommen zwar neben Diversifikationsstrategien regelmäßig Derivate zum Einsatz, deren Anwendungsgebiet sich allerdings im Wesentlichen auf die Steuerung von Zins- und Währungsrisiken beschränkt.[98] Auch in Bezug auf die im Rahmen des Risikomanagements verwendete EDV zeigt sich, dass die vorhandenen Möglichkeiten noch nicht vollumfänglich genutzt werden. Wichtigstes Werkzeug ist hier Microsoft Excel mit 41 Nennungen, Spezialsoftware wird dagegen nur von 21 Unternehmen eingesetzt.[99] Des weiteren kann nur die Minderheit der Unternehmen, die mit externen

---

95 Vgl. Donner 2009a, S. 70-71.

96 Vgl. Donner 2009a, S. 79-80.

97 Vgl. Donner 2009a, S. 75-76.

98 Vgl. Donner 2009a, S. 80-82.

99 Vgl. Donner 2009a, S. 80.

Property- bzw. Asset-Managern zusammenarbeiten, über kompatible Systeme jederzeit auf bei den Dienstleistern anfallende risikorelevante Informationen zurückgreifen.[100]

Insgesamt bestätigen auch diese beiden aktuellen Studien, dass das Risikomanagement aus professionell agierenden Unternehmen der Immobilienwirtschaft zwar nicht mehr wegzudenken ist, das hierbei aber gleichzeitig noch erheblicher Nachholbedarf in Bezug auf die eingesetzten Methoden und Verfahren besteht.

1.7 Zusammenfassende Betrachtung

In Deutschland fand in den letzten Jahren ein tiefgreifender Umbruch in der Immobilienbranche statt. War es in den Jahrzehnten nach dem zweiten Weltkrieg eine eiserne Regel, dass Immobilien ohne viel Zutun und ohne allzu großes Risiko aufgrund des stetig vorhandenen Nachfrageüberschusses eine angemessene Rendite abwerfen, hat sich die Lage inzwischen doch erheblich gewandelt. Mittlerweile gelten die Wohnungsmärkte in Deutschland als überwiegend ausgeglichen, weswegen sich der Staat teilweise aus seiner Verantwortung für die Wohnraumversorgung zurückgezogen hat. Die Wohnungsunternehmen sind nun gezwungen, sich im Wettbewerb unternehmerisch zu behaupten, und sehen sich gleichzeitig gestiegenen Anforderungen der Eigentümer an ihren wirtschaftlichen Erfolg ausgesetzt, wobei unbeachtlich ist, ob es sich bei dem Eigentümer um die öffentliche Hand, ein Unternehmen oder einen Finanzinvestor handelt. Ähnlich sieht die Lage bei institutionellen Immobilieninvestoren aus.
Hierdurch werden die Unternehmen dazu gezwungen, professioneller als bisher zu agieren. Verschärfend wirken außerdem die stärker am Risiko orientierte Bepreisung von Krediten im Zuge der Umsetzung

[100] 17 Unternehmen verfügen über kompatible Systeme, 28 nicht. Die verbleibenden 5 Investoren arbeiten im Asset Management nicht mit externen Dienstleistern zusammen. Vgl. Donner 2009a, S. 79.

von Basel II sowie Anforderungen des Gesetzgebers an eine präventive Abwehr von Gefahren. Daher ist festzustellen, dass es sich kaum ein Unternehmen der Wohnungs- und Immobilienwirtschaft noch leisten kann, sich nicht im Rahmen eines Risikomanagements mit dem Thema „Risiko" permanent auseinanderzusetzen, wobei derzeit aber noch zum Teil erheblicher Nachholbedarf in Bezug auf die verwendeten Instrumente und Verfahren besteht.

2 Stand der Forschung zum Immobilien-Risikomanagement

Nachdem im vorangegangenen Abschnitt ausführlich auf die Bedeutung des Risikomanagements in Immobilienunternehmen eingegeangen wurde, soll hier der Stand der Forschung in diesem Bereich kurz skizziert werden.

Wie bereits angeklungen ist, bewegt man sich in diesem Bereich zwar auf einem stark wachsenden, aber dennoch überaus niedrigen Niveau. Zwar haben die tiefgreifenden Veränderungen der letzten Jahre zu einer wahren Flut an Veröffentlichungen in diesem Bereich geführt, allerdings fehlt es immer noch an einem allgemeinen Rahmen zur Einordnung der einzelnen Beiträge. Ursache hierfür ist im wesentlichen, dass sich der Blickwinkel der einzelnen Autoren hinsichtlich ihres beruflichen Hintergrunds, der Zielgruppe der Publikation und des behandelten Problemfelds stark unterscheidet.

Hierbei ist hinsichtlich der Zielgruppe der jeweiligen Publikation zunächst zwischen einer praxisnahen und einer eher wissenschaftlichen Ausrichtung zu unterscheiden, wobei es einen Zwischenbereich der zwar ambitionierten, aber dennoch praxistauglichen Ansätze gibt. In den praxisnah gehaltenen Beiträgen dominieren bei den Methoden eher robuste Heuristiken der Risikoerkennung, Vermeidung und Versicherung sowie qualitative Methoden der Risikobeurteilung, während die ambitionierteren Beiträge an einer Übertragung von quantitativen Methoden mit Ursprung im finanzwirtschaftlichen Risikomanagement auf die Immobilienwirtschaft arbeiten. Teilweise beziehen diese Beiträge auch Korrelationen von Risiken mit in ihre Betrachtung ein oder berücksichtigen neben Risiken des einzelnen Objekts auch Portfoliorisiken oder operationelle Risiken[101]. Die Phalanx der wissenschaftlichen Auseinandersetzung mit dem Immobilien-Risikomanagement setzt sich schließlich mit Fragen eines unternehmensweiten Risikomanagements, welches Risiken über verschiedene Assetklassen hinweg integriert und auch den Faktor Mensch berücksichtigt, auseinander.[102] Die folgende Abbildung stellt den Zusammenhang zwischen den verschiedenen Komplexitätsstufen des Risikomanagements nochmals grafisch dar.

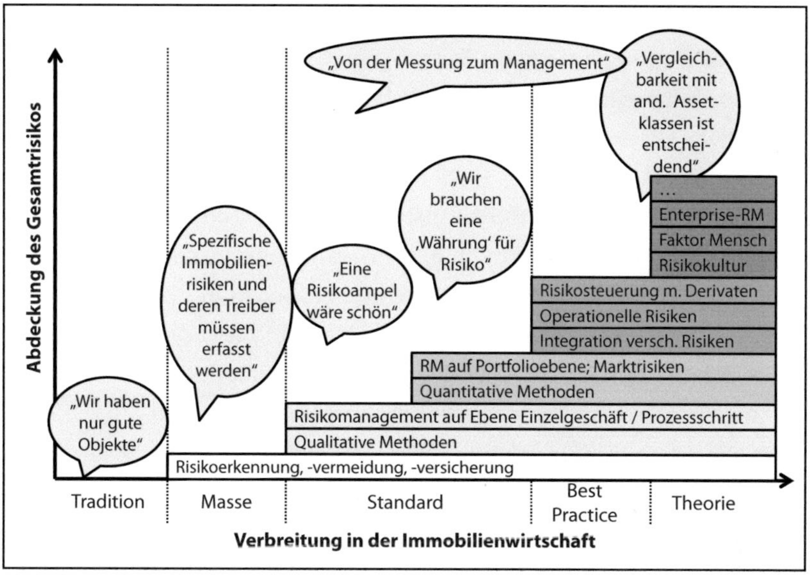

Abb. 3: *Stufen der Komplexität des Immobilien-Risikomanagements. (Eigene Darstellung in Anlehnung an Lausberg 25.11.2008 und Schnarr, Hölzer 25.11.2008).*

Neben der Zielgruppe unterscheiden sich die Beiträge stark nach behandeltem Problemfeld. Man kann hier nach den Gruppen

» Immobilien-Risikomanagement im allgemeinen,

» Risikomanagement in Wohnungsunternehmen,

101 Operationelles Risiko ist die Gefahr von Verlusten in Folge der Unangemessenheit oder des Versagens unternehmensinterner Verfahren, Menschen oder Systemen bzw. in Folge externer Ereignisse, beispielsweise durch Naturereignisse, politische Risiken oder auch externe Dienstleister. Vgl. Romeike 2004, S. 88.

102 Vgl. Lausberg 25.11.2008, S. 13–15, ähnlich bei Schnarr, Hölzer Klaus 25.11.2008, S. 7.

» Immobilien-Portfoliomanagement,
» Risikomanagement bei Public-Private-Partnerschip-Projekten (PPP),
» Risikobeurteilung aus Sicht finanzierender Banken und aus Sicht des Ratings,
» Risikobeurteilung direkter Immobilieninvestitionen,
» Risiken im Facility Management,
» Risikomanagement bei der Projektentwicklung,
» Risiken im Rahmen von Bauprojekten,
» Lehrbücher und Standardwerke zur Immobilienwirtschaft,
» sowie allgemeines Risikomanagement ohne speziellen Branchenbezug

unterscheiden. Hierbei stechen insbesondere die Bereiche Portfoliomanagement, Rating aus Sicht von Fremdkapitalgebern, direkte Immobilieninvestments und Projektentwicklung hervor, da in diesen Bereichen bereits eine Menge Publikationen erschienen sind und die wissenschaftliche Debatte dementsprechend weit fortgeschritten ist. Dies mag seine Ursache vornehmlich darin haben, dass Risiken in diesen Bereichen eine besondere Rolle spielen.

Im Immobilienportfoliomanagement ist das Risiko eine zentrale Steuerungsgröße[103], weswegen dessen Bewertung in Beiträgen dieser Gruppe entsprechend umfangreich behandelt wird.[104]
Der Bereich der Risikobeurteilung aus Sicht von Fremdkapitalgebern ist unter anderem deshalb so stark vertreten, da hier die möglichst genaue Beurteilung des Ausfallrisikos eines Kredits einen strategischen

103 Vgl. Wellner 2003, S. 1–7.

104 Es lässt sich darüber streiten, ob das Risikomanagement einen Teil des Portfoliomanagements darstellt oder umgekehrt, wobei im Rahmen dieser Arbeit eher die letztere Position eingenommen wird. Dies ist dadurch begründet, dass das Portfoliomanagement lediglich Risiken des Immobilienbestands erfasst, in manchen Systemen auch nur auf Ebene des Einzelobjekts (vgl. z.B. Bone-Winkel 1994 oder Kook, Sydow 2003), wohingegen das Risikomanagement darüber hinaus auch allgemeine Unternehmensrisiken mit einbeziehen sollte (vgl. hierzu auch das folgende Kapitel C).

Wettbewerbsvorteil darstellt.[105] Des Weiteren ist der Bankensektor, dem das Gros der Fremdkapitalgeber zuzurechnen ist, hinsichtlich des Risikomanagements traditionell sehr stark reguliert,[106] womit ebenfalls ein hoher Standard der verwendeten Verfahren einhergeht, nicht zu vergessen die lange Tradition der wissenschaftlichen Auseinandersetzung mit finanzwirtschaftlichen Risiken.[107] Anzumerken ist allerdings, dass Beiträge in diesem Bereich selten auf den umfassenden Risikobegriff im Sinne von Chancen und Risiken abstellen, sonden im Wesentlichen Ausfallrisiken betrachten,[108] was deren Aussagekraft zu Fragen des Risikomanagements in Immobilienunternehmen etwas schmälert.
Auch bei direkten Immobilieninvestitionen und bei der Projektentwicklung[109] entscheidet der Umgang mit den hiermit verbundenen erheblichen Risiken wesentlich über den Erfolg der Investition,[110] was auch in diesen Bereichen die intensive Auseinandersetzung mit dem Risikomanagement in der Literatur erklärt. Allerdings ist anzumerken, dass sich die Betrachtungen zur Immobilien-Projektentwicklung einerseits stark auf die mit der Erstellung einzelner Gebäude verbundenen Risiken, wie z. B. Boden- und Baugrundrisiken oder Risiken für die mittelfristige (Erst-) Vermarktung des fertiggestellten Gebäudes, beziehen, und sich andererseits die Literatur in diesem Bereich verstärkt an Praktiker richtet, weswegen moderne und damit ggf. komplexe Verfahren hierin eher selten Eingang finden.[111] Etwas anders sieht die Situation bei direkten

---

105 Vgl. Beinert 2003, S. 30–31.

106 Stichworte sind beispielsweise Basel II (vgl. Basler Ausschuss für Bankenaufsicht 2004; Bank für internationalen Zahlungsausgleich 2006) oder die Mindestanforderungen an das Risikomanagement der Bundesanstalt für Finanzdienstleistungsaufsicht (vgl. MaRisk).

107 Vgl. Beinert 2003, S. 30–31.

108 Vgl. hierzu auch die Ausführungen zum Risikobegriff im folgenden Abschnitt.

109 Streng genommen handelt es sich bei der Immobilien-Projektentwicklung ebenfalls um eine direkte Immobilieninvestition, allerdings verbunden mit der Errichtung oder Umnutzung einer Immobilie. Vgl. zur Definition des Begriffs auch Diederichs 1996.

110 Vgl. u. a. Pfnür, Armonat April 2001, S. 15–17; Wüstefeld 2000, S. 109-100 und 170; Diederichs 1996, S. 43; Alda, Hirschner 2007, S. 91–92; Dietrich 2005, S. 155–158.

111 Eine erwähnenswerte Ausnahme stellt die Arbeit von Wiedenmann 2005 dar.

Immobilieninvestments aus. Da die Autoren der Beiträge hier oftmals einen finanzwirtschaftlichen Hintergrund haben, bzw. diese oft auch den Blickwinkel eines institutionellen Investors einnehmen, wird hierin häufiger auch auf quantitative Methoden des Risikomanagements eingegangen.[112]

In den Veröffentlichungen zum allgemeinen Immobilien-Risikomanagement beschränken sich die Darstellungen zum allgemeinen Teil meist auf eine Beschreibung des Risikomanagementzyklus, bevor sie zu einer Behandlung von eher speziellen Problemen übergehen.[113] Die Zahl der Beiträge zum Risikomanagement in Wohnungsunternehmen ist nach derzeitigem Stand recht gering, wobei sich diese eher mit speziellen Fragestellungen wie der Insolvenzvorsorge[114] bzw. dem Controlling in Wohnungsunternehmen[115] auseinandersetzen.
Der Bereich des Risikomanagements bei PPP-Projekten ist aus Sicht des Risikomanagements von Immobilienunternehmen eher ein Randgebiet, da es hierbei sehr stark um die vertragliche Verteilung der Risiken auf den privaten und den öffentlichen Partner geht.[116] Dennoch liefert die Literatur zu Risiken in PPP einen wertvollen Beitrag zum Immobilien-Risikomanagement, da es hier von wesentlicher Bedeutung ist, die Risi-

112 Siehe z.B. Wüstefeld 2000 oder Baumeister 2004. Hervorzuheben ist in diesem Zusammenhang auch die empirische Arbeit von Kurzrock 2007 zu Einflussfaktoren auf die Immobilienperformance.

113 Die umfangreichste Darstellung in diesem Bereich liefern Maier et al. 2007, die nach einer allgemeinen Einführung zum Risiko und Risikomanagement sowie einer Darstellung der Risikopotentiale verschiedener Arten von Immobilien und Immobilieninvestitionen detailliert auf das Management verschiedener Risikogruppen eingehen, z. B. auf Risiken der Finanzierung, des Konjunkturrisikos, Bewertungsrisiken oder Cash-Flow-Risiken. Leider geht durch diese Aufteilung und dadurch, dass die einzelnen Beiträge von verschiedenen Autoren beigesteuert wurden, etwas der Blick für die Zusammenhänge verloren. Ähnlich verhält es sich bei Lutz et al. 2004. Der Beitrag von Gondring 2007 schließlich beschränkt sich sehr stark auf die Messung von Risiken nach verschiedensten Verfahren, ohne jedoch beim Leser ein Gespür für die dahinterstehenden Zusammenhänge und Abläufe im Sinne einer Risikokultur im Unternehmen zu entwickeln.

114 Vgl. GdW - Bundesverband Deutscher Wohnungsunternehmen 2003.

115 Vgl. GdW - Bundesverband Deutscher Wohnungsunternehmen 2000.

116 Vgl. hierzu auch Arbeitskreis PPP im Management öffentlicher Immobilien im BPPP e.V. 2006, S. 14.

ken des gesamten Gebäudelebenszyklus bereits bei der Ausschreibung bzw. bei der Angebotsabgabe zu kennen und bewerten zu können,[117] was zu einer ganzheitlichen Sichtweise beiträgt. Vergleichbar ist die Situation bei Risiken im Facility Management, da hier ebenfalls bisher nur vergleichsweise wenige Beiträge erschienen sind und ebenso ein Schwerpunkt auf der ganzheitlichen Betrachtung des gesamten Immobilien-Lebenszyklus liegt.[118] Hierdurch kann das Immobilien-Risikomanagement aus Sicht des Facility Managements einen interessanten Beitrag zu Risiken insbesondere der Nutzungsphase sowie deren Verbindungen zu anderen Phasen des Lebenszyklus leisten.
Zum Management von Risiken im Rahmen von Baumaßnahmen sind bereits einige Veröffentlichungen erschienen, die meisten im Bereich der Baubetriebslehre. Ihre Aussagekraft bezüglich des Risikomanagements von Immobilienunternehmen ist hier eher gering anzusehen, da Risiken im Zusammenhang mit Bautätigkeit aus Sicht dieser Akteure[119] eine eher untergeordnete Rolle spielen. Dennoch vervollständigen sie das Bild im Hinblick auf eine umfassende Bewertung und Steuerung von Risiken in der Immobilienwirtschaft.
In Lehrbüchern und Standardwerken zur Immobilienwirtschaft spielt das Thema Risikomanagement insofern bisher nur eine untergeordnete Rolle, als dass diesem Thema für gewöhnlich kein eigenes Kapitel gewidmet wird. Andererseits finden sich bei verschiedenen Themengebieten, zum Beispiel im Bereich Immobilienmarkt und Marktmechanismen, Hinweise auf Risiken, und es werden wichtige Hintergrundinformationen zu Wirkungszusammenhängen gegeben. Insofern spielen die Standardwerke eine wichtige Rolle als Grundlagen- und Nachschlagewerke, auch wenn sie das Thema Risikomanagement allenfalls indirekt behandeln.

---

117 Vgl. Arbeitskreis PPP im Management öffentlicher Immobilien im BPPP e.V. 2006, S. 3–4.

118 Vgl. Krimmling 2005, S. 30; Lützkendorf, Urschel 2007.

119 Betrachtet man das Risikomanagement von Projektentwicklern, stellt sich die Lage bereits wieder etwas anders dar.

Schließlich kann auch die Literatur zum Risikomanagement ohne einen speziellen Branchenbezug einen Beitrag zum Immobilien-Risikomanagement leisten, da auch bei einer Übertragung auf den Spezialfall Immobilienwirtschaft viele grundlegende Aussagen ihre Gültigkeit behalten. Dies betrifft vor allem den Risikomanagement-Prozess, die Implementierung im Unternehmen, verschiedene Methoden und Werkzeuge des Risikomanagements sowie weitestgehend die Aussagen zum allgemeinen Unternehmensrisiko. Eingeschränkt können zusätzlich die Hinweise von Risiken aus dem Bereich der Finanzierung auf die Immobilienwirtschaft übertragen werden. Insgesamt erscheint es sinnvoll, neben den Beiträgen zum Immobilien-Risikomanagement auch auf die – deutlich umfangreichere – Literatur zum allgemeinen Risikomanagement zurückzugreifen.

Die folgende Tabelle gibt einen Überblick zu verschiedenen Beiträgen zum Immobilien-Risikomanagement und zu deren thematischer Ausrichtung. Der Begriff der Komplexität des gewählten Ansatzes umfasst dabei mehrere weiche Kriterien. Hierzu zählt insbesondere, ob auf einfache, bewährte Heuristiken zurückgegriffen oder ob ein wissenschaftlich fundierter Ansatz gewählt wird. Daneben fließen auch Aspekte wie Praxistauglichkeit und Vollständigkeit der Darstellung in die Einordnung ein.[120]

[120] Mit der Einordnung nach der Komplexität der in dem jeweiligen Beitrag diskutierten Ansätze ist keinerlei Wertung der geistigen bzw. schöpferischen Höhe der Publikation verbunden. Auch sei angemerkt, dass sich ein Vergleich bisweilen schwierig gestaltet, z. B. bei einem Vergleich empirischer und theoretischer Arbeiten. Diese Einordnung ist also nur als grobe Tendenz zu sehen.

	Komplexität der gewählten Ansätze →				
Allgemeines Immobilien-RM		Lutz et al. 2004; Gondring 2007	Maier et al. 2007		
RM im Wohnungsunternehmen	GdW - Bundesverband Deutscher Wohnungsunternehmen 2000; GdW - Bundesverband Deutscher Wohnungsunternehmen 2003				
Portfoliomanagement		Bone-Winkel 1994; Kook, Sydow 2003; Enseling 21.02.2006; Allendorf, Kurzrock 2007; Beyerle 2003	Wellner 2003; Thomas, Wellner 2007; Bender 2007	Gleißner 2004	Stengel 2003
Rating	Reip 2003; Klinger et al. 2003	Trotz 2004; Lange 2005; Link 2006; Bundesverband öffentlicher Banken e.V. (VÖB) 2006	Lausberg 2001; Jedem 2006	Mönke 2002	
direkte Immobilieninvestments		Pfnür, Armonat April 2001	Kurzrock 2007	Wüstefeld 2000; Armonat 2006	Baumeister 2004
PPP		Arbeitskreis PPP im Management öffentlicher Immobilien im BPPP e.V. 2006; Weber et al. 2006		Gürtler 2007	
Facility Management	Knuf 2004				

	Komplexität der gewählten Ansätze →				
Projektentwicklung	Diederichs 1996; Bone-Winkel 1996; Isenhöfer, Väth 2000; Dietrich 2005; Alda, Hirschner 2007			Wiedenmann 2005	
Bauprojekte				Nemuth 2006; Girmscheid, Busch 2008a, Girmscheid, Busch 2008b	
Standardwerke zur Immobilienwirtschaft	Brauer 2001; Gondring 2004; Kühne-Büning et al. 2005; Kippes, Sailer 2005; Bach et al. 2005; Murfeld 2006; Viering, Liebchen 2007				
Allgemeines Risikomanagement	Romeike 2004	Wolf, Runzheimer 2003; Füser, Heidusch 2003; Schmitz, Wehrheim 2006	Gleißner, Romeike 2005	Schröder 2005; Finke 2005; Romeike 2005; Deutsche Gesellschaft für Risikomanagement 2008; Wolke 2008	Winter 2007

Tab. 1: *Übersicht ausgewählter Quellen zum Immobilien-Risikomanagement. (Eigene Darstellung).*

Trotz ihres Umfangs erhebt diese Darstellung keinerlei Anspruch auf Vollständigkeit, insbesondere die Rand- und Nebengebiete aus Sicht des Risikomanagements von Immobilienunternehmen betreffend. Dennoch liefert sie nach Auffassung des Verfassers ein repräsentatives Bild des derzeitigen Stands der Forschung im Immobilien-Risikomanagement.

Zusammenfassend ist festzustellen, dass in den letzten Jahren eine Vielzahl an Beiträgen erschienen ist, die sich mit dem Risikomanagement im Immobilienbereich im weitesten Sinne beschäftigen. Bei genauerer

Betrachtung zeigt sich aber, dass es einerseits an Beiträgen mangelt, welche die verschiedenen Entwicklungspfade zusammenfassen und integrieren, und dass andererseits insbesondere bei den komplexen Verfahren noch erheblicher Aufholbedarf besteht. Am ehesten können die Bereiche Portfoliomanagement, Risikobeurteilung aus Sicht von Banken und Rating, sowie (was durchaus überrascht) Bauprojektmanagement als entwickelt bezeichnet werden.

3 Das Risikomanagement im Allgemeinen

In diesem Abschnitt erfolgt eine kurze Einführung in die Grundlagen des Risikomanagements, unabhängig von der Anwendung im Bereich immobilienwirtschaftlicher Fragestellungen. Hierfür wird zunächst auf verschiedene Definitionen des Begriffs „Risiko" eingegangen. Anschließend werden verschiedene Modelle des Risikomanagement-Prozesses mit ihrem Ablauf erläutert und schließlich daraus ein Prozessmodell ausgewählt, welches als Basis der weiteren Überlegungen im Rahmen dieser Arbeit dienen soll.

3.1 Definition des Begriffs Risiko

Der Begriff des Risikos leitet sich aus dem frühitalienischen Wort ris(i)co ab, welches für eine zu umschiffende Klippe steht.[121]

Generell kann ein Risiko als das Gegenteil von Sicherheit gesehen werden. Bei einer Entscheidung unter Sicherheit treten die Ergebnisse der Handlungsalternativen mit einer Wahrscheinlichkeit von 1,0 ein, also kann jeder Entscheidung ein sicherer Wert zugeordnet werden.
Bei einer Entscheidung unter Unsicherheit, sozusagen dem Normalfall, lassen sich die Ergebnisse verschiedener Handlungsmöglichkeiten nicht mit absoluter Gewissheit[122] vorhersagen. Unsicherheit (auch Risiko im weitesten Sinne) bedeutet somit, dass aufgrund einer unvollkommenen Informationslage über das Eintreten künftiger Umweltzustände oder mangelhafter Kenntnis des Entscheidungsträgers eine Abweichung des Ergebnisses vom erwarteten Referenzwert möglich ist. Entscheidungen unter Unsicherheit lassen sich weiter in Entscheidungen unter Risiko im eigentlichen Sinne und Entscheidungen unter Ungewissheit (Wagnis) gliedern. Eine Risikosituation liegt vor, wenn der Entscheidungsträger Angaben über die Wahrscheinlichkeiten für das Eintreten bestimmter Umweltsituationen treffen kann. Liegen hierzu mathematisch-statistische Wahrscheinlichkeiten vor, spricht man von objektiven Wahrscheinlichkeiten, bei Werten, die auf der Erfahrung oder den besonderen Kenntnissen des Entscheidungsträgers beruhen, von subjektiven Wahrscheinlichkeiten. Können weder objektive noch subjektive Wahrscheinlichkeiten angegeben werden, handelt es sich um eine Entscheidung unter Ungewissheit oder, anders ausgedrückt, um ein unberechenbares Wagnis.[123]

---

121 Vgl. Romeike o. J., http://www.risknet.de.

122 Dieser Fall entspricht einer Wahrscheinlichkeit von 1 oder 0.

123 Vgl. Maier et al. 2007, S. 6–7.

Folgt man dieser Sichtweise ist ein Risiko also eine Situation, in der ein zukünftiger Umweltzustand nicht mit absoluter Gewissheit vorhergesagt werden kann. Der tatsächlich eintretende Zustand kann dabei sowohl schlechter, aber auch besser ausfallen als der erwartete.
Risiko ist somit ein bipolares Phänomen, was zwar einerseits Gefahren birgt, andererseits aber auch Chancen bereithält. Maier et al. sehen daher das Risiko als einen Produktionsfaktor an, dessen Einsatz durch eine Risikoprämie entlohnt wird. Eine Nullrisiko-Strategie, also das Vermeiden jeden Risikos, würde ihrer Meinung nach einen Stillstand bewirken, der in einer sich weiterentwickelnden Umwelt mit einem Rückschritt gleichzusetzen sei.[124]

Dennoch vertreten viele Autoren die Ansicht, dass bei der Betrachtung von Risiken in der Betriebswirtschaftslehre vor allem die Abwehr von Gefahren und die Begrenzung von Verlusten im Vordergrund steht. Romeike definiert Risiko allgemein als „die Möglichkeit eines Schadens oder Verlustes als Konsequenz eines bestimmten Verhaltens oder Geschehens" in Gefahrensituationen, in denen nachteilige Folgen eintreten können, aber nicht müssen.[125] Auch das Gesetz zur Kontrolle und Transparenz im Unternehmensbereich (KonTraG) schließt sich mit seinem Risikoverständnis dieser Haltung an, indem es sowohl vom Wortlaut als auch von seinem Sinnzusammenhang eindeutig auf den einseitigen, nur die Verlustmöglichkeit berücksichtigenden Gefahr-Begriff abstellt.[126] Eine solche Sichtweise blendet zwar einen wesentlichen Teil unternehmerischen Risikomanagements aus,[127] macht aber unter bestimmten Umständen durchaus Sinn: zum einen bergen manche Risiken ausschließlich Verlustpotentiale,[128] aber keine Chancen, und zum anderen ist die spezifische Sichtweise des jeweils betrachteten Akteurs

124 Vgl. Maier et al. 2007, S. 2–3.

125 Vgl. Romeike 2004, S. 102.

126 Vgl. Huther 2003, S. 17. Das KonTraG wurde im Rahmen dieser Arbeit bereits ausführlich dargestellt.

127 Vgl. Pöschl 2004, S. 77.

128 Dies sind dann so genannte „eindimensional negative Risiken", wie zum Beispiel das Risiko von Elementarschäden. Vgl. Maier et al. 2007, S. 10–13.

mit einzubeziehen. Für Fremdkapitalgeber beispielsweise, die zwar zu einem gewissen Teil Verlustrisiken tragen, allerdings an unerwarteten Gewinnen nicht partizipieren,[129] ist es durchaus sinnvoll, die Risikosituation eines Kreditnehmers ausschließlich auf die Wahrscheinlichkeit des Ausfalls der Forderungen hin zu untersuchen.

Da insbesondere das Standort- und Marktrisiko, welches in der Immobilienwirtschaft zweifelsohne ein bedeutendes Risiko darstellt, sowohl Gefahren als auch Chancen birgt,[130] kann eine Arbeit zum Risikomanagement in Immobilienunternehmen grundsätzlich nicht nur auf die Untersuchung von Verlustrisiken beschränkt bleiben. Daher soll Risiko im Folgenden grundsätzlich als zweidimensionales Phänomen begriffen und untersucht werden, es sei denn es handelt sich ausdrücklich um den Sonderfall eines eindimensionalen Risikos.

3.2 Risikomanagement

Der Begriff Risikomanagement ist in der betriebswirtschaftlichen Literatur nicht einheitlich definiert. Häufig wird er als Sammelbezeichnung für alle risikobezogenen Überlegungen und Prozesse in einem Unternehmen verwendet.[131]

Management ist ein Prozess, der verschiedene Ressourcen in einer Organisation zielgerichtet einsetzt, um ein Ziel zu erreichen oder eine Aufgabe zu erfüllen.[132] Dementsprechend wird im Rahmen der vorliegen-

[129] Fremdkapitalgeber erhalten, solange der Schuldner nicht insolvent ist, in ihrer Höhe bereits bei Aufnahme des Fremdkapitals vereinbarte Zins- und Tilgungsleistungen. Insofern spielt es keine Rolle, ob der Schuldner hohe oder niedrige Gewinne erzielt. Wird der Schuldner jedoch insolvent ist auch der Gläubiger betroffen und muss ggf. auf einen Teil seiner Forderungen verzichten. Insofern ist auch er von Verlustgefahren betroffen (vgl. zur Zahlungsstruktur von Eigen- und Fremdkapital auch Kruschwitz 1999, S. 224–226).

[130] Vgl. Maier et al. 2007, S. 11.

[131] Vgl. Maier et al. 2007, S. 15.

[132] Vgl. Hitt et al. 2005, S. 8.

den Arbeit unter Risikomanagement die aktive Planung, Steuerung und Kontrolle sowohl einzelner Risiken als auch der Risikoposition des Gesamtunternehmens verstanden.[133] Ziele des Risikomanagements sind dabei unter anderem:

» die Reduktion der Schwankung von Zahlungsströmen und Gewinnen mit ihren positiven Nebenwirkungen,[134]
» die optimale Nutzung des zur Verfügung stehenden Kapitals, sowie die Maximierung der Eigenkapitalrendite bezogen auf das gewählte Risikolevel[135]
» und die Sicherung des Bestands der Unternehmung.[136]

3.3 Der Risikomanagement-Prozess

Verschiedene Autoren[137] haben in der Vergangenheit eine Vielzahl von Modellen des Risikomanagementprozesses entwickelt, die zwar einige wesentliche Gemeinsamkeiten aufweisen, sich aber dennoch in Details unterscheiden. Allen Modellen gemeinsam ist, dass das Risikomanagement eine dauernde Aufgabe innerhalb des Unternehmens, dargestellt durch einen sich ständig wiederholenden Zyklus,[138] ist.[139] Des Weiteren ähneln sich die im Rahmen dieses Zyklus zu erledigenden Aufgaben. Einige dieser Modelle sollen im Folgenden exemplarisch vorgestellt werden.

---

133 Vgl. Wüstefeld 2000, S. 292; Maier et al. 2007, S. 15–16.

134 Vgl. Gleißner, Romeike 2005, S. 28–29.

135 Vgl. Wüstefeld 2000, S. 292.

136 Vgl. AktG, §§ 91 Abs. 2.

137 Vgl. beispielsweise Bradler 2004; Klaproth 2004; Romeike 2005; Schröder 2005; Maier et al. 2007.

138 Damit ähnelt der Risikomanagementprozess anderen Managementprozessen, wie beispielsweise dem Qualitätsmanagementprozess, der auf dem sog. Deming-Zyklus basiert. Vgl. Walton 1988.

139 Vgl. Beinert 2003, S. 26–27.

3.3.1 Der Risikomanagementprozess nach Maier et al. 2007

Maier et al. entwickeln ein Risikomanagement-Prozessmodell mit drei aufeinander folgenden Phasen.

Der Prozess beginnt mit der Risikoanalyse, welche die Identifikation der für das Unternehmen relevanten Risiken, deren Klassifikation und Bewertung, sowie die Ermittlung der Risikobereitschaft und der Risikotragfähigkeit der Organisation umfasst.

Im Rahmen der zweiten Phase, der Risikopolitik, werden die im Rahmen der Analyse als relevant erachteten Risiken mit Hilfe risikopolitischer Instrumente gesteuert. Das Spektrum reicht hierbei von einer vollkommenen Risikovermeidung[140] bis hin zu einer vollständigen Übernahme von Risiken.

Die dritte Phase, die Risikokontrolle, dient der Überwachung und Dokumentation der risikopolitischen Instrumente im Hinblick auf ihre Effizienz und Effektivität. Des Weiteren zählt auch die Analyse der Beziehungen zwischen Einzelrisiken, wie etwa das Erkennen kumulativer oder kompensatorischer Effekte, zu den Aufgaben der Risikokontrolle.[141]

---

140 Dieser Zustand ist jedoch kaum zu erreichen.

141 Vgl. Maier et al. 2007, S. 15–22.

3.3.2 Der Risikomanagementprozess nach Klaproth 2004

Im Gegensatz zum dreistufigen Risikomanagementprozess nach Maier et al. handelt es sich hierbei um einen vierstufigen Prozess, wie er sich in ähnlicher Form häufiger in der Literatur zum Risikomanagement findet.[142] Der gesamte Prozess läuft vor dem Hintergrund einer allgemeinen Risikostrategie des Unternehmens ab.[143]

Der Prozess beginnt mit der Identifikation der Risiken. Hierbei sollte darauf geachtet werden, dass alle Risiken aufgedeckt werden, die vorliegenden Informationen aktuell sind und die Überlegungen zum Risikomanagement auf keine Widerstände im Unternehmen stoßen.[144]
In der zweiten Phase, der Risikobewertung, erfolgt die Umsetzung der identifizierten Risiken in eine quantifizierbare Form mit dem Ziel, die Bedeutung der einzelnen Risiken beurteilen zu können. Hierbei steht insbesondere die Frage im Mittelpunkt, ob es sich bei einem Risiko um ein bestandsgefährdendes Risiko handelt, bzw. ob ein solches durch Zusammenwirken mehrerer kleinerer Risiken entstehen kann. Schließlich sind die Risiken hinsichtlich ihrer Bedeutung zu klassifizieren.[145]
Im Rahmen der Risikohandhabung, der dritten Phase des Risikomanagementprozesses, können nun auf Basis der Erkenntnisse aus den ersten beiden Phasen Steuerungsmaßnahmen eingeleitet werden, die geeignet sind, die Risiken zu beeinflussen.[146]

142 Ein sehr ähnliches Risikomanagement-Prozessmodell entwickelt Pöschl 2004. Die Autorin bezeichnet die Phasen als Risikoidentifizierung, Risikoanalyse und –bewertung, Risikosteuerung sowie Risikocontrolling (vgl. Pöschl 2004, S. 84–94). Weitere ähnliche Risikomanagement-Prozessmodelle finden sich außerdem bei Beinert 2003, S. 26–29 und Nemuth 2006, S. 9–15.

143 Vgl. Klaproth 2004, S. 50–51.

144 Vgl. Klaproth 2004, S. 53–56.

145 Vgl. Klaproth 2004, S. 57.

146 Vgl. Klaproth 2004, S. 58.

Die vierte Phase, das Risiocontrolling, hat schließlich die Aufgabe, risikorelevante Informationen bereitzustellen und dadurch ständig die Wirksamkeit der Risikohandhabung in Übereinstimmung mit den Vorgaben der Risikostrategie sicherzustellen. Dies setzt die Messung, die kontinuierliche Erfassung von Risikoveränderungen, die Analyse von Verlustpotentialen sowie eine geeignete Berichterstattung voraus.[147]

3.3.3 Weitere Risikomanagement-Prozessmodelle

Das Risikomanagement-Prozessmodell nach Romeike ist zwar ebenfalls in vier Phasen gegliedert, jedoch sind die einzelnen Aufgaben leicht abweichend zugeordnet: der Prozess beginnt hier mit einer Phase des strategischen Risikomanagements, in der zum einen die Risikopolitik des Unternehmens festgelegt wird, und zum anderen organisatorische Regelungen getroffen werden. Hieran schließt sich in der zweiten Phase die systematische Risikoidentifikation an, gefolgt von der dritten Phase mit Risikobewertung und –aggregation. In der vierten Phase werden die Risikosteuerung und –kontrolle zusammengefasst.[148]

Bradler hingegen entwickelt ein sechsstufiges Risikomanagement-Prozessmodell mit einem besonderen Augenmerk auf das Management nutzungsspezifischer Risiken. Hier ist die erste Phase der Identifikation der Risiken, denen eine Kommune[149] ausgesetzt ist, gewidmet. In der zweiten Phase werden die Risiken nach Eintrittswahrscheinlichkeit und Auswirkung bewertet, gefolgt von der Risikosteuerung in der dritten Phase. Abweichend von den bisher behandelten Modellen dient die vierte Phase der Frage, wie die Risiken bzw. die Steuerungsmaßnahmen finanziert werden sollen. Die fünfte Phase beinhaltet die Dokumentati-

147 Vgl. Klaproth 2004, S. 58.

148 Vgl. Romeike 2005, S. 26.

149 Der Beitrag beschreibt das Risikomanagement aus Sicht eines kommunalen Gebäudemanagements.

on, bei der ein Zustandsbericht mit einem Katalog mittelfristiger Maßnahmen erstellt wird, und die sechste Phase die Risikostrategie mit der Risikokommunikation und dem Reporting.[150]

Als letzte Variante von Risikomanagement-Prozessmodellen soll das nach Schröder vorgestellt werden. Dieses hat fünf Phasen und beginnt mit der Formulierung bzw. der Revision des Zielsystems. Diese erste Phase gilt der Suche und Auswahl der mit dem Risikomanagement verfolgten Ziele sowie deren Definition und Präzisierung. In einer zweiten Phase sollen nun diejenigen Risiken identifiziert werden, die Risikopotentiale für das Unternehmen beinhalten. Die dritte Phase wiederum ist der Risikobewertung gewidmet, gefolgt von der Risikosteuerung in der vierten Phase. Die fünfte und letzte Phase, bevor der Kreislauf wieder von neuem beginnt, ist die Risikoüberwachung. Besonders zu erwähnen ist bei diesem Risikomanagement-Modell die Tatsache, dass es mit dem Ziel, zusätzlich auch Abhängigkeiten zwischen den einzelnen Risiken zu berücksichtigen, modifiziert wurde.[151]

3.3.4 Zusammenfassende Bewertung der vorgestellten Risikomanagement-Prozessmodelle

Zusammenfassend ist zu sagen, dass sich die vorgestellten Risikomanagement-Prozessmodelle allenfalls in Details voneinander unterscheiden. Grundsätzlich handelt es sich um eine andauernde Aufgabe innerhalb der Unternehmung, was durch den Kreislauf zum Ausdruck gebracht wird.

Die folgende Tabelle fasst die verschiedenen Risikomanagement-Prozessmodelle zusammen und stellt sie übersichtlich dar.[152]

---

150 Vgl. Bradler 2004, S. 242.

151 Vgl. Schröder 2005, S. 69–72.

152 Anmerkungen zur Tabelle: n.v. bedeutet, dass diese Phase beim jeweiligen Autor nicht erwähnt wird. Bei Klaproth stellt die Risikostrategie die Grundlage des Risikomanagementprozesses dar, ist also keine eigene Phase (vgl. Klaproth 2004, S. 50–51).

	Maier et al. 2007	Klaproth 2004	Romeike 2005	Bradler 2004	Schröder 2005
Risikostrategie	1	allg.	1	6	1
Risikoidentifikation		1	2	1	2
Risikobewertung	2	2	3	2	3
Risikosteuerung	3	3	4	3	4
Risikofinanzierung	n.v.	n.v.	n.v.	4	n.v.
Risikokontrolle	3	4	4	5	5
Risikodokumentation					n.v.

Tab. 2: *Überblick zu verschiedenen Risikomanagement-Prozessmodellen. Die Zahlen geben den Ablauf der Phasen an, n.v. bedeutet, dass die entsprechende Phase in dem Modell nicht betrachtet wird. (Eigene Darstellung).*

Die Autoren gehen allgemein davon aus, dass das betreffende Unternehmen eine Risikostrategie entwickelt hat oder dies im Rahmen des Risikomanagements tut. Die Phasen der Risikoidentifikation, -bewertung, -steuerung und -kontrolle finden sich ausnahmslos in allen betrachteten Risikomanagementprozessmodellen. Teilweise schließt die Risikokontrolle auch die Risikodokumentation mit ein. Diese sollte jedoch nicht einer einzelnen Phase zugeordnet sein, sondern parallel zum Risikomanagementprozess erfolgen. Eine Ausnahme stellt die Risikofinanzierung dar, die lediglich bei Bradler explizit erwähnt wird.

Im Rahmen dieser Arbeit dient das leicht modifizierte Risikomanagement-Prozessmodell nach Klaproth als Basis für weitere Überlegungen: Es umfasst die vier Phasen Risikoidentifikation und -analyse, Risikobewertung, Risikosteuerung und Risikokontrolle. Hierbei wird in Kapitel C und D insbesondere auf die Phase der Risikoerkennung und -analyse, und in Kapitel E auf die Phase der Risikobewertung eingegangen. Das gewählte Prozessmodell ist in der folgenden Abbildung noch einmal grafisch dargestellt.

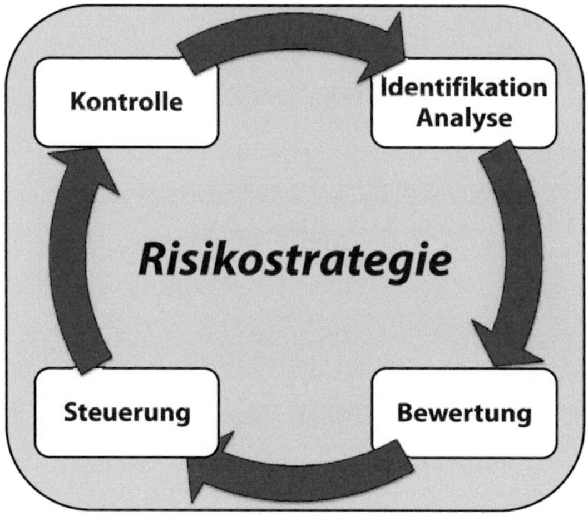

Abb. 4: *Der Regelkreis des Risikomanagements (in Anlehnung an Klaproth 2004, S. 51).*

In dem gewählten Modell beginnt der Risikomanagementprozess mit der Identifikation der Risiken. In einem zweiten Schritt werden die Risiken bewertet. Die dritte Phase widmet sich der Steuerung der als relevant eingestuften Risiken, die vierte der Kontrolle der Effizienz und Effektivität der Steuerungsmaßnahmen. Der gesamte Prozess läuft vor dem Hintergrund und im Einklang mit der zuvor von der Geschäftsleitung für das Unternehmen festgelegten Risikostrategie ab.[153]

153 Vgl. Klaproth 2004, S. 51.

C: Identifikation relevanter Risikofelder und Risiken

1 Risikoerkennung

Der Erkennung möglicher Risiken wird in der Literatur zum Risikomanagement im allgemeinen und auch der Literatur zum Immobilien-Risikomanagement eine hohe Bedeutung beigemessen,[154] da zunächst nur die tatsächlich erkannten Risiken im weiteren Risikomanagementprozess bewertet und gesteuert werden können, und sich daher eine mangelhafte Risikoidentifikation negativ auf die folgenden Phasen des Risikomanagementprozesses auswirkt.[155] Ziel ist hierbei die möglichst vollständige und kontinuierliche Erfassung aller Gefahrenquellen, Störpotentiale und Schadensursachen eines Unternehmens, die sich negativ auf das Erreichen der Unternehmensziele auswirken können.[156]

Die sichere Erkennung aller relevanten Risiken gestaltet sich in Immobilienunternehmen auch deshalb besonders schwierig, weil hier allgemeine wirtschaftliche und operationelle Unternehmensrisiken, wie sie in einer Vielzahl von Branchen auftreten, mit immobilienspezifischen Risiken, die ihren Ursprung in den Besonderheiten des Anlageguts Immobilie haben, zusammentreffen.[157] Hinderlich ist auch die Vielzahl verschiedener Risikosystematiken, die in der Literatur zum Risikoma-

154 Vgl. B-3: Das Risikomanagement im Allgemeinen.

155 Vgl. Wolke 2008, S. 6; Maier et al. 2007, S. 16; Romeike 2005c, S. 18–19.

156 Vgl. Romeike 2005b, S. 18.

157 Vgl. Lausberg 25.11.2008.

nagement kursieren. Dies ist einerseits dem Umstand, dass es sich beim Immobilien-Risikomanagement noch um eine vergleichsweise junge Wissenschaftsdisziplin handelt, und andererseits der bereits erwähnten extrem heterogenen Struktur der in der Immobilienwirtschaft und verbundenen Bereichen tätigen Unternehmen geschuldet. Ziel des folgenden Kapitels ist daher, die verschiedenen Strömungen in der Literatur vorzustellen, aufzugreifen und zu ordnen.

Grundsätzlich ist zwischen Risikokategorien, Einzelrisiken und Risikoindikatoren zu unterscheiden. Bei einer Risikokategorie im Sinne dieser Arbeit handelt es sich um einen Risikobegriff, unter dem mehrere Risiko-Unterkategorien und Einzelrisiken zusammengefasst werden, wie beispielsweise das Mietausfallrisiko, welches das Mieterbonitätsrisiko und das Leerstandrisiko umfasst. Eine saubere Abgrenzung der verschiedenen Risikokategorien ist generell aufgrund der Vielzahl verschiedener Risikosituationen nicht unproblematisch.[158] Hinzu kommt, dass die Abgrenzung zwischen Einzelrisiko und Risikokategorie von der gewünschten Granularität der Betrachtung abhängt – führt man das Beispiel fort, ließe sich das Leerstandrisiko weiter in das Risiko strukturellen Leerstands, Leerstand in Folge von Mieterwechsel und Leerstand in Folge technischer Mängel untergliedern.[159] Ein Einzelrisiko ist also im Gegensatz zur Risikokategorie prinzipiell dadurch gekennzeichnet, dass es nicht in weitere Einzelrisiken unterteilt werden kann, wie beispielsweise das Risiko von Überflutung in Folge von Hochwasser.
Unter Risikoindikatoren dagegen sind Parameter zu verstehen, die sich auf Einzelrisiken oder Risikokategorien beziehen und die in der Lage sind, Veränderungen im Risikoprofil dieser Risiken anzuzeigen bzw. idealerweise vorherzusehen. Hierdurch soll Risikoereignissen vorgebeugt und ungünstige Trends rechtzeitig erkannt werden.[160] Risikoindikatoren sind beispielsweise die Veränderung der Bruttoinlandsprodukts,

158 Vgl. Romeike 2004, S. 110–111.

159 Wie das Beispiel außerdem zeigt ist es möglich und ggf. sinnvoll, die Risikokategorien weiter in Ober-, Haupt- und Untergruppen zu untergliedern.

160 Definition in Anlehnung an Romeike 2004, S. 68.

der Auftragseingang bei den Unternehmen oder der ifo-Geschäftsklimaindex, das zugehörige Risiko ist die wirtschaftliche Entwicklung auf nationaler Ebene.

In der Literatur ist eine saubere Einteilung der verwendeten Begriffe in diese drei Ebenen selten zu finden. Vielmehr werden die Risikobegriffe häufig ohne Untergliederung oder Einteilung genannt, hinzu kommt außerdem, dass Risikobegriffe von verschiedenen Autoren je nach Kontext synonym verwendet oder mit einer anderen Bedeutung ausgestattet werden. Im Sinne eines ordnenden Ansatzes wird im Folgenden zunächst ein System der Risikokategorisierung entwickelt. Anschließend werden in einer breit angelegten Literaturanalyse gebräuchliche Risikobegriffe gesammelt und diese in die verschiedenen Risikokategorien eingeordnet, um zu einer umfänglichen Liste möglicher Risikobereiche zu gelangen, welche als Grundlage zur Risikoerkennung im Immobilienunternehmen dienen kann.

2 Entwicklung eines Systems von Risikokategorien

Um im weiteren Verlauf des Kapitels die einzelnen Risiken identifizieren und ordnen zu können ist es unabdingbar, zunächst mögliche Risikofelder und Oberkategorien zu ermitteln und ein System von Risikokategorien zu entwickeln. Dies soll in diesem Abschnitt geschehen.

Hierbei ist grundlegend davon auszugehen, dass ein Immobilienunternehmen[161] von Risiken auf drei verschiedenen Ebenen betroffen ist. Dies ist zunächst das Risiko der Einzelimmobilie, außerdem sind Risiken aus dem Portfolio zu beachten. Hierbei können sich die Risiken der Einzelobjekte entweder kumulieren und damit verstärken, aber auch diversifizieren und damit vermindern. Schließlich kommen auf der Ebene des Gesamtunternehmens noch die Risiken aus den eigenen Geschäftsprozessen, beispielsweise dem Marketing oder dem Mietforderungsmanagement hinzu. Eine Systematik von Risikokategorien sollte also neben den reinen Objektrisiken und den sich hieraus ergebenden Portfoliorisiken auch Risiken auf der Ebene des Unternehmens beinhalten.

Um den gesamten Lebenszyklus[162] der Immobilie repräsentativ abdecken zu können wird hierbei auf Quellen aus den Bereichen Projektentwicklung und Bauprojektmanagement (Entstehungsphase), Portfoliomanagement und Direktinvestition (Nutzungsphase) sowie Rating

161 Immobilienunternehmen im Sinne dieser Arbeit sind alle Arten von Unternehmen, welche auf mittlere bis lange Frist Eigentum an Grundstücken oder grundstücksgleichen Rechten zum Zwecke der Vermietung erwerben. Vgl. auch Kapitel D.3.2.2.

162 Der Begriff des Lebenszyklus umfasst mehrere Sichtweisen, unter anderem die physische Sicht und die Projektmanagementsicht, die eher den wirtschaftlichen Lebenszyklus der Immobilie in den Vordergrund stellt. Die vorliegende Arbeit konzentriert sich auf den Lebenszyklus aus Sicht des Projektmanagements.

(für den gesamten Lebenszyklus) zurückgegriffen. Im folgenden sollen die in der Literatur verwendeten Systematiken zunächst vorgestellt und hinsichtlich der verwendeten Gliederungsaspekte analysiert werden.

2.1 Darstellung der Systeme zur Risikokategorisierung ausgewählter Literaturbeiträge

2.1.1 Risikokategorien aus Sicht der Projektentwicklung

Die Projektentwicklung im Sinne dieser Arbeit umfasst alle Aktivitäten im Rahmen der Erstellung oder Revitalisierung von Immobilien, und zwar von der Ideenfindung bezüglich des Nutzungskonzepts über die Planungs- und Realisierungsphase bis zur Fertigstellung des Gebäudes.[163] Der Begriff der Projektentwicklung soll im Rahmen dieser Arbeit als Erweiterung der eigentlichen Planungs- und Bauphase verstanden werden,[164] da er zusätzlich die Konzeptionsphase als Vorstufe der Planung und die Phase der Vermarktung der Immobilie beinhaltet. Die Projektentwicklung im Allgemeinen und das Risikomanagement im Rahmen der Projektentwicklung im Besonderen sind bereits seit längerem Gegenstand der Forschung.[165]

---

163 Vgl. zur Definition des Begriffs „Projektentwicklung" Diederichs 1996, S. 29–35.

164 Deren Abgrenzung orientiert sich am Leistungsbild „Objektplanung für Gebäude, Freianlagen und raumbildende Ausbauten" der Honorarordnung für Architekten und Ingenieure. Vgl. HOAI, § 15.

165 Siehe hierzu beispielsweise Schulte 1996; Isenhöfer, Väth 2000; Gondring 2004, S. 264–292; Alda, Hirschner 2007; Wiedenmann 2005.

Isenhöfer und Väth nennen sechs mögliche Risikokategorien:

» das Entwicklungsrisiko, also das Risiko, dass in Folge einer nicht marktkonformen Projektkonzeption Schwierigkeiten bei der Vermietung bzw. Veräußerung der fertigen Immobilie auftreten,
» das Zeitrisiko, womit das Risiko einer Überschreitung der geplanten Entwicklungs- oder Vermarktungsdauer gemeint ist,
» das Genehmigungsrisiko,
» das Finanzierungsrisiko,
» das Boden- und Baugrundrisiko, womit insbesondere Altlasten, Denkmalfunde, mangelnde Tragfähigkeit und ungünstige hydrogeologische Verhältnisse gemeint sind, sowie
» das Kostenrisiko.

Diese Einteilung ist im Sinne eines umfassenden Risikomanagements in zweierlei Hinsicht problematisch: zum einen beschränkt sie sich ausschließlich auf im Rahmen der Projektentwicklung relevante Risiken, zum anderen weisen die Autoren selbst darauf hin, dass sich die einzelnen Risikoarten nicht immer eindeutig voneinander abgrenzen lassen.[166] Daher ist diese Aufteilung zwar im Rahmen dieser Arbeit keine geeignete Basis einer Systematik von Risikokategorien, allerdings lassen sich einzelne Bestandteile weiter verwenden.

Vielversprechender ist der Ansatz von Gondring. Dieser unterscheidet systematische Risiken, welche weiter in Länderrisiken und Marktrisiken unterteilt werden, und unsystematische Risiken, die sich in Standort- und Objektrisiken aufteilen lassen.[167]

Diederichs geht in Bezug auf die spätere Risikosteuerung noch einen Schritt weiter und gruppiert die einzelnen Risiken in „externe Risiken", auf deren Entwicklung der Projektentwickler keinen Einfluss hat, sowie in „interne Risiken", auf die er im Rahmen seiner Handlungs- und Entscheidungsfreiheit Einfluss nehmen kann. Externe Risiken sind insbesondere das Standort-, Genehmigungs- und Finanzierungsrisiko.

166 Vgl. Isenhöfer, Väth 2000, S. 175–183.

167 Vgl. Gondring 2004, S. 283–284.

Ebenfalls zu den externen Risiken kann das Entwicklungsrisiko gezählt werden, allerdings beinhaltet dieser Begriff teilweise auch interne Risiken. Interne Risiken sind unter anderem das Baugrundrisiko, das Qualitäts-, Kosten- und Terminrisiko sowie das Organisationsrisiko.[168] Die Einteilung in externe und interne Risiken wird auch von Alda, Hirschner aufgegriffen und die Liste der Risiken geringfügig erweitert.[169]

Wiedenmann betrachtet verschiedene mögliche Ansätze der Risikosystematisierung im Rahmen der Projektentwicklung. Eine Gliederung nach der zeitlichen Zuordnung zu den verschiedenen Projektphasen wird verworfen, da die meisten Risiken nicht eindeutig zuzuordnen wären bzw. in mehreren Projektphasen eine Rolle spielten, was zu Wiederholungen führen und der Übersichtlichkeit schaden würde. Ebenso verhält es sich mit einer Einordnung entsprechend der Auswirkung des Risikos auf Zeit, Kosten, Qualität und Marktfähigkeit. Auch hier wäre eine eindeutige Zuordnung nicht möglich.[170]
Daher wird eine Zuordnung zu einem der Risikoträger[171] Objekt, Partner, Management und Markt vorgeschlagen. Dabei entstehen die Objektrisiken direkt aus dem betrachteten Grundstück und dem Standort.[172] Sie sind bei allen Projekten verschieden und müssen daher immer individuell betrachtet werden. Die Partnerrisiken beziehen sich auf die Beteiligten der Projektentwicklung, wie Grundstückseigentümer, Behörden, die Kapitalgeber oder die ausführenden Unternehmen.[173] Sie sind bei ähnlichen Projekten vergleichbar. Dritte Gruppe sind die Managementrisiken, welche direkt aus der Kompetenz des Projektentwicklers

168 Vgl. Diederichs 1996, S. 43–46.

169 Vgl. Alda, Hirschner 2007, S. 91–92.

170 Vgl. Wiedenmann 2005, S. 51–52.

171 Ein Risikoträger ist diejenige Person, Gruppe oder Stelle (z. B. Abteilung innerhalb einer Organisation), die ein Risiko zu tragen hat.

172 Typische Beispiele sind das Altlastenrisiko oder rechtliche Belastungen des Grundstücks.

173 Als Beispiele sind das Genehmigungsrisiko, Finanzierungsrisiken oder Risiken der Bauausführung zu nennen.

entstehen und seine eigenen Aufgaben betreffen.[174] Diese Risiken beziehen sich auf die unternehmerische Tätigkeit des Projektentwicklers und betreffen alle Projektentwicklungsvorhaben gleichermaßen. Die Marktrisiken schließlich resultieren aus dem allgemeinen Immobilienzyklus[175] und betreffen den Immobilienmarkt insgesamt.[176] Die folgende Grafik stellt die Risikosystematik nach Wiedenmann noch einmal übersichtlich dar.

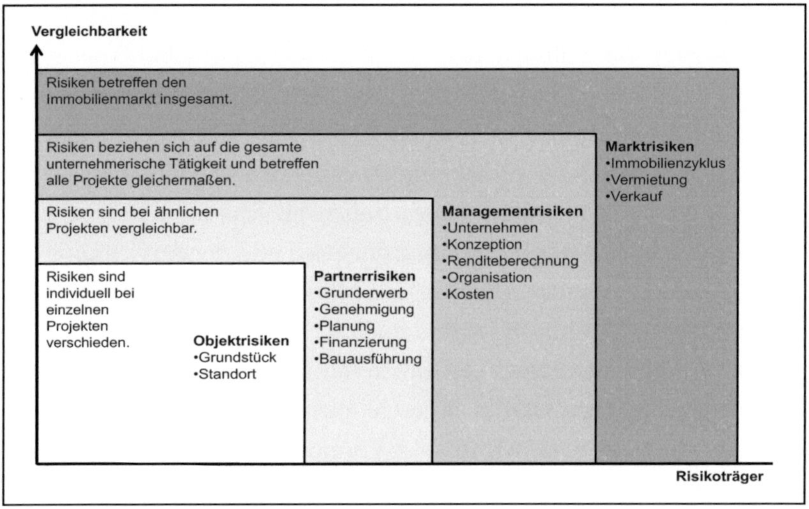

Abb. 5: *Kategorisierung der Risiken nach dem Risikoträger (Vgl. Wiedenmann 2005, S. 53).*

---

174 Zu den Managementrisiken zählen insbesondere Projektkonzeptionsrisiken, Kalkulationsrisiken und Organisationsrisiken.

175 Beispiele sind das Vermietungs- bzw. Verkaufsrisiko.

176 Vgl. Wiedenmann 2005, S. 52–53.

2.1.2 Risikokategorien aus Sicht des Bauprojektmanagements

Bereits beim Risikomanagement aus Sicht der Projektentwicklung spielten baubezogene Risiken eine große Rolle.[177] Daher soll im Folgenden zusätzlich auf Risikosystematiken aus dem Bereich des Bauprojektmanagements eingegangen werden.

Girmscheid und Busch leiten ihre Systematik aus einer Literaturauswertung von sechs Quellen zum Projektrisikomanagement ab und wählen zusammenfassend eine Einteilung in

» rechtliche Risiken (alle durch Politik, Gesetze, Verordnungen, Verträge etc. entstehenden Risiken),
» terminliche Risiken (den Zeitplan betreffende Risiken aus Arbeitsvorbereitung, Nachunternehmer und Lieferanten sowie sekundäre Einwirkungen durch andere Risiken),
» finanzielle Risiken (Risiken der finanziellen Abwicklung von Projekten auf volkswirtschaftlicher Ebene, Gesamtunternehmensebene und vertraglicher Ebene),
» technische Risiken (die technischen Unsicherheiten bei der Planung, Erstellung und Bewirtschaftung eines Bauwerks auf Ebene der Planung sowie der Ausführung),
» Managementrisiken (welche die Risiken aus einer mangelhaften Planung im Sinne von Entscheidungsvorbereitung, Organisation, Personal, Führung und Kontrolle umfasst) sowie
» Risiken des Umfelds (die sich aus der Politik, der Umwelt und Natur sowie der Öffentlichkeit und den Nachbarn ergeben können[178])

aus.[179]

---

177 Hierzu zählen unter anderem das Boden- und Baugrundrisiko, Kostenrisiken, Terminrisiken und Qualitätsrisiken.

178 Hierbei fällt auf, dass die politischen Risiken bereits in den rechtlichen Risiken eingeschlossen sind, ebenso wie Umwelt- und Naturrisiken bereits zum technischen Risiko zählen.

179 Vgl. Girmscheid, Busch 2008a, S. 38–45.

Die Risikoeinteilung von Nemuth sieht auf einer ersten Ebene eine Einteilung in die Kategorien strategische, operative, finanzielle und sonstige Risiken vor. Auf einer zweiten Ebene werden diese dann vergleichsweise fein[180] untergliedert, wobei der Autor entsprechend der Zielsetzung des Werkes insbesondere Risiken bei der Erstellung von Bauwerken im Ausland betrachtet. So finden sich in der Gruppe der strategischen Risiken zunächst Länderrisiken, soziale und kulturelle Risiken, sowie die örtliche Präsenz, Kernkompetenzen und Wettbewerbssituation. Die operativen Risiken sind die größte Risikogruppe und umfassen das Angebotskostenrisiko,[181] Risiken aus der Bauvertragsart, Risiken aus Auftraggeber und Projektbeteiligten, Risiken aus der Bauverfahrensanwendung und Materialeinsatz, das Mengenrisiko, Risiken aus Baugrund, Wasserverhältnissen und Kontaminationen, Risiken aus Bauzeit und Vertragsstrafen sowie Risiken aus Qualitätsmängeln und Gewährleistungsanforderungen. Hinzu kommen außerdem Risiken durch Nachunternehmer, Risiken aus Personaleinsatz, Risiken aus Maschineneinsatz, Risiken aus Zollbestimmungen bzw. Im- oder Exportbeschränkungen, Fracht- und Transportrisiken und schließlich Risiken aus fehlerhafter Kalkulation. Die finanziellen Risiken beinhalten lediglich die mögliche Zahlungsunfähigkeit des Auftraggebers und Währungsrisiken. Zu den sonstigen Risiken zählt Nemuth schließlich Risiken aus höherer Gewalt und Umweltbedingungen.[182]

Im Sinne eines Exkurses soll im Folgenden die von Girmscheid und Busch in einem – fast zeitgleich mit dem zuvor zitierten Werk erschienenen – Beitrag zum Unternehmensrisikomanagement in der Bauwirtschaft entwickelte Risikosystematik erläutert werden. Erwähnenswert ist hier vor allem die grundsätzliche Trennung in allgemeine Unterneh-

[180] Es stellt sich die Frage, ob es sich bereits um Einzelrisiken handelt oder noch um eine sehr detaillierte Systematik (Vgl. Girmscheid, Busch 2008a, S. 37–38). Der Vollständigkeit halber sollen die einzelnen Risikogruppen an dieser Stelle dennoch aufgeführt werden.

[181] Dies sind die Kosten der Angebotsbearbeitung, die im Falle einer Nichtbeauftragung verloren sind.

[182] Vgl. Nemuth 2006, S. 81–105.

mensrisiken und Projektrisiken. Des Weiteren wird hier nach dem zeitlichen Horizont der Risiken zwischen strategischen und operativen Risiken unterschieden. Bei den strategischen Risiken handelt es sich um Risiken, welche die Existenz des Unternehmens mittel- bis langfristig bedrohen können, wie zum Beispiel die Wahl des Markt- und Kundensegments des Leistungsangebots oder der Wettbewerbsstrategie. Operative Risiken dagegen sind im Wesentlichen kurz- bis mittelfristig behebbare Beeinträchtigungen des normalen Geschäftsverlaufs.[183] Durch Kombination dieser beiden Einteilungen ergeben sich die Hauptrisikogruppen „allgemeine strategische Unternehmensrisiken", „allgemeine operative Unternehmensrisiken" und „Projektrisiken".[184]

2.1.3 Risikokategorien aus Sicht des Immobilien-Portfoliomanagements

Das Immobilien-Portfoliomanagement beschäftigt sich im Wesentlichen mit strategischen Fragen im Rahmen der Bewirtschaftung von Immobilienbeständen, wie zum Beispiel dem Ankauf und Verkauf von Objekten, Sanierung, Umnutzung oder Bewirtschaftungsstrategien.[185] In der Immobilienwirtschaft weit verbreitet sind die Methoden des qualitativen Portfoliomanagements,[186] welche im Wesentlichen auf den von den Beratungsunternehmen „The Boston Consulting Group" und „McKinsey" entwickelten Modellen aufbauen.[187] Diese Modelle tragen für ge-

183 Vgl. Girmscheid, Busch 2008b, S. 35.

184 Die Kategorie „allgemeine strategische Unternehmensrisiken" beinhaltet Markt-, Wettbewerbs-, Leistungs-, Führungs- und Organisationsrisiken, soziale und ökologische Risiken sowie zum Teil Finanzrisiken. Die Kategorie „allgemeine operative Unternehmensrisiken" umfasst einen Teil der Finanzrisiken, Personalrisiken und andere Risiken aus Supportprozessen, während sich die Einteilung der „Projektrisiken" an der bereits besprochenen Struktur orientiert. Vgl. Girmscheid, Busch 2008b, S. 37.

185 Vgl. zu Möglichkeiten zur Definition des Immobilien-Portfoliomanagements auch Schulte et al. 2007, S. 28–30.

186 Vgl. Schulte et al. 2007, S. 31–32.

187 Vgl. Wellner 2003, S. 158–169; Schulte et al. 2007, S. 31–32.

wöhnlich die Position des Untersuchungsobjekts[188] in einer zweidimensionalen Matrix aus Marktentwicklung als extern bestimmten Faktor und relativer Wettbewerbsposition als unternehmensimmanentem Faktor ab, um anschließend aus dessen Position Strategien zum weiteren Vorgehen abzuleiten.[189]

Das Modell des qualitativen Portfoliomanagements wurde erstmals von Bone-Winkel auf die Immobilienwirtschaft übertragen.[190] Entsprechend der soeben erläuterten Grundsätze des qualitativen Portfoliomanagements werden die Kriterien zunächst in die Kategorien Marktattraktivität als externer und relative Wettbewerbsvorteile als interner Faktor unterteilt.[191] Die Marktattraktivität unterteilt sich weiter in die Kategorien

» Wirtschaftliche und politische Rahmenbedingungen,
» Demographische und sozioökonomische Struktur und Entwicklung,
» Infrastruktur,
» Weiche Standortfaktoren,
» Struktur und Entwicklung des Immobilienangebots,
» Struktur und Entwicklung der Immobiliennachfrage,
» Miet- und Preisniveau des räumlichen und sachlichen Teilmarkts, sowie
» Ressourcenverfügbarkeit,[192]

während sich die relativen Wettbewerbsvorteile aus den Kategorien

» Nutzungskonzept und Funktionalität,
» Mietermix,
» Grundstücks- und Standortfaktoren,
» Architektonische und technische Gestaltung sowie Objektalter,
» Objektvolumen
» Objektmanagement, Investitions- und Folgekosten,

---

188 Dies kann ein Produkt, der Geschäftsbereich eines Unternehmens oder aber auch eine Immobilie sein.

189 Vgl. Enseling 21.02.2006, S. 4–6; Wellner 2003, S. 158–169.

190 Vgl. Schulte et al. 2007, S. 32.

191 Vgl. Bone-Winkel 1994, S. 170–173.

192 Vgl. Bone-Winkel 1994, S. 184–185.

» Ausschüttungsrendite, sowie
» Wertsteigerungspotential[193]

zusammensetzen. Eine weitere Untergliederung erfolgt nicht. Außerdem ist auffällig, dass das Unternehmen und nicht das Objekt betreffende Risiken nur erfasst werden, soweit sie sich auf das Objekt auswirken, wie beispielsweise die Managementqualität. Diese Fokussierung auf das (Investitions-) Objekt entspricht allerdings voll und ganz der Intention des Portfoliomanagements.

Einen ähnlichen Ansatz verfolgt Wellner bei der Entwicklung eines qualitativen Portfoliomanagementmodells.[194] Auch diese Arbeit unterscheidet zunächst zwischen Kriterien der Marktattraktivität und der relativen Wettbewerbsvorteile. Auch die Kriterien auf der folgenden Ebene unterscheiden sich nur geringfügig von den Kriterien nach Bone-Winkel, weswegen an dieser Stelle auf eine vollständige Darstellung verzichtet werden soll.[195]

193 Vgl. Bone-Winkel 1994, S. 186–187.

194 Die Arbeit entwickelt zunächst einen quantitativen und einen qualitativen Ansatz, und beschäftigt sich anschließend mit Möglichkeiten der Synthese der beiden Verfahren zu einem Gesamtergebnis. Vgl. Wellner 2003, S. VII–IX.

195 Hervorzuheben ist lediglich, dass im Bereich Marktattraktivität auf die Gruppe „Ressourcenverfügbarkeit“ und im Bereich „relative Wettbewerbsvorteile“ auf die Gruppe „Objektvolumen“ verzichtet wird. Außerdem wird bei den relativen Wettbewerbsvorteilen einerseits die Zuordnung einzelner Kriterien leicht verändert und andererseits die Gruppe „Rechtliche Beschränkungen“ hinzugefügt. Für eine genaue Darstellung der Kriteriengruppen siehe Wellner 2003, S. 198–201.

2.1.4 Risikokategorien aus Sicht des Ratings

Im Zusammenhang mit den neuen Basler Eigenkapitalvorschriften wurde ein Rating im Rahmen des Kreditvergabeprozesses für Banken zur Pflicht.[196] Im Falle eines grundpfandrechtlich besicherten Kredits spielt dabei neben dem Bonitätsrating das Objektrating[197] der Immobilie eine Rolle, wobei es hier insbesondere auf die langfristige Werthaltigkeit der Immobilie ankommt.[198] Aber auch auf Immobilien spezialisierte Unternehmensberatungen, Forschungseinrichtungen und Berufsverbände entwickeln eigene Rating-Systeme, da Ratings nicht nur für die Kreditgeber, sondern auch für Portfoliomanager und Investoren von Interesse sind.[199] Daher sollen im Folgenden die Risikosystematiken einiger ausgewählter Ratingsysteme vorgestellt werden.

Das Markt- und Objektrating MoriX der HVB Expertise, einer Tochtergesellschaft der Münchner HypoVereinsbank, wurde im Herbst 2003 der Öffentlichkeit vorgestellt und basiert in weiten Teilen auf dem „Property and Market Rating" der TEGoVA (The European Group of Valuer's Associations),[200] ebenso wie die VÖB-Immobilienanalyse des Bundesverbands öffentlicher Banken.[201] Es betrachtet insgesamt vier Kriteriengruppen, nämlich den Markt, den Standort, das Objekt und die Qualität

196 Vgl. Reichling 2003, S. 17.

197 Hierbei dient das Bonitätsrating der Ermittlung der Ausfallwahrscheinlichkeit und das Objektrating der Abschätzung der Verlustquote im Falle eines Ausfalls. Vgl. Klinger et al. 2003, S. 28.

198 Vgl. PfandBG, § 16.

199 Daneben bestehen einige Unterschiede zwischen einem Kreditrating im klassischen Sinn und einem Immobilienrating. Vgl. hierzu Gesellschaft für immobilienwirtschaftliche Forschung (gif) e.V. 2004, S. 17.

200 Vgl. Trotz 2004, S. 16.

201 Die verwendeten Kriteriengruppen der VÖB-Immobilienanalyse sind identisch zu MoriX, weswegen auf eine detaillierte Vorstellung an dieser Stelle verzichtet werden soll. Vgl. Bundesverband öffentlicher Banken e.V. (VÖB) 2006, S. 13–16.

des Objekt-Cashflows. Bei der Bewertung von geplanten Objekten im Rahmen einer Projektentwicklung werden zusätzlich die Entwicklungsrisiken und Chancen beurteilt.[202]
Bezüglich des Marktes werden weiterhin Kriterien auf nationaler Ebene und auf regionaler Ebene (in Deutschland ist dies die Ebene der Landkreise) unterschieden, wobei ein Kriterium bei entsprechender Relevanz auch in beiden Gruppen vertreten sein kann. Dies sind die Kriterien höhere Gewalt, soziodemographische Entwicklung und Immobilienmarkt. Lediglich auf nationaler Ebene vertreten sind die gesamtwirtschaftliche Entwicklung und internationale Attraktivität, sowie politische, juristische, steuerliche und währungspolitische Rahmenbedingungen. Ausschließlich auf regionaler Ebene finden sich dagegen das wirtschaftliche Umfeld und die Attraktivität (der Region). Auch bei den Standortkriterien erfolgt eine Unterteilung in den Makrostandort, den Mikrostandort und das eigentliche Grundstück,[203] die genaue Auswahl der zu betrachtenden Standortfaktoren muss sich jedoch an der geplanten oder tatsächlichen Nutzung des Objekts orientieren, da die Nutzeranforderungen hier sehr verschieden sein können. Ebenso verhält es sich prinzipiell bei der Kriteriengruppe Objekt, bei der einzelne Eigenschaften des (Bestands-) Gebäudes im Hinblick auf ihre Relevanz für einzelne Nutzer bzw. den für sie relevanten Teilmarkt gemessen werden. Im Wesentlichen handelt es sich hierbei um technische Eigenschaften der Immobilie wie Bauweise, Ausstattung und Zustand, die die Wirtschaftlichkeit der Gebäudekonzeption bestimmenden Faktoren wie Grundrisslösungen und Achsraster sowie die architektonische Gestaltung. Bei der Qualität des Objekt-Cashflows schließlich werden die derzeitigen und die erwarteten Zahlungsströme der Immobilie beurteilt.[204]

202 Vgl. Trotz 2004, S. 45–46.

203 Der Makrostandort liegt nach dieser Abgrenzung in der Größenordnung eines Stadtteils, der Mikrostandort auf Ebene der betreffenden Straße. Vgl. Trotz 2004, S. 49.

204 Vgl. Trotz 2004, S. 46–54.

Kriterien	Beschreibung	Risikokat. systematisch	Risikokat. unsystematisch	Relevanz Entwicklungsobjekte	Relevanz Bestand
Marktrisiko	Konjunkturrisiko	X		X	X
Umfeldrisiko	Änderung steuerlicher und rechtlicher Rahmenbedingungen, Förderungspolitik	X		X	X
Entwicklungsrisiko	Gefahr, dass das Entwicklungskonzept nicht vollständig realisierbar ist		X	X	
Drittverwendbarkeit	Immobilie nicht oder nur schwer einer anderen Nutzungsart zuführbar.		X		X
Fertigstellungsrisiko	Verlässlichkeit der Vertragspartner		X	X	
Vermietungsrisiko	Unzureichende Vermietung der Menge und/oder der Miethöhe nach, Marktgängigkeit		X	X	X
Verkaufsrisiko	Unzureichender Abverkauf der Menge und/oder der Höhe nach, Marktgängigkeit		X	X	X
Finanzierungsrisiko	Finanzierung, Kostenüberschreitungen, Anschlussfinanzierungsrisiko		X	X	X
Bau- und Entwicklungskostenrisiko, Budgetrisiko	Budgetüberschreitung		X	X	
Beschaffungskostenrisiko	Entwicklung der Bewirtschaftungskosten		X		X
Liquiditätsrisiko	Kostenüberschreitungen, Zeitverzögerungen bei Vermarktung, Finanzierung, Planung oder Bau		X	X	X

Tab. 3: *Risikokategorien im Immobilienrating (in Anlehnung an Gesellschaft für immobilienwirtschaftliche Forschung (gif) e.V. 04, S. 24).*

Die Beurteilung der Entwicklungsrisiken und -chancen von Projekten umfasst außerdem als Kriterien den Status der Vermietung bzw. des Verkaufs der zu realisierenden Immobilie, den Planungsprozess und die Genehmigungssituation sowie den Herstellungsprozess und die Kostensicherheit.[205]

Mit dem Thema Immobilienrating ist auch ein Arbeitskreis bei der Gesellschaft für immobilienwirtschaftliche Forschung (gif) e.V. befasst. Dieser nennt in seinem Leitfaden zum Immobilienobjekt-Rating die gesamtwirtschaftliche Entwicklung, die regionale Marktentwicklung sowie objekt- und lagespezifische Faktoren als wichtige Bestandteile eines Ratings. Bedeutende Einflussgrößen sind in diesem Zusammenhang die volkswirtschaftlichen Rahmenbedingungen und Marktrisiken, rechtliche Rahmenbedingungen, die Lage, die Wettbewerbsfähigkeit, Drittverwendungsfähigkeit und Exit-Chancen, Nutzungsart und Branchenmix, Ausstattung und Objektqualität, die Konkurrenzsituation am Standort, Mieterbonität, Objektmanagementqualität sowie die Ausgaben- und Einnahmenstruktur.[206] Des Weiteren wird auch auf ratingrelevante Risikoklassen eingegangen, bei denen auch systematische und unsystematische Risiken[207] sowie nach der Relevanz für Bestands- und Entwicklungsobjekte unterschieden wird. Die Risikokategorien sind der Tabelle 3 zu entnehmen.

Von Interesse ist auch das Immobilienrating „ImmoCheck" der Union Investment Real Estate AG, der Immobilien-Kapitalanlagegesellschaft des genossenschaftlichen Bankensektors in Deutschland, da hier auch Aspekte der ökologischen und sozialen Nachhaltigkeit einfließen. ImmoCheck berücksichtigt in seinem Kriterienkatalog neben der Verkehrsanbindung, der Umfeldqualität, Kultur- und Freizeiteinrichtungen, der

---

205 Vgl. Trotz 2004, S. 55.

206 Vgl. Gesellschaft für immobilienwirtschaftliche Forschung (gif) e.V. 2004, S. 18–22.

207 Systematische Risiken sind dabei Risiken, die alle Immobilien gleichermaßen betreffen, wohingegen unsystematische Risiken nur einzelne Objekte aus dem Porfolio betreffen. Vgl. auch Kapitel D.1.1.

Erscheinungsqualität, den Servicekonzepten, der Nutzungsflexibilität und der technischen Ausstattungsqualität auch die Gebäudeökologie und die Humanqualität der Immobilie.[208] Mit der expliziten Nennung und Hervorhebung dieser Kriteriengruppen nimmt ImmoCheck eine Sonderstellung unter den Immobilienratingsystemen ein.

Schließlich[209] soll an dieser Stelle noch auf die Risikokategorien des Ratingsystems „Office-Score" eingegangen werden. Es handelt sich hierbei um ein vom Fraunhofer-Institut für Arbeitswirtschaft und Organisation in Zusammenarbeit mit der Universität Regensburg entwickeltes, internetbasiertes Tool zur Bewertung der Qualität von Büroimmobilien.[210] Hierbei wird für Anlageobjekte die Lage- und die Objektqualität ermittelt, wobei letztere in die Kategorien Gebäude, Image, Komfort und Flexibilität weiter untergliedert ist. Hinzu kommen finanzwirtschaftliche Kennzahlen der Gruppen Flächen, Ertrag und Wert, Bewirtschaftungskosten, Vermietungssituation und Marktumfeld. Die einzelnen Qualitäten der Immobilie werden zu einer „Investqualität" genannten Kennzahl verdichtet, welche die Eignung der Immobilie als Investment im Rahmen einer sicherheitsorientierten Strategie widerspiegeln soll.[211]

208 Union Investment Real Estate AG 13.02.2004, S. 5

209 Ein weiteres, hier nicht näher erläutertes Immobilienratingsystem mit einem Schwerpunkt auf dem Facility Management ist beispielsweise Key-Report der Atisreal Property Management. Vgl. Knuf 2004, S. 165–167

210 Vgl. Fraunhofer-Institut für Arbeitswirtschaft und Organisation. http://www.office-score.de/

211 Vgl. Fraunhofer-Institut für Arbeitswirtschaft und Organisation. http://www.office-score.de/

2.2 Entwicklung einer Systematik zur Risikokategorisierung

Im vorangegangenen Abschnitt wurden ausführlich verschiedene Systematiken zur Kategorisierung von Risiken vorgestellt, um eine Basis für die folgende Ableitung einer eigenen Systematik zu schaffen. Diese dient im weiteren Verlauf der vorliegenden Arbeit zunächst der Einordnung der Einzelrisiken, zur Entwicklung eines Modells zur Risikobewertung in Kapitel D sowie als Ordnungsmerkmal des Risikokatalogs. Im folgenden werden zunächst die maßgeblichen Elemente der verschiedenen Ansätze der einzelnen Autoren zusammengefasst, gegenübergestellt und hinsichtlich ihrer Eignung bewertet. Anschließend werden die in die eigene Systematik zu übernehmenden Elemente ausgewählt und hieraus schließlich die eigene Systematik zur Risikokategorisierung entwickelt.

Bei Betrachtung der verschiedenen Quellen zeigen sich verschiedene Möglichkeiten zur Kategorisierung von Risiken:

» Manche Autoren gehen bei der Systematisierung auf den Ursprungs- und Wirkungskreis der betreffenden Risiken ein, indem Risiken beispielsweise in Länderrisiken, Standortrisiken, Marktrisiken, Objektrisiken und Unternehmensrisiken aufgeteilt werden.

» Außerdem erfolgt gelegentlich eine Trennung in Risiken im Rahmen von Baumaßnahmen und sonstiger Risiken. Dieser Aspekt kann zu einer Betrachtung nach der Lebenszyklusphase des Gebäudes erweitert werden.

» Weiterhin werden die Risiken in Risikoarten unterteilt, beispielsweise politische, technische oder organisatorische Risiken.

» Schließlich werden, meist auf einer unteren Hierarchiestufe, relativ fein aufgelöste Risikogruppen genannt, die meist nur wenige Einzelrisiken umfassen.

Bezüglich der zu entwickelnden Risikosystematik scheint zunächst sinnvoll, die Trennung von objektspezifischen Risiken und allgemeinen Unternehmensrisiken nach Girmscheid, Busch zu übernehmen. Dies trägt zunächst zur Reduktion der Komplexität des Risikomanagements bei, da die mehrfache Erfassung der an und für sich unternehmensspezifischen Risiken auf Ebene jedes einzelnen Objekts hierdurch verhindert wird. Dies betrifft vor allen Dingen die Managementqualität, die Finanzierung[212], allgemeine rechtliche Risiken und Personalrisiken. Des Weiteren führt die explizite Trennung in Immobilien- und allgemeine Unternehmensrisiken dazu, dass die bisher vorherrschende Konzentration auf das Risiko der (einzelnen) Immobilie aufgelöst wird, wodurch die wünschenswerte Entwicklung hin zu einem Unternehmensrisikomanagement und die Entstehung einer Risikokultur im Unternehmen[213] begünstigt werden.

In einem weiteren Schritt bietet sich die Unterteilung der objektspezifischen Risiken in die Kategorien Standort- und Marktrisiken sowie Objektrisiken an. Diese Trennung folgt der im Portfoliomanagement üblichen Einteilung in externe (fremdbestimmte) und interne (vom Unternehmen zu beeinflussende) Risiken.[214]

Die Standort- und Marktrisiken lassen sich weiter nach der Betrachtungsebene in Risiken auf nationaler und regionaler sowie auf Makro- und Mikroebene unterteilen. Dies dient wiederum der Komplexitätsreduktion bei der Risikobewertung und -steuerung, da einerseits nicht jedes Risiko auf jeder der genannten Ebenen auftritt, und sich andererseits Risiken auf übergeordneten Ebenen auf alle Immobilienobjekte im

---

212 Hierbei ist zu beachten, dass es sich im Falle einer Projektfinanzierung des einzelnen Immobilienobjekts, wie es häufig bei Projektentwicklungen der Fall ist (vgl. beispielsweise Czaja 25.11.2008, S. 5; GdW - Bundesverband Deutscher Wohnungs- und Immobilienunternehmen e.V. (Berlin) 2006, S. 11), bei den finanziellen Risiken um objektspezifische Risiken handelt, bei einer Globalfinanzierung auf Ebene des gesamten Unternehmens jedoch um Unternehmensrisiken.

213 Vgl. Lausberg 25.11.2008, S. 14, mit Einschränkungen auch Schnarr, Hölzer 25.11.2008, S. 7.

214 Vgl. hierzu Bone-Winkel 1994, S. 172.

jeweiligen Bereich gleichermaßen auswirken.[215] Hierdurch kann gerade die Bewertung von Portfolios vereinfacht werden, da Risiken auf übergeordneten Ebenen nicht für jedes Objekt neu erfasst werden müssen.
Auf Ebene des Objekts ist zunächst zwischen Risiken während der Nutzungsphase und Risiken im Rahmen von Baumaßnahmen zu trennen.[216] Dies erscheint sinnvoll, da sich die Risikosituation in der Erstellungs- und Bauphase erheblich anders gestaltet als während der Nutzungsphase. Einerseits treten hierbei rein bauspezifische Risiken wie Boden- und Baugrundrisiken, Genehmigungsrisiken, Terminrisiken oder Kostenrisiken auf, andererseits unterscheidet sich auch die Art des Umgangs mit den Risiken deutlich von der späteren Nutzungsphase, da während Planung und Bau ggf. noch mehr Handlungsspielraum als nach Fertigstellung besteht und Projektentwickler im Gegensatz zu Investoren meist eher kurz- bis mittelfristig orientiert sind.[217]
Des Weiteren sind die Objekteigenschaften, welche im Verlauf des Lebenszyklus weitgehend unverändert bleiben, getrennt betrachten. Hierzu zählen unter anderem Bauweise, Grundrisslösungen oder Ausstattung. Objekteigenschaften stellen im Allgemeinen kein Risiko im eigentlichen Sinne dar, sondern charakterisieren lediglich das Gebäude, während das eigentliche Risiko dadurch entsteht, dass das Gebäude mit seinen Eigenschaften am Markt auf entsprechende Nachfrage trifft oder eben auch nicht.[218] So ist eine unflexible Bauweise solange unproblematisch, wie es am Markt eine Nachfrage für diejenige Nutzung gibt, auf

215 Vgl. Trotz 2004, S. 46–50.

216 In Anlehnung an Trotz 2004, S. 45–46.

217 Eine Ausnahme stellt der sog. Investor-Developer dar, der Objekte für sein eigenes Portfolio entwickelt und daher als langfristiger Investor auftritt. Vgl. Isenhöfer, Väth 2000, S. 160.

218 Diese Auffassung entstammt dem Performace-based-Building-Ansatz. Hierbei wird die Performance der Immobilie durch Gegenüberstellung der Gebäudeeigenschaften und der Nutzeranforderungen ermittelt (Vgl. z. B. Szigeti und Davis. http://www.pebbu.nl). Dementsprechend wäre das Risiko die Marktveränderung und weniger die Gebäudeeigenschaften, wenn davon ausgegangen wird, dass ein Gebäude nicht schon bei Fertigstellung nicht marktkonform ist.

die das Gebäude optimiert wurde. Gebäudeeigenschaften sind daher grundsätzlich zunächst neutral zu werten und bestimmen nur, in welcher Art und Weise eine Immobilie auf bestimmte Risiken reagiert.[219] Der grundlegende Aufbau der auf Basis der vorangegangenen Überlegungen zu entwickelnden Systematik von Risikokategorien ist in der folgenden Grafik nochmals übersichtlich dargestellt.

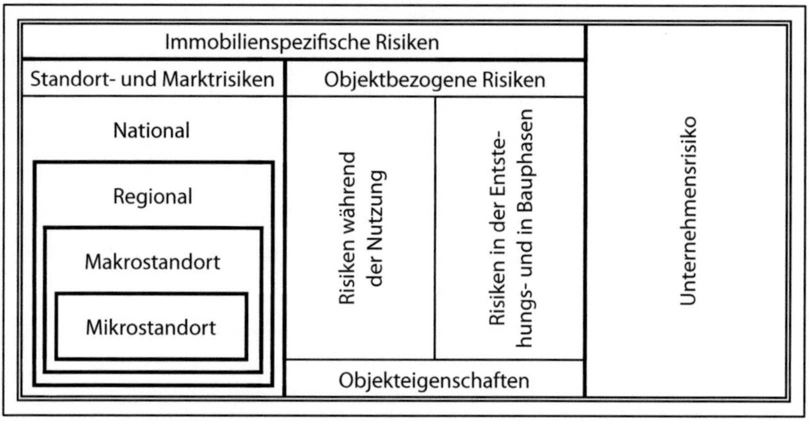

Abb. 6: *Grundlegender Aufbau der Systematik von Risikokategorien. (Eigene Darstellung).*

Nachdem ein grundlegender Aufbau des als Grundlage der folgenden Überlegungen dienenden Systems von Risikokategorien entwickelt wurde gilt es nun, die einzelnen Risikokategorien abzuleiten und zuzuordnen. In der auf den folgenden Seiten dargestellten Tabelle 4 werden hierbei zunächst die von den verschiedenen betrachteten Quellen verwendeten Elemente der Risikosystematiken und Risikokategorien ver-

219 Beispielsweise kann bei einer flexiblen Bauweise wesentlich leichter auf Marktveränderungen reagiert werden als bei einer unflexiblen. Hierdurch sinkt zwar nicht das Marktänderungsrisiko selbst, aber seine Auswirkungen können gedämpft werden. Nichtsdestotrotz können bestimmte Objekteigenschaften auch direkte Risiken auslösen. Beispielsweise führt die Verwendung bestimmter Baustoffe wie Asbest zu einem Gesundheitsrisiko für die Nutzer, und andere Altlasten ggf. zu einem Umweltrisiko. Diese können wiederum ein Haftungsrisiko des Eigentümers auslösen. Solche Risiken sollten vorzugsweise bei den objektspezifischen Risiken im Rahmen des Bausubstanzrisikos erfasst werden.

gleichend dargestellt. In einem zweiten Schritt werden in der Tabelle diejenigen Elemente und Risikokategorien ausgewählt, die in der eigenen Risikosystematik Verwendung finden sollen.

Die Unternehmensrisiken werden hierbei in finanzielle[220] und Managementrisiken untergliedert, letztere umfassen wiederum die Gruppen Führungs- und Organisationsrisiken, Personalrisiken und Risiken aus Supportprozessen. Ebenfalls hier erfasst werden rechtliche Risiken, welche Unternehmen im Allgemeinen und nicht den Immobiliensektor im Besonderen betreffen.[221]
Die Standort- und Marktrisiken, die wie beschrieben zu den Objektrisiken gezählt werden, beinhalten auf nationaler Ebene die Risikogruppen gesamtwirtschaftliche Entwicklung, soziodemographische Entwicklung sowie politische, steuerliche und juristische Rahmenbedingungen. Auf regionaler Ebene spielen die Risikogruppen wirtschaftliches Umfeld, soziodemographische Entwicklung, Immobilienmarkt, politische und rechtliche Risiken sowie Großschadensereignisse regionaler Ausdehnung wie Sturm oder Erdbeben eine Rolle. Die Risiken am Standort umfassen die kleinräumige Struktur des lokalen Immobilienmarkts, rechtliche und (lokal-) politische Risiken, soziale und ökologische[222] Risiken sowie die Gefahr lokal begrenzter Großschadensereignisse[223] wie Feuer oder Überflutungen.

---

220 Die finanziellen Risiken umfassen alle Risiken der Unternehmensfinanzierung, wie Liquiditätsrisiko oder Zinsänderungsrisiko. Dies entspricht, wie bereits erläutert, dem Konzept, die Finanzierung als unabhängig von der Realinvestition anzusehen, es sei denn, die Finanzierungsrisiken sind explizit einem Objekt zuzuordnen. Dies ist beispielsweise dann der Fall, wenn das Objekt in einer rechtlich getrennten Objektgesellschaft geführt wird und das Immobilienunternehmen selbst nicht für Verbindlichkeiten der Tochter haftet.

221 Beispiele hierfür sind zivilrechtliche Haftung, Insolvenzrisiko, Vertragsgestaltung, Untreue oder die Einhaltung öffentlich-rechtlicher Vorschriften.

222 Dies sind vor allem Immissionen von Lärm, Staub, Luftschadstoffen oder Gerüchen.

223 Diese können nochmals in mensch- und naturbedingte Großschäden unterschieden werden. Der Übergang zwischen beiden Gruppen ist jedoch fließend - so kann auch bei Naturereignissen wie Stürmen der menschliche Faktor eine große Rolle spielen, da diese teilweise auf die von Menschen verursachte Klimaveränderung zurückgeführt werden können, und andererseits mögliche Schutzmaßnahmen ggf. nur unzureichend eingesetzt wurden. Vgl. Proske 2004, S. 34-35.

		Gondring 2004	Diederichs 1996	Wiedenmann 2005	Girmscheid, Busch 2008a	Nemuth 2006	Girmscheid, Busch 2008b
Risikosystematiken							
Ursprungs- und Wirkungskreis	Länderrisiken	X					
	Standortrisiken / Lagerisiken	X	X				
	Objektrisiken	X		X			X
	Unternehmensrisiken			X			X
	Partnerrisiken			X			
LZ-phase	Risiken in der Projektentwicklung						
	Risiken während Bauphasen						
	Risiken während Nutzungsphasen						
Risikoarten	Marktrisiken	X		X			X
	Politische Risiken						
	Rechtliche Risiken						
	Entwicklungsrisiken						
	Objekteigenschaften						
	Finanzielle Risiken						
	Managementrisiken		X	X			X
	Höhere Gewalt						
	Umfeldrisiken				X		X
Risikokategorien							
Standort	Gesamtwirtschaftliche Entwicklung						
	wirtschaftliches Umfeld						
	Soziodemographische Entwicklung						
	Wettbewerbsrisiko						X
	Immobilienangebot						
	Immobiliennachfrage						
	Miet- und Preisniveau						
	Kultur- und Freizeiteinrichtungen						
	Weiche Standortfaktoren						
	Risiken des Umfelds						X
	Umfeldqualität						
	Verkehrsanbindung						
	Infrastruktur						
	Ressourcenverfügbarkeit						

Bone-Winkel 1994	Trotz 2004	Union Investment 2004	Fraunhofer-IAO 2007	gif e.V. 2004	Gewählt	Bezeichnung
	X			X	X	Standort- und Marktrisiko auf nationaler, regionaler, Makro- und Mikroebene
X	X		X	X	X	
X	X			X	X	Objektrisiken
					X	Allgemeine Geschäftsrisiken
	X			X		
				X	X	Objektrisiken in Bauphasen
	X			X	X	Objektrisiken in Nutzungsphasen
	X			X	X	Immobilienmarktrisiko
	X				X	Politische Risiken
	X				X	Rechtliche Risiken
	X					
	X		X		X	Risiken aus speziellen Objekteigenschaften
			X		X	Risiken aus der Finanzierung
					X	Managementrisiken
	X				X	Großschadensereignisrisiko
				X		
X	X			X	X	Risiko der gesamtwirtschaftlichen Entwicklung
X	X				X	
X	X				X	Risiko der soziodemographischen Entwicklung
X					X	Immobilienmarktrisiko
X					X	
X					X	
					X	Risiko der Standortqualität
X					X	
		X			X	
		X			X	
X					X	
X						

		Gondring 2004	Diederichs 1996	Wiedenmann 2005	Girmscheid, Busch 2008a	Nemuth 2006	Girmscheid, Busch 2008b
Objektspezifische Risiken	Ertrag und Wert; Ausschüttungsrendite						
	Vermietungsrisiko			X			
	Wertsteigerungspotential						
	Verkaufsrisiko			X			
	Drittverwendungsrisiko, Flexibilität						
	Image						
	Beschaffungskostenrisiko						
	Bewirtschaftungskosten						
	Investitions- und Folgekosten						
	rechtliche Risiken				X		X
	ökologische Risiken						X
	soziale Risiken						X
	Mietermix						
	rechtliche Belastungen			X			
Objekteigenschaften	architektonische Gestaltung						
	Erscheinungsqualität						
	Technische Gestaltung						
	Objektalter						
	Ausstattung, Zustand						
	Bauweise						
	Nutzungsart						
	Gebäudeökologie						
	Humanqualität						
	Nutzungskonzept und Funktionalität						
	Gebäude						
	Grundriss / Achsraster						
	Komfort						
	Objektvolumen						

Bone-Winkel 1994	Trotz 2004	Union Investment 2004	Fraunhofer-IAO 2007	gif e.V. 2004	Gewählt	Bezeichnung
X			X			
	X			X	X	Mietwertrisiko
X					X	Wertentwicklungsrisiko der Immobilie
	X			X	X	
			X			
			X		X	Imagerisiko
				X	X	Bewirtschaftungskostenrisiko (überwälzbar, nicht überwälzbar)
			X		X	
X					X	
				X	X	Rechtliche Risiken
					X	ökologische Risiken
					X	soziale Risiken
X						
	X				X	architektonische Gestaltung
		X			X	
X						
X						
	X	X			X	Ausstattung, Zustand
	X				X	Bauweise
	X			X	X	Nutzungsart
		X			X	Ökologische Qualität
		X			X	Soziale Qualität
X						
			X			
	X					
			X			
X						

		Gondring 2004	Diederichs 1996	Wiedenmann 2005	Girmscheid, Busch 2008a	Nemuth 2006	Girmscheid, Busch 2008b
Projektentwicklung / Bauphase	Boden- und Baugrundrisiko		X				
	Altlastenrisiko			X			
	Bau- und Entwicklungskostenrisiko						
	Kostenrisiko						
	Kostensicherheit						
	Qualität, Kosten, Termine		X				
	Kalkulation			X			
	terminliche Risiken						X
	Zeitrisiko						
	Fertigstellungsrisiko						
	Leistungsrisiken						X
	Genehmigungsrisiko		X	X			
	Herstellungsprozess						
	Risiken d. Bauausführung			X			
	technische Risiken				X		X
	Entwicklungsrisiko		X				
	Projektkonzeption			X			
	finanzielle Risiken				X	X	X
	Finanzierungsrisiko		X	X			
Unternehmens-risiken	Führungs- und Organisationsrisiken						X
	Managementrisiken						X
	Organisationsrisiko		X	X			
	Personalrisiken						X
	Risiken aus Supportprozessen						X
	Liquiditätsrisiko						

Tab. 4: *Gegenüberstellung verschiedener Systematiken zur Kategorisierung von Risiken und Auswahl von Elementen für eine eigene Systematik. (Eigene Darstellung).*

Bone-Winkel 1994	Trotz 2004	Union Investment 2004	Fraunhofer-IAO 2007	gif e.V. 2004	Gewählt	Bezeichnung
					X	Boden- und Baugrundrisiko
					X	
				X	X	Kostenrisiko
					X	
	X				X	
					X	
					X	
					X	Terminrisiko
					X	
				X		
	X				X	Genehmigungsrisiko
	X				X	technische Risiken
					X	
					X	
				X	X	Projektkonzeption
					X	
					X	Finanzierung
				X	X	
					X	Führungs- und Organisationsrisiken
X					X	
					X	
					X	Personalrisiken
					X	Risiken aus Supportprozessen
				X	X	Finanzielle Risiken

Auf Ebene des Objekts spielen während der Nutzungsphase vor allem die Substanz des Gebäudes, der Mietwert[224], die Bewirtschaftungskosten und die Wertentwicklung der Immobilie eine Rolle. Im Rahmen von Baumaßnahmen sind Boden- und Baugrundrisiken, Kosten- und Terminrisiken, Genehmigungsrisiken und technische Risiken maßgeblich, im Falle einer hiermit verbundenen Projektentwicklung[225] zusätzlich Projektkonzeptions- und Finanzierungsrisiken.[226]

Relevante Objekteigenschaften sind unter anderem die architektonische Gestaltung, die Nutzungsart, die Bauweise, die Ausstattung, die ökologische und die soziale Qualität.

Die Grafik auf der folgenden Seite gibt einen Überblick über die Risikosystematik und die gewählten Begriffe.

[224] Dieser ist ein Spiegelbild des lokalen Immobilienmarkts für die betreffende Nutzungsart des Gebäudes, der Standortfaktoren und der Gebäudeeigenschaften.

[225] Der Begriff der Projektentwicklung wird an dieser Stelle in Abgrenzung zu Baumaßnahmen z. B. im Rahmen von Instandhaltung oder Modernisierung, verwendet.

[226] In diesem Fall ist die Finanzierung direkt an das einzelne Objekt geknüpft und damit nicht unabhängig, so dass eine Betrachtung als reines Unternehmensrisiko unangebracht wäre.

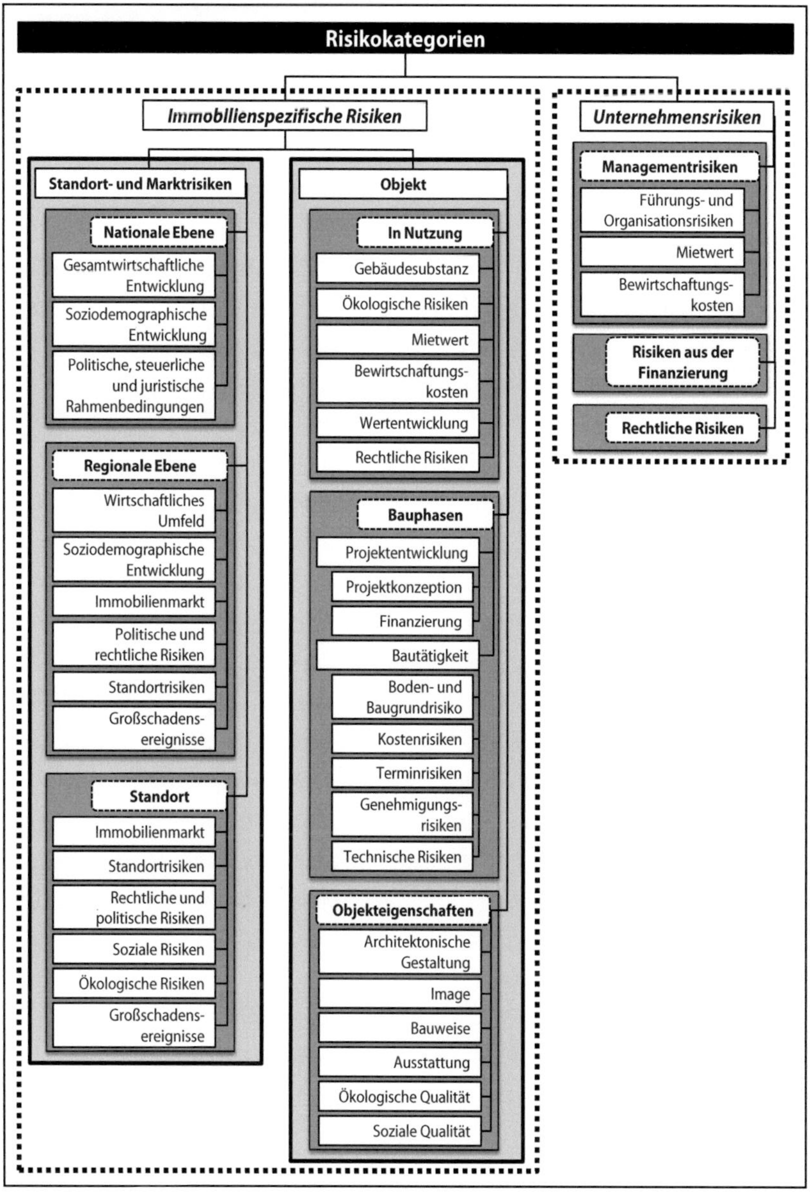

Abb. 7: *Systematik zur Gliederung und Kategorisierung der Risiken. (Eigene Darstellung).*

3 Identifikation untergeordneter Risikokategorien und Einzelrisiken

Nachdem im vorangegangenen Abschnitt eine Systematik (übergeordneter) Risikokategorien entwickelt wurde, sollen im folgenden (untergeordnete) Risikokategorien und Einzelrisiken[227] auf Grundlage einer Literaturanalyse identifiziert werden. Hierzu wird zunächst die Vorgehensweise erläutert, anschließend werden die Ergebnisse dargestellt.

3.1 *Vorgehensweise*

Generell existiert in der Literatur keine umfassende Darstellung immobilienbezogener Risiken. Dies ist einerseits dem Umstand geschuldet, dass es sich hierbei um eine eher junge Forschungsdisziplin handelt, und andererseits der Tatsache, dass das Thema von den verschiedenen Autoren lediglich aus dem Blickwinkel einzelner Akteursgruppen, wie zum Beispiel Projektentwicklern[228], Bauunternehmern[229], finanzierender Banken[230] oder Investoren[231] behandelt wird. Aus diesem Grunde gibt es in der Literatur auch keinen Konsens bei der Definition von Einzel-

227 Wie bereits erwähnt ist es generell problematisch, zwischen untergeordneten Risikokategorien und Einzelrisiken zu unterscheiden, wobei die Relevanz der jeweiligen Einzelrisiken zusätzlich stark von der konkret betrachteten Situation im Unternehmen abhängig ist. Da die vorliegende Arbeit eher auf die Darstellung von Grundlagen und die Vermittlung eines Überblicks zu diesem komplexen Thema ausgerichtet ist beschränken sich die folgenden Darstellungen im Wesentlichen auf die Erläuterung der untergeordneten Risikokategorien.

228 Vgl. Wiedenmann 2005.

229 Vgl. Girmscheid, Busch 2008a, Girmscheid, Busch 2008b.

230 Vgl. Lausberg 2001; Trotz 2004.

231 Vgl. Baumeister 2004.

risiken und Risikokategorien. Im Folgenden sollen die verschiedenen Beiträge zum Immobilien-Risikomanagement daher zu einem umfassenden Risikokatalog zusammengefasst werden.

Hierzu wurde eine repräsentative Auswahl an Quellen aus den verschiedenen Bereichen des Immobilien-Risikomanagements ausgewertet. Genauer handelt es sich hierbei um Beiträge

» zum Immobilien-Risikomanagement im allgemeinen (Maier et al. 2007; Sandvoß 2004; Gondring 2007),
» zum Risikomanagement in Wohnungsunternehmen (GdW - Bundesverband Deutscher Wohnungs- und Immobilienunternehmen e.V. (Berlin) 2000; GdW - Bundesverband Deutscher Wohnungs- und Immobilienunternehmen e.V. (Berlin) 2003),
» zum Immobilien-Portfoliomanagement (Bone-Winkel 1994; Wellner 2003; Kook, Sydow 2003),
» zum Risikomanagement bei PPP-Projekten (Gürtler 2007),
» zur Risikobeurteilung aus Sicht finanzierender Banken und aus Sicht des Ratings (Lausberg 2001; Jedem 2006; Lange 2005; Trotz 2004; Mönke 2002),
» zur Risikobeurteilung direkter Immobilieninvestitionen (Wüstefeld 2000; Armonat 2006; Pfnür, Armonat April 2001; Kurzrock 2007; Baumeister 2004),
» zum Facility Management (Knuf 2004),
» zur Projektentwicklung (Alda, Hirschner 2007; Bone-Winkel 1996; Diederichs 1996; Dietrich 2005; Isenhöfer, Väth 2000; Muncke 1996; Wiedenmann 2005),
» zum Bauprojektmanagement (Girmscheid, Busch 2008a, Girmscheid, Busch 2008b; Nemuth 2006),
» in Lehrbüchern und Standardwerken zur Immobilienwirtschaft (Gondring 2004; Kühne-Büning et al. 2005; Brauer 2001),
» sowie zum Risikomanagement im Allgemeinen ohne speziellen Branchenbezug (Romeike 2005a; Gleißner, Romeike 2005; Schmitz, Wehrheim 2006; Finke 2005).

Die ausgewählten Quellen stellen zwar nur einen Ausschnitt der Literatur zum Immobilien-Risikomanagement dar, und sicherlich können Immobilienunternehmen beim Aufbau eigener Risikomanagementsysteme in Teilbereichen zusätzlich von den Erfahrungen anderer Branchen profitieren,[232] aber dennoch können bereits aus dieser Auswertung wichtige Erkenntnisse für Schwerpunkte des Immobilien-Risikomanagements abgeleitet werden.

Zur Auswertung wurden die genannten Quellen bezüglich der Nennung und Erläuterung von Risikobegriffen[233] durchsucht. Die hierbei ermittelten Begriffe wurden in einer Tabelle den im vorhergehenden Kapitel ermittelten Risikokategorien zugeordnet, wobei synonyme Begriffe verschiedener Autoren jeweils in einer Zeile gesammelt, und zusätzlich bereits bei der Sammlung grob thematisch sowie nach Ober- und Unterbegriffen sortiert wurde. Wenn der Begriff nicht klar einer Risikokategorie zuzuordnen war, wurde er in allen nach Auffassung des Autors relevanten Risikokategorien erfasst.[234] Hierdurch kann ein Risikobegriff mehrfach erscheinen. Gleiches gilt, wenn der Begriff nicht eindeutig gebraucht wurde.

In einem zweiten Schritt wurden aus den ermittelten Risikobegriffen Risiken im eigentlichen Sinne herausgefiltert. Synonyme Begriffe, untergeordnete Risiken und Risikoindikatoren wurden diesen Risiken zugeordnet.

---

232 Beispielsweise im Bereich der Absicherung von EDV-Anlagen oder beim Risikomanagement im Rahmen der eigenen Geschäftsprozesse.

233 Der Terminus „Risikobegriff" wird dabei für die in der Literatur verwendeten Begrifflichkeiten verwendet. Sie unterscheiden sich von Risiken im Sinne dieser Arbeit dadurch, dass sie das Ausgangsmaterial des beschriebenen Filter- und Auswahlprozesses repräsentieren, während es sich bei den Risiken um dessen Ergebnis handelt. Die Gruppe der Risikobegriffe ist daher weiter gefasst und kann sowohl Risiken i. e. S., synonyme Bezeichnungen für Risiken, Risikokategorien, Risikoindikatoren als auch Auswirkungen von Risiken enthalten.

234 Die Zuordnung zu einer Risikokategorie ergibt sich dabei explizit aus der Beschreibung in der jeweiligen Quelle oder implizit aus dem Zusammenhang. Manchmal fehlt jedoch jeglicher Hinweis, so dass eine eindeutige Zuordnung nicht möglich ist. In diesem Fall wurde der Begriff mehrfach zugeordnet.

3.2 Ergebnisse der Untersuchung

3.2.1 Allgemeine Ergebnisse

Bereits bei der Auswertung der Quellen bestätigte sich deutlich die Vermutung, dass alle untersuchten Quellen lediglich Teilbereiche immobilienbezogener Risiken in die Betrachtung mit einbeziehen, da keiner der Autoren in allen betrachteten Risikokategorien genannt wird. Die Schwerpunktsetzung der einzelnen Beiträge ergibt sich aus deren Zielsetzung.

Des Weiteren wurden in einigen der betrachteten Beiträge keine untergeordneten Risikokategorien bzw. Einzelrisiken genannt, weswegen diese in der folgenden Auswertung nicht enthalten sind.
Der Beitrag des Bundesverbands deutscher Wohnungsunternehmen zu Insolvenzvorsorge und Krisenmanagement in Wohnungsunternehmen wurde nicht berücksichtigt, da die Inhalte stark an den Beitrag des GdW zum Risikomanagement im Wohnungsunternehmen angelehnt sind, dort aber ausführlicher dargestellt werden.[235] Ähnlich verhält es sich mit dem Beitrag von Armonat, da hier die an dieser Stelle relevanten Abschnitte auf dem Beitrag von Pfnür, Armonat aus dem Jahr April 2001 basieren, und somit auch zu gleichen Ergebnissen kommen.[236]
Kurzrock bezieht sich bei der Auswahl möglicher Renditefaktoren als Basis der empirischen Analyse auf die Beiträge von Wellner und Trotz,[237] weswegen auch dieser Beitrag nicht weiter berücksichtigt wurde.[238]

---

235 Vgl. GdW - Bundesverband Deutscher Wohnungs- und Immobilienunternehmen e.V. (Berlin) 2003, S. 39, 47 und GdW - Bundesverband Deutscher Wohnungs- und Immobilienunternehmen e.V. (Berlin) 2000, S. 53–58.

236 Vgl. Armonat 2006, S. 142–168 und Pfnür, Armonat April 2001.

237 Vgl. Kurzrock 2007, S. 65.

238 Es bleibt jedoch anzumerken, dass Kurzrock eine Vielzahl möglicher Indikatoren zur Bewertung der Risiken nennt, deren Berücksichtigung aber weit über das Ziel der Literaturanalyse hinaus gehen würde. Vgl. Kurzrock 2007, S. 65–153.

Der Beitrag von Baumeister behandelt das Risikomanagement bei Investitionen auf Basis des mathematisch-statistischen Ansatzes der Portfoliotheorie nach Markowitz, weswegen auch diese Quelle keinen Beitrag zur Identifikation von Risiken und Risikokategorien leistet und daher nicht weiter berücksichtigt wurde.
Der Beitrag von Knuf bleibt für die gewünschte Granularität zu stark an der Oberfläche, da er lediglich verschiedene Immobilienratingsysteme genauer vorstellt.[239]
Die Lehrbücher zur Immobilienwirtschaft von Kühne-Büning et al. und Brauer behandeln das Thema Risikomanagement von Immobilien sowie von Immobilienunternehmen leider nicht explizit. Obwohl beide Werke viel Hintergrundwissen zu verschiedenen Risikobereichen[240] sowie zu Marktmechanismen auf Immobilienmärkten liefern, leisten sie dennoch keinen Beitrag zur Identifikation von Risiken und wurden daher bei der Literaturanalyse nicht weiter berücksichtigt. Gleiches gilt für die Beiträge zum allgemeinen Risikomanagement von Gleißner, Romeike und Finke.

3.2.2 Ergebnisse zu Standort- und Marktrisiken

Betrachtet man die Ergebnisse der Auswertung zu den Standort- und Marktrisiken fällt zunächst auf, dass die meisten Autoren diesen einen hohen Stellenwert beimessen. Risiken aus diesen Kategorien finden sich ansatzweise in allen betrachteten Quellen, vor allem aber in den Beiträgen zum allgemeinen Immobilien-Risikomanagement, zum Immobilien-Portfoliomanagement, zum Immobilienrating, zur Risikobewertung direkter Immobilieninvestitionen, zur Projektentwicklung sowie in den Standardwerken der Immobilienbetriebswirtschaftslehre. Darüber hin-

239 Vgl. Knuf 2004, S. 165–167.

240 So behandelt Brauer unter anderem verstärkt rechtliche Themen, sowie die Bereiche Finanzierung, Bestandsmanagement und Projektentwicklung (vgl. Brauer 2001). Der Schwerpunkt von Kühne-Büning et al. liegt auf volkswirtschaftlichen Grundlagen wie relevanten Märkten und Marktmechanismen, politischen Aspekten sowie bei Themen der gewerblichen Wohnungswirtschaft (vgl. Kühne-Büning et al. 2005).

aus waren die Standort- und Marktrisiken mit 294 genannten[241] Risikobegriffen auch der quantitativ am stärksten vertretene Bereich in der Literaturauswertung. Diese Schwerpunktsetzung ist leicht nachvollziehbar, da innerhalb der Immobilienwirtschaft immer noch die Lage des Gebäudes als entscheidendes Rendite- und Risikokriterium angesehen wird.[242]

Nach Zusammenfassung der Risikobegriffe im Bereich Standort- und Marktrisiken verbleiben insgesamt 102 Risiken.[243]

3.2.3 Ergebnisse zu Risiken des Objekts in der Nutzungsphase

Ähnlich verhält es sich mit der Kategorie objektbezogener Risiken, der alle das sich in der Nutzungsphase befindliche Einzelobjekt betreffenden Risiken zugeordnet wurden. Hier werden erwartungsgemäß von den Beiträgen, die sich am langfristigen Bestandshalter orientieren, die meisten Risiken genannt. Dies sind vor allem die Beiträge der Kategorien allgemeines Immobilien-Risikomanagement, Immobilien-Portfoliomanagement, Immobilienrating, direkte Immobilieninvestments und Immobilien-Projektentwicklung. Insgesamt wurden in dieser Risikokategorie 99 Risikobegriffe identifiziert, die wiederum insgesamt 26 Risiken, davon 23 eindeutigen Risiken, zugeordnet wurden.

241 Hierbei ist jedoch zu berücksichtigen, dass einige Risikobegriffe mehrfach auf verschiedenen räumlichen Gliederungsebenen (national, regional etc.) erscheinen können. Werden diese Doppelzählungen berücksichtigt verbleiben 264 Risikobegriffe. Synonyme Verwendungen ähnlicher Risiken sind in diesen Zahlen bereits berücksichtigt.

242 Vgl. Trotz 2004, S. 45.

243 Auch hier ist wiederum zu beachten, dass Risiken auf verschiedenen Betrachtungsebenen mehrfach auftreten können. Dies ergibt sich beispielsweise durch verschiedene Zuständigkeiten auf politischer Ebene. Ohne Berücksichtigung auf verschiedenen Ebenen auftretender Risiken ergibt sich eine Gesamtzahl von 72 Risiken.

3.2.4 Ergebnisse zu Objekteigenschaften

Bei den Objekteigenschaften finden sich lediglich 31 Begriffe. Dies mag einerseits daran liegen, dass in der Literatur nicht zwischen den Objekteigenschaften im Sinne fixer bzw. nur mit großem Aufwand zu ändernder Merkmale wie der architektonischen Gestaltung, der Ausstattung und der ökologischen Eigenschaften und dem Objektzustand bzw. der Bausubstanz im Sinne eines sich im Zeitablauf mit fortschreitender (Ab-) Nutzung bzw. Instandhaltung und Instandsetzung ständig ändernden Zustands unterschieden wird. Insofern finden sich hier die meisten Begriffe ebenfalls bei den Beiträgen zum allgemeinen Immobilien-Risikomanagement, dem Immobilienportfoliomanagement, dem Immobilienrating sowie der Beurteilung direkter Immobilieninvestments. Zusätzlich würde sich in diesem Bereich eine Analyse spezieller Immobilienobjektratingsysteme bzw. von Quellen der technischen Due-Diligence anbieten, da hier schwerpunktmäßig Objekteigenschaften erfasst und bewertet werden.[244]
Die Ergebnisse der Literaturanalyse wurden zu 15 Objekteigenschaften aggregiert.

3.2.5 Ergebnisse zu Risiken des Objekts in der Entstehungs- und in Bauphasen

Betrachtet man die mit Bauarbeiten im Allgemeinen und mit der Projektentwicklung im Speziellen verbundenen Risiken zeigt sich, dass dieser Teilbereich des Immobilien-Risikomanagements bereits vergleichsweise weit entwickelt ist. Dies mag zum einen darauf zurückzuführen sein, dass spekulative Projektentwicklungen ein sehr riskantes Geschäft sind,[245] ein wirksames Risikomanagement für Projektentwicklungsunternehmen also lebensnotwendig ist. Zum anderen setzen sich die Disziplinen der Baubetriebslehre und des Bauprojektmanagements ebenfalls

244 Vgl. Knuf 2004, S. 167. Zur Due Diligence vgl. auch Raum 2002 und Bernet 2004.

245 Vgl. beispielsweise Dietrich 2005, S. 155.

bereits seit längerer Zeit mit den Risiken der Bautätigkeit auseinander, weswegen eine entsprechend große Zahl an Beiträgen zu diesem Thema existiert. Dies zeigt sich auch darin, dass alleine im Rahmen dieser Literaturauswertung sieben Beiträge zur Projektentwicklung und drei Beiträge zum Bauprojekt- und Bauunternehmensmanagement betrachtet wurden. Diese beiden Gruppen von Beiträgen steuern auch die Mehrzahl der Risikobegriffe zu dieser Risikokategorie bei. Gleichzeitig ist auch festzustellen, dass viele Autoren nicht eindeutig zwischen den verschiedenen Lebenszyklusphasen der Immobilie, insbesondere zwischen der Entwicklungs- und der Nutzungsphase trennen. Dies äußert sich darin, dass einige im Wesentlichen bei der Objekterstellung relevante Risikobegriffe, wie das Boden- und Baugrundrisiko oder das Altlastenrisiko, unter anderem auch in Beiträgen zum allgemeinen Risikomanagement und zum Risikomanagement im Wohnungsunternehmen in Erscheinung treten.
In dieser Risikokategorie finden sich insgesamt 49 mit der Projektentwicklung und 59 mit der Bautätigkeit verknüpfte Risikobegriffe. Diese wurden zu 14 Risiken im Zusammenhang mit der Projektentwicklung und 25 Risiken im Zusammenhang mit der eigentlichen Bautätigkeit zusammengefasst. Insgesamt beinhaltet diese Risikokategorie 25 eindeutige Risiken.

3.2.6 Ergebnisse zu Unternehmensrisiken

Zunächst in dieser Deutlichkeit nicht zu erwarten, aber unter Einbeziehung der Ergebnisse von Pfnür, Armonat und Kurzrock, die der Managementqualität jeweils eine hohe Bedeutung für die Immobilienperformance zuweisen,[246] auch nicht verwunderlich zeigt sich die hohe Bedeutung der allgemeinen Unternehmensrisiken auch bei der Auswertung der Literatur zum Immobilien-Risikomanagement. Ein wesentliches Risikofeld ist mit insgesamt 31 Risikobegriffen der Bereich der finanziellen Risiken, der im Rahmen dieser Arbeit als weitgehend

[246] Vgl. Pfnür, Armonat April 2001, S. 45; Kurzrock 2007, S. 220.

losgelöst von der Einzelimmobilie betrachtet wird und daher als Unternehmensfinanzierung den allgemeinen unternehmerischen Risiken zugeordnet wird. Aber auch in den Bereichen Führung und Organisation, Personal, rechtliche Risiken (die nicht direkt einem Objekt zuzurechnen sind) und Risiken aus Supportprozessen findet sich eine Vielzahl an Risikobegriffen, nämlich jeweils 60, 28, 17 und 11 Risikobegriffe. Damit nimmt der Bereich der Unternehmensrisiken mit insgesamt 147 Risikobegriffen nach den Standort- und Marktrisiken den zweiten Platz unter den Risikogruppen ein, auch wenn die bei dieser Literaturauswertung ermittelten allgemeinen Unternehmensrisiken selbst nur einen kleinen Teil der tatsächlich relevanten Risiken darstellen dürften, da beispielsweise das für Unternehmen allgemein relevante Feld der Risiken im Bereich der Informationstechnologie nur durch einen Risikobegriff repräsentiert wird.
Die Risikobegriffe wurden zu 49 allgemeinen Unternehmensrisiken (hiervon 43 eindeutige) zusammengefasst.

3.3 Zusammenfassung der Ergebnisse

Die Auswertung der Literatur zum Immobilien-Risikomanagement zeigt deutlich, dass der Schwerpunkt auf den Standort- und Marktrisiken liegt.[247] Demgegenüber fallen die Risiken des einzelnen Objekts in der Nutzungsphase[248] etwas zurück, wobei diese allerdings über Cash Flows und Wertentwicklung direkten Einfluss auf die Immobilienperformance nehmen.[249]

[247] Dies sind insbesondere makroökonomische Risiken wie die wirtschaftliche, soziodemographische und politische Entwicklung, das den jeweiligen Teilmarkt betreffende Immobilienmarktrisiko und Risiken des Makro- und Mikrostandorts wie das Umfeld oder die Gefahr von Naturkatastrophen. Standort- und Marktrisiken können sowohl einzelne Immobilien als ggf. auch das gesamte Portfolio treffen, zum Beispiel bei Konzentration der Geschäftstätigkeit auf eine bestimmte Region.

[248] Dies sind im Wesentlichen das Risiko der Mietentwicklung, das Bewirtschaftungskostenrisiko, das Substanzrisiko und das Wertänderungsrisiko.

[249] Vgl. Kurzrock 2007, S. 50–54.

Weiterer Forschungsbedarf besteht sicherlich auf dem Gebiet des Einflusses von Objekteigenschaften wie der Bauweise oder der architektonischen und der ökologischen Qualität auf das Risiko der einzelnen Immobilie, sowie der Mechanismen dieser Einflussnahme. Hier können Initiativen wie die Zertifizierung nachhaltiger Gebäude[250] und die Entwicklung weiterer Systeme zur Beschreibung und Bewertung der Gebäudequalität in Verbindung mit der wissenschaftlichen Auswertung der hierbei erfassten Daten einen wichtigen Beitrag leisten.

Eine Sonderrolle spielen diejenigen Risiken, die explizit mit der Entstehung der Immobilie sowie mit Baumaßnahmen im Zusammenhang stehen.[251] Hier leistet die Literatur zur Projektentwicklung einen starken Beitrag, auch die Literatur zum Bauprojektmanagement bietet zu diesem Bereich einen guten Überblick.

Überraschend ist, dass der Bereich der allgemeinen Unternehmensrisiken auch in der Literatur zum Immobilien-Risikomanagement breit vertreten ist.[252] Trotz dieses Ergebnisses ist aber festzuhalten, dass gerade hier die Immobilienbranche von den Erfahrungen anderer Branchen profitieren kann, beispielsweise in den Bereichen Management, Personal und Unterstützungsfunktionen wie der EDV.

Die folgende Grafik fasst nochmals die Verteilung der Risikobegriffe zusammen.

---

250 Dies sind unter anderem LEED in den USA (vgl. U.S. Green Building Council. http://www.usgbc.org/leed), BREEAM in Großbritannien (vgl. Building Research Establishment Ltd. http://www.breeam.org/) und das Deutsche Gütesiegel Nachhaltiges Bauen, welches im Januar 2009 offiziell an den Start ging (vgl. Deutsche Gesellschaft für Nachhaltiges Bauen e.V. 2009).

251 Hierbei handelt es sich unter anderem um technische Risiken, Terminrisiken und Baukostenrisiken.

252 Dies sind insbesondere Managementrisiken, Personalrisiken, finanzielle Risiken auf Ebene des Gesamtunternehmens, sowie allgemeine rechtliche Risiken.

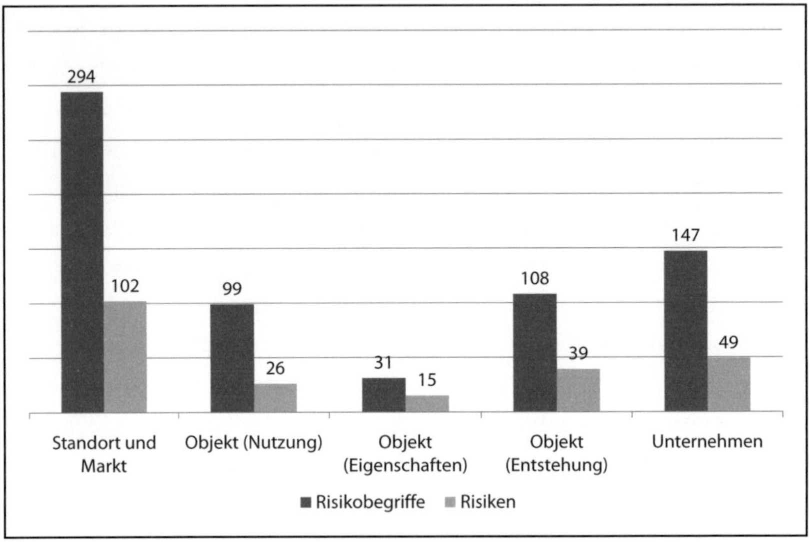

Abb. 8: *Ergebnisse der Literaturrecherche. (Eigene Darstellung).*

Das Ergebnis dieses Abschnitts, die Tabelle mit den Risiken, den ursprünglich verwendeten Risikobegriffen und deren Zuordnung zu den verschiedenen Quellen, findet sich aus Platzgründen im Anhang A zu dieser Arbeit. Der Aufbau der Tabellen ist in der folgenden Abbildung dargestellt:

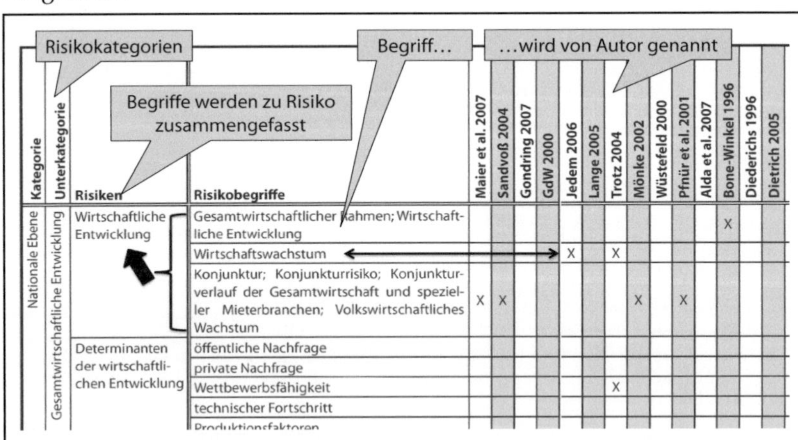

Abb. 9: *Aufbau der Tabellen in Anhang A. (Eigene Darstellung).*

In den beiden linken Spalten ist das System der Risikokategorien, welches in Abschnitt 2 dieses Kapitels entwickelt wurde, wiedergegeben. In der vierten Spalte finden sich die der Literatur entnommenen und den Risikokategorien zugeordneten Risikobegriffe. Rechts davon sind diejenigen Quellen markiert, denen die Risikobegriffe entnommen wurden. Die dritte Spalte schließlich nennt die Risiken, zu denen die verschiedenen Risikobegriffe im Rahmen dieser Arbeit zusammengefasst wurden.

4 Risikoindikatoren und Datenquellen

Die Suche und Auswahl der kritischen Faktoren „ist ein sehr subtiler Prozess, der in hohem Maße Informationen, Erfahrung und Kenntnis über die Wesensmerkmale der Branche und des Geschäftes erfordert".[253] Außerdem ist es nicht möglich, eine allgemeingültige Aufstellung von Einflusskriterien zur Bewertung von Risiken zu erstellen, da deren Auswahl immer auch von individuellen Präferenzen und situativen Gegebenheiten des betrachteten Akteurs abhängt.[254] Daher, aber auch, um den Rahmen dieser Arbeit nicht zu sprengen, sollen im Folgenden nicht einzelne Risikoindikatoren,[255] dafür aber mögliche Datenquellen vorgestellt werden.

253 Hax, Majluf 1988, S. 183.

254 Vgl. Bone-Winkel 1994, S. 185.

255 Risikoindikatoren sind Parameter, die in der Lage sind, Veränderungen im Risikoprofil anzuzeigen, aber selbst kein Risiko im eigentlichen Sinne darstellen. Ein Beispiele ist das Bruttoinlandsprodukt als Indikator für die wirtschaftliche Entwicklung. Siehe auch Romeike 2004, S. 109.

4.1 Statistische Ämter und andere staatliche Stellen

Als wichtige Datenquelle sind zunächst die statistischen Ämter auf Europa-,[256] Bundes-[257] und Länderebene[258] zu nennen. Teilweise unterhalten auch einzelne Gemeinden statistische Ämter, die Daten für sehr kleinräumige Fragestellungen, zum Beispiel zum Vergleich einzelner Stadtteile, liefern können.[259] Die Statistischen Ämter haben die Aufgabe, unter den Grundsätzen der Neutralität, Objektivität und wissenschaftlichen Unabhängigkeit laufend Daten über Massenerscheinungen zu erheben, zu sammeln, aufzubereiten, darzustellen und zu analysieren.[260] Amtliche Statistiken werden unter anderem für die Bereiche Wirtschaft,[261] Bevölkerung[262] und Umwelt[263] erstellt, wobei der Bereich Immobilien allerdings lediglich eine untergeordnete Rolle spielt.

Zusätzlich zu den Statistikbehörden stellen weitere staatliche Stellen Daten aus ihren jeweiligen Arbeitsbereichen zur Verfügung. Hierbei sind insbesondere

256 Vgl. Europäische Kommission, Eurostat (Luxemburg). http://epp.eurostat.ec.europa.eu. Zur Geschichte der europäischen Statistik vgl. de Michelis, Chantraine 2003.

257 Hier ist das Statistische Bundesamt zuständig (vgl. Statistisches Bundesamt (Wiesbaden). http://www.destatis.de/). Zu Aufgaben und Aufbau des statistischen Bundesamts siehe auch Statistisches Bundesamt (Wiesbaden) 24.05.2005.

258 In Baden-Württemberg ist dies das Statistische Landesamt in Stuttgart (vgl. Statistisches Landesamt Baden-Württemberg (Stuttgart). http://www.statistik.baden-wuerttemberg.de/). Die anderen Bundesländer unterhalten ebenfalls eigene statistische Landesämter.

259 Die Stadt Karlsruhe unterhält beispielsweise ein eigenes statistisches Informationssystem, welches Daten zur Stadt und zur Region bereithält. Vgl. Amt für Stadtentwicklung (Karlsruhe). http://www.karlsruhe.de/Stadtentwicklung/.

260 Vgl. BStatG, § 1.

261 Hier sind die Statistiken zur allgemeinen wirtschaftlichen Entwicklung, zur Preisentwicklung und zur Entwicklung einzelner Branchen, insbesondere der Baubranche, von Bedeutung.

262 Dies sind Statistiken zur Bevölkerungsentwicklung und zur Sozialstruktur.

263 Dies sind die so genannten umweltökonomischen Gesamtrechnungen, welche die Beziehungen zwischen Umwelt und Wirtschaft erfassen sollen.

» das Bundesamt für Bauwesen und Raumordnung, welches zum Zwecke der Raumordnung ein System zur Raumbeobachtung unterhält, in dem unter anderem Daten zur laufenden Raum- und Stadtbeobachtung, zur Wohnungs- und Immobilienmarktbeobachtung, Ergebnisse von regelmäßigen Bevölkerungsumfragen sowie eine Raumordnungsprognose bereitgestellt werden,[264]
» die deutsche Bundesbank, welche Statistiken zu Zinsen und Wechselkursen, aber auch zu Banken, Außenwirtschaft, Geldpolitik und der konjunkturellen Entwicklung erstellt,[265]
» die Bundesagentur für Arbeit, welche die Statistiken über den Arbeitsmarkt und über die Grundsicherung für Arbeitssuchende führt,[266] sowie
» das Bundesministerium für Wirtschaft, welches auf seiner Website Daten zu Energieverbrauch und Energieversorgung zur Verfügung stellt,[267]

erwähnenswert. Außerdem sind an dieser Stelle die Gutachterausschüsse hervorzuheben. Diese sind bei den Gemeinden zu bildende, unabhängige Gremien, denen unter anderem die Führung einer Kaufpreissammlung sowie die Ermittlung und Veröffentlichung der sog. Bodenrichtwerte obliegt, welche einen durchschnittlichen Bodenwert für Grundstücke in einer bestimmten Lage darstellen. Zur Erfüllung ihrer Aufgaben erhalten die Gutachterausschüsse per Gesetz grundsätzlich eine Abschrift aller Verträge, die eine entgeltliche Eigentumsübertragung bzw. die Bestellung eines Erbbaurechts für ein Grundstück in der jeweiligen Gemeinde beinhalten, zugesandt.[268] Hiermit wären die Gutachterausschüsse eigentlich in der Lage, eine umfassende, genaue und detaillierte Statistik zu den Immobilienmärkten zu erstellen, was aller-

---

264 Vgl. Bundesamt für Bauwesen und Raumordnung (Bonn). http://www.raumbeobachtung.de/.

265 Vgl. Deutsche Bundesbank (Frankfurt a. M.). http://www.bundesbank.de/statistik/.

266 Vgl. Bundesagentur für Arbeit (Nürnberg). http://www.arbeitsagentur.de/.

267 Vgl. Bundesministerium für Wirtschaft und Technologie (Berlin). http://www.bmwi.de/.

268 Vgl. BauGB, §§ 192–196.

dings in der Praxis weitgehend nicht geschieht. Ursache hierfür ist einerseits das Fehlen einheitlicher Vorschriften über die Art und Weise, wie die Kaufpreisdaten zu erfassen und auszuwerten sind, was dazu führt, dass dies in jeder Gemeinde unterschiedlich gehandhabt wird.[269] Andererseits gestattet § 195 Abs. 2 und 3 BauGB lediglich die Weitergabe der Kaufpreissammlung an die Finanzämter zu Zwecken der Besteuerung, sowie die Erteilung (einzelner) Auskünfte bei berechtigtem Interesse.[270] In einigen Gemeinden wird allerdings durch den Gutachterausschuss regelmäßig ein Grundstücksmarktbericht veröffentlicht, welcher auf Daten der Kaufpreissammlung beruht.[271] Es bleibt jedoch insgesamt festzustellen, dass in Deutschland das zweifelsohne vorhandene Datenpotential für eine umfangreiche, aktuelle und ggf. standardisierte Immobilienmarktberichterstattung nur suboptimal genutzt wird.[272]

Schließlich ist im Rahmen der von staatlichen Stellen zur Verfügung gestellten Informationen die Bauleitplanung interessant,[273] da diese über Art und Maß der baulichen Nutzung des jeweiligen Grundstücks bestimmt, was wiederum dessen Wert beeinflusst.[274] Die Bauleitplanung liegt in der Hoheit der Gemeinden,[275] so dass auch hier nicht von ein-

---

269 Vgl. Unterreiner 2005, S. 271; Eilers et al. 2007.

270 Vgl. BauGB, § 195 Abs. 2-3

271 Dies ist beispielsweise in Karlsruhe der Fall. Vgl. Gutachterausschuss (Karlsruhe) 20.02.2009.

272 Andere Länder, beispielsweise die USA, Großbritannien oder die Niederlande veröffentlichen hingegen öffentliche Statistiken zu den Immobilienmärkten, was die ohnehin mangelhafte Markttransparenz (vgl. Gondring 2004, S. 41–42; Kühne-Büning et al. 2005, S. 14–16) erheblich verbessert. Vgl. Unterreiner 2005, S. 269–271.

273 Die Bauleitplanung ist ein zweistufiges Verfahren. Der Flächennutzungsplan als vorbereitender Bauleitplan umfasst das gesamte Gemeindegebiet und stellt die sich aus der beabsichtigten städtebaulichen Entwicklung ergebende Art der Bodennutzung in Grundzügen dar (vgl. BauGB, § 5. Der Bebauungsplan als verbindlicher Bauleitplan wird aus dem Flächennutzungsplan für Teile des Gemeindegebiets entwickelt und beinhaltet insbesondere Art und Maß der baulichen Nutzung des jeweiligen Grundstücks, sowie Bauweise, überbaubare und nicht überbaubare Grundstücksteile sowie die Stellung der baulichen Anlagen (vgl. BauGB, §§ 8–9).

274 Vgl. Gondring 2004, S. 963.

275 Hierbei sind jedoch die übergeordneten Belange der Raumordnung zu berücksichtigen. Vgl. BauGB, § 1.

heitlichen Datenstandards sowie einheitlichen Abläufen der Informationsbeschaffung ausgegangen werden kann.

4.2 Forschung und Beratung

Die von den genannten staatlichen Stellen erfassten Daten, teilweise aber auch die Ergebnisse ergänzender eigener Erhebungen werden von verschiedenen Forschungseinrichtungen ausgewertet. Hierbei sind vor allem zu nennen:

» im Bereich der Immobilienwirtschaft die entsprechenden universitären Einrichtungen[276], einige unabhängige Forschungsinstitute[277], auf diesen Bereich spezialisierte kommerzielle Forschungs- und Beratungsunternehmen inklusive der überregional tätigen Maklerhäuser[278] und der entsprechenden Branchenverbände,[279]

---

276 Eine Aufstellung von Universitätseinrichtungen im Bereich Immobilienwirtschaft wird von der Gesellschaft für immobilienwirtschaftliche Forschung e. V. gepflegt und auf ihrer Website veröffentlicht. Vgl. Gesellschaft für immobilienwirtschaftliche Forschung (gif) e.V. http://www.gif-ev.de/.

277 Beispielsweise das Institut Wohnen und Umwelt in Darmstadt (vgl. Institut Wohnen und Umwelt (IWU) GmbH (Darmstadt). http://www.iwu.de/), das Institut für Städtebau, Wohnungswirtschaft und Bausparwesen in Berlin (vgl. Institut für Städtebau, Wohnungswirtschaft und Bausparwesen e.V. (Berlin). http://www.ifs-staedtebauinstitut.de/) sowie das InWIS Institut für Wohnungswesen, Immobilienwirtschaft, Stadt- und Regionalentwicklung in Bochum (vgl. InWIS Institut für Wohnungswesen, Immobilienwirtschaft, Stadt- und Regionalentwicklung GmbH an der Ruhr-Universität Bochum (Bochum). http://www.inwis.de/).

278 Zu dieser Gruppe zählen unter anderem die IPD GmbH in Wiesbaden, die BulwienGESA AG in München, die empirica AG in Berlin sowie das weltweit tätige Unternehmen Jones Lang LaSalle.

279 Diese erstellen häufig eigene Statistiken auf der Grundlage von Daten, die ihnen von den Mitgliedsunternehmen zur Verfügung gestellt werden. Diese Statistiken stellen somit eine wertvolle Erweiterung der amtlichen Statistik dar. In diesem Zusammenhang sind vor allem der Bundesverband deutscher Wohnungsunternehmen GdW, der Bundesverband freier Immobilien- und Wohnungsunternehmen BfW, der Immobilienverband IVD, der Hauptverband der Deutschen Bauindustrie, der Bundesverband Deutscher Investment-Gesellschaften BVI (dieser vertritt insbesondere die deutschen offenen Immobilienfonds), der Verband geschlossene Fonds VGF und der Verband deutscher Pfandbriefbanken VDP (nicht zu verwechseln mit dem Verband deutscher Prädikatsweingüter VDP).

- im Bereich der allgemeinen Wirtschaftsforschung und Konjunkturprognosen die führenden Wirtschaftsforschungsinstitute[280], der Sachverständigenrat zur Beurteilung der gesamtwirtschaftlichen Entwicklung,[281] sowie die Research-Abteilungen von Bankhäusern,
- im Bereich der empirischen Sozialforschung[282] verschiedene gemeinnützige Forschungsinstitute[283], außerdem sind in diesem Zusammenhang Marktforschungsinstitute wie die Nürnberger GfK-Gruppe oder der ebenfalls international tätigen Nielsen-Company erwähnenswert.

Nicht direkt zur Gruppe der Forschungseinrichtungen im eigentlichen Sinne zugehörig, aber dennoch an dieser Stelle aufzuführen sind kommerzielle Informationsdienste, welche Informationen zu Geschäftspartnern, insbesondere deren Bonität, sammeln und bereitstellen. Dies sind unter anderem die Schufa AG, die arvato infoscore GmbH oder die Hoppenstedt Firmeninformationen GmbH.

---

280 Eine Aufzählung von Wirtschaftsforschungsinstituten findet sich bei Wikipedia 2009.

281 Vgl. Sachverständigenrat zur Begutachtung der gesamtwirtschaftlichen Entwicklung. http://www.sachverstaendigenrat-wirtschaft.de/. Der Sachverständigenrat wird auf Grundlage des Sachverständigenratsgesetzes gebildet.

282 Zu Anwendungsmöglichkeiten der empirischen Sozialforschung vgl. Diekmann 2007, S. 20–46.

283 Das Internetportal sowiport bietet einen breiten Überblick zu Themen und Forschungseinrichtungen aus dem Bereich Sozialwissenschaften (vgl. Bertelsmann Stiftung (Gütersloh); Deutsches Zentralinstitut für soziale Fragen (Berlin); GESIS – Gesellschaft Sozialwissenschaftlicher Infrastruktureinrichtungen e.V. (Mannheim); Universitäts- und Stadtbibliothek Köln; Wissenschaftszentrum Berlin für Sozialforschung. http://www.sowiport.de/).

4.3 Presse

Eine weitere wichtige Informationsquelle ist die Presse, wobei hier zwischen immobilienwirtschaftlichen Fachpublikationen im weitesten Sinne und Tageszeitungen sowie zwischen Primär- und Sekundärquellen zu unterscheiden ist. Tageszeitungen bieten sich, ebenso wie Immobilienmärkte im Internet,[284] für eine Auswertung der Verkaufs- und Vermietungsgesuche und -angebote an, wodurch sich die Immobilienmarktsituation[285] im jeweiligen Verbreitungsgebiet schnell und bei einer regelmäßigen Auswertung auch vergleichsweise genau erfassen lässt.[286]

Die Fachpresse dagegen bietet zusätzlich auch branchenspezifische Informationen aus wissenschaftlichen Arbeiten, Beratungsprojekten und unternehmensinternen Auswertungen an, die zu Zwecken der Risikobewertung herangezogen werden können. Zu den für Deutschland relevanten Fachpresseerzeugnissen zählen insbesondere die Immobilienzeitung, der Immobilienmanager, Immobilien-Wirtschaft heute, Grundstücksmarkt und Grundstückswert, Der langfristige Kredit, Bodenpolitik und Wertermittlung, Euro Property und das Fondstelegramm, ein Online-Informationsdienst für Beteiligungsmodelle. Da die hierin enthaltenen Informationen aber nur sinnvoll im Rahmen des Risikomanagements genutzt werden können, wenn diese regelmäßig ausgewertet und strukturiert werden,[287] befindet sich deren Nutzung als Informationsquelle vom damit verbundenen Aufwand her schon sehr nah an der Eigenerhebung von Daten.

---

284 Als Beispiel kann hier Immobilienscout24 angeführt werden. Vgl. Immobilien Scout GmbH (Berlin). http://www.immobilienscout24.de/.

285 Dies gilt mit der Einschränkung, dass größere gewerbliche Objekte selten in Inseraten in Tageszeitungen angeboten werden. Hier bietet sich eher die Fachpresse an.

286 Vgl. Schulten 2004, S. 105.

287 Vgl. Schulten 2004, S. 105.

4.4 Eigenerhebung von Daten

Der Eigenerhebung von Daten kommt eine besondere Bedeutung zu, da insbesondere zu den Risiken des Mikrostandorts, den einzelnen Objekten im Portfolio sowie zu den allgemeinen Unternehmensrisiken kaum extern bereitgestellte Daten existieren. Hier können insbesondere die im Unternehmen bereits vorhandenen Daten, zum Beispiel aus der Finanzbuchhaltung, der Kostenrechnung, der Mietverwaltung und Nebenkostenabrechnung, dem Personalwesen oder der Finanzplanung, genutzt werden, um Kennzahlen zur Risikobeurteilung zu bilden.[288] Zusätzlich müssen auch diese Daten noch durch eigene Erhebungen, beispielsweise im Rahmen regelmäßiger Objektbegehungen, ergänzt werden. Bei der Erhebung ist jedoch grundsätzlich auf deren Wirtschaftlichkeit zu achten, welche durch die Datenverfügbarkeit, den Erhebungsaufwand, der Dauerhaftigkeit der Daten und den Nutzen ihrer Erhebung bestimmt wird.[289]

In der Literatur wird das Thema der Bildung von Kennzahlen, sowohl für das allgemeine Risikomanagement von Unternehmen als auch speziell für die Immobilienwirtschaft seit langem sehr intensiv behandelt. Zum Einstieg sei an dieser Stelle daher lediglich auf die Beiträge von Bietke und Groll, sowie von Bogenberger, Reisbeck und Schöne speziell zu immobilienwirtschaftlichen Fragestellungen verwiesen.[290]

---

288 Vgl. hierzu auch Schmitz, Wehrheim 2006, S. 35.

289 Vgl. Bogenberger 2006b, S. 104.

290 Vgl. Bietke 2003; Groll 2004; Bogenberger 2006b; Reisbeck et al. 2006.

4.5 Geographische Daten und Geo-Informationssysteme

Eine wichtige Quelle für geographische Daten in analoger und digitaler Form ist die Vermessungs- und Katasterverwaltung. Zu ihren Aufgaben zählt insbesondere „das Vorhalten von Geobasisinformationen, die Landesvermessung, das Liegenschaftskataster einschließlich der Liegenschaftsvermessungen, Abmarkungen und der Nachweis der Landesgrenze".[291] Des Weiteren bieten sich zur Beschaffung geographischer Daten die Onlinedienste Google Maps, Google Earth und Microsoft Live.com an.[292] Geographische Daten sind einerseits für die Bewertung bestimmter Risiken bedeutsam, beispielsweise zur Berechnung der Wahrscheinlichkeit einer Überflutung in Folge von Hochwasser, zur Ausbreitung von Emissionen oder zur Berechnung von Wegezeiten, andererseits dienen sie der georeferenzierten Ablage anderer Risikoindikatoren, beispielsweise wirtschaftlicher oder demographischer Daten, in sog. Geo-Informationssystemen.[293]

291 VermG, § 1. Das Vermessungswesen in Deutschland liegt in der Hoheit der Bundesländer, die Aufgaben der Vermessungs- und Katasterverwaltung ähneln sich jedoch, von leicht abweichenden Begrifflichkeiten abgesehen, weitestgehend. Des Weiteren existieren – im Gegensatz zu den Kaufpreissammlungen der Gutachterausschüsse – standardisierte Datenformate für digitale geographische Daten.

292 Google bietet beide Produkte auch zur Nutzung in Unternehmen an. Es besteht außerdem die Möglichkeit, eigene Daten zu integrieren (vgl. Google Inc. (Mountain View, USA). http://www.google.de/intl/de/enterprise/geospatial.html). Dies wird von Microsoft Live zwar derzeit noch nicht angeboten, jedoch hält diese Seite neben orthografischen Luftbildern auch Schrägluftaufnahmen deutscher Großstädte bereit (vgl. Microsoft Corporation. http://maps.live.de/).

293 Vgl. zu Geo-Informationssystemen im Allgemeinen Bill 2002. Diese Technik kommt beispielsweise in der Untersuchung von Kurzrock zum Einsatz. Vgl. Kurzrock 2007, S. 4.

4.6 Zusammenfassung

Die im Vorhergehenden erläuterten möglichen Informationsquellen werden in der folgenden Tabelle nochmals übersichtlich dargestellt. Für das Immobilien-Risikomanagement besonders interessante Daten sind fett hervorgehoben

Datenquelle	Beschreibung verfügbarer Informationen
Statistische Ämter	
Europäische Kommission, Eurostat (Luxemburg). http://epp.eurostat.ec.europa.eu	kostenfrei verfügbare Daten auf europäischer Ebene zu: » Wirtschaft und Finanzen (Volkswirtschaftliche Gesamtrechnungen, Öffentlicher Sektor, Wechselkurse, Zinssätze, Geld- und Finanzstatistik, Preis, Zahlungsbilanz) » **Bevölkerung und soziale Bedingungen** (Bevölkerung, Gesundheit, Bildung und Weiterbildung, Arbeitsmarkt, Lebensbedingungen und Sozialleistungen) » Industrie, Handel und Dienstleistungen (Strukturelle Unternehmensstatistik, Statistik der Informationsgesellschaft, Industrie und **Baugewerbe**, Handel, Dienstleistungen, Tourismus) » Allgemeine und **Regionalstatistiken** (Regionalstatistiken, Urban Audit, Nicht-EU-Länder) » Landwirtschaft und Fischerei (Landwirtschaft, Forstwirtschaft, Fischerei) » Außenhandel » Verkehr » **Umwelt und Energie** » Wissenschaft und Technologie

Datenquelle	Beschreibung verfügbarer Informationen
Statistisches Bundesamt (Wiesbaden). http://www.destatis.de/	kostenfrei bzw. kostengünstig (für Premium-Online-Zugang) verfügbare Daten auf Bundesebene zu: » Gebiet, Bevölkerung, Arbeitsmarkt und Wahlen » Bildung, Sozialleistungen, Gesundheit, Recht (Bildung und Kultur, Forschung und Entwicklung, Öffentliche Sozialleistungen, Gesundheitswesen, Rechtspflege) » **Wohnen, Umwelt (Gebäude und Wohnen, Umwelt, Flächennutzung)** » Wirtschaft (Land- und Forstwirtschaft, Fischerei, Verarbeitendes Gewerbe, Bergbau, Gewinnung von Steinen u. Erden, Energie- und Wasserversorgung, **Baugewerbe,** Handel und Instandhaltung, Gastgewerbe, Tourismus, Verkehr und Nachrichtenübermittlung, Finanz- und andere Dienstleistungen) » Außenhandel, Unternehmen, Handwerk » Preise, Verdienste, Einkommen und Verbrauch » Öffentliche Finanzen (Öffentliche Haushalte, Steuern, Personal im öffentlichen Dienst) » Gesamtrechnungen (Volkswirtschaftliche Gesamtrechnungen des Bundes und der Länder, Umweltökonomische Gesamtrechnungen) » Indikatorensysteme (**Indikatoren zur nachhaltigen Entwicklung,** Wissenschaft und Technologie)
Statistische Landesämter, z. B. Statistisches Landesamt Baden-Württemberg (Stuttgart). http://www.statistik.baden-wuerttemberg.de/	frei verfügbare regionale Daten (Landes- und Kreisebene) unter anderem zu den Themen » **Fläche und Bevölkerung** » **Bildung und Kultur** » Gesundheit, Soziales und Rechtspflege » Wahlen » **Volkswirtschaft, Branchen, Konjunktur und Preise** » **Erwerbstätigkeit** » Landwirtschaft » Industrie, Handwerk, **Bauen und Wohnen** » Dienstleistungen » Öffentliche Finanzen und öffentlicher Dienst » **Umwelt,** Verkehr, Energie
Statistische Ämter der Gemeinden, zum Beispiel Amt für Stadtentwicklung (Karlsruhe). http://www.karlsruhe.de/Stadtentwicklung/	Auf Gemeindeebene bestehen große Unterschiede zwischen den Angeboten der statistischen Ämter. Die Stadt Karlsruhe hält beispielsweise ein statistisches Informationssystem bereit, welches kostenfrei kleinräumige Daten auf Ebene der Stadtteile und Stadtviertel, der Kommune sowie der Region bereithält.

Datenquelle	Beschreibung verfügbarer Informationen
Weitere staatliche Stellen	
Bundesamt für Bauwesen und Raumordnung (Bonn). http://www.raumbeobachtung.de/	kostenfrei verfügbare Daten zur Raum- und Stadtbeobachtung, Wohnungs- und Immobilienmarktbeobachtung, Bevölkerungsbefragungen und Raumordnungsprognosen zu den Themen » **Arbeitsmarkt** » **Bevölkerung und Sozialstruktur** » **Bildung und Ausbildung** » **Finanzen** » **Medizinische Versorgung** » **Siedlungsstruktur und Flächennutzung** » **Umwelt** » **Verkehr** » **Wirtschaft** » **Wohnen**
Deutsche Bundesbank (Frankfurt a. M.). http://www.bundesbank.de/statistik/	frei verfügbare, langfristige Zeitreihen zu » **Zins- und Wechselkursentwicklung** » Bankensektor » Außenwirtschaft und Geldpolitik » **konjunkturelle Entwicklung**
Bundesagentur für Arbeit (Nürnberg). http://www.arbeitsagentur.de/	frei verfügbare Daten zum **Arbeitsmarkt** und zur Grundsicherung für Arbeitslose
Bundesministerium für Wirtschaft und Technologie (Berlin). http://www.bmwi.de/	frei verfügbare Statistik zum **Energieverbrauch** und zur Energieversorgung
Gutachterausschüsse bei den Kommunen, z. B. Gutachterausschuss (Karlsruhe) 20.02.2009	Zu den Aufgaben der unabhängigen Gutachterausschüsse zählen unter anderem: » Führung einer **Kaufpreissammlung** (durch Auswertung aller Verträge, die Eigentum an Grundstücken übertragen oder ein Erbbaurecht begründen). Auskunft nur bei berechtigtem Interesse. » Ermittlung von **Bodenrichtwerten** und sonst. zur Wertermittlung notwendiger Daten. Die Bodenrichtwerte sind zu veröffentlichen. Die Art und Weise, wie der jeweilige Gutachterausschuss seinen Aufgaben nachkommt, differiert stark. Teilweise Veröffentlichung von Grundstücksmarktberichten (z. B. in Karlsruhe).

Datenquelle	Beschreibung verfügbarer Informationen
Bauämter der Kommunen	Informationen zu » **Bauleitplanung** » **Stadtentwicklung** » **Raumordnung**
Universitäre Forschungseinrichtungen im Bereich Immobilienwirtschaft	
Eine Aufstellung universitärer Einrichtungen im Bereich Immobilienwirtschaft findet sich bei Gesellschaft für immobilienwirtschaftliche Forschung (gif) e.V. http://www.gif-ev.de/	verschiedene Forschungsschwerpunkte
Unabhängige Forschungsinstitute im Bereich Immobilienwirtschaft	
Institut Wohnen und Umwelt (IWU) GmbH (Darmstadt). http://www.iwu.de/	Forschungsbereiche Wohnen und Energie. Fachinformationen zu den Themen **Wohnungsversorgung, Wohnungswirtschaft, Städtebau, Energiebilanzen** für Gebäude (EnEV, Energiepass, Berechnungswerkzeuge), **Klimaschutz und Altbausanierung, Niedrigenergie- und Passivhäuser, Elektrische Energie sowie Verwaltungsbau** größtenteils als Download frei bzw. gegen geringe Gebühr verfügbar.
Institut für Städtebau, Wohnungswirtschaft und Bausparwesen e.V. (Berlin). http://www.ifs-staedtebauinstitut.de/	Themenbereich Wohneigentum, hierzu » Schriftenreihe » Ratgeberbroschüren (für Verbraucher) » **Deutscher Eigentums-Immobilien-Index (DEIX)**
InWIS Institut für Wohnungswesen, Immobilienwirtschaft, Stadt- und Regionalentwicklung GmbH an der Ruhr-Universität Bochum (Bochum). http://www.inwis.de/	Grundlagen- und Auftragsforschung zu wohnungs-, immobilien-, stadt- und regionalwissenschaftlichen Themen, sowie Austausch zwischen Praxis und Wissenschaft Es werden keine Daten im Internetangebot zur Verfügung gestellt

Datenquelle	Beschreibung verfügbarer Informationen
Kommerzielle Forschungs- und Beratungsunternehmen, inklusive überregional tätiger Maklerhäuser	
IPD Investment Property Databank GmbH (Wiesbaden). http://www.ipd.com/germany	kostenpflichtige Angebote in den Bereichen: » Performanceanalysen (**Deutscher Immobilien Index (DIX)**, Portfolioanalyse, Fondsrating) » Vermietungsdatenbank und Marktanalysetool » Forschung (Marktbericht, Studien zu offenen Immobilienfonds und Immobilienspazialfonds) » Services für Immobiliennutzer (IPD Occupiers)
BulwienGesa AG (München). http://www.bulwiengesa.de	kostenfrei: » vierteljährliche **Marktberichte** mit wechselnden Themen » Veröffentlichung eines eigenen **Immobilienindex** kostenpflichtig: » **RIWIS: Markt-, Planungs- und Prognosedaten** für unterschiedliche Nutzungsarten von 125 Marktstädten » **euroPROMIS: Markt- und Prognosedaten** für die 16 wichtigsten Retail, Office, Logistikzentren » **Marktprognosen** » Scoring und Rating von Immobilieninvestitionen
Empirica-Institut	kostenfrei: » verschiedene Berichte zu den **Immobilienmärkten mit Schwerpunkt Wohnungsmärkte** » **Regionen auf einen Blick** (quartalsweise Beleuchtung regionaler Wohnungsmärkte, quartalsweises Miet-und Kaufpreisranking von 117 kreisfreien Städten) kostenpflichtig: » **Techem-empirica-Leerstandsindex** (Auswertung des Leerstands, regionale Gliederung nach Bundesländern, Landkreisen/kreisfreien Städten sowie dreistelligen PLZ-Bezirken, weitere Gebietseinheiten auf Anfrage) » **empirica-Preisdatenbank** (Auswertung von Angebotspreisen für Miet- und Kaufobjekte, regionale Gliederung nach Landkreisen/kreisfreien Städten, Stadtteilen/-bezirken, Postleitzahlen) » **Empirica-Regionaldatenbanken** (jährlich aktualisierte Regionaldaten und -prognosen, Geoinformationen)

Datenquelle	Beschreibung verfügbarer Informationen
GEWOS Institut für Stadt-, Regional- und Wohnforschung GmbH (Hamburg). http://www.gewos.de	kostenfrei: » Studie zur Metropolregion Hamburg » Newsletter „Stadt Land Haus" kostenpflichtig: » **Wohnungsmarktprognosen** » **Gewerbemarktprognosen** » **Datenbank Immobilienmarktanalyse IMA**
CB Richard Ellis GmbH (Frankfurt a.M.). http://www.cbre.de	**Marktberichte** zu den Büromärkten Berlin, Frankfurt am Main, München und Hamburg (kostenfrei verfügbar)
Aengevelt Immobilien GmbH & Co. KG (Düsseldorf). http://www.aengevelt.com/	kostenfrei: » **Halbjahresberichte der DIP** (Deutsche Immobilienpartner) kostenpflichtig: » **Markt-, Standortanalysen in Form von City-Reports** » **Zeitreihen und Markteinschätzungen** für eine größere Auswahl an deutschen Städten, teilweise nach Nutzungsart untergliedert
Dr. Lübke GmbH (Frankfurt a.M.). http://www.dr-luebke.com	kostenfrei verfügbar: » **Marktberichte zu den Büromärkten** verschiedener deutscher Großstädte » **Studien zu den Büro-, Hotel und Wohnungsmärkten** einzelner deutscher Großstädte
Atisreal Holding GmbH (Düsseldorf). http://www.atisreal.de	kostenfrei: umfassende **Marktberichte für Büro-, Retail- und Investmentmärkte** verschiedener deutscher Großstädte
Colliers International Property Consultants, Inc (Boston). http://www.colliers.com/Corporate/MarketReports/	kostenfrei: **Berichte über die Büro- und Investmentmärkte** in Berlin, Frankfurt am Main, München, Hamburg, Düsseldorf und Stuttgart, sowie weltweit (über das internationale Internetangebot)

Datenquelle	Beschreibung verfügbarer Informationen
Forschungseinrichtungen im Bereich allgemeine Wirtschaftsforschung	
ifo Institut für Wirtschaftsforschung e.V. (München). http://www.cesifo-group.de	kostenfrei zum Download (auch Zeitreihen): » Umfrageergebnisse (insbesondere **ifo Geschäftsklima-Index, ifo Architektenumfrage**) » **Prognosen (ifo Konjunkturprognose)** » Datenbank für Institutionenvergleiche in Europa (DICE)
Deutsches Institut für Wirtschaftsforschung (Berlin). http://diw.de	Datensammlungen, z. B. » **Bauvolumensrechnung** » **Bevölkerungsvorausschätzung** » Logistikindikator » SOEPinfo (webbasiertes Informationssystem zum Arbeiten mit den komplexen Datenbeständen des sozio-ökonomischen Panels SOEP) » SOEPlit (Bibliographie) » Verkehr in Zahlen (Verkehrsstatistische Daten) Regelmäßige Publikationen zur Wirtschaftsforschung, z. B. » DIW-Wochenbericht » Vierteljahreshefte zur Wirtschaftsforschung » Politikberatung kompakt Die Daten und Publikationen stehen größtenteils kostenfrei zum Download bereit.
Institut für Weltwirtschaft an der Universität Kiel (Kiel). http://www.ifw-kiel.de	» kostenfrei verfügbare **Konjunkturprognosen** » **Indikatoren** (IfW-Indikator zur Weltkonjunktur, EUROFRAME-Indikator und reales BIP für den Euroraum, F.A.Z.-Konjunkturindikator, Indikatoren für den deutschen Export)
Institut für Wirtschaftsforschung Halle (Halle). http://www.iwh-halle.de	» **Konjunkturprognosen** » **IWH-Konjunkturbarometer Ostdeutschland** » Unternehmensumfragen (**IWH-Bauumfrage**, IWH-Industrieumfrage, Frühindikator Produzierendes Gewerbe Ostdeutschland)
Rheinisch-Westfälisches Institut für Wirtschaftsforschung e.V. (Essen). http://www.rwi-essen.de/	Studien zu den Querschnittsthemen Regionalforschung, **Demographischer Wandel** und evidenzbasierte Politikberatung (größtenteils über den Buchhandel zu beziehen)

Datenquelle	Beschreibung verfügbarer Informationen
Sachverständigenrat zur Begutachtung der gesamtwirtschaftlichen Entwicklung. http://www.sachverstaendigenrat-wirtschaft.de/	kostenfrei zum Download: » **Gutachten des Sachverständigenrats** zur gesamtwirtschaftlichen Entwicklung in Deutschland » **Zeitreihen zu nationalen und internationalen Konjunkturindikatoren** » **Lange Reihen** für Deutschland und ausgewählte Industrieländer aus dem aktuellen Jahresgutachten
Research-Abteilungen von Banken	
Deutsche Bank AG (Frankfurt a.M.). http://www.dbresearch.de	kostenfrei verfügbare Studien zu Trends in Wirtschaft, Gesellschaft und Finanzmärten, unter anderem aus dem **Bereich Immobilien**
Forschungseinrichtungen im Bereich Empirische Sozialforschung	
Bertelsmann Stiftung (Gütersloh); Deutsches Zentralinstitut für soziale Fragen (Berlin); GESIS – Gesellschaft Sozialwissenschaftlicher Infrastruktureinrichtungen e.V. (Mannheim); Universitäts- und Stadtbibliothek Köln; Wissenschaftszentrum Berlin für Sozialforschung. http://www.sowiport.de/	kostenfreies Internetportal mit Informationen unter anderem zu » Literatur » Forschungsprojekten » Institutionen » Themenschwerpunkten im Bereich der Sozialwissenschaften.
GfK SE (Nürnberg). http://www.gfk.com	Weltweit tätiges Marktforschungsunternehmen mit Dienstleistungsangeboten in den Bereichen Datenerhebung, Analyse und Beratung. Kostenfrei verfügbar: » Auswahl aktueller Studien » **GfK Consumer Index (monatlich für Deutschland, Europa quartalsweise)** » Newsletter und Vorträge
The Nielsen Company (Germany) GmbH (Frankfurt a.M.). http://de.nielsen.com	Marktforschungsunternehmen mit ähnlicher Ausrichtung wie die GfK. Kostenfrei verfügbare Auswahl aktueller Studien, kostenpflichtige **Trend- und Marktinformationen für Industrie und Handel**

Datenquelle	Beschreibung verfügbarer Informationen
Wirtschaftsinformationsdienste	
SCHUFA Holding AG Wiesbaden. http://www.schufa.de	kommerzieller Informationsdienst, verfügt über kreditrelevante Daten zu 65 Mio. natürlichen Personen, Angebote zu » **Bonitätsprüfung** » Adressen » **Idenditätsverifizierung**
arvato infoscore GmbH (Baden-Baden). http://www.infoscore.de	kommerzieller Anbieter zum Management von Kundenbeziehungen in den Bereichen » Datenmanagement (u.A. Adressen) » **Informationsmanagement (u.A. Risiko- & Ertragsscores, Bonität)** » Forderungsmanagement (Zahlungsmanagement, Inkasso)
Hoppenstedt Firmeninformationen GmbH (Darmstadt). http://www.hoppenstedt.de	kommerzieller Informationsdienst, der unter anderem in den Bereichen » **Kreditinformationen** » **Firmeninformationen** » Direktmarketing und CRM aktiv ist.
Branchenverbände	
GdW - Bundesverband Deutscher Wohnungs- und Immobilienunternehmen e.V. (Berlin). http://www.gdw.de/	**GdW-Jahresstatistik** (kostenpflichtig als Print-Ausgabe, Kurzfassung zum Download kostenfrei)
BFW Bundesverband Freier Immobilien- und Wohnungsunternehmen e.V. (Berlin). http://www.bfw-bund.de	kostenfrei: » **Konjunkturumfragen** (unter Mitgliedsunternehmen) » **Daten zur Bautätigkeit**
Immobilienverband IVD Bundesverband e.V. (Berlin). http://www.ivd.net	kostenpflichtig: » **Immobilien-Jahrbuch** » **Preisspiegel für Wohnen und Gewerbe**

Datenquelle	Beschreibung verfügbarer Informationen
Hauptverband der deutschen Bauindustrie e. V. (Berlin). http://www.bauindustrie.de/	kostenfrei: Aktuelle **Daten zur deutschen Bauwirtschaft** (Auftragslage, Produktion, Bautätigkeit, Bedarf, Struktur, Arbeitsmarkt, Kosten, Preise, Insolvenzen und Neugründungen) kostenpflichtig: **Baustatistische OnlineDatenbank ELVIRA**
Bundesverband Investment und Asset Management e.V. (Frankfurt a.M.). http://www.bvi.de/	kostenfreie Daten zu offenen Immobilienfonds: » **Wertentwicklung** » **Fondsvermögen und Mittelaufkommen** » Statistiken und Zahlen zu Vertriebswegen, zur Anzahl der zugelassenen Fonds oder zum Geldvermögen » **BVI-Gesamtstatistik**
VGF Verband Geschlossene Fonds Betriebsgesellschaft mbH (Berlin). http://www.vgf-marktzahlen.de/	Daten zu geschlossenen Fonds (Beispielsweise **platziertes Eigenkapital, Fondsvolumen**, Verteilung auf die einzelnen Marktsegmente, Vertriebswege, Zeichnerstruktur, Verlauf der Platzierungszahlen, Bestandsvolumen pro Assetklasse, Zweitmarktumsätze pro Assetklasse, historische Daten). Ergebnisse teilweise frei verfügbar, Online-Analysetool im geschlossenen Bereich
Verband deutscher Pfandbriefbanken (vdp) e. V. (Berlin). http://www.pfandbrief.de	kostenfrei verfügbare Statistiken zum » **Kreditgeschäft** » **Pfandbriefindex (PEX)-Renditen** » Pfandbrief-Statistiken (Bruttoabsatz und Umlauf) » **vdp-Pfandbriefkurven** (Zinsstrukturkurve der Refinanzierungsbedingungen für deckungsfähige Immobilienkredite) » Aggregierte Zahlen aller deutschen Pfandbriefbanken gemäß PfandBG, § 28 » **Transaktionsdatenbank** (gespeist durch Daten von Kreditvergaben der Mitgliedsinstitute) – nicht öffentlich zugänglich

<table>
<tr><th>Datenquelle</th><th>Beschreibung verfügbarer Informationen</th></tr>
<tr><td colspan="2">Presse</td></tr>
<tr><td>Fachpublikationen, z. B.
» Immobilienzeitung
» Der Immobilienmanager
» Immobilien-Wirtschaft heute
» Grundstücksmarkt und Grundstückswert
» Der langfristige Kredit
» Bodenpolitik und Wertermittlung
» Euro Property
» Das Fondstelegramm</td><td>Aktuelle Informationen zu
» relevanten Märkten
» Ergebnissen wissenschaftlicher Untersuchungen
» Ergebnissen von Beratungsprojekten
» unternehmensinternen Auswertungen.
Die Auswertung der Daten und Nutzung für das Risikomanagement ist, da die Informationen unstrukturiert sind, nur mit sehr hohem Aufwand möglich.</td></tr>
<tr><td>Tageszeitungen</td><td>Anzeigenauswertung</td></tr>
<tr><td>Internetportale, z.B. Immobilien Scout GmbH (Berlin). http://www.immobilienscout24.de/</td><td>Anzeigenauswertung</td></tr>
<tr><td colspan="2">Eigenerhebung im Unternehmen</td></tr>
<tr><td>Daten auf Ebene der einzelnen Objekte</td><td>unter anderem
» Indikatoren zum Mikrostandort der einzelnen Immobilien
» Indikatoren zur Bewohnerstruktur
» Indikatoren zur Nutzerzufriedenheit bzw. zu Nutzeranforderungen
» Indikatoren zum Vermietungserfolg
» Indikatoren zu Nutzungskosten
» Indikatoren zur Instandhaltung</td></tr>
<tr><td>Daten auf Portfolioebene</td><td>Eine Aggregation der Indikatoren der Einzelobjektebene ist sinnvoll, um daraus auf Risikoakkumulation oder -diversifikation innerhalb des Portfolios zu schließen.</td></tr>
<tr><td>Daten auf Unternehmensebene</td><td>unter anderem
» finanzwirtschaftliche Indikatoren (Liquidität, Cash Flow, Schuldendeckungsgrad etc.)
» Indikatoren zum Personalwesen
» Indikatoren zur Qualität einzelner Geschäftsprozesse (z. B. Vermarktungsdauer)</td></tr>
</table>

Datenquelle	Beschreibung verfügbarer Informationen
Geographische Daten und Geoinformationssysteme	
Vermessungs- und Katasterämter, z.B. Landesamt für Geoinformation und Landentwicklung Baden-Württemberg (Stuttgart). http://www.lv-bw.de	kostenpflichtig: digitale Geodaten zu » **Liegenschaftskataster** » **Hauskoordinaten** » Verwaltungsgrenzen » Festpunkten » **topographischen Informationen** » **Luftbilder und Orthofotos** Webdienste zur Integration der Daten in eigene Anwendungen
Google Maps bzw. Google Earth (vgl. Google Inc. (Mountain View, USA). http://www.google.de/intl/de/enterprise/geospatial.html)	» **Kartenmaterial** » **Satellitenfotos bzw. Orthobilder** » **Straßenansichten** (StreetView), in Deutschland noch nicht verfügbar » Georeferenzierte, von Nutzern bereitgestellte Fotos Die Basisversion ist kostenfrei nutzbar, es gibt Optionen zur professionellen Anwendung und zur Integration eigener Datenbestände
Microsoft Corporation. http://maps.live.de/	kostenfrei online verfügbar: » **Karten** » **Satellitenfotos bzw. Orthobilder** » **Schrägluftbilder** (für Großstädte)

Tab. 5: *Beschreibung möglicher Datenquellen zum Risikomanagement. (Eigene Darstellung).*

5 Fazit

In diesem Kapitel wurden die Grundlagen für die Identifikation von Risiken gelegt. Hierzu wurde zunächst ein eigenes System von Risikokategorien entwickelt, welches neben Standort- und Marktrisiken sowie den objektspezifischen Risiken auch allgemeine Unternehmensrisiken mit berücksichtigt, und außerdem auf Ebene der objektspezifischen Risiken zwischen Bau- und Nutzungsphasen trennt.

Dieses diente als Grundlage einer breit angelegten Literaturanalyse, bei der zunächst die in verschiedenen Quellen genannten Risikobegriffe gesammelt und anschließend geordnet und aggregiert wurden. Eine Tabelle mit den Risiken, den ursprünglich verwendeten Risikobegriffen und deren Zuordnung zu den verschiedenen Quellen findet sich im Anhang zu dieser Arbeit.

Auf eine genaue Darstellung von Risikoindikatoren wurde verzichtet, da dies zweifelsohne den Umfang dieser Arbeit gesprengt hätte. So ist alleine zur Bewertung des Risikos der soziodemographischen Entwicklung eine Fülle an möglichen Indikatoren gebräuchlich, beispielsweise Geburten- und Sterberaten, der Wanderungssaldo, die Entwicklung der Zahl der Haushalte oder die Haushaltsgröße. Daher wurden lediglich mögliche Datenquellen vorgestellt und in einer Tabelle zusammengefasst.

D: Ansätze zur Systematisierung von Risiken

Im vorangegangenen Kapitel wurden Risikokategorien und Einzelrisiken identifiziert, sowie mögliche Datenquellen zur Beschaffung von Informationen als Grundlage der späteren Risikobewertung genannt. Im Rahmen der auf die Risikoidentifizierung folgenden Risikoanalyse sollten nun die in der ersten Stufe identifizierten Risiken zur Vorbereitung der Risikobewertung klassifiziert werden.[294] Dies dient zum einen der Übersichtlichkeit, zum anderen finden sich hierdurch bereits Hinweise auf die Relevanz des jeweiligen Risikos sowie auf Möglichkeiten der Risikosteuerung.[295]

Im Folgenden sollen zunächst die in der Literatur weit verbreiteten theoretisch begründeten Ansätze zur Systematisierung von Risiken vorgestellt und diskutiert werden. Anschließend werden zwei neue Ansätze zur Systematisierung von Risiken entwickelt. Dies sind zum einen die Ordnung der Risiken bzw. Risikokategorien anhand ihrer Abhängigkeiten und Wirkungsketten, und zum anderen eine Systematik, welche die Risiken anhand der betroffenen Lebenszyklusphase des Gebäudes zeitlich und anhand der tangierten Akteure ordnet.

Die verschiedenen im Rahmen dieses Kapitels entwickelten Systematiken, werden als Elemente in den Risikokatalog aufgenommen, und auf die im vorangegangenen Kapitel identifizierten Risiken angewendet.

294 Vgl. Maier et al. 2007, S. 16; Sandvoß 2004, S. 19–20.

295 Beispielsweise die Diversifikation von systematischen Risiken. Vgl. Maier et al. 2007, S. 12–13.

1 Theoretisch begründete Ansätze der Risikosystematisierung

Maier et al. nennen insgesamt vier solche Systematisierungsansätze, nämlich die Unterscheidung in:

» systematische und unsystematische Risiken
» ein- und zweidimensionale Risiken
» quantifizierbare und nicht quantifizierbare Risiken, sowie
» existentielle und finanzielle Risiken,[296]

welche im Folgenden vorgestellt und diskutiert werden sollen. Im Anschluss daran werden noch weitere Ansätze anderer Autoren erläutert.

1.1 Systematische und unsystematische Risiken

Die Unterscheidung in systematische und unsystematische Risiken entstammt den finanzwirtschaftlichen Ansätzen des Portfoliomanagements nach Markowitz[297] und des auf dieser Grundlage entwickelten Capital Asset Pricing Models nach Sharpe, Lintner und Mossin.[298] Wesentliche Erkenntnis Markowitz' war, dass sich das Risiko der Rendite[299] durch Bildung eines Portfolios reduzieren lässt, und dabei sogar noch unter dem Risiko der am wenigsten riskanten Anlage im Portfolio liegen kann.[300] Dies ist darin begründet, dass bei einer Investition in ein Portfolio negative Effekte, die nur einzelne Anlagen im Portfolio

---

296 Vgl. Maier et al. 2007, S. 10.

297 Vgl. Breuer et al. 2004, S. 137–229.

298 Vgl. Kruschwitz 1999, S. 155–207.

299 Ausgedrückt durch die Varianz σ^2 der Rendite bzw. deren Standardabweichung σ.

300 Voraussetzung hierfür ist, dass die Renditen der Anlagen im Portfolio nicht perfekt korreliert sind. Dies bedeutet, dass bei zwei Assets im Portfolio der Korrelationskoeffizient der Renditen < 1 sein muss. Sind die Anlagen perfekt negativ korreliert ($\rho_{12} = -1$), ist es möglich, das Portfoliorisiko vollständig zu eliminieren. Vgl. hierzu auch Breuer et al. 2004, S. 46–48.

betreffen, nicht so sehr ins Gewicht fallen, wie dies bei einer Investition in eine einzelnen Anlage der Fall wäre. Daher unterscheidet man systematische Risiken, die alle Anlagen im Portfolio gleichermaßen betreffen[301], und unsystematische Risiken, die nur einen Teil der Anlagen betreffen.[302]

Im Falle einer naiven Diversifikation, also der zufälligen Auswahl von Anlagegütern aus dem Spektrum aller möglichen Anlagen, lässt sich zeigen, dass das Portfoliorisiko mit der Anzahl der Anlagen im Portfolio exponentiell abnimmt und sich für eine gegen Unendlich gehende Zahl an Anlagen im Portfolio dem systematischen Risiko annähert.[303] Dieses Ergebnis liegt der folgenden Grafik zu Grunde, die sich in ähnlicher Form desöfteren in der Literatur zum Immobilien-Risikomanagement findet.

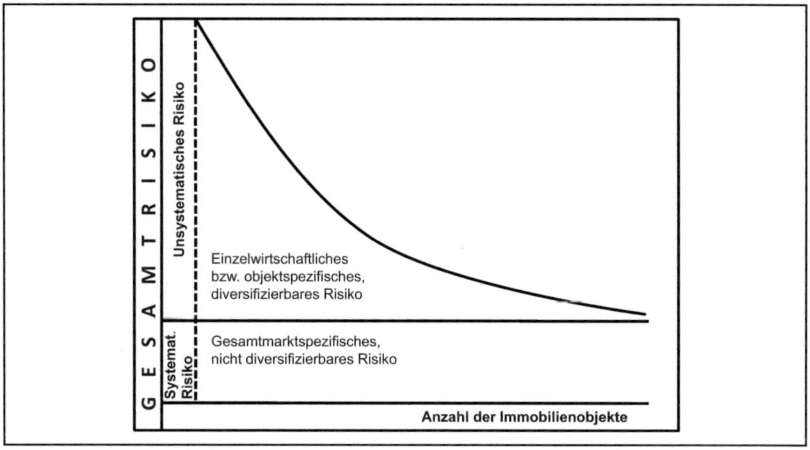

Abb. 10: *Annäherung des Gesamtrisikos des Portfolios an das systematische Risiko bei steigender Anzahl von Assets im Portfolio. (Maier et al. 2007, S. 214).*

301 Im Immobilienbereich sind dies beispielsweise die allgemeine Konjunkturentwicklung, Veränderungen des Leitzinses oder Gesetzesänderungen wie eine Verschärfung der Energieeinsparverordnung. Vgl. Maier et al. 2007, S. 12–13.

302 Als Beispiele wären hier Feuer, Überflutung oder Mietnomaden zu nennen.

303 Vgl. Breuer et al. 2004, S. 349–364. In der Immobilienwirtschaft wäre es allerdings suboptimal, eine unendlich große Anzahl an Immobilien zu erwerben, da hier im Gegensatz zu vollkommenen Märkten, unter deren Prämisse diese Ansätze entwickelt wurden, zum einen erhebliche Transaktionskosten entstehen und zum anderen hohe Investitionskosten für den Erwerb aufzubringen sind. Vgl. Gondring 2004, S. 36–37.

Eine pauschale Unterteilung in systematische und unsystematische Risiken ist in der Immobilienwirtschaft allerdings nicht unproblematisch zu bewerkstelligen. So sind gerade viele Wohnungsunternehmen regional verankert, manchmal ist der Bestand sogar auf eine einzelne Stadt konzentriert. Auch geschlossene Immobilienfonds sind, da sich ihr Bestand meist nur auf ein einzelnes oder wenige Objekte erstreckt,[304] meist kaum diversifiziert.[305] In diesem Zusammenhang wären bereits Risiken, die lediglich für diesen einen Standort relevant sind,[306] systematische Risiken, da sie den gesamten Bestand gleichermaßen betreffen. Das Argument, das Unternehmen könne sich ja diversifizieren, indem es auch an anderen Standorten Immobilien erwirbt, ist dabei nur wenig zielführend. Zum einen bringt eine Zersplitterung des Bestands Probleme bei der Verwaltung mit sich, zum anderen lässt sich dieses Argument ebenso bei lediglich national, lediglich in Westeuropa oder lediglich in den westlichen Industrieländern investierenden Unternehmen anführen. Folge wäre, dass lediglich weltweit investierende Unternehmen als ausreichend diversifiziert anzusehen wären, und dass eben auch nur den weltweiten Immobilienbestand betreffende Risiken als systematisch gelten könnten. Insofern ist bei der Zuordnung von Risiken zu den systematischen oder den unsystematischen Risiken mit Augenmaß und unter der Berücksichtigung der individuellen Situation des Unternehmens vorzugehen.

Gleichwohl ist die Kategorisierung der erkannten Risiken in systematische und unsystematische Risiken vorteilhaft, da hierbei deutlich wird, welche Risiken sich durch eine entsprechende Streuung des Bestands steuern lassen.

---

[304] Vgl. Unterreiner 2003, S. 6.

[305] Offene Immobilienfonds sind im allgemeinen breit diversifiziert. Allerdings ist auch hier die Investition in Objekte außerhalb des europäischen Wirtschaftsraums an besondere Bedingungen gemäß § 67 Abs.3 InvG geknüpft.

[306] Hier kann die regionale Bevölkerungsentwicklung als Beispiel angeführt werden.

1.2 Ein- und zweidimensionale Risiken

Bei der Einteilung in ein- und zweidimensionale Risiken ist das Spektrum der möglichen Abweichungen vom Zielwert maßgebliches Kriterium. Wie bereits erläutert umfasst der Begriff des Risikos sowohl Chancen als auch Gefahren. Bei Risiken, die ausschließlich eine Gefahr[307] oder eine Chance[308] darstellen, handelt es sich nach dieser Systematik um eindimensionale Risiken, weil das Spektrum der möglichen Realisationen ausschließlich oberhalb oder unterhalb des Planwerts liegt. Risiken, die sich sowohl positiv als auch negativ auswirken können, sind demnach zweidimensionale Risiken.[309] Hierbei ist jedoch zu beachten, dass die Gruppe der zweidimensionalen Risiken auch diejenigen Risiken beinhaltet, deren Spektrum überwiegend im positiven[310] oder im negativen[311] Bereich liegt. Diese können auch als asymmetrisch zweidimensionale Risiken bezeichnet werden. Eine Unterscheidung in ein- und zweidimensionale Risiken ist sinnvoll, da sie Aufschluss über die einzusetzenden Verfahren der Risikosteuerung Aufschluss gibt.[312] Allerdings sollten die eindimensionalen bzw. die asymmetrisch zweidimensionalen Risiken zusätzlich mit einem Zusatz versehen werden, ob die Realisierungen ausschließlich bzw. überwiegend im positiven oder im negativen Bereich liegen.

---

307 Beispielsweise sind Naturrisiken oder das Kreditausfallrisiko zu nennen.

308 Zum Beispiel risikolose Arbitragemöglichkeiten; diese stellen allerdings einen Sonderfall dar, da es sich hierbei nicht um ein Risiko im eigentlichen Sinne handelt.

309 Deren prominetester Vertreter ist das Marktrisiko.

310 Hierzu zählen Lotterien oder das Optionsrisiko.

311 Dies sind beispielsweise Liquiditätsrisiken.

312 Vgl. Maier et al. 2007, S. 10–11.

1.3 Quantifizierbare und nicht quantifizierbare Risiken

Die Klassifikation in quantifizierbare und nicht quantifizierbare Risiken unterscheidet danach, ob für das betreffende Risiko Aussagen über die Eintrittswahrscheinlichkeit getroffen werden können, sei es durch Angabe objektiver oder subjektiver Wahrscheinlichkeiten,[313] oder nicht. Hierbei ist anzumerken, dass nicht quantifizierbare Risiken im Unternehmensumfeld praktisch keine Rolle spielen. Zwar mag die Quantifizierung bei manchen Risiken keine leichte Aufgabe sein, und gegebenenfalls werden auch einige Risiken falsch quantifiziert, aber es wird sich für die erkannten Risiken doch zumindest von Experten eine Einschätzung der Eintrittswahrscheinlichkeit abgeben lassen. Insofern soll diese Möglichkeit der Risikosystematisierung im Folgenden nicht mehr weiter verfolgt werden.

1.4 Existentielle und finanzielle Risiken

Die Einteilung in existentielle und finanzielle Risiken ist eine weitere Möglichkeit, Risiken zu klassifizieren. Hierbei wird bei der Unterscheidung auf die Sphäre der Risikoentstehung abgestellt. Bei existentiellen Risiken handelt es sich um Risiken, welche der Leistungs- und Gütersphäre zuzuordnen sind und die die operativen Unsicherheiten im Zusammenhang mit einzelnen Investitionsobjekten (oder Unternehmungen) widerspiegeln.[314] Demgegenüber handelt es sich bei den finan-

---

313 Vgl. Maier et al. 2007, S. 11–12

314 Maier et al. nennen als Beispiele das Risiko von Preisveränderungen auf den Beschaffungs- und Absatzmärkten, die Gefahr der technischen Überalterung der Immobilie, das (Fehl-) Investitionsrisiko, das Verwertungsrisiko, das Bewirtschaftungsrisiko bei Gewerbeimmobilien sowie die operationellen Risiken auf Unternehmensebene. Vgl. Maier et al. 2007, S. 13.

ziellen Risiken um Risiken, die unabhängig vom eigentlichen Investitionsobjekt durch finanzielle Transaktionen bzw. Strategien entstehen.[315]

Wie bereits im vorangegangenen Kapitel erläutert wurde, ist die Trennung der finanziellen Risiken von den Risiken, die in der Immobilie selbst begründet sind, für das Risikomanagement sinnvoll, da die finanziellen Risiken meist das gesamte Unternehmen und nicht nur einzelne Immobilien betreffen.[316] Ebenso sollten jedoch die die operationellen Risiken, welche aber nach der vorgestellten Systematik zu den existentiellen Risiken zählen, von den immobilienspezifischen Risiken getrennt werden. Daher wurde bereits eine Aufteilung in immobilienbezogene Risiken und allgemeine Geschäftsrisiken propagiert, wobei die finanziellen Risiken eine Untergruppe der allgemeinen Geschäftsrisiken darstellen.[317] Dieser Ansatz einer Unterscheidung in existentielle und finanzielle Risiken soll daher im Folgenden ebenfalls nicht weiter verfolgt werden.

1.5 Weitere Ansätze

An dieser Stelle soll zunächst ein Ansatz von Gondring erwähnt werden, welcher die Unterscheidung in systematische und unsystematische Risiken sowie in Objekt- und allgemeine Geschäftsrisiken miteinander verbindet. Er unterscheidet zunächst sog. „Einzelrisiken" und „Klumpenrisiken". Letztere umfassen die Porfoliorisiken, die Einzelrisiken tei-

315 Hier nennen Maier et al. das Kapitalstrukturrisiko, Wechselkursrisiken und Zinsänderungsrisiken als Beispiele. Vgl. Maier et al. 2007, S. 13.

316 Dies hängt von der Ausgestaltung des Darlehens- und Zinsmanagements im jeweiligen Immobilienunternehmen ab. Vgl. hierzu auch GdW - Bundesverband Deutscher Wohnungs- und Immobilienunternehmen e.V. (Berlin) 2006, S. 21–30. Auch in der Investitionslehre wird davon ausgegangen, dass Realinvestitionsentscheidungen von Konsum- und Finanzierungsentscheidungen zu trennen sind. Dieses leitet sich aus der nach Irving Fisher, der bereits 1930 als erster auf dieses Problem hingewiesen hatte, benannten „Fisher-Separation" ab. Vgl. von Nitzsch 2003, S. 18–25; Breuer 2007, S. 43–58.

317 Vgl. Kapitel C dieser Arbeit.

len sich in die Objektrisiken und Einzelunternehmerrisiko auf. [318] Da die Unterscheidung zwischen Objekt- und Unternehmensrisiken bereits in der grundlegenden Risikokategorisierung aus Kapitel C berücksichtigt wurde, und sich die Portfoliorisiken im Wesentlichen aus der Aggregation der Einzelobjektrisiken ergeben, verspricht dieser Ansatz im Rahmen dieser Arbeit keine weitere wesentliche Verbesserung der Risikosystematisierung, weswegen er auch im Folgenden nicht weiter verfolgt werden soll.

Beinert nennt dagegen drei mögliche Klassifikationen von Risiken, und zwar die Unterscheidung in

» Risiken mit kurzfristiger und Risiken mit langfristiger Wirkung,
» endogene (durch innerbetriebliche Abläufe bestimmte) und exogene (durch Umwelteinflüsse bestimmte) Risiken, sowie
» Aktionsrisiken (auf innerbetrieblichen Entscheidungen beruhend) und Bedingungsrisiken (auf Veränderungen der Rahmenbedingungen beruhend). [319]

Leider verzichtet die Autorin auf eine eingehendere Darstellung der Klassifikation, insbesondere was den Unterschied zwischen endogenen und Aktionsrisiken bzw. exogenen und Bedingungsrisiken betrifft. Die Dauer der Risikowirkung wird ohnehin von der im Folgenden vorgeschlagenen phasen- und akteursbezogenen Systematik umfangreicher darsgestellt, so dass auf eine weitere Betrachtung dieses Ansatzes verzichtet wird. Ebenso verhält es sich mit den anderen Risikoklassen, die ebenfalls keinen zusätzlichen Informationsgewinn gegenüber den im vorangegangenen Kapitel erarbeiteten Risikokategorien und der phasen- und akteursspezifischen Systematik versprechen, weswegen auch diese im weiteren Verlauf nicht mehr berücksichtigt werden.

---

318 Vgl. Gondring 2007, S. 1.

319 Vgl. Beinert 2003, S. 27.

1.6 Zusammenfassung

Im vorangegangenen Abschnitt wurden verschiedene, in der Literatur verbreitete und auf wirtschaftswissenschaftlichen Theorien zur Risikobewertung beruhenden Ansätze vorgestellt und diskutiert.
Im weiteren Verlauf der Arbeit soll dabei zunächst die Unterscheidung systematischer und unsystematischer Risiken berücksichtigt werden, auch wenn die Unterscheidung stark vom jeweiligen Kontext abhängig ist. Des Weiteren soll die Unterscheidung eindimensionaler und zweidimensionaler Risiken weiter verfolgt werden. Hierbei ist jedoch zusätzlich zwischen denjenigen eindimensionalen Risiken, die ausschließlich Gefahren, und denjenigen, die ausschließlich Chancen beinhalten, zu unterscheiden.

2 Beschreibung der Abhängigkeiten zwischen Risiken

In der Literatur zum Risikomanagement ist unbestritten, dass sich verschiedene Risiken gegenseitig beeinflussen, so dass ein Risiko zur Verstärkung oder Abmilderung eines anderen Risikos beitragen kann, was erhebliche Konsequenzen für das Risikomanagement hat. So können sich zunächst kleine Risiken soweit verstärken, dass das Gesamtrisiko bedrohlich ansteigt.[320] Des Weiteren ergeben sich durch die Kenntnis der Wirkungszusammenhänge ggf. neue Möglichkeiten zur Risikosteuerung, indem Risiken bereits frühzeitig erkannt und gesteuert werden können, und außerdem auch die Ursachen von Risiken eindeutig identifiziert werden, anstatt nur deren Symptome zu managen.

Der im Folgenden entwickelte Ansatz zur Beschreibung der Abhängigkeiten zwischen Risiken baut auf der bereits im vorangegangenen Abschnitt erläuterten Unterscheidung zwischen systematische und unsystematischen Risiken auf, erweitert diese aber deutlich. Daher sollen zunächst einige Grundlagen erläutert werden. Anschließend wird eine praxistaugliche Systematik zur Beschreibung der Abhängigkeiten zwischen Risiken skizziert, die an einem Beispiel illustriert wird. Die Beschreibung der Abhängigkeiten für die in Kapitel C identifizierten Risikokategorien erfolgt im Risikokatalog.

[320] Vgl. unter anderem Gleißner, Romeike 2005, S. 31; Schröder 2005, S. 29–30; Huther 2003, S. 19; Peiß 1999.

2.1 Grundlagen der Betrachtung von Abhängigkeiten zwischen Risiken

2.1.1 Betrachtung von Abhängigkeiten zwischen Risiken in den Wirtschaftswissenschaften

Trotz der absoluten Notwendigkeit, Abhängigkeiten zwischen Risiken bei deren Beurteilung und Quantifizierung zu berücksichtigen, schenkt der überwiegende Teil der Literatur zum Risikomanagement diesen Interaktionseffekten wenig Beachtung.[321] Das von vielen Autoren zur Zusammenfassung der Ergebnisse der Risikoanalyse[322] propagierte Risikoinventar ist ausschließlich auf die Betrachtung von Einzelrisiken ausgelegt,[323] des Weiteren erfolgt insbesondere bei den häufig zur Risikoaggregation[324] und im Portfoliomanagement[325] eingesetzten Scoringverfahren ebenfalls keine Berücksichtigung von Interdependenzen.
Eine systematische Beschäftigung mit Risikozusammenhängen ermöglicht und erfordert jedoch das mathematisch-statistische Portfoliomanagement nach Markowitz.[326] Ziel des Markowitz-Ansatzes ist die Bildung μ-σ-effizienter Portfolios[327], d. h. die Minimierung des Risikos, gemessen durch die Standardabweichung σ der erwarteten Portfolio-

321 Vgl. Schröder 2005, S. 30.

322 Vgl. Romeike 2005, S. 27.

323 Vgl. Romeike 2004, S. 109–110. Siehe beispielsweise auch Gordon 2007.

324 Vgl. z.B. Bundesverband öffentlicher Banken e.V. (VÖB) 2006, S. 10–11; Trotz 2004.

325 Vgl. Bone-Winkel 1994, S. 188–189; Wellner 2003, S. 180–184.

326 Vgl. Markowitz 1970 und mit Ergänzungen Breuer et al. 2004. Das Thema wurde bereits im vorangegangenen Abschnitt im Zusammenhang mit der Unterscheidung von systematischen und unsystematischen Risiken kurz angerissen, soll aber hier wesentlich tiefgreifender dargestellt werden.

327 Vgl. Breuer et al. 2004, S. 50–51.

rendite μ, bei gegebener erwarteter Portfoliorendite.[328] In die Berechnung der Standardabweichung des Portfolios fließen die Varianzen und Kovarianzen der Renditen aller im Portfolio enthaltenen Assets ein,[329] wobei die Varianz als Maß für die Streuung der Rendite der einzelnen Assets[330] und die Kovarianz als Maß zur Quantifizierung des Gleichlaufs bezüglich der Richtung und der Stärke der Abweichung der Renditen zweier Assets von ihren Erwartungswerten dient.[331] Die Kovarianz kann daher als Maß des Risikozusammenhangs gelten.

Da die Kovarianz als Zahl schwer interpretierbar ist, wird häufig der Korrelationskoeffizient ϱ verwendet, welcher auf den Wertebereich -1 bis 1 normiert ist. Die Extremwerte entsprechen dabei der perfekten Gleich- bzw. Gegenläufigkeit der Zufallsgrößen, ein Korrelationskoeffizient von 0 bedeutet, dass die Zufallsgrößen unkorreliert sind.[332] Wie sich der Korrelationskoeffizient auf das Gesamtrisiko eines Portfolios mit zwei riskanten Anlagen auswirkt ist in der folgenden Abbildung gezeigt.[333]

Die Abbildung zeigt Erwartungswert und Standardabweichung aller möglichen Portfolios, die sich aus den beiden riskanten Anlagemöglichkeiten bilden lassen, wobei der Korrelationskoeffizient entweder +1, +0,5, 0, -0,5 oder -1 beträgt. Im Falle perfekter Korrelation der unsicheren Renditen der beiden Anlagemöglichkeiten entwickelt sich die Standardabweichung linear, daher ergeben sich keine Vorteile durch die Portfoliobildung in Bezug auf die Risikosituation. Sind die Renditen der beiden Anlagemöglichkeiten jedoch nicht perfekt korelliert kann die Standardabweichung der Portfoliorendite unter die Standard-

328 Unter Annahme einer quadratischen Nutzenfunktion des Investors oder einer Normalverteilung der Renditen lässt sich zeigen, dass der Nutzen des Investors ausschließlich durch den Renditeerwartungswert positiv und durch die Standardabweichung der Rendite negativ beeinflusst wird. Vgl. Breuer et al. 2004, S. 41–44.

329 Vgl. Breuer et al. 2004, S. 45.

330 Vgl. Maier et al. 2007, S. 37–39.

331 Vgl. Maier et al. 2007, S. 40–41.

332 Vgl. Bronstein, Semendjaev 1991, S. 671.

333 Ein ähnliches Beispiel findet sich bei Breuer et al. 2004, S. 46–48.

abweichung der weniger riskanten Anlagemöglichkeit fallen, und im Falle der perfekt negativen Korrelation kann das Risiko durch die Portfoliobildung sogar vollständig eliminiert werden[334]. Diese Schlussfolgerungen gelten analog auch für Portfolios mit mehr als zwei Anlagemöglichkeiten.

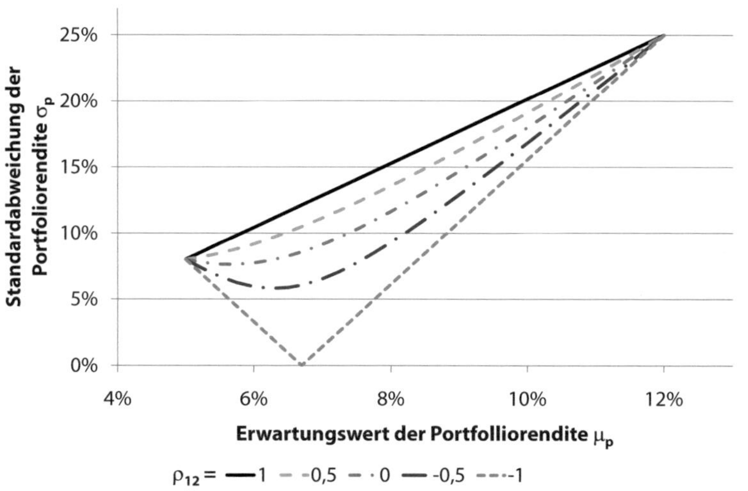

Abb. 11: *μ-σ-Kombinationen ausgewählter Portfolios bei zwei Anlagemöglichkeiten und verschiedenen Korrelationskoeffizienten. (Eigene Darstellung in Anlehnung an Breuer et al. 2004, S. 47).*

Bei dem in der Folge von Sharpe, Lintner und Mossin entwickelten Capital Asset Pricing Model (CAPM) wird eine Anlagemöglichkeit grundsätzlich aufgrund ihres Risikozusammenhangs mit einem Marktportfolio bewertet, was je nach Korrelationskoeffizient zu einem Zu- oder Abschlag auf die erwartete Rendite führt.[335]

Auf Grundlage dieser Überlegungen wurden Verfahren entwickelt, welche die Abhängigkeiten von Risiken in die Ermittlung des Gesamtrisikos integrieren. Auch finden sich einige Autoren, die explizit die

334 Dieser Sachverhalt wird auch als Diversifikation bezeichnet. Vgl. Breuer et al. 2004, S. 48.

335 Vgl. Götze 2008, S. 353–355.

Anwendung von auf der Portfoliotheorie basierenden Verfahren im Immobilienwesen vorschlagen. Hierbei ist insbesondere Wüstefeld hervorzuheben, der die Delta-Normal-Methode zur Berechnung des Gesamtrisikos der Investition vorschlägt. Dabei wird, neben der Annahme der Normalverteilung aller riskanter Zahlungen der Immobilieninvestition, unterstellt, dass ein linearer Zusammenhang zwischen der Änderung von Marktpreisfaktoren und der Änderung der Zahlungsreihe der Investition besteht. Hierdurch können Volatilitäten und Korrelationen der zukünftigen Entwicklung der Marktrisikofaktoren durch die Sensitivitäten der Investition auf diese Faktoren bewertet werden.[336] Auch Girmscheid, Busch verweisen auf die Möglichkeit, Risikozusammenhänge über Korrelationskoeffizienten zu beschreiben, beziehen allerdings gleichzeitig die Position, dass in Ermangelung eines überzeugenden Ansatzes zur lückenlosen Erfassung der Risikoabhängigkeiten diese im Sinne einer vorsichtigen Bewertung des Risikos besser nicht zu berücksichtigen sind.[337]

Grundsätzliches Problem bei der Anwendung der auf der Kapitalmarkttheorie basierenden Verfahren im Immobilienwesen ist die mangelnde Verfügbarkeit und Qualität von entsprechenden Daten.[338] Während bei börsengehandelten Produkten stetige und weit zurückreichende Zeitreihen für eine rückschauende Analyse von Renditeverteilungen und -korrelationen zur Verfügung stehen, ist dies bei Immobilien grundsätzlich nicht der Fall, was vor allem den besonderen Eigenschaften von Immobilien geschuldet ist.[339] Dies sind vor allem die Heterogenität und Komplexität von Immobilien, die Standortgebundenheit und in diesem Zusammenhang auch die Wechselwirkung zwischen der Immobilie und ihrem Standort, die Langlebigkeit, der langsame Kapitalumschlag auch

---

336 Vgl. Wüstefeld 2000, S. 185–187.

337 Vgl. Girmscheid, Busch 2008b, S. 78–80.

338 Dies wird in Arbeiten zur immobilienwirtschaftlichen Forschung immer wieder bedauert. Vgl. z.B. Wellner 2003, S. 156; Maier et al. 2007, S. 224–227; Jedem 2006, S. 190.

339 Vgl. Eilers, Hofer 2007-2008, S. 51.

in Folge hoher Transaktionskosten, lange Reaktionszeiten bei Marktveränderungen und nicht zuletzt die Vielzahl der Immobilien-Teilmärkte und deren Unübersichtlichkeit.[340] Schließlich werden Transaktionsdaten lediglich dezentral durch die Gutachterausschüsse der Kommunen gesammelt, und mangelnde Datenverfügbarkeit und -struktur machen eine Auswertung auf überregionaler Ebene nahezu unmöglich.[341] Zwar gibt es Ansätze und Bestrebungen, das Problem der Datenverfügbarkeit im Immobiliensektor anzugehen,[342] allerdings ist anzunehmen, dass diese Bestrebungen aufgrund der genannten Schwierigkeiten zunächst allenfalls kleinere Teilbereiche des Marktes abdecken können. Eine Analyse der gegenseitigen Abhängigkeiten von Immobilienrisiken auf Basis von empirisch ermittelten Korrelationskoeffizienten, wie sie bei Wertpapieren üblich ist, wird damit auch in nächster Zeit wohl eher nicht möglich sein.

---

340 Vgl. Eilers, Hofer 2007-2008, S. 51. Weiterführende Erläuterungen finden sich bei Gondring 2004, S. 36–37; Kippes, Sailer 2005, S. 21–23; Kühne-Büning et al. 2005, S. 7–17; Maier et al. 2007, S. 58–66; Schulte et al. 2000b, S. 18–21.

341 Vgl. Unterreiner 2005, S. 271; Eilers, Hofer 2007-2008, S. 51.

342 Beispielsweise wurde durch Thomas 1997 ein Index für den deutschen Immobilienmarkt entwickelt, der unter der Bezeichnung DIX (Deutscher Immobilienindex) seit 1999 durch die DID Deutsche Immobiliendatenbank GmbH, die mittlerweile als IPD Investment Property Databank GmbH firmiert, berechnet wird (vgl. auch IPD Investment Property Databank GmbH (Wiesbaden). http://www.ipd.com/germany). Außerdem unterhält der Verband deutscher Pfandbriefbanken eine Transaktionsdatenbank, die seit 2004 mit anonymisierten Daten aus Kreditvergaben der Mitgliedsinstitute gespeist wird (vgl. Eilers, Hofer 2007-2008, S. 52). Schließlich sprechen sich verschiedene Autoren, u. a. Lützkendorf, Lorenz 2007-2008, S. 63–64, für eine Verbesserung der Dokumentation der Transaktionsdaten aus, um eine empirische Auswertung zu erleichtern. Zu möglichen Datenquellen vgl. auch Abschnitt C.3 dieser Arbeit.

2.1.2 Grundlagen einer Systematik zur Beschreibung gegenseitiger Abhängigkeiten immobilienspezifischer Risiken

Obwohl eine Analyse der Abhängigkeiten auf Basis empirischer Daten, wie bereits erläutert, nicht möglich ist, sollte dennoch ein Weg gefunden werden, Abhängigkeiten zwischen den Risiken systematisch zu erfassen. Hierzu soll in diesem Abschnitt eine praxistaugliche Systematik zur Beschreibung der Abhängigkeiten zwischen Risiken entwickelt werden.

Bei der Untersuchung der Abhängigkeiten zwischen Risiken gilt es zunächst, zwischen ursachen- und wirkungsbezogener Abhängigkeit zu unterscheiden.
Eine ursachenbezogene Abhängigkeit ist dabei dann gegeben, wenn der Eintritt eines risikoauslösenden Ereignisses die Eintrittswahrscheinlichkeit eines anderen risikoauslösenden Ereignisses beeinflusst.[343]
In der Praxis bedeutsamer als die ursachenbezogene ist jedoch die wirkungsbezogene Abhängigkeit der Risiken. Dies ist dann der Fall, wenn die Auswirkungen eines Risikos ein anderes Risiko beeinflussen.[344]

Des Weiteren sind die Beziehungen zwischen den Risiken zu charakterisieren. Zunächst gibt es bei zwei Risiken lediglich eindeutige Beziehungen, bei mehr als zwei Risiken kann es jedoch durch Zirkelschlüsse zu mehrdeutigen Abhängigkeiten kommen. Außerdem kann es sich bei

343 Vgl. Schröder 2005, S. 55–59. Beispielsweise führen Überflutungen regelmäßig auch zu Stromausfällen, die Wahrscheinlichkeit eines Stromausfalls steigt also im Falle einer Überflutung signifikant an. Andererseits besteht auch die Möglichkeit, dass ein Stromausfall ohne vorherige Überflutung des Gebäudes eintritt. Bei der ursachenbezogenen Abhängigkeit sind neben der allgemeinen positiven bzw. negativen Abhängigkeit weiterhin die Fälle zu unterscheiden, dass ein Ereignis ein Teilereignis des auslösenden Ereignisses ist, die beiden Ereignisse äquivalent sind, die beiden Ereignisse disjunkt, also unvereinbar, sind sowie dass die beiden Ereignisse komplementär zueinander sind. Diese Unterscheidung ist jedoch praktisch eher irrelevant. Sie drückt sich letztlich darin aus, dass die bedingte Wahrscheinlichkeit des abhängigen Ereignisses je nach betrachteter Konstellation die Extremwerte 0 oder 1 annimmt. Vgl. Schröder 2005, S. 58.

344 Vgl. Schröder 2005, S. 59–64.

der Beziehung um eine einseitige Abhängigkeit des einen Risikos von einem anderen handeln, es kann jedoch auch zu Rückkopplungseffekten und gegenseitigen Abhängigkeiten von Risiken kommen.[345] Weiterhin ist zu beachten, ob die Abhängigkeit risikoverstärkend oder risikomindernd wirkt.[346]

Es kann an dieser Stelle bereits festgehalten werden, dass eine Systematik zur Beschreibung der Abhängigkeiten von Risiken im Wesentlichen die Wirkungszusammenhänge von Risiken erfassen sollte. Außerdem ist zu prüfen, ob ein einseitiger oder wechselseitiger Risikozusammenhang besteht, und ob der Zusammenhang risikoverstärkend oder risikomindernd wirkt.

Des Weiteren können Gebäudeeigenschaften einen erheblichen Einfluss auf den Risikozusammenhang haben. So ist beispielsweise anzunehmen, dass bei einem Gebäude, bei dessen Bau besondere Maßnahmen gegen Hochwasser getroffen wurden,[347] eine Überflutung wesentlich geringere Schäden an der Bausubstanz nach sich zieht als bei einem Gebäude, bei dem dieser Punkt nicht bedacht wurde. Bei einem unsanierten Altbau mit hohem Energiebedarf für Heizung und Warmwasserbereitung wirken sich Änderungen der Energiepreise absolut betrachtet wesentlich stärker aus als bei Niedrigenergie- oder Passivhäusern.[348] Bei Gebäuden mit einer tragfähigen Drittverwendungsoption lassen sich Marktände-

345 Dies ist beispielsweise bei der soziodemographischen und der wirtschaftlichen Entwicklung der Fall, da einerseits eine positive wirtschaftliche Entwicklung zu stabilen bzw. steigenden Einwohnerzahlen führt (vgl. Just 11.09.2003, S. 4–5), und dies wiederum bereits durch den zusätzlichen Konsum ein Wachsen der Wirtschaft bewirkt (vgl. hierzu auch Wirsching 22.06.2005, S. 25).

346 Vgl. Schröder 2005, S. 59–64.

347 Wie beispielsweise Hochwasserschutzmauern, eine Abdichtung des Kellers gegen drückendes Wasser, eine ausreichend hohe Lage des Erdgeschosses, der Verzicht auf hochwertige Nutzung in überflutungsgefährdeten Etagen, eine Verlegung der Heizungsanlage in das Dachgeschoß etc.

348 Eine Erhöhung der Energiepreise um 0,01 € je kWh Endenergie bewirkt bei einer Wohnung mit einer Wohnfläche von 100 m^2 und einem Endenergiebedarf von 250 kWh / m^2 a eine Erhöhung der jährlichen Kosten um 250 €, bei einem Endenergiebedarf von 15 kWh / m^2 a jedoch lediglich von 15 € (eigenes Beispiel).

rungen deutlich besser abfedern als bei unflexibel geplanten Immobilien. Diese Liste ließe sich nahezu beliebig fortsetzen. Aus diesem Grund scheint es sinnvoll, zusätzlich die für die Stärke des Risikozusammenhangs maßgeblichen Gebäudeeigenschaften zu erfassen.

Schließlich ist die Stärke des Risikozusammenhangs selbst zu erfassen. Da, wie bereits ausführlich erläutert, der Ausdruck des Risikozusammenhangs in quantitativen Größen erhebliche Probleme bereitet und damit potentiell zu Fehlern[349] führt, wird an dieser Stelle vorgeschlagen, zunächst nur die qualitativen Werte „schwach", „mittelmäßig" und „stark" für die Beschreibung des Risikozusammenhangs zu verwenden. Der Vorteil der qualitativen Beschreibung liegt darin, dass diese Ausdrucksweise gar nicht erst denselben Anspruch auf Korrektheit erhebt, wie dies ein Ausdruck in Form von Sensitivitäten oder Korrelationskoeffizienten tun würde. Der Anwender wird hierdurch lediglich auf einen möglichen Zusammenhang hingewiesen, allerdings bleibt ihm der nötige Ermessensspielraum bei der Beurteilung im konkreten Einzelfall erhalten.

2.2 Hinweise auf Risikozusammenhänge in der Literatur

Obwohl Risikozusammenhänge in der Literatur zum Immobilien-Risikomanagement nur eine untergeordnete Rolle spielen, finden sich doch bei einigen Autoren Hinweise auf die Existenz solcher Risikozusammenhänge. In diesem Abschnitt sollen daher entsprechende Studien vorgestellt werden, wobei zwischen Expertenbefragungen, empirischen Studien und theoretischen Ansätzen unterschieden wird.

349 Selbst die Schätzung des vergleichsweise anschaulichen Korrelationskoeffizienten stellt sehr hohe Anforderungen an den Anwender. Vgl. Winter 2007, S. 310–311.

2.2.1 Untersuchung auf Basis einer Expertenbefragung

Pfnür, Armonat befragten insgesamt 91 Immobilien-Portfoliomanager bzw. Verantwortliche für die Immobilien-Anlageentscheidung bei institutionellen Immobilien-Investoren in Deutschland telefonisch nach Ihrer Einschätzung zu Erfolgsfaktoren von Immobilieninvestments und deren Zusammenhängen. Die Befragungen fanden Anfang des Jahres 2001 statt.[350]

Der erste Teil der Interviews beinhaltete die unstrukturierte Frage nach maßgeblichen Faktoren für bisherige Erfolge und Misserfolge von Immobilieninvestments. Als maßgeblich für den Erfolg wurde dabei von mehr als der Hälfte der Befragten der Standort genannt. Eine gewisse Relevanz weisen außerdem die Qualität und Bonität der Mieter (von 22 % der Befragten genannt), die Marktentwicklung (18 %), Architektur und Gebäudeflexibilität sowie der Zeitpunkt des Investments (jeweils von 13 % der Befragten genannt) auf. Nur wenige der befragten Manager nannten jedoch Ausstattung (7 %), Nutzungskonzept (5 %), Planungsqualität (5 %), Finanzierung (4 %) sowie Betriebs- und Nebenkosten (2 %) explizit als Erfolgsfaktoren.[351]
Bei der Frage nach Faktoren, die nach Einschätzung der Manager für bisherige Misserfolge verantwortlich waren, nannte ein Drittel die Marktentwicklung, insbesondere hinsichtlich der Mietpreise. Ebenfalls von einem großen Teil der Befragten wurden der Standort (24 %), das Nutzungskonzept (11 %), Qualität und Bonität der Mieter bzw. die Mieterstruktur (7 %) sowie die fehlende Nutzungsflexibilität (7 %) als maßgebliche Faktoren für den Misserfolg der Investition genannt. Nur sehr selten wurden hingegen die Fehleinschätzung der Kosten (5 %), ein schlechtes Timing (4 %), Probleme bei der Zusammenarbeit mit öf-

350 Vgl. Pfnür, Armonat April 2001, S. 22–25.

351 Mehrfachantworten waren möglich. Vgl. Pfnür, Armonat April 2001, S. 39–40.

fentlichen Stellen (3 %), Probleme beim Verkauf (2 %), sowie zu hohe Instandhaltungskosten (2 %) genannt.[352] Die Ergebnisse der unstrukturierten Befragung sind in der folgenden Tabelle nochmals dargestellt.

Erfolgsfaktoren		Mißerfolgsfaktoren	
Standort	52%	Marktentwicklung, insb. Mietpreise	33 %
Qualität/Bonität u. Struktur der Mieter	22%	Standort	24%
Marktentwicklung 18 %	18%	Nutzungskonzept	11%
Architektur/Gebäudeflexibilität	13%	Qualität/Bonität u. Struktur der Mieter	7%
Zeitpunkt	13%	Fehlende Nutzungsflexibilität	7%
Einkaufspreis	10%	Fehleinschätzung der Kosten	5%
rechtliche/ökonomische Rahmenbed.	10%	Timing	4%
Projektentwicklung	7%	Zusammenarbeit mit öffentl. Stellen	3%
Ausstattung der Immobilie	7%	Probleme beim Verkauf	2%
Nutzungskonzept	5%	Instandhaltungskosten	2%
Planungsqualität, Know how	5%		
Finanzierung	4%		
Infrastruktur	2%		
Betriebs-/Nebenkosten	2%		

Tab. 6: *Ergebnisse der unstrukturierten Befragung, Häufigkeit der Nennung im Verhältnis zur Grundgesamtheit von 91 Befragten. Mehrfachantworten waren möglich. (In Anlehnung an Pfnür, Armonat April 2001, S. 39–40).*

Auf diese Fragen nach spontanen Äußerungen folgte eine strukturierte Befragung nach der Bedeutung verschiedener Renditefaktoren, die hierzu in die drei Blöcke „zahlungswirksame Renditefaktoren“, „Rahmenbedingungen“ und „Strukturmerkmale“ der Investition zerlegt[353] wurden.

352 Auch hier waren Mehrfachantworten möglich. Außerdem gaben immerhin 11% der befragten Manager an, bisher noch keinen Mißerfolg gehabt zu haben. Vgl. Pfnür, Armonat April 2001, S. 40–41.

353 Rahmenbedingungen und Strukturmerkmale determinieren die zahlungswirksamen Renditefaktoren. Dabei stehen die Strukturmerkmale im Gegensatz zu den Rahmenbedingungen zum Investitionszeitpunkt weitgehend fest und unterliegen regelmäßig keinen unerwarteten Änderungen. Sie repräsentieren die Leistung des Immobilienmanagements in der Investitionsvorbereitungs- und Entscheidungsphase. Vgl. Pfnür, Armonat April 2001, S. 46.

Bei den zahlungswirksamen Renditefaktoren misst ein großer Teil der Befragten den Mieteinnahmen (durchschnittlich 6,43 Punkte auf einer Skala von 1-7), den Anschaffungs- und Herstellkosten (6,02), dem erzielbaren Verkaufserlös (5,67) und den Instandhaltungskosten (4,75) sehr hohe Bedeutung bei, während nahezu niemand diesen Faktoren eine nur geringe bzw. keine Bedeutung attestiert. Bei dem kalkulatorischen Zinssatz auf das Eigenkapital (4,57) und den nicht umlagefähigen Betriebskosten (4,08) zeigt sich jedoch ein differenziertes Bild, da diese von einem Teil der Befragten für sehr bedeutsam, aber von einem ähnlich großen Teil für bedeutungslos für den Erfolg der Immobilieninvestition gehalten werden. Der Zinssatz auf das Fremdkapital (3,87), die Verwaltungskosten (3,65) und die Höhe der Steuern (3,34) schließlich werden von den meisten für wenig bedeutsam gehalten, doch gilt es auch hier zu bedenken, dass auch diese Faktoren von einem, wenn auch geringen, Teil als sehr bedeutsam eingeschätzt werden.[354]

Im Folgenden wurde nach dem Einfluss von Rahmenbedingungen und Strukturmerkmalen auf den Erfolg der Immobilieninvestition gefragt. Hier zeigt sich eine hohe Bedeutung für die objektspezifische Mieterbonität (durchschnittlich 5,77 Punkte auf einer Skala von 1 bis 7), die regionalen Immobilienmarktverhältnisse (5,63), die objektspezifische Vertragsgestaltung (5,56) und die Qualität des Immobilienmanagements (5,43). Im mittleren Bereich liegen regionale Infrastruktur (5,18), regionales Wirtschaftswachstum (4,90) und die Rendite alternativer Kapitalanlagen (4,84). Von tendenziell eher niedriger Bedeutung sind regionale Soziodemographie (4,49), volkswirtschaftliches Wachstum (4,45), Kapitalmarktzinsen (4,42) und Inflation (4,23). Die steuerlichen Rahmenbedingungen spielen insgesamt nur eine sehr untergeordnete Rolle (3,86 Punkte).[355] Pfnür, Armonat kommen auf Basis dieser Daten zu dem Schluss, dass die Befragten die Rahmenbedingungen einer erfolgreichen Immobilieninvestition in der Reihenfolge

354 Vgl. Pfnür, Armonat April 2001, S. 42–44.

355 Vgl. Pfnür, Armonat April 2001, S. 44–46.

» Zukünftige Marktchancen des Objekts
» Ökonomische Entwicklungstendenzen des Makrostandorts
» Wirtschaftspolitische Entwicklung in Deutschland

beurteilen.[356] Dieses Ergebnis entspricht dabei durchaus der Intuition, dass sich Veränderungen umso stärker auf das Objekt auswirken, je kleiner die räumliche Distanz zum Objekt ist. Außerdem ist das Ergebnis konform zu der Feststellung, dass Immobilienmärkte räumlich wie sachlich stark segmentiert sind.[357]

Bei den Strukturmerkmalen sticht wiederum die Standortqualität zum Erwerbs- oder Erstellungszeitpunkt (6,35 Punkte auf einer Skala von 1 bis 7) heraus. Als wichtig werden auch die Nutzungsflexibilität (5,93), die Gebäudeeffizienz[358] (5,76), Gebäudesubstanz (5,69), Erscheinungsbild (5,45) und anfänglicher Mietermix (5,37) gesehen. Von eher untergeordneter Bedeutung ist in den Augen der befragten Manager dagegen die Finanzierungsstruktur mit 3,70 Punkten.[359]

Dabei sind nach Auffassung der Befragten eher die Strukturmerkmale für den Erfolg des Investments verantwortlich als die Rahmenbedingungen, die Erfolgsaussichten von Korrekturen in der Betriebsphase werden als vergleichsweise gering angesehen.[360] Auch dies entspricht der Intuition, da bei Immobilien die Möglichkeiten, in der Entstehungsphase getroffene Entscheidungen später zu revidieren, naturgemäß stark eingeschränkt bzw. mit hohen Kosten verbunden sind.[361] Die Ergebnisse der strukturierten Befragung werden in der folgenden Tabelle nochmals gegenübergestellt.

---

356 Vgl. Pfnür, Armonat April 2001, S. 46.

357 Vgl. beispielsweise Gondring 2004, S. 41–45.

358 Der Begriff der „Gebäudeeffizienz“ kann kontextabhängig verschiedene Bedeutungen beinhalten, zum Beispiel die Flächeneffizienz (Verhältnis von Nutzfläche zu Gesamtfläche), die Effizienz der Abläufe im Gebäude, die Energieeffizienz oder der Materialaufwand je Serviceeinheit (MIPS). Welche Bedeutung bei der Befragung im Vordergrunds stand, wird von Pfnür und Armonat leider nicht erwähnt. Es ist jedoch anzunehmen, dass an dieser Stelle entweder die Flächeneffizienz oder die Effizienz der betrieblichen Abläufe gemeint ist. Vgl. hierzu auch Pfnür 2002, S. 134-139.

359 Vgl. Pfnür, Armonat April 2001, S. 46-48.

360 Vgl. Pfnür, Armonat April 2001, S. 49.

361 Vgl. Pierschke 2000, S. 303.

Zahlungswirksame Renditefaktoren			Rahmenbedingungen			Strukturmerkmale		
Faktoren	μ	σ	**Faktoren**	μ	σ	**Faktoren**	μ	σ
Mieteinnahmen	6,43	1,02	Objektspezifische Mieterbonität	5,77	1,17	Standortqualität zum Erwerbs- oder Erstellungstermin	6,35	0,90
Anschaffungs- bzw. Herstellungskosten	6,02	1,42	Regionale Immobilienmarktverhältnisse	5,63	1,20	Nutzungsflexibilität	5,93	1,09
Erzielbarer Verkaufserlös	5,67	1,65	Objektspezifische Vertragsgestaltung	5,56	1,15	Gebäudeeffizienz	5,76	1,16
Instandhaltungskosten	4,75	1,39	Qualität des Immobilienmanagements	5,43	1,53	Gebäudesubstanz	5,69	1,23
Kalkulatorischer Zinssatz für Eigenkapital	4,57	1,90	Regionale Infrastruktur	5,18	1,22	Erscheinungsbild	5,45	1,08
Nicht umlagefähige Betriebskosten	4,08	1,73	Regionales Wirtschaftswachstum	4,90	1,49	Anfänglicher Mietermix	5,37	1,19
Zinssatz für Fremdkapital	3,87	2,28	Rendite alternativer Kapitalanlagen	4,84	1,78	Finanzierungsstruktur	3,70	2,18
Verwaltungskosten	3,65	1,43	Regionale Soziodemografika	4,49	1,58			
Höhe der Steuern	3,34	1,89	Volkswirtschaftliches Wachstum	4,45	1,60			
			Kapitalmarktzinsen	4,42	1,84			
			Inflation	4,23	1,55			
			Steuerliche Rahmenbedingungen	3,86	2,01			

Tab. 7: *Gegenüberstellung der Ergebnisse der strukturierten Befragung. Bewertung jeweils auf einer Skala von 1 (entspricht keiner Bedeutung) bis 7 (entspricht hoher Bedeutung). (Eigene Darstellung nach Pfnür, Armonat April 2001, S. 42–48).*

Bei der Interpretation der Antworten gilt es zu bedenken, dass die Befragten überwiegend in Gewerbeimmobilien, nämlich Bürogebäude, Handelsimmobilien und Produktionsgebäude investieren. Der Bereich

Wohnen macht dagegen lediglich 21,9% an den Immobilienbeständen der Befragten aus.[362] Hinzu kommt, dass teilweise auch unterschiedliche Muster in den Antworten verschiedener Investorengruppen auftreten.[363] Es ist daher anzunehmen, dass ein Teil der Antworten auch auf den fachlichen und beruflichen Hintergrund der Befragten zurückzuführen ist.[364] Dementsprechend ist verständlich, dass der Standort als ein maßgeblicher Faktor bei der Beurteilung des Investitionsrisikos hervorsticht. Bei genauerer Betrachtung ist diese Aussage jedoch wenig hilfreich, da der „Standort" als Universalwort nahezu alles außer dem Objekt selbst umfasst. Hierzu zählen nach gängiger Auffassung harte und weiche Standortfaktoren, von der geographischen Lage über technische Ver- und Entsorgung, Wirtschaftsstruktur und Umfeldnutzungen, sowie soziodemographische Struktur bis hin zu Image und Investitionsklima.[365] Weiterhin ist die hohe Bedeutung, die der Mieterstruktur- und Bonität beigemessen wird, zu beachten. Diese spielt natürlich bei Büro-, Einzelhandels- und Produktionsimmobilien, die in der Regel nur wenige Mieteinheiten beinhalten bzw. deren Vermarktung sich auf einen Ankermieter stützt,[366] eine wesentlich größere Rolle als bei Wohnimmobilien, bei denen das Risiko von vereinzeltem Leerstand bzw. Zahlungsausfall eines Mieters weiter gestreut ist.

Schließlich ist auch in die vorangegangenen Überlegungen mit einzubeziehen, dass die von den Befragten als sehr wichtig erachtete Qualität des Immobilienmanagements, die sich unter anderem in der Objektspezifischen Vertragsgestaltung, in der Qualität des Immobilienmanagements, und teilweise auch in der objektspezifischen Mieterbonität ausdrückt, im Sinne dieser Arbeit nicht zu den originären Immobilienrisiken son-

362 Vgl. Pfnür, Armonat April 2001, S. 34.

363 Vgl. Pfnür, Armonat April 2001, S. 39–40.

364 Der Markt für Wohnimmobilien unterscheidet sich insgesamt deutlich von dem für Gewerbeimmobilien. Dies liegt insbesondere auch an den unterschiedlichen Flächennachfragern, Bauträgern, Maklern und Finanziers, sowie daran dass es sich bei Wohnungen gleichzeitig um Investitions- und Konsumgüter handelt. Vgl. Kurzrock 2007, S. 34–36.

365 Vgl. Muncke 1996, S. 112, sowie Kapitel C.2 dieser Arbeit.

366 Vgl. z. B. Hohgraefe 2001, S. 872.

der zu den Allgemeinen Geschäftsrisiken zählen, da dieses Risiko zum einen vom eigentlichen Gebäude und Standort weitgehend unabhängig ist und die Managementqualität zum anderen auch vergleichsweise einfach durch Austausch des betreffenden Managers bzw. durch die Optimierung von Geschäftsprozessen gesteigert werden kann.
Wenig überraschend ist dagegen die erwartungsgemäß hohe Einschätzung der Bedeutung zahlungswirksamer Renditefaktoren. Geht man davon aus, dass die Faktoren, an denen der Erfolg eines Immobilieninvestments gemessen wird, einerseits der Netto-Cash-Flow und andererseits die Wertsteigerung der Immobilie ist,[367] dann besteht ein einfacher rechnerischer Zusammenhang zwischen den genannten Faktoren und dem Erfolg des Investments. Der Netto-Cash-Flow ergibt sich rechnerisch aus den Mieteinnahmen abzüglich der Zins- und Tilgungsleistungen, die sich aus Zinssatz und Anschaffungs- bzw. Herstellkosten ergeben, der Instandhaltungskosten, sowie der nicht umlagefähigen Betriebskosten inklusive der Verwaltungskosten.[368] Die Wertentwicklung der Immobilie wiederum hängt zu einem erheblichen Teil vom Netto-Cash-Flow (ohne Berücksichtigung von Zins- und Tilgungsleistungen) ab, wenn die Bewertung der Immobilie am Markt, wie bei vermieteten Gebäuden üblich, mit Hilfe des Ertragswertverfahrens[369], der Investment Method[370] oder eines (in der Praxis sehr beliebten) Überschlagsverfahrens auf Basis des Ertragswerts[371] erfolgt. Die Ergebnisse von Pfnür, Armonat decken sich mit diesen Überlegungen.

367 Vgl. auch Kurzrock 2007, S. 51–53.

368 Vgl. Schulte et al. 2000a, S. 515–521. Da es sich bei den umlagefähigen Betriebskosten um einen Durchlaufposten handelt, wurden diese in dieser Aufzählung nicht berücksichtigt.

369 Vgl. Gondring 2004, S. 970–975.

370 Vgl. Gondring 2004, S. 1007–1016.

371 Dabei wird lediglich der Jahresrohertrag, der sich unmittelbar aus dem Netto-Cash-Flow ergibt, mit einem Vervielfältiger, der grob dem Rentenbarwertfaktor entspricht, multipliziert. Vgl. Gondring 2004, S. 999–1000.

Interessant sind auch die Ergebnisse zur Einschätzung der Bedeutung der Rahmenbedingungen. Hierbei ist insbesondere auffällig, dass den regionalen soziodemographischen Faktoren ein eher schwacher Einfluss zugestanden wird, während die Rendite alternativer Kapitalanlagen einen hohen Einfluss hat.
Insgesamt ist festzustellen, dass die Ergebnisse der intuitiven Beurteilung der Einflussfaktoren im ersten Teil mit denen der strukturierten Befragung im zweiten Teil übereinstimmen.[372]

Im weiteren Verlauf der Befragung wurde außerdem nach der Einschätzung der Wechselwirkungen zwischen verschiedenen finanzwirtschaftlichen Einflussgrößen der Renditefaktoren gefragt. Hierbei sahen die befragten Experten naturgemäß einen sehr starken (durchschnittlich 6,5 auf einer Skala von 1 bis 7) Zusammenhang zwischen Mieteinnahmen und (potentiellem) Verkaufserlös. Zentrale Größe in dem Beziehungsgeflecht sind außerdem die Anschaffungs- und Modernisierungsausgaben,[373] die starken Einfluss auf die Mieteinnahmen (6,2) und den Verkaufserlös (5,4), mittleren Einfluss auf die Bauunterhaltungsausgaben (5,0) und leichten Einfluss auf die nicht umlagefähigen Betriebskosten (4,3) und die Verwaltungsausgaben (3,6) haben. Daneben sind die Bauunterhaltungsausgaben ein wichtiger Indikator, da ihnen ein mittlerer Einfluss auf die Mieteinnahmen[374] (5,2) und auf den Verkaufserlös (5,1) zugestanden wird. Weiterhin sehen die befragten Experten einen mittleren Zusammenhang zwischen den nicht umlagefähigen Betriebskosten und

---

372 Vgl. Pfnür, Armonat April 2001, S. 49.

373 Diese werden offenbar auch als stellvertretend für die Gebäudequalität wahrgenommen. Hierauf deutet hin, dass Anschaffungs- und Modernisierungsausgaben in einem Zug genannt werden und zusätzlich hierzu noch ein weiterer Punkt „Bauunterhaltungsausgaben" existiert. Modernisierungsmaßnahmen können jedoch nicht nur beim Erwerb des Gebäudes nötig sein, sondern auch während der Haltephase der Immobilie. Vgl. Pfnür, Armonat April 2001, S. 49-50, 54.

374 Der Begriff „Mieteinnahmen" wird an dieser Stelle offenbar im Sinne der Netto-Mieteinnahmen, also nach Abzug der nicht umlagefähigen Bewirtschaftungskosten verwendet.

dem Verkaufserlös (4,4) sowie einen schwachen Einfluss der Verwaltungskosten auf den Verkaufserlös (3,6).[375] Die Verbindungen sind in der folgenden Grafik noch einmal dargestellt.

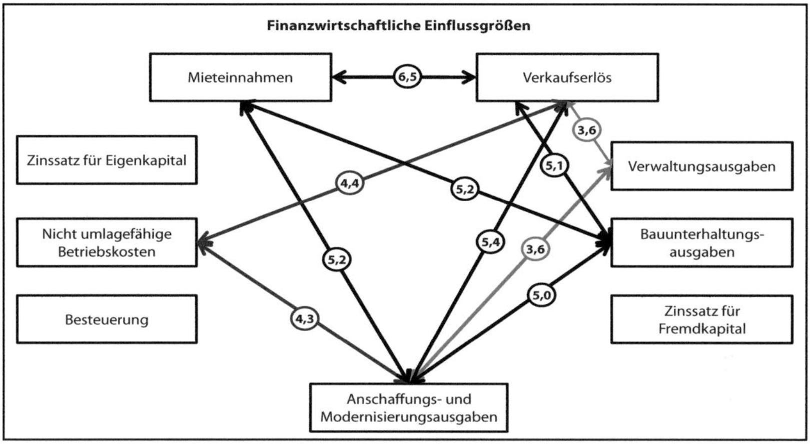

Abb. 12: *Interdependenzen zwischen finanzwirtschaftlichen Einflussgrößen – Ergebnisse einer Expertenbefragung. Angabe der Stärke des Zusammenhangs auf einer Skala von 1 (schwach) bis 7 (sehr stark) Punkte. (Pfnür, Armonat April 2001, S. 50).*

Anschließend wurden die Ursachen der Interdependenzen in weiteren Fragen erforscht, indem die Einflüsse der Rahmenbedingungen und Strukturmerkmale auf Mieteinnahmen, Wertentwicklung und Häufigkeit und Umfang von Modernisierungsmaßnahmen abgefragt wurden. Zur Filterung der Ergebnisse wurde jeweils eine Faktorenanalyse durchgeführt.[376]

Den höchsten Einfluss auf die Mieteinnahmen hat dabei die Qualität des Immobilienobjekts mit einem Durchschnittswert von 5,58 Punkten auf einer Skala von 1 bis 7. Hohen Einfluss hat auch die Struktur des regionalen Umfelds (5,30), einen etwas geringeren Einfluss sehen die befragten Experten beim makroökonomischen Umfeld (4,74) und den Kapitalmarktbedingungen (4,37).

---

375 Vgl. Pfnür, Armonat April 2001, S. 49–50.

376 Vgl. Pfnür, Armonat April 2001, S. 50–56.

Bei der Wertentwicklung haben das Nutzungskonzept und die Flexibilität der Immobilie mit durchschnittlich 5,70 Punkten den höchsten Einfluss. Ebenfalls hohen Einfluss haben die immobilienbezogenen Strukturmerkmale der Investition (5,64). Der regionalen und überregionalen Entwicklung (4,81) sowie der finanzwirtschaftlichen Situation (4,18) wird dagegen nur ein mittlerer Einfluss auf die Wertentwicklung der Immobilie zugeschrieben.

Die Häufigkeit und die Kosten von Modernisierungsmaßnahmen schließlich werden nach Meinung der befragten Experten maßgeblich von der Vermarktungsqualität bestimmt (5,70 Punkte).[377] Fast ebenso großen Einfluss haben das Nutzungskonzept und die Nutzungsflexibilität (5,63). Den regionalen und überregionalen Rahmenbedingungen wird dagegen nur ein mittlerer Einfluss (4,67) zugestanden.

Die Ergebnisse der Faktorenanalyse werden in der folgenden Tabelle nochmals zusammengefasst.

	Faktoren	Einflussgrößen	μ	σ
Einfluss auf die Mieteinnahmen	Qualität des Immobilienobjekts	» Erscheinungsbild » Gebäudesubstanz » anfängliche Mieterstruktur » Gebäudeeffizienz » objektspezifische Mieterbonität » Qualität des Immobilienmanagements » Nutzungsflexibilität der Immobilie	5,58	0,75
	Struktur des regionalen Umfelds	» regionales Wirtschaftswachstum » regionale Immobilienmarktverhältnisse » regionale Sozio - Demografika » Standort zum Erwerbs-/Erstellungstermin » regionale Infrastruktur	5,30	0,99
	Makroökonomisches Umfeld	» Inflation » objektspezifische Vertragsgestaltung » volkswirtschaftliches Wachstum	4,74	1,07
	Kapitalmarktbedingungen	» Rendite alternativer Kapitalanlagen » Kapitalmarktzinsen » steuerliche Rahmenbedingungen	4,37	1,20

377 Dieses Ergebnis erscheint zunächst etwas ungewöhnlich. Man kann es ggf. so interpretieren, dass eine schlechte Vermarktungsqualität häufige Mieterwechsel und damit eine entsprechende Abnutzung zur Folge hat.

	Faktoren	Einflussgrößen	μ	σ
Einfluss auf die Wertentwicklung	Nutzungskonzept/ -flexibilität	» objektspezifische Vertragsgestaltung » Nutzungsflexibilität der Immobilie » Gebäudeeffizienz	5,70	0,84
	Immobilienbezogene Strukturmerkmale der Investition	» anfängliche Mieterstruktur » objektspezifische Mieterbonität » Gebäudesubstanz » Standort zum Erwerbs- oder Erstellungstermin » Qualität des Immobilienmanagements » Erscheinungsbild	5,64	0,78
	Regionale und überregionale Entwicklung	» regionale Sozio-Demografika » regionales Wirtschaftswachstum » regionale Infrastruktur » regionale Immobilienmarktverhältnisse » volkswirtschaftliches Wachstum » Inflation	4,81	1,12
	Finanzwirtschaftliche Situation	» Kapitalmarktzinsen » Rendite alternativer Kapitalanlagen » steuerliche Rahmenbedingungen » Finanzierungsstruktur	4,18	1,27
Einfluss auf die Modernisierungskosten	Vermarktungsqualität	» anfängliche Mieterstruktur » objektspezifische Mieterbonität » Qualität des Immobilienmanagements » Standort zum Erwerbs- oder Erstellungstermin	5,70	0,81
	Nutzungskonzept/ -flexibilität	» Nutzungsflexibilität der Immobilie » Gebäudeeffizienz » Gebäudesubstanz » objektspezifische Vertragsgestaltung » Erscheinungsbild	5,63	0,76
	Regionale und überregionale Rahmenbedingungen	» regionales Wirtschaftswachstum » regionale Infrastruktur » regionale Sozio-Demografika » Rendite alternativer Kapitalanlagen » volkswirtschaftliches Wachstum » steuerliche Rahmenbedingungen » Inflation » regionale Immobilienmarktverhältnisse » Kapitalmarktzinsen	4,67	0,89

Tab. 8: *Genauere Analyse der Interdependenzen - Ergebnisse der Faktorenanalyse. (Pfnür, Armonat April 2001, S. 50–56).*

Bei der Interpretation der Ergebnisse sei nochmals darauf hingewiesen, dass ein starker Fokus der befragten Experten auf gewerblich genutzten Immobilien liegt, deren Märkte teilweise anders reagieren als Wohnungsmärkte, und die auch sonst andere spezifische Eigenschaften und einen anderen Lebenszyklusverlauf aufweisen. Abweichend zu der Meinung von Pfnür, Armonat lässt sich aus den Ergebnissen allerdings keine Absage an das Risikomanagement auf Basis von volkswirtschaftlichen Indikatoren oder überregionalen Indizes ableiten.[378]
Hierbei ist zunächst die Frage aufzuwerfen, ob mit einem Immobilien-Risikomanagement das Risiko der Immobilie und ihres Standorts oder das Risiko einer schlechten Bewirtschaftung bzw. eines schlechten Managements gesteuert werden soll. Im Rahmen dieser Arbeit wird daher, wie bereits erwähnt, zwischen dem allgemeinen Geschäftsrisiko, zu dem unter anderem auch das Risiko der Managementqualität und das Finanzierungsrisiko zählen, und den immobilienspezifischen Risiken getrennt.
Des Weiteren ist verständlich, dass bei der Frage nach einer persönlichen Einschätzung von Risikofaktoren diejenigen Faktoren etwas höher bewertet werden, die der Befragte selbst direkt beeinflussen kann. Hierzu zählen eben das Objektmanagement, die Mieterstruktur- und Bonität und die Vertragsgestaltung, weswegen diese Punkte auch vergleichsweise häufig genannt werden. Ebenso ist nachvollziehbar, dass Veränderungen vorgelagerter Märkte und Rahmenbedingungen, die sich auf den spezifischen, regionalen Immobilienteilmarkt nur langsam und ggf. gedämpft auswirken,[379] keine so hohe Bedeutung für das Risiko der Einzelimmobilie haben wie diese direkt betreffende Faktoren.

Berücksichtigt man diese Sondereffekte bei der Auswertung lassen sich aus den Ergebnissen von Pfnür, Armonat einige sehr wertvolle Hinweise auf mögliche Risikozusammenhänge ableiten. Zu diesen Erkenntnissen zählt vor allem, dass sich die mathematischen Zusammenhänge zwi-

---

378 Vgl. Pfnür, Armonat April 2001, S. 57. Eine ebenfalls abweichende Meinung vertritt Kurzrock 2007, S. 65–75.

379 Vgl. Kurzrock 2007, S. 65.

schen den verschiedenen zahlungswirksamen Größen im Zusammenhang mit einer Immobilieninvestition entsprechend auf die Miet- und Wertentwicklung der Immobilie auswirken, sowie dass der Einfluss der Standort- und Marktfaktoren dabei bestätigt wird.

2.2.2 Untersuchung auf Basis von Regressionsanalysen von Marktdaten

Mit Hilfe von Regressionsanalysen können statistische Daten auf den möglichen Einfluss einer oder mehrerer unabhängiger Variablen (z. B. volkswirtschaftliche Kennzahlen) auf eine abhängige Variable (z. B. den Immobilienpreisindex) hin untersucht werden. Ziel ist es, einen meist linearen oder quadratischen funktionalen Zusammenhang zwischen der abhängigen und der bzw. den unabhängigen Variablen so zu schätzen, dass die Abweichung der gemessenen (empirischen) Daten von der geschätzten Funktion minimiert wird. Aus den Koeffizienten der unabhängigen Variablen sowie der Güte der geschätzten Funktion können Rückschlüsse auf Stärke und Richtung des Einflusses auf die abhängige Variable abgeleitet werden.[380]

2.2.2.1 Maier et al. 2007

Maier et al. untersuchten in verschiedenen Regressionsanalysen den Einfluss verschiedener gesamtwirtschaftlicher Determinanten auf die Entwicklung der Bauinvestitionen bzw. des Bauvolumens, und kamen hierbei zu folgenden Ergebnissen:
Ein vergleichsweise starker Zusammenhang existiert zwischen Bauwirtschaft und Gesamtkonjunktur, ausgedrückt durch das Bruttoinlands- bzw. das Bruttosozialprodukt. Dabei reagiert die Bauwirtschaft mit leichter zeitlicher Verzögerung auf Änderungen, was aber auch nicht weiter verwundert.[381] Weiterhin finden sich starke Zusammenhänge mit der

---

380 Vgl. zur Methodik von Regressionsanalysen beispielsweise Fahrmeir et al. 2007.

381 Hierfür ist u. a. die lange Dauer der Immobilienerstellung verantwortlich. Vgl. z. B. Schulte et al. 2000b, S. 20.

Einkommensentwicklung (Einkommen aus nichtselbständiger Arbeit) und der Lage am Arbeitsmarkt (Anzahl arbeitsloser Personen).[382] Ein lediglich mittlerer Zusammenhang wurde allerdings mit der Zinsentwicklung festgestellt. Dies erscheint zunächst ungewöhnlich, allerdings wird der Einfluss der Zinsentwicklung häufig von anderen Faktoren, im Wesentlichen von der Entwicklung der verfügbaren Einkommen, überlagert. Ein Zusammenhang im ebenfalls mittleren Bereich besteht außerdem zwischen Bauwirtschaft und Bevölkerungsentwicklung, für die Zeit Ende der 1980er Jahre bis Mitte der 1990er Jahre wurde allerdings ein starker Zusammenhang festgestellt.[383] Außerdem stellt sich hier die Frage, auf welcher räumlichen Ebene (Kreise, Länder oder auf Bundesebene) die Untersuchung durchgeführt wurde. Einen geringen oder gar keinen Einfluss stellen die Autoren für Preisschwankungen bei Grundstücken und Bauleistungen sowie bei Veränderungen der allgemeinen Lebenshaltungskosten fest.[384]

2.2.2.2 Kurzrock 2007

Kurzrock nutzte die Daten der deutschen Investment Property Database für eine empirische Querschnittanalyse mit Daten aus dem Jahr 2004.[385] Besonderheiten dieser Arbeit sind, dass für die Untersuchung Daten auf Einzelobjektebene genutzt werden konnten, die sonst nur den jeweiligen Eigentümern zur Verfügung stehen, und dass für die Objekte Fahrt- und Wegezeiten zu für die Nutzer relevanten Orten unter Nutzung geographischer Informationssysteme berechnet wurden.[386] Ebenfalls sticht diese Arbeit dadurch hervor, dass der Einfluss der Indikatoren auf die Performance getrennt für die Nutzungsarten Wohnen, Handel und Büro untersucht wurde.[387]

---

382 Vgl. Maier et al. 2007, S. 195–196.

383 Vgl. Maier et al. 2007, S. 196.

384 Vgl. Maier et al. 2007, S. 196.

385 Vgl. Kurzrock 2007, S. 9–13.

386 Vgl. Kurzrock 2007, S. 4.

387 Vgl. Kurzrock 2007, S. 3.

Als abhängige Variablen wurden in den Modellen die Netto-Cash-Flow-Rendite, die Wertänderungsrendite und der Total Return als Summe aus Netto-Cash-Flow-Rendite und Wertänderungsrendite eingesetzt. Die Netto-Cash-Flow-Rendite wird dabei im Wesentlichen durch die Mieteinnahmen bezogen auf das gebundene Kapital repräsentiert. Die Wertänderungsrendite wird aufgrund der in Deutschland üblichen Wertermittlung mit Hilfe des Ertragswertverfahrens[388] grundsätzlich durch dieselben Variablen bestimmt, allerdings wurden zusätzliche Variablen zur Abbildung möglicher Bewertungseffekte durch Zu- und Abschläge in das Modell mit aufgenommen.[389] Durch diese Zusammenhänge ergibt es sich jedoch, dass bei einem hohen Niveau der Immobilienwerte in einer Region die Netto-Cash-Flow-Rendite regelmäßig eher gering ausfällt, da der Immobilienwert über das gebundene Kapital in den Nenner eingeht.
Bei der Auswahl der unabhängigen Variablen orientierte sich Kurzrock an den von Wellner 2003 und Trotz 2004 zur Ermittlung der Marktattraktivität und Objektqualität[390] genannten Indikatoren.[391] Die Ergebnisse der Untersuchung werden im Folgenden genauer erläutert.

Bei den Marktfaktoren zeichnet sich ab, dass ein hoher Agglomerationsgrad des Makrostandorts bei allen drei Nutzungsarten tendenziell positiv auf die Wertänderungsrendite wirkt, wobei allerdings das oben beschriebene Problem auftritt, dass die Netto-Cash-Flow-Rendite insbesondere bei den Wohnimmobilien in Folge des hohen Bewertungsniveaus negativ beeinflusst wird. Bei der Nutzungsart Büro besteht darüber hinaus ein positiver Zusammenhang zwischen dem Wachstum von Bevölkerung und Beschäftigung und allen drei Komponenten der Performance. Dagegen führen Wohlstand und Wachstum des Makrostand-

388 Vgl. Gondring 2004, S. 970–975.

389 Vgl. Kurzrock 2007, S. 139–143, Kurzrock 2007, S. 50–58.

390 Diese Einteilung basiert auf den in der Immobilienwirtschaft üblichen Portfolio-Analyseverfahren. Vgl. z. B. Bone-Winkel 1994, S. 169–175.

391 Für jeden Indikator wird außerdem eine Hypothese über die erwartete Einflussrichtung gebildet. Vgl. Kurzrock 2007, S. 65–92 und Kurzrock 2007, S. 100–130.

orts bei Handelsimmobilien nicht notwendigerweise zu einem höheren Mietpreisniveau. Bei Handels- und Wohnimmobilien schließlich wirkt sich eine hohe Marktliquidität positiv aus, während dies bei Bürogebäuden nicht der Fall ist. Dies kann jedoch auch daran liegen, dass eine hohe Transaktionshäufigkeit im Analysejahr vorwiegend an Standorten mit Abwertungstendenzen auftrat. Ein hoher Flächenumsatz wirkt dagegen bei Büroimmobilien positiv und bei Wohnimmobilien negativ auf alle Performancekomponenten.[392]

Bei Betrachtung des Mikrostandorts fällt auf, dass für Handelsimmobilien ein spezialisierter Standort von Vorteil, bei Bürogebäuden aber eher von Nachteil ist, da an spezialisierten Bürostandorten ergänzende Angebote wie Nahversorgung und Gastronomie nur eingeschränkt verfügbar sind. Bei Wohnimmobilien führt ein reiner Wohnstandort zu einem positiven Effekt bei der Wertänderungsrendite, beim Netto-Cash-Flow ist dieser aber neutral. Die Qualität der Verkehrsanbindung spielt bei Handelsimmobilien überraschenderweise keine Rolle, was damit erklärt werden kann, dass dieser Aspekt bereits von der Spezialisierung der Lage mit abgedeckt wird. Nichtsdestotrotz hat eine Lage unmittelbar am Bahnhof einen positiven Einfluss auf die Netto-Cash-Flow-Rendite von Handelsimmobilien. Bei Wohnobjekten dagegen wirkt sich zwar ein in fußläufiger Entfernung erreichbarer Bahnhof positiv aus, eine Lage in unmittelbarer Nähe des Bahnhofs aber negativ. Die Nähe zu einem U-Bahnhof schließlich beeinflusst die Wertänderungsrendite von Bürogebäuden positiv. Der für Bürogebäude angenommene negative Einfluss der Fahrtzeit bis ins Zentrum mit dem PKW konnte dagegen nicht bestätigt werden.[393]

Unter Bezug auf die untersuchten Gebäudeeigenschaften zeigt sich beim Alter des Gebäudes ein unklares Bild. Neuere Bürogebäude zeigen hier eine schwächere Performance in Folge hoher Abwertung, während ältere Objekte höhere Netto-Cash-Flow-Renditen aufweisen. Bei Wohngebäuden verzeichnen wirtschaftlich ältere Objekte überdurchschnitt-

---

392 Vgl. Kurzrock 2007, S. 214–216.

393 Vgl. Kurzrock 2007, S. 216–218.

lich hohe Wertänderungsrenditen, während im mittleren Alterssegment die Netto-Cash-Flow-Renditen höher ausfallen als bei sehr alten oder neuen Gebäuden.[394] Für die Nutzungsart Handel wurde dieses Kriterium nicht untersucht. Des Weiteren erweist sich das Vorhandensein von KFZ-Stellplätzen als ambivalentes Kriterium. Während Bürogebäude hiervon profitieren wirken sie sich bei Wohnimmobilien eher negativ auf die Netto-Cash-Flow-Rendite aus und sind bezüglich der Wertänderungsrendite neutral.[395] Die Gebäudefläche hat nur bei Bürogebäuden einen signifikant positiven Einfluss auf die Performance, während dieser bei Handelsimmobilien wiederum eher negativ ist. Ursache ist möglicherweise die speziell im Bürosegment mit großen Gebäuden assoziierte hohe Wettbewerbsstärke.[396]
Bezüglich des Immobilien-Managements wird die bereits von Pfnür, Armonat festgestellte hohe Bedeutung bestätigt. Zwar konnten nur die beiden Indikatoren für die Managementqualität, nämlich das Mietpotential und die Performance des sonstigen Portfolios, in allen drei Nutzungsarten untersucht werden, allerdings zeigt sich deren Einfluss auf die Performance wie erwartet deutlich. Bei den Büroimmobilien, für die alle Indikatoren untersucht wurden, zeigt sich zusätzlich ein positiver Einfluss der Mieterselektion und der Ausgestaltung der Verträge, insbesondere durch unbefristete Mietverträge und Vereinbarung von Mietanpassungen.

Zusammenfassend ist festzustellen, dass die Analyse von Kurzrock insbesondere Wohlstand und Wachstum als für die Immobilienperformance relevante Faktoren des Makrostandorts identifiziert. Dabei sind Wertänderungsrendite und Netto-Cash-Flow-Rendite nicht immer gleichgerichtet, vielmehr ist hierbei auch das herrschende Preisniveau

394 Hierbei stellt sich die Frage, wie das Alter der Gebäude gemessen wurde, und insbesondere, ob Renovierungen berücksichtigt wurden.

395 Dieses Ergebnis überrascht, da das Vorhandensein von Stellplätzen auch bei Wohnbauten für gewöhnlich positiv bewertet wird (vgl. z. B. Kook et al. 2003, S. 60-61). Die Ursache hierfür könnte darin liegen, dass eventuell in den betrachteten Wohnbauten eine im Verhältnis zu den Investitionskosten geringe Miete für die Stellplätze erzielt wurde.

396 Vgl. Kurzrock 2007, S. 219.

auf dem Immobilieninvestmentmarkt zu bedenken. Ein liquider Markt ist zwar prinzipiell vorteilhaft, aber auch nicht uneingeschränkt positiv zu sehen. Ein langfristig orientierter Investor, der längere Transaktionsphasen in Kauf nimmt, kann hier auch von der relativen Illiquidität mancher Teilmärkte profitieren.

Hervorzuheben ist die tendenziell geringere Konjunktursensitivität von Wohnimmobilien im Vergleich zu Handels- und Büroimmobilien, wobei letztere am krisenanfälligsten sind. Zu bedenken gilt jedoch, dass Makrostandortfaktoren bei Wohngebäuden überdurchschnittlich relevant sind, weswegen auch die Mietpreisentwicklung im Wohnsektor am stärksten regionalisiert ist.[397] Zusätzlich zu den eigentlichen Objektfaktoren spielt das operative Immobilienmanagement eine wesentliche Rolle für die Performance, wobei sich hier gerade bei Wohnimmobilien deutliche Effizienzunterschiede bei verschiedenen Investoren zeigen.[398] Das Investmentrisiko wird weitgehen durch die Wertänderungskomponente dominiert, welche auch zu den Unterschieden bei den Total Returns führt. Dabei ist jedoch zu beachten, dass die Untersuchung in einer Phase des Abschwungs durchgeführt wurde, bei der insbesondere hochwertige Objekte überdurchschnittlich abgewertet wurden. In einer Phase des Aufschwungs könnten jedoch eben auch höherwertige Objekte überproportionale Wertsteigerungen erzielen, während gerade niedriger bewertete Objekte eine relativ stabile Performance erzielen. Der Investor muss daher explizit entscheiden, ob er mehr Wert auf die relativ sicheren Netto-Cash-Flows legt oder auf die risikoreicheren, aber möglicherweise gewinnbringenderen Wertveränderungen setzt.[399]

397 Vgl. Kurzrock 2007, S. 234–235.

398 Vgl. Kurzrock 2007, S. 236.

399 Vgl. Kurzrock 2007, S. 237.

2.2.2.3 Just 11.09.2003

Just nennt in seiner Studie zur Auswirkung des demographischen Wandels auf die Immobilienmärkte[400] weitere Abhängigkeiten, die auf verschiedenen statistischen Analysen basieren. Im Gegensatz zu der Untersuchung von Kurzrock basieren die hier genannten Beobachtungen jedoch auf Zeitreihenanalysen, wodurch insgesamt eine höhere Aussagekraft zu erwarten ist, da Sondereffekte, welche nur einzelne Jahre bzw. einzelne Standorte betreffen, weniger ins Gewicht fallen, als dies bei einer Querschnittanalyse der Fall ist.

Hierbei wird ein direkter Zusammenhang zwischen der Bevölkerungsentwicklung und der Nachfrage nach Wohnraum unterstellt, der für deutsche Städte empirisch bestätigt wird. Dabei fällt auf, dass der positive Zusammenhang zwischen Bevölkerungs- und Wohnflächenwachstum in west- wie in ostdeutschen Städten ähnlich stark ausgeprägt ist, wobei es jedoch einen Niveauunterschied gibt. Die unter gleichen Bedingungen stärkere Ausweitung der Wohnfläche im Osten lässt sich mit dem – im Untersuchungszeitraum von 1995 bis 2001 sicherlich noch aktuellen – Nachholbedarf und der Wirkung der Förderpolitik erklären. Allerdings stieg die Wohnfläche auch an jenen Standorten an, an denen die Bevölkerungszahl abnahm – im Durchschnitt wurde die Wohnfläche in westdeutschen Städten bevölkerungsbereinigt um fast 6 % ausgedehnt. Dies führt zu dem Schluss, dass die Veränderung der Bevölkerung zwar ein wichtiger Indikator der Flächennachfrage ist, aber nicht der einzige.[401]

Die Auswirkung der Bevölkerungsentwicklung auf die Wohnflächennachfrage wird zunächst teilweise durch die Entwicklung der Haushalte, der Anzahl der Personen je Haushalt und der durchschnittlichen Wohnfläche je Haushalt überlagert,[402] da letztlich nicht einzelne Perso-

400 Dabei werden Wohnungs- und Büroimmobilienmärkte untersucht, wobei zentraler Faktor die Flächennachfrage (unabhängig von Eigentum oder Miete) ist. Vgl. Just 11.09.2003.

401 Vgl. Just 11.09.2003, S. 6.

402 Die Zahl der Haushalte und der Flächenbedarf je Haushalt steigen mittelfristig weiter an, während die Haushaltsgröße schrumpft. Vgl. Bundesamt für Bauwesen und Raumordnung (Bonn). http://www.raumbeobachtung.de/; Just 11.09.2003, S. 6–7.

nen, sondern Haushalte als Nachfrager nach Wohnraum auftreten.[403] Des Weiteren hängt die Nachfrage nach Wohnraum primär von der Einkommensentwicklung ab. Auch dieser Zusammenhang zwischen Einkommenswachstum und Flächenversorgung pro Kopf konnte, wenn ein Indikator für Ostdeutschland und ein Indikator für das Wachstum der Einwohner über 60 Jahre in der jeweiligen Stadt als zusätzliche Variablen im Regressionsmodell berücksichtigt wurden, empirisch nachgewiesen werden.[404] Ein weiterer Faktor sind positive Nachfrageeffekte durch die Alterung der Gesellschaft. Hier liegt zwar der Schluss nahe, dass aufgrund der Tatsache, dass ältere Haushalte in der Vergangenheit einen geringeren Flächenverbrauch aufwiesen als jüngere, der Flächenverbrauch mit dem Altern der Gesellschaft insgesamt sinkt. Bei dieser Betrachtung werden jedoch Lebenszyklus- und Kohorteneffekte in unzulässiger Weise miteinander vermengt.[405] Für eine Vorausschätzung des Nachfrageverhaltens sind aber eher Lebenszykluseffekte relevant, die das Nachfrageverhalten eines typischen Haushalts über seinen Lebenszyklus beschreiben. Hierbei steigt die Flächennachfrage in jungen Jahren zügig an, insbesondere im Zuge der Familiengründung. Allerdings kommt es in einer späteren Lebenszyklusphase der Haushalte kaum noch zu einer Reduktion des Flächenkonsums, selbst wenn diese durch den Auszug der Kinder schrumpfen und das Haushaltseinkommen durch den Renteneintritt sinkt.[406] Da die heutigen Haushalte mitt-

---

403 Vgl. Just 11.09.2003, S. 6–7.

404 Vgl. Just 11.09.2003, S. 7–8.

405 Hierbei kennzeichnen Kohorteneffekte die Unterschiede zwischen verschiedenen Geburtenjahrgangsgruppen, die beispielsweise auf einem gesellschaftlichen Wertewandel beruhen. Dieser Effekt lässt sich durch Unterschiede in der Wohnraumnachfrage verschiedener Altersgruppen zu einem Stichtag erfassen.

406 Als Ursache hierfür gelten – neben der emotionalen Bindung an die Wohnung – die hohen Transaktionskosten, die durch den Umzug verursacht werden. Dieser Effekt wird auch als Remanenzeffekt bezeichnet. Vgl. Just 11.09.2003, S. 8–9.

leren Alters einen größeren Flächenkonsum haben als frühere Generationen ist zu erwarten, dass die Veränderung der Altersstruktur zu einer wachsenden Wohnflächennachfrage führt.[407]

Weitere Einflussfaktoren auf die Wohnflächennachfrage sind die Wohneigentumsquote[408], da Eigentümerhaushalte auch bei Berücksichtigung der größeren durchschnittlichen Haushaltsgröße einen höheren Wohnflächenverbrauch haben, sowie kleinere, aber stetige Veränderungen der allgemeinen Rahmenbedingungen, welche über längere Zeit erhebliche Folgen haben können.[409]

Die beschriebenen Effekte werden in der folgenden Grafik noch einmal dargestellt.

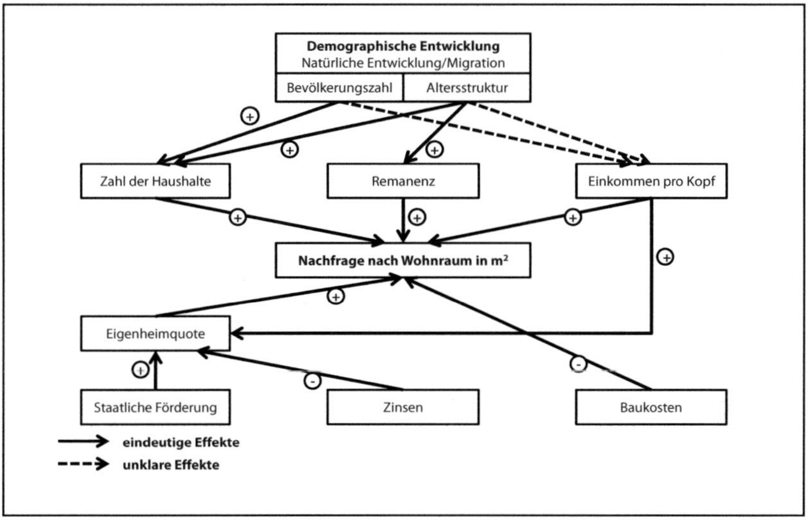

Abb. 13: *Beschreibung verschiedener Einflussfaktoren auf die Nachfrage am Wohnungsmarkt. (Just 11.09.2003, S. 7).*

407 Allerdings gilt es hierbei auch zu bedenken, dass die künftigen Senioren aufgrund anderer Lebenserfahrungen als frühere Generationen ggf. auch im Alter mobiler sind oder neuen Wohnformen offenstehen, was sich wiederum auf die Nachfrage auswirken könnte. Vgl. Just 11.09.2003, S. 8–9.

408 Deren zukünftige Entwicklung wird von der Einkommensentwicklung, dem Zinsniveau sowie durch die staatliche Wohneigentumsförderung beeinflusst. Vgl. Just 11.09.2003, S. 10.

409 Vgl. Just 11.09.2003, S. 10.

Betrachtet man statt der Flächennachfrage die Entwicklung der Preise für Wohnimmobilien, so zeigt sich, dass in der Vergangenheit insbesondere jene Städte einen überdurchschnittlichen Preisanstieg zu verzeichnen hatten, deren Bevölkerung gewachsen ist. Gleichzeitig führt aber auch die Ausweitung des Angebots zu einer Verringerung der Wachstumsrate der Wohnungspreise. Dieser Zusammenhang impliziert, dass der in Zukunft zu erwartende Bevölkerungsrückgang in gewissem Umfang bereits durch eine Beschränkung der Angebotsausweitung kompensiert werden kann, allerdings würde trotzdem ein starker Nachfragerückgang zu sinkenden Preisen führen. Hiervon wären insbesondere Regionen ohne dauerhaft gesicherte Arbeitsplätze betroffen. Insgesamt lässt sich feststellen, dass auch in Zukunft die Lage der Immobilie der entscheidende Faktor bleibt.[410]

Neben den Wohnungsmärkten sind auch Büroimmobilien vom demographischen Wandel betroffen. Insgesamt hängt die Büroflächennachfrage von der Anzahl der Bürobeschäftigten und der Fläche je Mitarbeiter ab.[411] Dabei wird die Anzahl der Bürobeschäftigten von der Anzahl der Erwerbsfähigen, der Erwerbspersonenquote, der Arbeitslosenquote und der Bürobeschäftigtenquote bestimmt. Die Anzahl der Erwerbsfähigen hängt von der demographischen Entwicklung ab, die Anzahl der Erwerbstätigen ergibt sich hieraus in Abhängigkeit der Erwerbspersonen- und Arbeitslosenquote. Die Bürobeschäftigtenquote schließlich wird wesentlich von der Wirtschaftsstruktur und deren Entwicklung bestimmt, während die Fläche je Bürobeschäftigtem von der Arbeitsorganisation abhängt.[412] Damit ergibt sich auch für die Büroflächenmärk-

---

410 Vgl. Just 11.09.2003, S. 19. Der Begriff der „Lage“ bezieht sich hier nicht, wie sonst üblich, auf den Mikrostandort und seine besonderen Eigenschaften wie Ausblick oder Aufenthaltsqualität, sondern eher auf den Makrostandort mit seiner zu erwartenden wirtschaftlichen und soziodemographischen Entwicklung.

411 Vgl. Just 11.09.2003, S. 20. Dieses Modell gibt allerdings lediglich die groben Zusammenhänge wieder. Eine wesentlich differenziertere Darstellung zur Problematik von Büroflächennachfrageprognosen findet sich bei Dobberstein 1997.

412 Vgl. Just 03.02.2004, Just 17.09.2007.

te eine starke Abhängigkeit von der allgemeinen wirtschaftlichen und demographischen Entwicklung. Das Modell zur Bestimmung der Büroflächennachfrage ist in der folgenden Grafik noch einmal dargestellt.

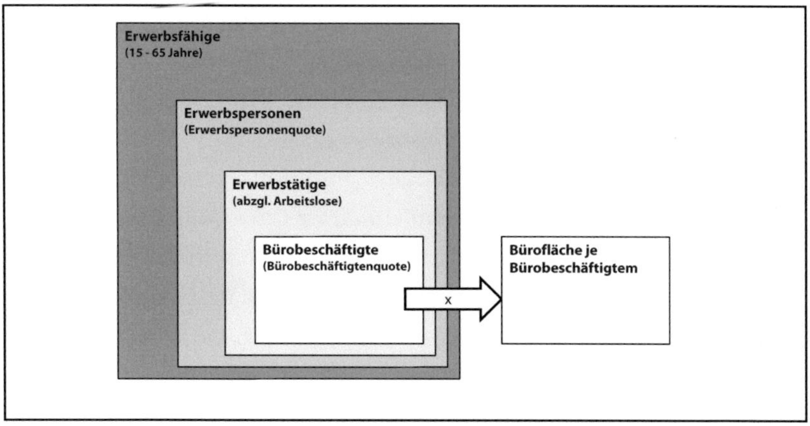

Abb. 14: *Bestimmungsfaktoren der Büroflächennachfrage. (Just 17.09.2007, S. 7).*

2.2.3 Weitere Hinweise auf Risikozusammenhänge in der Literatur

Neben den bereits ausführlich erläuterten Untersuchungen zu Risikozusammenhängen im Immobilienwesen auf Basis von Expertenbefragungen oder empirischer Analysen gibt es in der Literatur einige Hinweise und Thesen zu möglichen Risikozusammenhängen, die im Folgenden kurz erläutert werden sollen.

Jedem skizziert in ihrer Arbeit zum Immobilienrating ein Modell, welches das Zusammenspiel von Miet-, Bestands- und Neubaumarkt beschreibt.[413] Dabei wird zunächst davon ausgegangen, dass die Miethöhe durch Angebot und Nachfrage am Mietmarkt determiniert wird,

413 Vgl. Jedem 2006, S. 145-149. Ein ähnliches Modell verwendet Kurzrock zur Ableitung der Modelle für seine empirischen Untersuchungen. Vgl. Kurzrock 2007, S. 24–26.

welche ihrerseits wiederum über den Vervielfältiger[414] die Preise am Bestandsmarkt beeinflusst. Liegen die Preise am Bestandsmarkt oberhalb der Herstellungskosten signalisiert dies einen Nachfrageüberhang, der zu Neubautätigkeit führt. Dabei dient die Höhe der Miete als Signal für die Bestands- und Neubaumärkte.[415] Bezüglich der Wirkung der demographischen Entwicklung zitiert die Arbeit im wesentlichen die Studie von Just, deren Ergebnisse bereits ausführlich erläutert wurden.[416] Darüber hinaus wird bezüglich des Einflusses der wirtschaftlichen Entwicklung auf die Immobilienmärkte darauf hingewiesen, dass diese insbesondere die Büroflächennachfrage unmittelbar beeinflusst, da die Entwicklung des Bruttoinlandsproduktes und der Anzahl der Bürobeschäftigten hoch korreliert sind. Hierdurch sind Büroimmobilien sehr anfällig für Konjunkturschwankungen, was auch durch empirische Untersuchungen[417] belegt werden kann. Wohnimmobilien sind dagegen wesentlich weniger konjunktursensitiv. Es zeigt sich, dass eher das langfristig erwartete Einkommen die Wohnungsnachfrage bestimmt, und dass kurzfristige Konjunkturschwankungen von daher nur geringe Auswirkungen haben.[418] Es wird jedoch auch darauf hingewiesen, dass zur Beurteilung der Marktsituation für eine konkrete Immobilie nicht der nationale, sondern der regionale Immobilienmarkt maßgeblich ist. In diesem Sinne wird – zusätzlich zu den auch bei anderen Autoren genannten Faktoren - auf die Bedeutung der regionalen Branchenstruktur für die zukünftige wirtschaftliche Entwicklung der Region verwiesen, da eine Abhängigkeit von einer oder wenigen Branchen Gefahren birgt, während eine breite Diversifizierung der Branchenstruktur sowie die Ansiedlung zukunftsträchtiger Branchen zu einer positiven Entwicklung der wirtschaftlichen Situation beitragen können.[419]

---

[414] Dieser entspricht im Wesentlichen dem Rentenbarwertfaktor bei der Ertragswertermittlung, welcher durch den risikoangepassten Kalkulationszinssatz und die Restnutzungsdauer der Immobilie bestimmt wird.

[415] Vgl. Jedem 2006, S. 145–151.

[416] Vgl. Jedem 2006, S. 151–162; Just 11.09.2003.

[417] Vgl. Kurzrock 2007, S. 234–235.

[418] Vgl. Jedem 2006, S. 165–168.

[419] Vgl. Jedem 2006, S. 168–171.

Da insbesondere das Angebot kurzfristig unelastisch ist und sich nur recht langsam an sich ändernde Marktbedingungen anpasst,[420] sind zur Beurteilung der zukünftigen Marktlage neben der Analyse des Angebots, welches durch den Leerstand, Verfügbarkeitsfaktoren und das Verhältnis von Leerstand zu Vermietungsleistungen gemessen werden kann, auch Kenntnisse zu den auf Immobilienmärkten sehr ausgeprägt auftretenden Zyklen[421] nötig. Für diese sind irrationale Erwartungen der Akteure, verzögerte Anpassungsreaktionen und die lange Produktionsdauer zusätzlichen Angebots verantwortlich.[422]
Schließlich weist die Autorin auch auf den Einfluss der gesetzlichen Rahmenbedingungen auf die Entwicklung der Immobilienmärkte hin, da diese Branche stark von staatlichen Eingriffen über das Planungsrecht, Steuerrecht, die Marktordnung (Mietrecht) sowie die subjekt- und objektbezogene Förderung geprägt ist.[423]

Eine ähnliche Darstellung der Mechanismen auf Immobilienmärkten sowie ihrer Bedeutung für das Risiko einer Immobilie findet sich auch bei Gondring.[424] Weitere Hinweise hierzu geben Sailer[425], Ottmann[426]

---

420 Hierfür sind im Wesentlichen die lange Dauer des Entwicklungsprozesses, die Immobilität des Angebots sowie die begrenzte Substituierbarkeit verantwortlich. Siehe hierzu auch Schulte et al. 2000b, S. 18–21; Wüstefeld 2000, S. 34.

421 Diese entstehen dadurch, dass die Immobilienmärkte erst verzögert auf Marktänderungen reagieren. Im Aufschwung kommt es zu steigenden Mieten, welche den Projektentwicklern als Signal dienen. Diese stoßen unabhängig voneinander Neubauprojekte an, welche wegen der langen Produktionsdauer aber meist erst dann marktwirksam werden, wenn die Nachfrage bereits wieder stagniert, was wiederum zu einem Überangebot und zu fallenden Mieten führt. Vgl. Jedem 2006, S. 178–181.

422 Vgl. Jedem 2006, S. 178–181.

423 Als Beispiel wird die starke Förderung von Immobilieninvestitionen in den neuen Bundesländern genannt, die in der Folge zu einer erheblichen Marktverzerrung geführt haben. Vgl. Jedem 2006, S. 187–189.

424 Vgl. Gondring 2004, S. 41–52.

425 Vgl. Sailer 2005, S. 68–71.

426 Vgl. Ottmann 2005, S. 287–302.

und Kühne-Büning et al.. Hier findet sich auch ein Schaubild, welches die Einflussfaktoren auf die Preisbildung speziell an Wohnungsmärkten illustriert.[427] Dieses ist im Folgenden wiedergegeben.

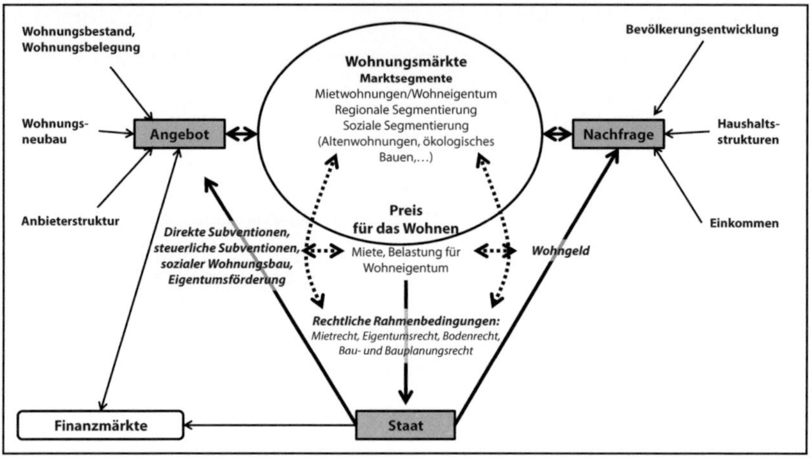

Abb. 15: *Einflussfaktoren auf die Preisbildung an Wohnungsmärkten. (Kühne-Büning et al. 2005, S. 87).*

Ein weiterer Hinweis auf Interdependenzen zwischen Risiken findet sich bei Girmscheid, Busch. Die Autoren erwähnen, dass bei Risiken im Zusammenhang mit Bauprojekten der Eintritt eines Risikos grundsätzlich auch sekundäre Auswirkungen nach sich zieht. Dies sind insbesondere finanzielle Folgen, ein Zeit- oder Terminverzug oder Folgen für das Unternehmensimage, welche ihrerseits wiederum finanzielle Folgen haben können.[428] Hieraus lässt sich folgern, dass nahezu jedes Risiko auch ein finanzielles Risiko bedingt.

427 Vgl. Kühne-Büning et al. 2005, S. 79–87.

428 Vgl. Girmscheid, Busch 2008a, S. 46–48.

2.3 Zusammenfassung und Entwicklung eines eigenen Modells

Nachdem bereits die verschiedenen Quellen zu Abhängigkeiten und Beziehungen von Immobilienrisiken vorgestellt wurden sollen diese nun zusammengefasst und zu einem eigenen Modell von Risikobeziehungen weiterentwickelt werden.

2.3.1 Modell der Risikobeziehungen

2.3.1.1 Allgemeine Grundlagen

Hierbei wird von den in Kapitel C.2 abgeleiteten Risikokategorien ausgegangen, bei denen der Bereich der Standort- und Marktrisiken ausgehend von der nationalen über die regionale Ebene bis auf die Ebene des Mikrostandortes und -markts[429] unterteilt wird. Hierbei tangieren Entwicklungen auf übergeordneten Ebenen auch immer die folgenden Ebenen, wobei mit stärkerer räumlicher Eingrenzung der Betrachtung die Auswirkungen auf das eigentliche Objekt unmittelbarer und stärker werden.[430] Daher ist zunächst von einer generellen Wirkungsrichtung[431] von nationaler Ebene über die regionale Ebene auf Makro- und Mikroebene auszugehen.

Demgegenüber steht das Objekt mit den inhärenten Einzelrisiken. Hierbei sind insbesondere die Netto-Mieteinnahmen und die Änderung des Gebäudewerts von Bedeutung, da sie gemeinsam die Performance der

429 Die räumliche Abgrenzung hängt dabei von der Nutzungsart und der Reichweite des Flächenangebots ab. Vgl. Jedem 2006, S. 142–144; Trotz 2004, S. 46.

430 Vgl. Gondring 2004, S. 41–45; Trotz 2004, S. 46–49. Im Rahmen einer Expertenbefragung wurde dies von Pfnür, Armonat April 2001, S. 46 bestätigt.

431 Zwar beeinflussen lokale Entwicklungen teilweise auch die übergeordneten Ebenen, da sie per Definition ein Teil derselben sind. Jedoch soll der hierdurch entstehende Rückkopplungseffekt an dieser Stelle nicht weiter betrachtet werden, da der Einfluss in dieser Richtung eher begrenzt ist.

Immobilie determinieren.[432] Andere Objektrisiken, wie beispielsweise die Gebäudesubstanz, die Höhe der Betriebskosten, Instandhaltungskosten, Leerstand oder Mietausfälle beeinflussen unmittelbar die Höhe der Netto-Mieteinnahmen und damit auch den Wert des Gebäudes. Vor allem aber wird die Höhe der Mieteinnahmen aber durch die am Markt erzielbare Miete, den sog. Mietwert, bestimmt. Daher ist die Lage auf dem maßgeblichen Immobilienmarkt[433] der zentrale Einflussfaktor auf das Objektrisiko. Der Mietpreis wird dabei durch den Ausgleich von Angebot und Nachfrage bestimmt, wobei das Angebot kurzfristig konstant (und damit unelastisch) ist, und sich allenfalls mittelfristig an eine geänderte Marktlage anpasst. Insbesondere auf Märkten für Wohnimmobilien ist auf der Nachfrageseite der Grundbedarf von dem darüber hinausgehenden Bedarf zu unterscheiden.[434] In diesem Sinne gliedert sich sowohl das Angebot als auch die Nachfrage innerhalb eines geographisch und nach Nutzungsart abgegrenzten Teilmarktes zusätzlich nach der Qualität der Flächen, wobei diesbezüglich eine hohe Durchlässigkeit zwischen den Teilmärkten besteht, da Nachfrager, die ihren Bedarf in der gewünschten Qualität nicht decken können, leicht auf eine entsprechend niedrigere Qualitätsstufe ausweichen können.[435]

432 Vgl. Kurzrock 2007, S. 50–54; Thomas 2002, S. 704–706.

433 Neben der geographischen Abgrenzung spielen hierbei vor allem die Nutzungsart und die ungefähre Größe der nachgefragten Fläche eine Rolle. Siehe zu Abgrenzungskriterien für Immobilienmärkte auch Schulte et al. 2000b, S. 21–27.

434 Der Grundbedarf repräsentiert hierbei die lebensnotwendige Grundversorgung mit Wohnraum, der Mehrbedarf wird aber durch hierüber hinausgehende Faktoren wie Prestigestreben oder Vermögensanlage bestimmt. Vgl. Kühne-Büning et al. 2005, S. 15.

435 Hierbei sind die Standortqualität und die Objektqualität zu unterscheiden. So besteht für Nachfrager – gleich, ob es sich hierbei um private Haushalte oder gewerbliche Nutzer handelt – mit beschränkten finanziellen Möglichkeiten grundsätzlich die Möglichkeit, auf Fläche zu verzichten. Ist diese Option jedoch wegen Erreichens der durch den nicht substituierbaren Grundbedarf gesetzten Untergrenze ausgeschöpft bleibt nur das Ausweichen an einen Standort geringerer Qualität (bei Handel also in eine Nebenlage, bei Wohnungen z. B. in eine Lage mit höherer Lärmbelästigung) oder in ein Gebäude geringerer Qualität (z. B. einen unsanierten Altbau etc.). Vgl. hierzu auch Kühne-Büning et al. 2005, S. 177–190; Eekhoff et al. 2007, S. 16.

Letztlich ist in einem derart abgegrenzten Marktsegment das Verhältnis aus angebotener und nachgefragter Fläche (im Sinne der Menge) für die Mietpreisbildung entscheidend.[436]

2.3.1.2 Einflußfaktoren auf die Entwicklung der Immobilienmärkte

Als zentrale Einflussfaktoren auf die Entwicklung der Immobilienmärkte werden in der Literatur die wirtschaftliche und die (sozio-) demographische Entwicklung gesehen, welche wiederum von der entsprechenden Entwicklung auf nationaler und genau genommen auch auf globaler Ebene beeinflusst werden. Mögliche Auswirkungen der demographischen Entwicklung auf Wohnungsmärkte werden von verschiedenen Autoren[437] beschrieben, wobei diese zu ähnlichen Ergebnissen kommen. Die Ergebnisse werden außerdem in empirischen Untersuchungen bestätigt.[438] Stärker und unmittelbarer noch als Wohnimmobilien werden jedoch Büroimmobilien durch die demographische Entwicklung tangiert.[439]

Neben der demographischen Entwicklung beeinflusst die wirtschaftliche Entwicklung die Immobilienmärkte ebenfalls stark,[440] wobei Büroimmobilien generell stärker konjunkturabhängig[441]als Wohnimmobilien sind.[442] Darüber hinaus ist zu beachten, dass die wirtschaftliche

---

436 Vgl. zum Marktmechanismus im Allgemeinen beispielsweise Mankiw et al. 2008, S. 71–102 und auf Immobilienmärkten Jedem 2006, S. 147; Kurzrock 2007, S. 24–26; Kühne-Büning et al. 2005, S. 33–44.

437 Vgl. unter anderem Just 11.09.2003, S. 6–20, Bürkner et al. 2007, S. 70–72 und Eekhoff et al. 2007, S. 13–20.

438 Vgl. Kholodilin et al. 2008, S. 217–220.

439 Darstellungen der Einflussfaktoren auf die Büroflächennachfrage finden sich bei Just 03.02.2004, S. 5–6 und Just 31.08.2005, S. 10. Der starke Zusammenhang zwischen Demographie und Marktentwicklung in diesem Marktsegment wird auch von Eekhoff et al. 2007, S. 24–25 erwähnt und von Kurzrock 2007, S. 214–216 empirisch bestätigt. Allgemein (ohne Festlegung auf eine spezielle Nutzungsart, aber mit einem Schwerpunkt bei gewerblichen Immobilien) wird der Einfluss auch bei Pfnür, Armonat April 2001, S. 44 erwähnt.

440 Jedem, Pfnür, Armonat und Bone-Winkel erwähnen einen allgemeinen Einfluss der wirtschaftlichen Entwicklung auf die Immobilienmärkte. Vgl. Jedem 2006, S. 163–171; Pfnür, Armonat April 2001, S. 44; Bone-Winkel 1994, S. 122.

441 Vgl. Just 03.02.2004, S. 5–6.

442 Diese werden im Wesentlichen durch die Entwicklung des verfügbaren Einkommens berührt. Vgl. Just 11.09.2003, S. 7–8; Kholodilin et al. 2008, S. 218.

und die soziodemographische Entwicklung untereinander eng verbunden sind, so dass jede Veränderung eines Faktors auch mehr oder weniger starke Effekte der anderen Faktoren nach sich zieht, beispielsweise durch Veränderung der Nachfrage in Folge von Arbeitslosigkeit oder Veränderung der Wirtschaftskraft einer Region in Folge von Bevölkerungsrückgang.[443]

Des Weiteren hat auch die Politik Einfluss auf die Entwicklung von Angebot und Nachfrage auf Immobilienmärkten. Dies gilt sowohl für die lokale als auch für die Länder- und Bundesebene und mittlerweile auch für die Europapolitik. Der Einfluss der Politik zeigt sich beispielsweise im Bereich energiesparenden Bauens, wo eine breite Palette leistungs- und ordnungspolitischer Maßnahmen eingesetzt wird. So werden einerseits energiesparende Gebäude über die KfW mit zinsverbilligten Krediten gefördert, andererseits werden die Grenzwerte für Neubauten durch eine regelmäßige Verschärfung der Energieeinsparverordnung gesenkt, der Weg für eine Bewertung der energetischen Eigenschaften am Markt durch die Einführung des Energieausweises bereitet und schließlich diese Maßnahmen durch Informationskampagnen begleitet. Es ist daher anzunehmen, dass diese mittelfristig auch zu einer Veränderung der Nachfrage dahingehend führen, dass der Markt nach energiesparenden Gebäuden verlangt und dies auch durch entsprechende Zahlungsbereitschaft honoriert. Weitere Ebenen des politischen Einflusses auf Immobilienmärkte sind unter anderem:

» das öffentliche Baurecht mit den Bereichen Bauleitplanung,[444] Beiträge und Erschließung, Umlegungen und Enteignung sowie Bauordnungsrecht,
» privatrechtliche Vorschriften, insbesondere im Mietrecht und privaten Baurecht (Rechte am Grundstück, Schaffung von Rechtssicherheit, Kaufvertragsrecht),

---

443 Vgl. beispielsweise Wirsching 22.06.2005; Franz 2004.

444 Durch die Bauleitplanung nehmen die Kommunen direkten Einfluss auf das Angebot an Bauland, welches ein komplementäres Gut zum Flächenangebot darstellt. Vgl. Kühne-Büning et al. 2005, S. 261 und 14.

» die Wohnungspolitik, insbesondere die Subjekt- und Objektförderung,
» das Steuerrecht mit seinen allgemeinen Rahmenbedingungen sowie relevanten Ausnahmetatbeständen (beispielsweise zur steuerlichen Förderung),
» zusätzliche Angebote und Maßnahmen wie beispielsweise Informationskampagnen, oder Dienstleistungen wie Beratung, Wohnraumvermittlung oder Wirtschaftsförderung,
» sowie den Bereich Immobilien und Bauen betreffende Regelungen zum Umweltschutz im weitesten Sinne.[445]

Politische Einflüsse auf die Marktentwicklung ergeben sich zusätzlich durch den Einfluss der Politik auf die wirtschaftliche und demographische Entwicklung über Wirtschafts-, Steuer-, Einwanderungs- und Familienpolitik. Schließlich kann die Politik auch durch die Verwaltung Einfluss auf das einzelne Objekt nehmen, insbesondere im Rahmen des Baugenehmigungsverfahrens.[446]

Bezüglich der Standort- und Marktrisiken, die auf das Immobilienrisiko einwirken, sollen auch die Force-Majeure-Risiken erwähnt werden. Hierzu zählen einerseits Naturkatastrophen, die das Gebäude beschädigen können, wie zum Beispiel Sturm, Hagel, Überflutung und Erdbeben, und andererseits Immissionen wie Staub oder Schwefeldioxid, die ebenfalls einen negativen Einfluss auf die Bausubstanz haben, aber auch die Nutzer des Gebäudes beeinträchtigen, sowie Lärm, Feinstaub und andere die Gesundheit gefährdende Faktoren, die sich letztlich auf den Mietwert auswirken.[447]

Zu guter Letzt sei noch darauf hingewiesen, dass Immobilien auch von der Entwicklung auf Märkten für komplementäre Güter abhängig sind. Hierzu zählen im Rahmen des Neubaus vor allem der Bodenmarkt,

---

445 Vgl. Kühne-Büning et al. 2005, S. 260–269 und Ottmann 2005, S. 319–327. Zu den allgemeinen rechtlichen Grundlagen vgl. Gondring 2004 sowie Usinger et al. 2004.

446 Vgl. Wiedenmann 2005, S. 66–70.

447 Vgl. hierzu Trotz 2004, S. 60–61; Jedem 2006, S. 223.

aber auch die Märkte für Bauleistungen und Baustoffe, und im Rahmen der Nutzungsphase die Entwicklung der Preise zum Gebäudebetrieb notwendiger Güter und Dienstleistungen, insbesondere der Kosten für Energie, aber auch für die sonstige Ver- und Entsorgung sowie für Instandhaltung und Reinigung.

2.3.1.3 Einflussfaktoren auf Objektebene

Auf Objektebene sind insbesondere die Wirkungen von mieterbezogenen Risiken (z. B. die Mieterbonität), der Gebäudesubstanz und der Betriebskosten [448] auf die zentralen Faktoren „Netto-Mieteinnahmen" und „Wertentwicklung" von Interesse. Hierbei sind zwei Effekte zu unterscheiden: Einerseits können sich für den Vermieter direkte Auswirkungen auf seine Kosten ergeben, welche sich auf die Netto-Mieteinnahmen auswirken, andererseits können diese Faktoren aber auch aus Sicht der Mieter bedeutsam sein und dadurch das Kaltmietpotential erhöhen oder schmälern. So kann eine infolge mangelhafter Instandhaltung schlechte Bausubstanz sowohl zu erhöhten nicht umlagefähigen Betriebskosten auf Seiten des Vermieters, als auch zu einem unterdurchschnittlichen Mietpotential aufgrund mangelnder Attraktivität führen. Veränderungen der direkten Kosten haben hierbei aufgrund ihrer unmittelbaren Wirkung auf die Nettomiete einen sehr hohen Einfluss. Es ist festzustellen, dass jede Immobilie Teil des Angebots auf dem relevanten Immobilienteilmarkt ist und als solche auf eine entsprechende Nachfrage und ggf. Zahlungsbereitschaft seitens der Konsumenten treffen muss. Das Verhältnis von Angebot und Nachfrage bestimmt letztendlich das Mietpotential. [449]

Das Mietpotential wird daher von zwei Seiten beeinflusst: zum einen durch die der Immobilie inhärenten Merkmale, zum anderen durch das Verhältnis von Angebot und Nachfrage auf dem Immobilienmarkt. Bei-

[448] Dies betrifft sowohl die umlagefähigen als auch die nicht umlagefähigen Betriebskosten. Nicht umlagefähige Betriebskosten wirken sich dabei direkt beim Vermieter aus. Umlagefähige Betriebskosten können zwar auf den Mieter überwälzt werden, allerdings wird hierdurch ein Teil seiner Zahlungsbereitschaft abgeschöpft und das Kaltmietenpotential geschmälert. Vgl. z. B. Veser et al. 2008, S. 58–59.

[449] Vgl. Gondring 2004, S. 45–46; Jedem 2006, S. 145–151.

de Seiten können sich gegenseitig kompensieren, z. B. wenn ein sinkender Mietwert infolge eines sich verschlechternden Gebäudezustands durch allgemein steigende Mieten in Folge eines Nachfrageüberhangs ausgeglichen wird, aber auch ebenso verstärken.[450]
Die Netto-Mieteinnahmen üben ihrerseits wiederum einen direkten Einfluss auf die Wertentwicklung der Immobilie aus, da, wie bereits ausführlich erläutert, der Verkehrswert vermieteter Immobilien von den meisten Marktteilnehmern mit Hilfe des Ertragswert- oder eines einfacheren Überschlagsverfahrens bestimmt wird. Beim Ertragswertverfahren und insbesondere bei den angelsächsischen Verfahren werden neben der aktuellen Miete jedoch auch Risikofaktoren berücksichtigt, die in der Zukunft positive oder negative Auswirkungen auf die Wertentwicklung haben könnten, weswegen Standort-, Markt, und Objektrisiken ebenfalls einen – wenn auch geringeren - Einfluss auf die Wertentwicklung haben.[451]

Bei der Betrachtung der Stärke des Wirkungszusammenhangs zwischen Standort- und Marktrisiken sind zusätzlich jene Objekteigenschaften in Betracht zu ziehen, die das Potential haben, die Auswirkungen bestimmter Risiken zu dämpfen. Im Idealfall wird hierdurch der Verlust nach unten begrenzt, während Gewinnmöglichkeiten unverändert erhalten bleiben. Hierbei sind vor allem drei Risikogruppen zu nennen:

» Politischen und rechtlichen Risiken in Form einer drohenden Verschärfung von Grenzwerten kann insbesondere durch eine gewisse Übererfüllung geltender Normen in den Bereichen Energieeffizienz, Umwelt- und Gesundheitsschutz begegnet werden. Hierdurch wird auch das Risiko technischer Überalterung der Bausubstanz begrenzt. Auch eine hohe gestalterische Qualität in Verbindung mit einem positiven Image kann bei der Bewältigung politischer Widerstände von Vorteil sein.

---

450 Vgl. Kühne-Büning et al. 2005, S. 71–72. Die verschiedenen Qualitätsstufen einer Wohnung sind Basis der Filtering- und Sickertheorie, welche die Beziehungen zwischen verschiedenen Wohnungsteilmärkten zu erklären versuchen. Vgl. Kühne-Büning et al. 2005, S. 177–187.

451 Vgl. hierzu auch Lorenz 2006, S. 215–225.

» Marktrisiken lassen sich durch Sicherstellung einer hohen Nutzerzufriedenheit abmildern. Dies betrifft insbesondere die Bereiche Funktionalität, Behaglichkeit, Gesundheitsverträglichkeit der eingesetzten Bauprodukte, sowie Architektur und gestalterische Qualität des Gebäudes. Aus Sicht des Vermieters ist hier insbesondere auch die Flexibilität des Gebäudes und seine Drittverwendungsfähigkeit maßgeblich, um die Immobilie ggf. leicht an die Bedürfnisse einer anderen Nutzergruppe anpassen zu können.

» Des Weiteren sind auch konstruktive Maßnahmen zur Absicherung des Gebäudes gegen bestimmte Naturgefahren und Großschadensrisiken zu erwähnen, wie zum Beispiel Absicherung gegen Erdbeben, Überflutung, Sturm, Hagel und Blitzschlag, sowie das Brandschutzkonzept. Diese Maßnahmen mindern das Risiko von Schäden an der Gebäudesubstanz.[452]

Das Mietpotential einer Immobilie sagt allerdings nichts über den tatsächlichen Erfolg aus. Verschiedene Studien belegen den sehr hohen Einfluss des Managements auf den Erfolg eines Immobilieninvestments. Offenbar gelingt es einem guten Management, das Mietpotential auch einer mittelmäßigen Immobilie optimal auszuschöpfen, während Probleme bei der Vermarktung und der Verwaltung der Immobilie dazu führen können, dass auch Immobilien mit entsprechendem Potential nicht erfolgreich bewirtschaftet werden. Darüber hinaus bestimmt die Qualität des Immobilienmanagements auch über die Höhe der umlagefähigen und nicht umlagefähigen Betriebskosten, und hat hierüber auch gewissen Einfluss auf die Höhe der Netto-Mieteinnahmen.[453] In

452 Vgl. Lützkendorf, Urschel 20.06.2008; Lützkendorf, Lorenz 2007-2008, S. 62–63.

453 Übereinstimmend wird dies von Pfnür, Armonat April 2001, S. 46 und 50-52 und Kurzrock 2007, S. 220 bestätigt. Das beträchtliche Optimierungspotential innerhalb der Organisation von Immobilienunternehmen – unabhängig vom eigentlichen Immobilienbestand – zeigt sich auch bei genauer Betrachtung der Strategien ausländischer institutioneller Investoren, die in den vergangenen Jahren große Wohnungsbestände in Deutschland erworben haben. Vgl. hierzu Veser et al. 2008, S. 55–75.

den Netto-Mieteinnahmen sind folglich, im Sinne eines Reinertrags, bereits sämtliche Risikofaktoren enthalten, welche den objektspezifischen Cash-Flow beeinflussen.

2.3.1.4 Ergebnisse

Die in diesem Abschnitt abgeleiteten Interdependenzen zwischen Risiken sind in der Grafik auf der folgenden Seite dargestellt.

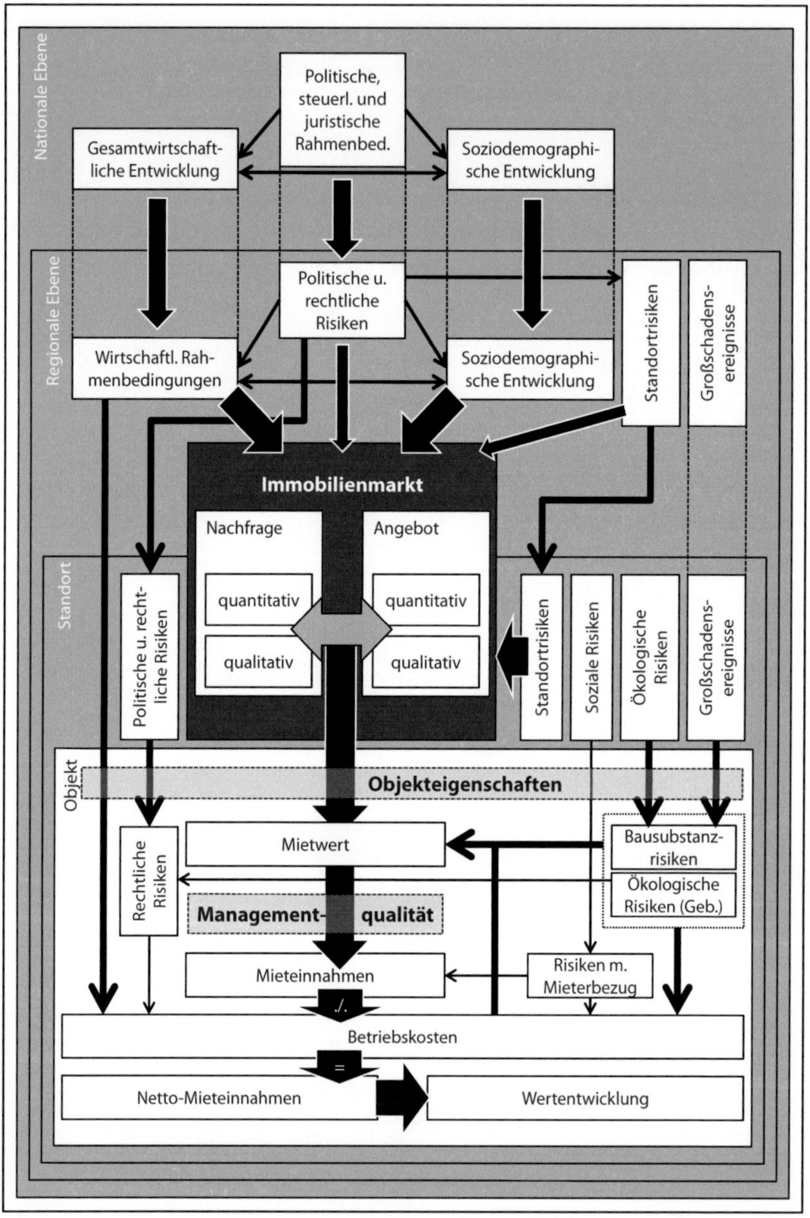

Abb. 16: Generelle Interdependenzen von immobilienspezifischen Risiken – Darstellung des im Rahmen dieser Arbeit entwickelten Modells. (Eigene Darstellung).

2.3.2 Darstellung der Risikobeziehungen

Nachdem bereits die verschiedenen möglichen Abhängigkeiten der Risiken voneinander beschrieben und in einer Gesamtschau betrachtet wurden, soll an dieser Stelle eine grafische Darstellung zur Beschreibung der Risiken vorgestellt werden, die als Element in die Risikodatenblätter des Risikokatalogs aufgenommen wird. In dieser grafischen Darstellung sind

» Risiken, die sich auf das betrachtete Risiko auswirken, einschließlich der Stärke dieses Wirkungszusammenhangs,
» Risiken, auf die sich das betrachtete Risiko auswirkt, ebenfalls einschließlich der Stärke des Wirkungszusammenhangs, sowie
» Objekteigenschaften und andere Umstände, die sich auf die Stärke des Wirkungszusammenhangs auswirken,

zu erfassen. Die hierfür gewählte grafische Darstellung erfasst die beeinflussenden Risiken im Feld A, die beeinflussten Risiken im Feld D, und die beeinflussenden Umstände in den Feldern B und C. Die Symbole +,o und - vor den genannten Risiken geben dabei die Stärke des Wirkungszusammenhangs als stark, mittel oder schwach an. Im folgenden soll die Darstellungsweise am Beispiel des demographischen Risikos illustriert werden.

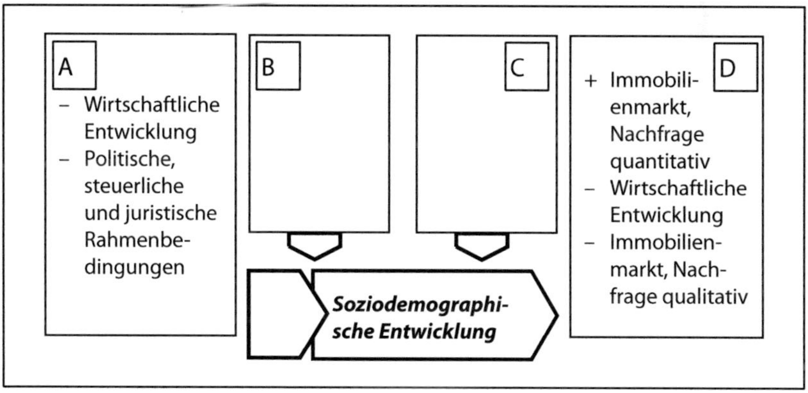

Abb. 17: *Risikokette der Soziodemographischen Entwicklung. (Eigene Darstellung).*

Die soziodemographische Entwicklung wird von der wirtschaftlichen Entwicklung stark und von den politischen Rahmenbedingungen mittelstark beeinflusst. Sie wirkt sich stark auf die quantitative Nachfrage am Immobilienmarkt, mittelstark auf die wirtschaftliche Entwicklung[454] und schwach auf die qualitative Nachfrage am Immobilienmarkt aus, letzteres hauptsächlich über Veränderungen der Einkommens- und Bildungsstruktur. Die Stärke der Wirkungszusammenhänge beeinflussende Aspekte, wie zum Beispiel bestimmte Gebäudeeigenschaften, spielen bei dieser Risikokategorie keine Rolle.

454 Hier besteht also ein gegenseitiges Abhängigkeitsverhältnis, wobei die wirtschaftliche stärker die soziodemographische Entwicklung beeinflusst als umgekehrt.

3 Entwicklung einer phasen- und akteurspezifischen Risikozuordnung

Ein weiteres wesentliches Problem der Systematisierung und Beschreibung immobilienspezifischer Risiken besteht darin, dass diese Risiken sich aus Sicht verschiedener Akteure und verschiedener Zeitpunkte des Lebenszyklus unterschiedlich gestalten. Ein kurzes Beispiel soll die Problematik illustrieren.
Im bisherigen Verlauf der Arbeit wurde bereits nach objektspezifischen Risiken während Bauphasen und während Nutzungsphasen unterschieden. Für gewöhnlich werden die grundlegenden Gebäudeeigenschaften in der Phase der Projektkonzeption durch den Projektentwickler festgelegt. Diese beeinflussen die Risikoposition während der Nutzungsphase und betreffen daher den Investor, der das Gebäude nach Fertigstellung erwirbt. Dieser kann jedoch einen Teil der Risiken vertraglich auf den Mieter, also den Nutzer der Immobilie, abwälzen. Ein typisches Beispiel für diese Kombination ist das Energiekostenrisiko als Teil des Betriebskostenrisikos. Der Projektentwickler bestimmt über die Objekteigenschaft Energiebedarf, welche während der Nutzung des Gebäudes über die Abhängigkeit von der allgemeinen Entwicklung der Energiepreise entscheidet. Die Kosten für Heizung, Warmwasserbereitung und Elektrizität werden jedoch üblicherweise im Mietvertrag auf den Mieter abgewälzt.

Um eine sichere Erkennung und Steuerung der Risiken zu ermöglichen ist es daher nötig, diese in Hinblick auf den Zeitpunkt ihres Auftretens im Gebäudelebenszyklus und die betroffenen Akteure detailliert zu beschreiben. Daher werden im Folgenden zunächst verschiedene Lebenszyklusmodelle vorgestellt und hieraus ein Modell zur Verwendung im Rahmen der Arbeit abgeleitet. Anschließend sollen die Rollen der verschiedenen beteiligten Akteure dargestellt und die relevanten Akteure ausgewählt werden. Außerdem werden die verschiedenen Formen, in denen ein Risiko im Lebenszyklus und für bestimmte Akteure relevant sein kann, abgeleitet. Das gesamte Vorgehensmodell zur phasen- und akteurspezifischen Zuordnung der Risiken wird schließlich im Rahmen einer zusammenfassenden Betrachtung beschrieben. Ferner wird als Möglichkeit der grafischen Darstellung ein „Risikoprofil" entwickelt, welches als weiteres Element in die Risikodatenblätter des Risikokatalogs aufgenommen wird.

3.1 Modelle des Lebenszyklus von Immobilien

Im Immobilienbereich existiert eine Vielzahl an Lebenszyklusmodellen, die allesamt entweder Schwerpunkte auf bestimmte Bereiche, sei es die Projektentwicklung, den Planungsprozess oder das Facility Management, legen, oder lediglich eine grobe Einteilung des Lebenszyklus vornehmen. Des Weiteren ist ein wesentlicher Unterschied, ob die Modelle einen mehr oder weniger linearen Lebenszyklus der Immobilie unterstellen oder ob kleinere Unterzyklen existieren.[455] Schließlich ist zu differenzieren, ob die Lebenszyklusmodelle eher den wirtschaftlichen oder den physischen Lebenszyklus der Immobilie in den Mittelpunkt stellen, wobei hierbei eine gewisse Schnittmenge unvermeidbar ist - bei der Risikozuordnung im Rahmen dieser Arbeit wurde der

[455] Da sich der Grund und Boden definitionsgemäß nicht abnutzt (vgl. Schulte et al. 2000b, S. 20–21; Gondring 2004, S. 971), wird er nach Abbruch eines Gebäudes wieder neu genutzt bzw. bebaut. Der Lebenszyklus des Grundstücks ist also stets ein unendlicher Kreislauf, was auch in sämtlichen hier vorgestellten Modellen so aufgenommen wird. Der Unterschied der Modelle liegt im Wesentlichen darin, ob der Lebenszyklus des Gebäudes aus beliebig vielen aufeinander folgenden Nutzungs- und Modernisierungsphasen besteht, oder ob die Autoren von einer bestimmten linear aufeinander folgender Nutzungs- und Modernisierungsphasen ausgehen. Manche Modelle berücksichtigen die Modernisierungsproblematik während der Nutzung überhaupt nicht.

Schwerpunkt auf den wirtschaftlichen Lebenszyklus gelegt. In der Tabelle auf der folgenden Seite sind einige Lebenszyklusmodelle für Immobilien vergleichend dargestellt.

Die ISO-Norm 15686-5 zum Life Cycle Costing unterscheidet die Lebenszyklusphasen

» „Acqusition" (die den kompletten Entstehungsprozess der Immobilie beinhaltet),
» „Use & Maintenance" (die Nutzungsphase),
» „Renewal & Adaption" (eine grundlegende Sanierung des Gebäudes), sowie
» „Disposal" (der Abriss und die Entsorgung des Gebäudes).[456]

Ähnlich ist das Lebenszyklusmodell nach Kreißig et al. aufgebaut, welches lediglich die Phasen „Herstellung", „Nutzung" und „Entsorgung / Rückbau" unterscheidet.[457] Vergleichsweise einfach aufgebaut sind auch die Lebenszyklusmodelle von Pelzeter, Brauer und Gondring. Brauer lagert hierbei der Planungs- und Entstehungsphasen noch eine Phase der Investitionsentscheidung vor, welche der Vorstudie einer Projektentwicklung entspricht.[458] Pelzeter teilt die Entstehungsphase in die Konzeption, die Planung und die Realisierung des Gebäudes auf, eine weitere Unterteilung der Nutzungsphase erfolgt aber nicht.[459] Gondring nimmt hier eine Unterteilung in eine erste Nutzung, auf die eine Phase des Leerstands und des Umbaus bzw. der Sanierung des Gebäudes folgt, sowie in eine weitere Nutzung, auf die abermals eine Leerstandphase folgt, vor. Allerdings ist dieses Modell linear aufgebaut, es sieht also genau den beschriebenen Ablauf zweier Nutzungsphasen, unterbrochen durch Leerstand und Sanierung, vor.[460]

---

456 Vgl. Norm ISO 15686-5, zitiert nach Herzog 2005, S. 32.

457 Vgl. Kreißig et al. 27.11.2005, S. 5.

458 Vgl. Brauer 2001a, S. 21.

459 Vgl. Pelzeter 2006, S. 40

460 Vgl. Gondring 2004, S. 58. Eine ähnliche Darstellung der Nutzungsphase findet sich bei Schäfers 1997, S. 26.

Quelle	Phasen
ISO 15686-5 (Life Cycle Costing)	Acquisition
Kreißig et al. 2005, S. 5	Herstellung
Brauer 2001, S. 21	Investitionsentscheidung; Planung / Entstehung
Isenhöfer et al. 2000	Projektentwicklung
Pelzeter 2006, S. 40	Konzeption; Planung
Gondring 2004, S. 58	Grundstück; Projektentwicklung; Realisierung
Schäfers 1997, S. 26	Entwicklungszyklus: Grundstück; Konzeption; Planung
SIA 112 (Leistungsmodell, Stand 2001)	Strategische Planung; Vorstudien; Projektierung; Ausschreibung
§15 HOAI	Grundlagenermittlung; Vorplanung; Entwurfsplanung; Genehmigungsplanung; Ausführungsplanung; Vorbereitung d. Vergabe; Mitwirkung bei der Vergabe
Herzog 2005, S. 34	Erstellung
GEFMA 100-1, zit. nach Pelzeter 2006, S. 42	Idee; Konzeption - Planung - Errichtung

Tab. 9: *Gegenüberstellung von Lebenszyklusmodellen. (Eig. Darstellg.).*

		Use & Maintenance					Renewal & Adaption		Disposal
		Nutzung					Enstorgung / Rückbau		
	Vermarktung	Nutzung / Bewirtschaftung						Ern. Inv.-entschdg.	
		Nutzung	Leerstand	Redevelopment	Nutzung				Abriss
Bau		Nutzung							Rückbau
		Erste Nutzung	Leerstand	Umbau, Sanierung	Weitere Nutzung	Leerstand			Abriss
		Nutzungszyklus						Verwertungszyklus	
Realisierung		Nutzung		Instandhaltung	Nutzung		Modernisierung	Vermietung/ Verkauf	Abriss
Realisierung		Bewirtschaftung							
Objektüberwachung		Objektbetr. und Dokumentation							
		Nutzung / Instandhaltung			Bauliche Änderungen				Beseitigung
	Objekt steht zur Verfügung								
	Vermarktung - Beschaffung		Betrieb & Nutzung	Leerstand	Umbau / Umnutzung, Sanierung / Modernisierung				Verwertung

Einen Schwerpunkt auf die Entstehung des Gebäudes legen naturgemäß die HOAI und das Leistungsmodell des SIA, welche als Grundlagen des Honorars für Architekten- und Ingenieurleistungen ebenfalls ein Phasenmodell vorsehen, aber kein Lebenszyklusphasenmodell im eigentlichen Sinne darstellen.[461] Das SIA-Modell sieht dabei lediglich sechs Phasen vor, von denen die Bewirtschaftungsphase weit über die Fertigstellung des Gebäudes herausreicht. Die HOAI sieht dagegen 9 Phasen vor, von denen lediglich die Objektbetreuung und Dokumentation in den Beginn der Nutzungsphase hereinreicht. Beiden Modellen gemeinsam ist, dass sie erst mit Beginn der Gebäudeplanung einsetzen, die vorgelagerten Phasen der Konzeption und Investitionsentscheidung spielen in diesen Modellen keine Rolle.[462]
Das Lebenszyklusmodell von Herzog sieht während der Nutzungsphase einen kleineren Zyklus vor, bei dem sich Nutzungsphasen mit Instandhaltungsphasen und baulichen Änderungen abwechseln. Die Anzahl der Nutzungsphasen ist dabei nicht begrenzt.[463] Noch einen Schritt weiter geht hier das Modell der GEFMA, welches im Rahmen der Nutzungsphase einen sich beliebig oft wiederholenden Zyklus vorsieht bei dem sich Phasen, in denen das Gebäude zur Verfügung steht mit Phasen der Vermarktung und Beschaffung, des Betriebs und der Nutzung, des Leerstands, sowie des Umbaus bzw. der Umnutzung und der Sanierung oder Modernisierung abwechseln,[464] wodurch sich dieses Modell in besonderer Weise zur Darstellung unterschiedlicher Szenarien eines möglichen Lebenswegs der Immobilie eignet. Dieses Modell ist im Folgenden noch einmal grafisch dargestellt.

---

461 Dennoch sollen sie an dieser Stelle im Sinne einer weiteren Detaillierung der Entstehungs- bzw. Planungsphase erläutert werden.

462 Vgl. Norm SIA 112 2001 sowie HOAI, § 15. Zu beachten ist, dass auch bei späteren Baumaßnahmen im Bestand das Phasenmodell erneut durchlaufen wird, allerdings können dann einzelne Phasen obsolet werden.

463 Vgl. Herzog 2005, S. 34.

464 Vgl. Richtlinie GEFMA 100-1, zitiert nach Pelzeter 2006, S. 42.

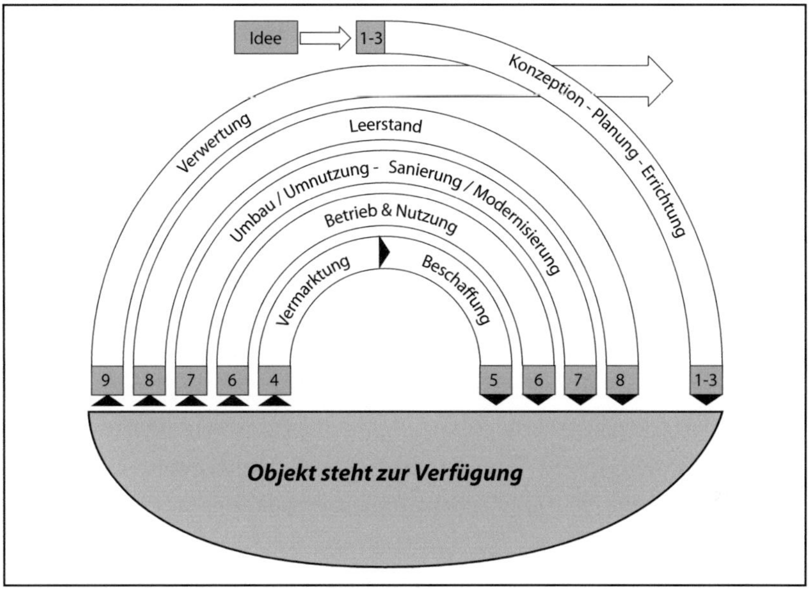

Abb. 18: *Lebenszyklusmodell der Deutschen Gesellschaft für Facility Management. (Richtlinie GEFMA 100-1, zitiert nach Pelzeter 2006, S. 42).*

Bei der Entwicklung eines eigenen Lebenszyklusmodells zur Beschreibung der einzelnen Risiken sind somit folgende Punkte zu beachten:

» Der Immobilienlebenszyklus gliedert sich in drei größere Abschnitte, nämlich die Entstehung, die Nutzung und die Verwertung der Immobilie.

» Der Abschnitt der Entstehung sollte weder zu detailliert noch zu grob beschrieben werden. Es bietet sich daher an, diesen in die vier Phasen Konzeption, Planung, Bau und Vermarktung[465] des Gebäu-

[465] Diese Gliederung unterstellt, dass das Gebäude von einem Projektentwickler errichtet und anschließend an einen Investor verkauft wird. Diese Betrachtungsweise schließt auch diejenigen Fälle ein, in denen Gebäude von einem Unternehmen für den eigenen Bestand entwickelt werden, da das Projektentwicklungsgeschäft meist als eigene Abteilung organisiert ist. Allerdings ist es für die Anwendung im Rahmen der vorliegenden Arbeit auch unproblematisch, wenn die Rollen des Projektentwicklers und des Investors bei einem Akteur zusammenfallen.

des zu unterteilen. Eine weitergehende Unterteilung bringt für die geplante Anwendung des Modells im Rahmen dieser Arbeit keinen Mehrwert.

» Der Abschnitt der Nutzung sollte eine beliebige Anzahl an Nutzungs- und Instandhaltungs- bzw. Modernisierungsphasen vorsehen.[466] Eine Umbau- bzw. Modernisierungsphase gliedert sich wiederum in eine Planungs- und eine Bauphase.

» Mögliche End-of-Life-Szenarien sind entweder eine umfangreiche Sanierung bzw. Revitalisierung (Redevelopment), oder der Abriss und die Entsorgung des Gebäudes, beides ggf. mit einer vorangegangenen Leerstandsphase. In beiden Fällen beginnt der wirtschaftliche Lebenszyklus der Immobilie von neuem.

Das Immobilien-Lebenszyklusmodell ist in der folgenden Abbildung grafisch dargestellt.

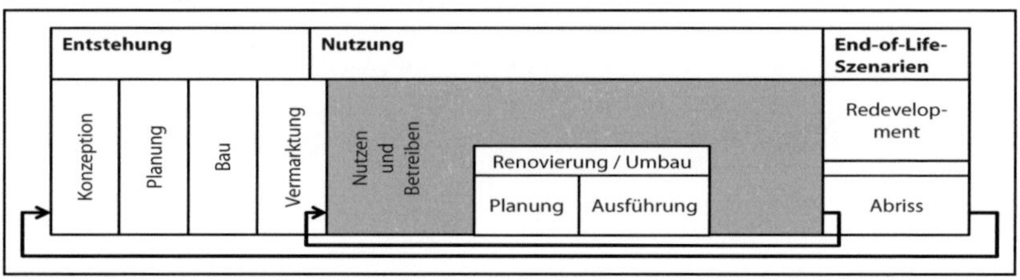

Abb. 19: *Modell des Immobilien-Lebenszyklus zur Verwendung im Rahmen dieser Arbeit. (Eigene Darstellung).*

466 Die Grenze zwischen einer Modernisierung im Rahmen der Nutzung und einem Redevelopment im Rahmen der Verwertung kann nicht genau bestimmt werden. Im Rahmen dieser Arbeit soll daher dann von einem Redevelopment ausgegangen werden, wenn gleichzeitig mindestens zwei der folgenden Bereiche betroffen sind: Nutzungsänderung, (erhebliche) Grundrissänderung, Erneuerung und Umgestaltung der Fassade, Erneuerung der Anlagen des technischen Ausbaus.

3.2 Akteure im Lebenszyklus von Immobilien

Während des Lebenszyklus einer Immobilie ist eine Vielzahl unterschiedlicher Akteure[467] an Bau, Betrieb, Unterhaltung und Verwertung beteiligt.

Wie dies auch bei Risikosystematiken und Lebenszyklusmodellen der Fall ist, existiert in der Literatur eine große Anzahl unterschiedlicher Beschreibungen der verschiedenen Akteure, die sich in Details bzw. der Auswahl der betrachteten Akteure[468] unterscheiden. Die Menge aller in den ausgewerteten Quellen genannter Akteure wurde im Sinne der Übersichtlichkeit auf einige ausgewählte Akteursgruppen[469] reduziert, welche für die Betrachtung von Risiken im Lebenszyklus eine hohe Relevanz haben, da sie entweder risikorelevante Entscheidungen treffen oder Risiken mehr oder weniger freiwillig tragen. Die auf diese Weise ausgewählten Akteursgruppen sind:

» Projektentwickler,
» Immobilienunternehmen,
» Nutzer,
» Planer,
» ausführende Unternehmen,
» Eigenkapitalgeber,
» Fremdkapitalgeber,

---

467 Die Akteure übernehmen in der Akteurskonstellation bestimmte Funktionen, die auch als Rolle bezeichnet werden können (vgl. Bundesministerium für Verkehr, Bau und Stadtentwicklung (Berlin); Bundesamt für Bauwesen und Raumordnung (Bonn) 2008, S. 11). Ein einzelner Akteur kann dabei gleichzeitig in verschiedenen Rollen agieren. Beispielsweise kann ein Wohnungsunternehmen zugleich als Betreiber, Investor, Projektentwickler und ggf. als Planer auftreten (vgl. Bundesministerium für Verkehr, Bau und Stadtentwicklung (Berlin); Bundesamt für Bauwesen und Raumordnung (Bonn) 2008, S. 22-23, 27).

468 Teilweise liegt hierbei ein Fokus auf den an einer Projektentwicklung beteiligten Akteuren oder auf dem technischen Bereich.

469 Die Einteilung in die einzelnen Akteursgruppen lehnt sich an eine Einteilung der Akteure nach Funktionsbereichen an (vgl. hierzu Hellerforth 2007, S. 5).

» Versicherungen, sowie
» die Politik.

Diese Schlüsselakteure, bezogen auf das Risiko, bilden einen Teil der lebenszyklusphasen- und akteurspezifischen Risikozuordnung, welche ein Element der Risikobeschreibung im Risikokatalog bildet.

Die folgende Übersicht stellt die Zusammenhänge zwischen den in den verschiedenen Quellen genannten Akteuren und den gewählten Akteursgruppen nochmals dar. Der Aufbau der Tabelle orientiert sich dabei am Lebenszyklus der Immobilie.

Gewählt	**BMVBS (Berlin) et al. 2008 (Akteure)**	**BMVBS (Berlin) et al. 2008 (Rollen)**	**Wüstefeld 2000, S. 18-50**	**Pelzeter 2006, S. 40**	**Gondring 2004, S. 53; Hellerforth 2007, S. 4**	**Hellerforth 2007, S. 5**	**Brauer 2001, S. 20-37**
nicht gewählt				Verwerter	Abrissunternehmer		
Projektentwickler	Bauträger	Initiator	Initiatoren / Projektentwickler		Bauträger	Bauträger	Projektentwickler und Bauträger
	Projektentwickler	Bauherr	Bauträger / Developer	Bauherr	Projektentwickler		
		Verkäufer			Verkäufer		
Eigenkapitalgeber		Investor	Investoren		Investoren		
Immobilienunternehmen	Wohnungsunternehmen	Käufer			Immobilienunternehmen		
							Immobilien-AG

Gewählt	BMVBS (Berlin) et al. 2008 (Akteure)	BMVBS (Berlin) et al. 2008 (Rollen)	Wüstefeld 2000, S. 18-50	Pelzeter 2006, S. 40	Gondring 2004, S. 53; Hellerforth 2007, S. 4	Hellerforth 2007, S. 5	Brauer 2001, S. 20-37
Immobilienunternehmen (Fortsetzung)							Immobilienleasinggesellschaften
					Pensionskassen		
					Wohnungsbaugenossenschaften		
					Immobilien- und Wohnungsunternehmen		Wohnungsunternehmen
	Immobilienfonds					Immobilienfonds	Immobilienfondsgesellschaften
	Immobilienfonds	Vermieter			Vermieter	Vermietung	
		Eigentümer			Eigentümer		
					Grundstückseigentümer		

Gewählt	BMVBS (Berlin) et al. 2008 (Akteure)	BMVBS (Berlin) et al. 2008 (Rollen)	Wüstefeld 2000, S. 18-50	Pelzeter 2006, S. 40	Gondring 2004, S. 53; Hellerforth 2007, S. 4	Hellerforth 2007, S. 5	Brauer 2001, S. 20-37
Ausführende Unternehmen	Handwerksbetrieb	Ersteller			Handwerker	Bauhandwerk	
	Bauunternehmen			Baufirma	Bauunternehmer	Bauindustrie	
	Bauproduktherstellende Industrie	Produkthersteller				Bauprodukthersteller	
Fremdkapitalgeber	Bank		Banken		Kreditinstitute	Geschäftsbanken	
						Hypothekenbanken	
						Bausparkassen	
		Finanzierer			Kapitalgeber		
Versicherung	Versicherung	Versicherer				Versicherungen	
Planer					Städteplaner	Stadtplaner	
	Architekturbüro	Planer		Architekt/ Fachplaner	Architekten	Architekten	
	Fachplanungsbüro	Berater					
					Bauingenieure	Bauingenieure	

Gewählt	BMVBS (Berlin) et al. 2008 (Akteure)	BMVBS (Berlin) et al. 2008 (Rollen)	Wüstefeld 2000, S. 18-50	Pelzeter 2006, S. 40	Gondring 2004, S. 53; Hellerforth 2007, S. 4	Hellerforth 2007, S. 5	Brauer 2001, S. 20-37
Planer (Fortsetzung)						Haustechniker	
					Projektsteuerer	Projektsteuerer	
					Immobilienberater		
nicht gewählt	Facility Management	Verwalter			Facility Manager	Facility Manager	
						Reinigung / Sicherung	
						Services	
						technische Dienstleistung	
						Instandhaltung / Modernisierung	
	Hausverwaltung	Betreiber		Betreiber		Verwaltung	Immobilienverwalter
nicht gewählt	Energieabrechnungsdienst						

Gewählt	BMVBS (Berlin) et al. 2008 (Akteure)	BMVBS (Berlin) et al. 2008 (Rollen)	Wüstefeld 2000, S. 18-50	Pelzeter 2006, S. 40	Gondring 2004, S. 53; Hellerforth 2007, S. 4	Hellerforth 2007, S. 5	Brauer 2001, S. 20-37
nicht gewählt	EVU, Wasserversorger, Abfallentsorger	Ver-/ Entsorger				Versorgung / Entsorgung	
nicht gewählt	Maklerbüro	Vermittler	Makler		Immobilienvermittler	Vermittlung (Makler)	Immobilienmakler
nicht gewählt	Umwelt-, Bau- und Energieberatung	Sonstige Dienstleister					
nicht gewählt	Wertermittler, Sachverständiger						
Nutzer	Nutzer (Industrie und Gewerbe)	Bewohner / Nutzer		Nutzer	Nutzer		
	Nutzer (Privathaushalt)	Mieter			Mieter		
					Untermieter		
					Pächter		

Gewählt	BMVBS (Berlin) et al. 2008 (Akteure)	BMVBS (Berlin) et al. 2008 (Rollen)	Wüstefeld 2000, S. 18-50	Pelzeter 2006, S. 40	Gondring 2004, S. 53; Hellerforth 2007, S. 4	Hellerforth 2007, S. 5	Brauer 2001, S. 20-37
Politik			Öffentliche Hand			Öffentliche Hand	
	Bauaufsichtsbehörde	Genehmigungsbehörde				Kommunen	
	Schornsteinfeger					Bauaufsicht	
	Presse & Medien	Öffentlichkeit					
nicht gewählt					Insolvenz- und Zwangsverwalter		
nicht gewählt					Notare		

Tab. 10: *In der Literatur genannte und ausgewählte Akteursgruppen. (Eigene Darstellung).*

Im Folgenden sollen die ausgewählten Schlüsselakteure detailliert beschrieben werden.

3.2.1 Projektentwickler

Die Projektentwicklung in der Immobilienwirtschaft lässt sich mit der Funktion der Produktentwicklung in der Industrie vergleichen.[470] Nach Diederichs sind durch eine Projektentwicklung „die Faktoren Standort, Projektidee und Kapital so miteinander zu kombinieren, dass einzelwirtschaftlich wettbewerbsfähige, arbeitsplatzschaffende und –si-

[470] Vgl. Bone-Winkel 1996, S. 129.

chernde sowie gesamtwirtschaftlich, sozial- und umweltverträgliche Immobilienobjekte geschaffen und dauerhaft rentabel genutzt werden können".[471] Der Projektentwicklungsprozess umfasst die gesamte Entstehungsphase der Immobilie und beinhaltet die Teilphasen Konzeption, Planung, Bau und Vermarktung.[472]

Grundsätzlich können drei Arten von Projektentwicklungsunternehmen unterschieden werden, wobei der sog. Trader-Developer dabei den Normalfall darstellt. Der Trader-Developer führt Projektentwicklungen von der Konzeption bis zur Vermarktung auf eigene Rechnung durch, verkauft das Objekt aber spätestens kurz nach der Fertigstellung. Der Investor-Developer unterscheidet sich vom Trader-Developer dadurch, dass dieser als langfristiger Bestandshalter agiert und das Objekt nach Fertigstellung in den eigenen Bestand übernimmt. Der Service-Developer übernimmt als Dienstleister die Entwicklung des Projektkonzepts bis zur Planungsreife bzw. bis zur Baufreigabe. Dieser Typus stellt in Deutschland eher die Ausnahme dar.[473] Im Rahmen dieser Arbeit soll grundsätzlich von dem Fall des Trader-Developer ausgegangen werden. Außerdem schließt der Begriff des Projektentwicklers im Sinne dieser Arbeit den Bauträger[474] mit ein. Hieraus lassen sich die anderen Fälle auf einfache Art ableiten: Ein Investor-Developer wäre dann ein Immobilienunternehmen, welches einmal in seiner eigentlichen Rolle als langfristiger Investor und Betreiber, und einmal in der Rolle als Projektentwickler auftritt. Diese Trennung entspricht insofern der Praxis,

---

471 Diederichs 1996, S. 29.

472 Eine ähnliche Einteilung findet sich bei Diederichs, der die Projektstufen „Projektvorbereitung", „Projektplanung", „Ausführungsvorbereitung", „Ausführung" und „Projektabschluss" unterscheidet (vgl. Diederichs 1996, S. 31). Eine etwas andere Einteilung verwenden Isenhöfer, Väth, die den Projektentwicklungsprozess in die Phasen „Projektinitiierung", „Projektkonzeption", „Projektmanagement" und „Projektvermarktung" einteilen (vgl. Isenhöfer, Väth 2000b, S. 153–154). Alda, Hirschner unterscheiden insgesamt sieben Phasen, nämlich die vorgelagerte „Strategie"-Phase, „Projektinitiierung", „Projektkonzept", „Projektkonkretisierung", „Projektrealisierung", Projektverwertung", und „Betrieb des fertigen Projekts" (vgl. Alda, Hirschner 2007, S. 12).

473 Vgl. Isenhöfer, Väth 2000b, S. 160.

474 Vgl. Brauer 2001a, S. 21.

als dass Projektentwicklungen für den eigenen Bestand häufig von eigenen Abteilungen innerhalb des Immobilienunternehmens oder von Tochtergesellschaften durchgeführt werden. Der Service-Developer wird als Planer bzw. Berater in das Modell aufgenommen, da er selbst weder eigenverantwortlich risikorelevante Entscheidungen fällt noch in größerem Umfang Risiken[475] trägt.

Der Projektentwickler ist in Bezug auf das mit der Immobilie verbundene Risiko ein Schlüsselakteur, da er als Bauherr zahlreiche Entscheidungen trifft, welche den gesamten Lebenszyklus der Immobilie beeinflussen.[476] Gleichzeitig trägt er selbst ein hohes Risiko, da er die gesamte Projekterstellung vorfinanzieren muss und somit auch die finanziellen Folgen technischer, rechtlicher und wirtschaftlicher Risiken der Erstellung trägt. Hinzu kommt, dass die Käufer der Immobilie ggf. Risiken aus der Nutzungsphase in den Kaufpreis einpreisen,[477] der Projektentwickler also auch von diesen Risiken betroffen sein kann.[478]

---

475 Vgl. Brauer 2001a, S. 21.

476 So ist die Beeinflußbarkeit der Lebenszykluskosten zu Beginn der Konzeption noch am höchsten, nimmt dann aber exponentiell ab. Vgl. Isenhöfer, Väth 2000b, S. 175; Krimmling 2005, S. 27.

477 Dies setzt voraus, dass der Käufer zum einen über dieses Risikopotential informiert ist und es bewerten kann, d. h. dass keine asymmetrische Informationsverteilung zugunsten des Projektentw,icklers vorliegt, und zum anderen, dass der Käufer über eine entsprechende Verhandlungsmacht verfügt.

478 Beispiele hierfür sind ein erhöhtes Betriebskostenrisiko durch einen hohen Energiebedarf des Gebäudes, oder ein erhöhte Exposition gegenüber dem Marktrisiko aufgrund von Mängeln in der Konzeption, schlechter Drittverwertbarkeit usw.

3.2.2 Immobilienunternehmen

Unter dem Begriff des Immobilienunternehmens sind hier alle Arten von Unternehmen zusammengefasst, welche auf mittlere bis lange Frist Eigentum an Grundstücken oder grundstücksgleichen Rechten zum Zwecke der Vermietung erwerben. Dies sind vor allem Wohnungsunternehmen,[479] offene[480] und

[479] Die Unternehmenstätigkeit von Wohnungsunternehmen ist primär darauf ausgerichtet, Wohnungen in eigenen Objekten dauerhaft ertragreich zu vermieten. Alle weiteren Leistungen sind auf dieses Ziel ausgerichtet (vgl. Brauer 2001a, S. 36). Wesentliche Gruppen von Wohnungsunternehmen, die sich in Bezug auf Strategie und Unternehmenspolitik teilweise deutlich unterscheiden, sind Wohnungsgenossenschaften, kommunale Wohnungsunternehmen, industrieverbundene Wohnungsunternehmen (Werkswohnungsbestände), kirchliche Wohnungsunternehmen, Landesentwicklungsgesellschaften, sowie die in den letzten Jahren stark an Bedeutung gewinnende Gruppe der gewinnorientierten Wohnungsunternehmen (vgl. Kühne-Büning et al. 2005, S. 119–131).

[480] Bei offenen Immobilienfonds ist das in den Fonds eingebrachte Vermögen und die Anzahl der hiervon zu erwerbenden Objekte unbegrenzt. Offene Immobilienfonds sind im Investmentgesetz (ehemals Gesetz über Kapitalanlagegesellschaften, vgl. Bone-Winkel 1994, S. 66–67) geregelt. Die Konstruktion basiert auf einem nicht rechtsfähigen Sondervermögen, welches von einer Kapitalanlagegesellschaft treuhänderisch verwaltet und von einer Depotbank verwahrt und überwacht wird. Die Depotbank ist außerdem für Ausgabe und Rücknahme der Anteilsscheine zuständig (vgl. Brauer 2001a, S. 28–29; Bone-Winkel 1994, S. 66–71; InvG). Aufgrund zahlreicher Anlagevorschriften im Investmentgesetz (vgl. InvG, §§ 66–82) sind offene Immobilienfonds erheblich bei der Auswahl der möglichen Investments eingeschränkt. Diese Einschränkungen haben sich weit überwiegend bewährt (vgl. Bone-Winkel 1994, S. 72–75), sind allerdings auch mit dafür verantwortlich, dass offene Immobilienfonds überwiegend in Büro- und Handelsimmobilien investieren. Wohnbauten spielen hier nur eine sehr untergeordnete Rolle (vgl. Armonat 2006, S. 149). Auch aufgrund der durch das Gesetz festgelegten Risikostreuung, die eine Mindestportfoliogröße von neun Objekten bedingt (vgl. InvG, § 73), verwalten die offenen Fonds eher große diversifizierte Portfolios. Am 30.06.2008 lag das verwaltete Immobilienvermögen der deutschen offenen Fonds fast immer bei über einer Mrd. €, das Minimum betrug 18,2 Mio. € und das Maximum 18,1 Mrd. € (vgl. Bundesverband Investment und Asset Management e.V. (Frankfurt a. M.) 15.08.2008).

geschlossene[481] Immobilienfonds, Immobilienaktiengesellschaften und Real Estate Investment Trusts (REIT), sowie Immobilienleasinggesellschaften. Im weiteren Sinne gehören außerdem private Investoren, institutionelle Anleger mit einem Multi-Asset-Portfolio wie Versicherungen und Pensionskassen sowie sonstige Unternehmen, welche Immobilien besitzen, zu dieser Gruppe.[482] Zu den originären Aufgaben der Immobilienunternehmen zählen die Vermietung, die Bewirtschaftung (Instandhaltung, Modernisierung, Facility Management) sowie das Portfoliomanagement (Ankauf und Verkauf von Objekten). Diese Aufgaben werden von dem Immobilienunternehmen entweder selbst übernommen oder an entsprechende Dienstleister übertragen, wobei das Immobilienunternehmen die Weisungskompetenz behält und alle damit verbundenen Risiken weiterhin trägt. Es wird allerdings davon ausgegangen, dass das Immobilienunternehmen ausschließlich in der Nutzungsphase an der Immobilie beteiligt ist. Die Verwertung des Objekts, also auch eine Projektentwicklung im Bestand, liegt dagegen in der Verantwortung eines Projektentwicklers. Das Akteurs- und Lebenszyklusmodell lässt es jedoch auch zu, dass das Immobilienunternehmen auch in der Rolle als Projektentwickler auftritt.

---

481 Bei geschlossenen Fonds sind die Immobilien, in die investiert werden soll, und damit auch das nötige Eigen- und Fremdkapital fixiert. Sobald das Fondskapital vollständig aufgebracht ist wird der Fonds geschlossen und es werden keine weiteren Anteile ausgegeben. Offene Immobilienfonds werden zur Nutzung steuerlicher Vorteile durch die Anleger häufig in der Rechtsform einer Personengesellschaft gegründet, wobei zwecks Haftungsbeschränkung häufig die Kommanditgesellschaft oder eines ihrer Derivate (z. B. GmbH & Co. KG) gewählt wird. Im Gegensatz zu offenen Fonds wird meist nur in eine einzige oder in wenige Immobilien investiert, was in Folge der mangelnden Diversifikation ein höheres Risiko birgt. Zudem ist die Fungibilität der Anteile stark eingeschränkt (vgl. Brauer 2001a, S. 29–31; Klug, Schrah). Nichtsdestotrotz erfreuen sich geschlossene Immobilienfonds großer Beliebtheit. Im Jahr 2005 lag der Immobilienbestand geschlossener Fonds bei 130 Mrd. €, der der offenen Fonds nur bei 33 Mrd. € (vgl. Verband geschlossene Fonds e. V. (Berlin). http://www.vgf-online.de/rund-um-fonds/zahlen-daten-fakten.html).

482 Vgl. Brauer 2001a, S. 31–37; Schulte et al. 2000b, S. 38–39.

3.2.3 Nutzer

Nutzer im weiteren Sinn sind natürliche oder juristische Personen, die ein Gebäude entsprechend seiner Zweckbestimmung nutzen. Sie lassen sich in Privathaushalte, die die Immobilie zu Wohnzwecken nutzen, und gewerbliche Nutzer, welche eine Immobilie zur Ausübung ihrer Geschäftstätigkeit nutzen, unterteilen.[483] Weiterhin ist eine Unterteilung in selbstnutzende Eigentümer sowie Mieter möglich. Im Rahmen des hier verwendeten Akteursmodells soll davon ausgegangen werden, dass es sich bei den Nutzern grundsätzlich um Mieter handelt. Bei einem selbstnutzenden Eigentümer tritt der Investor zusätzlich in der Rolle des Nutzers auf. Diese Konstellation spielt jedoch im Immobilienunternehmen naturgemäß nur eine untergeordnete Rolle.
Nutzer im engeren Sinn sind natürliche Personen, die selbst in dem Gebäude wohnen, arbeiten, lernen oder anderen Tätigkeiten nachgehen.[484]

Die Nutzer sind im Lebenszyklus von Immobilien eine zentrale Akteursgruppe, da sie direkt von dem Gebäude betroffen sind.[485] Vor allem aber sind es alleine die Zahlungen der Nutzer, welche letztendlich die Investition und die Gewinne der anderen Akteursgruppen refinanzieren,[486] auch die Wertentwicklung der Immobilie hängt bei vermieteten Objekten im wesentlichen von den zu erwartenden Mieteinnahmen ab.[487]

483 Vgl. Bundesministerium für Verkehr, Bau und Stadtentwicklung (Berlin); Bundesamt für Bauwesen und Raumordnung (Bonn) 2008, S. 22.

484 Prinzipiell zählen in diesem Fall auch Angestellte, Kunden, Hotelgäste, Patienten etc. zu den Nutzern (vgl. auch Möller 2001, S. 36–37). Eine Berücksichtigung solcher Feinheiten im Akteursmodell würde jedoch eher der Übersichtlichkeit schaden als einen zusätzlichen Nutzen bringen, weswegen sie an dieser Stelle nicht weiter betrachtet werden sollen. Sie spielen aber dennoch aus Risikogesichtspunkten eine Rolle, zum Beispiel wenn sie Gesundheitsgefahren durch das Gebäude ausgesetzt sind.

485 Vgl. Möller 2001, S. 36.

486 Vgl. Dietrich 2005, S. 57–60.

487 Vgl. Thomas et al. 2000, S. 393, 400-402.

Die insbesondere auf den Wohnungsmärkten[488] lange Zeit vorhandene Angebotsknappheit[489] führte jedoch dazu, dass es für eine langfristige Vermietbarkeit nicht zwingend notwendig war, bei der Gestaltung des Angebots allzu sehr auf die Wünsche und Bedürfnisse der Nutzer einzugehen, weswegen die Gebäude eher die Vorstellungen des Anbieters widerspiegelten als die der Nutzer. Mit dem Trend zum Ausgleich des Angebots und der Nachfrage bzw. zum Angebotsüberhang auf einer wachsenden Anzahl von Wohnungsteilmärkten versuchen jedoch die Investoren verstärkt, mit ihrem Angebot den Präferenzen der Nutzer besser entsprechen zu können, um die langfristige Vermietbarkeit der Immobilien sicherzustellen.[490] Entsprechend versucht der Ansatz des „Performance Based Building", die Anforderungen der Nutzer in die Perspektive der Investoren zu integrieren.[491]

Investoren sehen die Immobilie als Produktionsfaktor für immobilienbezogene Dienstleistungen, die ausschließlich zustandserhaltende Instandhaltung wird durch eine regelmäßige Anpassung an sich wandelnde Anforderungen des Marktes abgelöst,[492] und es werden Angebote für spezielle Zielgruppen, z. B. Senioren, Alleinerziehende oder Studierende entwickelt und ergänzende Dienstleistungen angeboten.[493] Daher ist festzustellen, dass die zentrale Rolle des Nutzers im Immobilien-Lebenszyklus mittlerweile auch von den Anbietern der Immobilien, nämlich Investoren und Projektentwicklern, als solche wahrgenommen wird.[494]

488 Bei Gewerbeimmobilien sind die Märkte bereits länger weitgehend ausgeglichen, d. h. es wechseln sich Angebots- und Nachfrageüberhänge ab. Vgl. Eekhoff et al. 2007, S. 23.

489 Vgl. Eekhoff et al. 2007, S. 23; Kühne-Büning et al. 2005, S. 88.

490 Vgl. Kühne-Büning et al. 2005, S. 88–89.

491 Vgl. Szigeti et al. 2005.

492 Vgl. Schwarz 2004, S. 90.

493 Vgl. z. B. Freitag 06.09.2006.

494 Vgl. z. B. Rücker 2001, S. 151–154; Vest 2001, S. 129–131.

3.2.4 Planer

Planer erbringen Planungsleistungen im Lebenszyklus der Immobilie. Dies ist vor allem bei der Erstellung, aber auch bei Instandsetzung, Modernisierung, Umbau oder Abriss der Immobilie der Fall. Die Gruppe der Planer kann weiter in Architekturbüros und Fachplanungsbüros unterschieden werden. Während erstere eher zu den Generalisten zählen, welche den gesamten Entwurfs-, Planungs- und Ausführungsprozess federführend begleiten, zählen letztere zu den Spezialisten, welche dem Architekten beratend zur Seite stehen und Planungsleistungen auf ihrem Spezialgebiet erbringen.[495] Zu den Fachplanern zählen unter anderem Tragwerksplaner, Ingenieure für Haustechnik, Landschaftsarchitekten, Sicherheits- und Gesundheitsschutzkoordinatoren, Bodengutachter oder Brandschutzsachverständige, aber auch Energieberater, Facility Management-Spezialisten und andere Berater.[496] Für gewöhnlich werden Architekt und Fachplaner direkt vom Bauherrn beauftragt, der Architekt hat dann die Leistungen der Fachplaner zu koordinieren.[497] Es besteht aber auch die Möglichkeit, dass der Bauherr mit dem Architekten einen Generalplanungsvertrag abschließt, welcher dann wiederum entsprechende Fachplaner beauftragt.[498]

Generell haben Planer allerdings lediglich eine den jeweiligen Bauherren (Investor oder Projektentwickler) beratende Funktion und eine erheblich eingeschränkte Entscheidungskompetenz,[499] da das Treffen von Entscheidungen grundsätzlich zu den nicht delegierbaren Bauherrenaufgaben zählt.[500] Sie spielen also bei der Betrachtung von Risiken eine

495 Vgl. Bundesministerium für Verkehr, Bau und Stadtentwicklung (Berlin); Bundesamt für Bauwesen und Raumordnung (Bonn) 2008, S. 21.

496 Vgl. Möller 2001, S. 39–40.

497 Vgl. Brauer 2001b, S. 145–146; Möller 2001, S. 40.

498 Vgl. Brauer 2001b, S. 145–146.

499 Dies zeigt sich auch in der Rechtsprechung, welche eine Vollmacht des Architekten zur Vertretung des Bauherrn gegenüber Dritten grundsätzlich verneint bzw. sehr restriktiv auslegt. Vgl. Koeble 2008, Rn. 75–85.

500 Vgl. Homann 2000, S. 234, 269-273.

Nebenrolle, da sie zwar fachliche Expertise zur Erkennung und Steuerung von Risiken beisteuern, allerdings nicht eigenverantwortlich risikorelevante Sachverhalte entscheiden.[501]

3.2.5 Ausführende Unternehmen

Ausführende Unternehmen sind die Auftragnehmer von Bauleistungen. Die Unternehmer müssen die für die Ausführung der Arbeiten erforderliche Sachkunde besitzen und sind für die Einhaltung öffentlich-rechtlicher Vorschriften sowie die ordnungsgemäße Einrichtung und den sicheren Betrieb der Baustelle verantwortlich.[502] Darüber hinaus haftet der Unternehmer für die Mängelfreiheit des Werks, und zwar für die Dauer von fünf Jahren beginnend mit der Abnahme der Bauleistung[503] bzw. bei Vereinbarung der VOB Teil B als Vertragsbestandteil für die Dauer von zwei Jahren.[504] Des Weiteren sind auch ausführende Unternehmen mit ihrer Erfahrung und Sachkunde in ihrem Gewerk in der Rolle als Berater des Bauherren und teilweise auch der Planer tätig, insbesondere bei kleineren Baumaßnahmen wie Instandsetzungen und Reparaturen.

Gewöhnlich erfolgt bei Bauvorhaben für jedes beteiligte Gewerk die einzelne Beauftragung eines entsprechenden Fachbetriebs. Üblich ist aber auch die Beauftragung eines Unternehmens mit einem Großteil oder den gesamten Bauleistungen, welcher diese entweder selbst ausführt oder Unteraufträge an Nachunternehmer vergibt. Je nach genau-

---

501 Allerdings tragen Planer das Haftungsrisiko für Schäden, die aus Planungsfehlern, Fehlern bei der Ausführungsüberwachung, einer Verletzung der Sachwalterpflichten oder durch Bausummenüberschreitungen entstehen. Vgl. Wirth 2004, Rn. 223–245. Bei Generalplanungsverträgen haftet der Generalplaner im Außenverhältnis gegenüber dem Bauherrn auch für Fehler der von ihm beauftragten Fachplaner, im Innenverhältnis kann die Möglichkeit eines Regress bestehen. Vgl. Brauer 2001b, S. 145–146. Da jedoch die Risiken im Rahmen dieser Arbeit grundsätzlich aus Sicht von Immobilienunternehmen beschrieben werden sollen, bleibt dies im weiteren Verlauf unbeachtet.

502 Vgl. LBO BW, § 44.

503 Vgl. BGB, §§ 633–634. Anmerkung: Verträge über Bauleistungen sind vom Vertragstyp her Werkverträge, die in den §§ 631 ff. BGB geregelt sind. Vgl. Dammert 2001, S. 148.

504 Vgl. VOB/B, § 13.

er Ausgestaltung kann es sich dabei um einen Alleinunternehmer,[505] Hauptunternehmer,[506] Generalunternehmer[507] oder Generalübernehmer[508] handeln. Werden neben den Bauleistungen auch die entsprechenden Planungsleistungen mit beauftragt handelt es sich um einen Totalunternehmer. Der Auftragnehmer haftet dabei im Rahmen der vereinbarten Gewährleistung gegenüber dem Bauherrn für die Mangelfreiheit aller beauftragten Leistungen. Er kann jedoch ggf. Nachauftragnehmer in Regress nehmen.[509]

3.2.6 Eigenkapitalgeber

Eigenkapitalgeber stellen dem Bauträger bzw. dem Investor Eigenkapital zur Verfügung[510] und werden hierdurch Gesellschafter[511] des jeweiligen Unternehmens. Charakteristisch für Eigenkapitalgeber ist die Tatsache, dass sie am Gewinn des Unternehmens – nach Befriedigung der Ansprüche aller anderen Gläubiger des Unternehmens – beteiligt sind. Je nach Rechtsform haften sie außerdem für Verbindlichkeiten des Unternehmens, und zwar bis zur Höhe ihres Anteils[512] oder sogar unbeschränkt mit ihrem gesamten persönlichen Vermögen.[513] Eigenkapital-

505 Alle vereinbarten Bauarbeiten werden von dem beauftragten Unternehmen selbst durchgeführt.

506 Der Unternehmer wird mit der Ausführung eines Teils der erforderlichen Arbeiten beauftragt. Hiervon wird der wesentliche Teil vom beauftragten Unternehmen selbst durchgeführt, ein Teil an Nachunternehmer vergeben.

507 Der Unternehmer wird mit der Ausführung aller erforderlichen Arbeiten beauftragt, wobei er einen Teil selbst ausführt und einen Teil an Nachauftragnehmer vergibt.

508 Der Generalübernehmer unterscheidet sich vom Generalunternehmer dadurch, dass er selbst keine Bauleistungen erbringt, sondern diese alle an Nachunternehmer vergibt.

509 Vgl. Möller 2001, S. 40; Dammert 2001, S. 146–147

510 Dies kann entweder durch Zuführung von außen (Außenfinanzierung) oder durch Gewinnthesaurierung (Innenfinanzierung) geschehen. Vgl. Breuer 2008, S. 19–24.

511 Vgl. Breuer 2008, S. 12.

512 Dies ist bei Kapitalgesellschaften (GmbH, AG), Genossenschaften und bei Kommanditisten der KG der Fall.

513 Dies ist bei allen Personengesellschaften mit Ausnahme der beschränkt haftenden Kommanditisten der KG der Fall.

geber tragen also ein ganz erhebliches Risiko in Abhängigkeit von der unternehmerischen Ertragssituation, weswegen Eigenkapitalgebern zumindest indirekte Einflussmöglichkeiten auf die Geschäftsführung[514] zustehen.[515]

Generell ist bei Eigenkapitalgebern darauf zu achten, dass hierbei eine Person in mehreren verschiedenen Rollen auftreten kann. So handelt beispielsweise der geschäftsführende Gesellschafter eines Bauträgerunternehmens in seiner Geschäftsführereigenschaft als Vertreter des Unternehmens, in seiner Eigenschaft als Gesellschafter aber als Eigenkapitalgeber. Klarer ist die Trennung zum Beispiel bei angestellten Geschäftsführern eines kommunalen Wohnungsunternehmens – dieser handelt ausschließlich als Vertreter des Unternehmens, wobei die Kommune Eigenkapitalgeber ist – oder bei Aktiengesellschaften, bei denen meist eine klare Trennung zwischen Aktionären und dem Unternehmen existiert.

3.2.7 Fremdkapitalgeber

Fremdkapitalgeber stellen dem Unternehmen Fremdkapital, im Wesentlichen in Form von Krediten oder Anleihen, zur Verfügung. Der wesentliche Unterschied zu Eigenkapitalgebern ist, dass Fremdkapitalgeber hierdurch nicht am Unternehmen beteiligt werden, sondern einen schuldrechtlichen Anspruch auf Rückzahlung des zur Verfügung gestellten Kapitals sowie einer vertraglich festgelegten Verzinsung haben. Die Zahlungen an die Fremdkapitalgeber sind also – mit Ausnahme einer Insolvenz des Schuldners – unabhängig von der unternehmerischen Ertragssituation und sicher. Dementsprechend stehen Fremdkapitalgebern, abgesehen von vertraglichen Vereinbarungen im Rahmen des Kreditvertrags, grundsätzlich keine Einwirkungsrechte auf die Geschäftsführung zu.[516] Allerdings können Fremdkapitalgeber

514 Dies geschieht beispielsweise bei Aktiengesellschaften in der Hauptversammlung.

515 Vgl. Steiner et al.; Breuer 2008, S. 12–20.

516 Vgl. Breuer 2008, S. 12–20.

die Geschäftspolitik der Bauträger oder Investoren indirekt über den geforderten Zinssatz beeinflussen. Dieser enthält gewöhnlich einen Zuschlag in Abhängigkeit des Ausfallrisikos des Kredits, so dass risikoarme Engagements einen niedrigeren Zinssatz erfordern als solche mit einem hohen Insolvenzrisiko. Hierdurch besteht bei den Kreditnehmern durchaus ein Anreiz, den Fremdkapitalgebern durch weitergehende Informationsrechte oder risikomindernde Maßnahmen der Geschäftsführung entgegenzukommen, um sich durch günstigere Zinssätze finanzieren zu können.[517]

3.2.8 Versicherer

Ein Versicherer übernimmt von Versicherungsnehmern Risiken gegen Zahlung eines Entgelts. Er gibt dabei auf Grundlage vertraglicher Vereinbarungen oder gesetzlicher Regelungen dem Versicherungsnehmer ein bedingtes Leistungsversprechen ab, bei Eintritt eines definierten Schadenereignisses innerhalb des Vertragszeitraums eine den Schaden vollständig oder partiell kompensierende Geld- oder Sachleistung zu erbringen. Versicherer sind meist Unternehmen, deren Kerngeschäft der Abschluss und die Erfüllung von Versicherungsverträgen ist.[518] Sie haben für gewöhnlich eine höhere Risikotragfähigkeit oder eine bessere Kenntnis der Schadenswahrscheinlichkeit als der Versicherungsnehmer, oder können durch die Vielzahl der Versicherungsverträge die Einzelrisiken diversifizieren.[519]

---

517 Vgl. Reichling 2003, S. 17–18; Lützkendorf et al. 2007, S. 47-51 und 54-58.

518 Vgl. Gründl, Schmeisner.

519 Vgl. zum Versicherungsgeschäft im allgemeinen Farny 2006, S. 21–94.

Versicherungen im Immobilienbereich lassen sich in Sachversicherungen, die das Interesse des Versicherungsnehmers am Erhalt bzw. der Wiederbeschaffung der Sache betreffen, und in Vermögensversicherungen, welche das Vermögen des Versicherten schützen, unterteilen. [520] Der Versicherer übernimmt im Lebenszyklus der Immobilie Risiken gegen Zahlung einer Versicherungsprämie von nahezu allen anderen Akteuren. Versicherer können innerhalb gewisser Grenzen Einfluss auf ihre Vertragspartner nehmen. Zu diesen Möglichkeiten gehören Prämienaufschläge für bestimmte Zusatzrisiken, besondere Voraussetzungen für den Abschluss eines Versicherungsvertrags oder auch Selbstbeteiligungen im Schadensfall. So kann der Versicherer beispielsweise eine bestimmte Bauweise (Massivbau mit harter Dachdeckung) zur Voraussetzung für den Abschluss einer Wohngebäudeversicherung machen, oder für Gebäude in Erdbebengebieten einen Risikozuschlag verlangen. [521]

3.2.9 Die Politik

Die Politik setzt zum einen in ihrer Eigenschaft als Legislative die Rahmenbedingungen für das wirtschaftliche Handeln, und überwacht zum anderen die Einhaltung dieser Gesetze in ihrer Eigenschaft als Leitungsebene der Exekutive. Hierdurch beeinflusst oder begründet sie eine Vielzahl von Risiken für die anderen Akteure der Immobilienwirtschaft, die sich beispielsweise aus Gesetzesänderungen sowie dem Ermessensspielraum bei der Auslegung der Gesetze ergeben.

Im Immobiliensektor spielen dabei im Wesentlichen drei Ebenen der Politik eine Rolle: Der Bund, die Länder und die Gemeinden. An Bedeutung gewinnt dabei mehr und mehr auch die europäische Ebene, sobald es um die Umsetzung von EU-Richtlinien in nationales Recht geht.

520 Zu den Sachversicherungen zählen beispielsweise die Wohngebäudeversicherung und die Hausratversicherung, zu den Vermögensversicherungen Haftpflichtversicherungen und die Rechtsschutzversicherung. Außerdem gibt es noch Personenversicherungen, z. B. die Risikolebensversicherung, welche aber im Immobilienbereich nur eine untergeordnete Rolle spielen, zum Beispiel zur Absicherung von Darlehen. Vgl. Bruhn 2001, S. 489–496.

521 Vgl. Bruhn 2001, S. 492.

Der Bund hat dabei Gesetzgebungskompetenz unter anderem im Bereich des Wirtschaftsrechts, des städtebaulichen Grundstücksverkehrs, des Bodenrechts, des Wohngelds, der Altschuldenhilfe, der Wohnungsbauprämien, des Naturschutzes und der Landschaftspflege, der Raumordnung und des Wasserhaushalts.[522] In den genannten Bereichen handelt es sich um sog. konkurrierende Gesetzgebung, was bedeutet, dass die Länder ebenfalls Gesetze hierzu erlassen dürfen, falls der Bund von seiner Gesetzgebungskompetenz keinen Gebrauch macht. Darüber hinaus können die Länder auf den Gebieten der Bodenverteilung, der Raumordnung, des Wasserhaushalts sowie Teilen des Naturschutzrechts von den Gesetzen des Bundes abweichende Regelungen treffen.[523] Im Wesentlichen für den Immobiliensektor relevant sind die landesrechtlichen Vorschriften im Bauordnungsrecht, dem Denkmalschutz, das Bundesnaturschutzgesetz ergänzende Vorschriften,[524] sowie im Bereich der öffentlichen Sicherheit und Ordnung (Polizeirecht).[525]

Die Gemeinden können darüber hinaus durch kommunale Satzungen Vorschriften des öffentlichen Baurechts erlassen. Hierunter fallen vor allem die Bauleitplanung, Veränderungssperren, Entwicklungs-, Erhaltungs- und Sanierungssatzungen sowie „örtliche Bauvorschriften" (wie z.B. Gestaltungssatzungen) auf Basis der Landesbauordnungen. Diese kommunale Planungshoheit ist Teil der den Gemeinden durch das Grundgesetz zugesicherten kommunalen Selbstverwaltungsgarantie.[526]

Darüber hinaus haben die Kommunen eine starke Stellung innerhalb der Verwaltung, da sie innerhalb des dreistufigen Verwaltungsaufbaus in Deutschland in den meisten Belangen der erste Ansprechpartner für Bürger und Unternehmen sind. Sie haben im Rahmen der Selbstverwaltung eigene Zuständigkeiten und übernehmen darüber hinaus weitere freiwillige Aufgaben wie den Betrieb von Schwimmbädern oder Muse-

522 Vgl. GG, Art. 74.

523 Vgl. GG, Art. 72.

524 Vgl. Dammert 2001, S. 107.

525 Vgl. Bundesverwaltungsamt (Köln). http://www.bund.de/.

526 Vgl. GG, Art. 28 Abs. 2; Dammert 2001, S. 109.

en, vom Bund oder dem Land übertragene Aufgaben, Pflichtaufgaben nach (z.B. Organisation des Katastrophenschutzes) und ohne Weisung (z.B. Ver- und Entsorgung), sowie staatliche Auftragsangelegenheiten wie die Durchführung von Wahlen zum Bundes- oder Landtag.[527]

Die Kommunen sind rechtlich den Ländern zuzuordnen, welche über Kommunalverfassung, Gemeindegrenzen, Aufgabenzuweisung und Finanzausstattung entscheiden und die Aufsicht über die Kommunalverwaltung ausüben. Darüber hinaus vollziehen die Länder die meisten Bundesgesetze als eigene Angelegenheiten[528] und einige, wie beispielsweise die Verwaltung der Autobahnen und Bundeswasserstraßen, im Auftrag des Bundes.[529] Die Länder verfügen durch den Bundesrat über weitreichende Mitwirkungsbefugnisse bei der Bundesgesetzgebung.[530] Die unmittelbare Bundesverwaltung schließlich übernimmt nur einige wenige gesamtstaatliche Aufgaben, und spielt daher für den Immobilienbereich keine erwähnenswerte Rolle.[531]

Die Politik soll daher in der phasen- und akteurspezifischen Risikosystematik auf den Ebenen Bund, Länder und Gemeinden erfasst werden.

3.3 Auftreten von Risiken im Lebenszyklus von Immobilien

Insgesamt gilt es fünf mögliche Arten zu unterscheiden, wie ein Risiko in einer Lebenszyklusphase einen Akteur betreffen kann.

527 Vgl. Bundesverwaltungsamt (Köln). http://www.bund.de/.

528 Hierbei unterstehen sie der Rechts- aber nicht der Fachaufsicht des Bundes. Das bedeutet, dass die Länder zwar bei der Ausgestaltung und Organisation der Verwaltung frei sind, der Bund aber die Rechtmäßigkeit des Vollzugs seiner Gesetze überwachen kann. Vgl. Bundesverwaltungsamt (Köln). http://www.bund.de/.

529 Vgl. Bundesverwaltungsamt (Köln). http://www.bund.de/.

530 Vgl. Bundesverwaltungsamt (Köln). http://www.bund.de/.

531 Vgl. Bundesverwaltungsamt (Köln). http://www.bund.de/.

1. Ein Risiko kann in einer Lebenszyklusphase bei einem Akteur entstehen und sich später auswirken. Der betroffene Akteur ist dabei derjenige, der die risikorelevante Entscheidung trifft, also zum Beispiel der Projektentwickler in Bezug auf Risiken, die sich aus der Standortwahl ergeben.
2. Weitere Akteure können eine Einflussmöglichkeit auf risikorelevante Entscheidungen haben, auch wenn sie sie nicht letztendlich treffen. Hier sind vor allem Planer und Berater zu nennen, die den Bauherrn bei der Entscheidungsfindung zwar beraten, aber nicht selbst entscheiden können. Ebenso verhält es sich oft bei politischen Entscheidungen, die Risiken ebenfalls beeinflussen können.
3. Ein früher entstandenes Risiko kann sich auswirken. Dabei kann das Risiko bei demselben oder einem anderen Akteur entstanden sein, außerdem sind auch nur teilweise Auswirkungen möglich. Ein Beispiel für solche Risiken sind Baumängel, die in der Bauphase entstehen und sich in der Nutzungsphase auswirken.
4. Ein Risiko kann entstehen und sich direkt anschließend bei demselben oder einem anderen Akteur auswirken.
5. Für einen Akteur, der ein Risiko trägt, kann eine Möglichkeit zur Übertragung auf einen anderen Akteur bestehen. Beispiele hierfür sind die Versicherung von Risiken, zum Beispiel Feuer- oder Leitungswasserschäden, sowie die vertragliche Überwälzung von Betriebskosten vom Investor auf den Mieter.

3.4 Risikoprofil

In den vorhergehenden Abschnitten wurde ein Lebenszyklusmodell zur Beschreibung des zeitlichen Auftretens von Risiken entwickelt, diejenigen Akteure im Lebenszyklus identifiziert und beschrieben, welche mit ihren Tätigkeiten Einfluss auf die Risikosituation der Immobilie nehmen, und die verschiedenen Arten, wie ein Risiko sich für die Akteure in den verschiedenen Lebenszyklusphasen auswirken kann, beschrieben. Diese Informationen lassen sich nun für die verschiedenen Risiken zu einem Risikoprofil zusammenfassen. Hierbei handelt es sich um eine Matrix, auf deren Achsen die Akteure und die Lebenszyklusphasen eingetragen sind, und in deren Felder eingetragen wird, wie der jeweilige Akteur von dem entsprechenden Risiko betroffen ist. Die Farbgebung der einzelnen Felder orientiert sich hierbei daran, wie stark der jeweilige Akteur von dem Risiko betroffen ist. Da bei Entstehung und unmittelbarer Auswirkung sowohl Einfluss als auch Betroffenheit des Akteurs gegeben sind, wurde hier ein schwarzer Hintergrund gewählt, wenn das Risiko lediglich entsteht entsprechend ein hellgrauer. Hierdurch ergibt sich folgende Farbzuordnung zu den einzelnen Arten des Auftretens von Risiken im Lebenszyklus:

Entstehung	Einfluss	Übertragung	teilweise Auswirkung	Auswirkung	Entstehung & Auswirkung

Abb. 20: *Farbskala im Risikoprofil. (Eigene Darstellung).*

Das Risikoprofil der einzelnen Risiken hilft den Akteuren zu erkennen, von welchen Risiken sie in welcher Lebenszyklusphase der Gebäude betroffen sein können, wodurch die Risikoidentifizierung verbessert wird. Die explizite Darstellung der Risikoentstehung und der Möglichkeiten verbessern das Risikobewusstsein auch bei denjenigen Akteuren, welche nicht direkt von dem jeweiligen Risiko betroffen sind. Darüber hinaus werden hierdurch Hinweise auf Möglichkeiten zur Risikosteuerung gegeben, ebenso wie durch die Darstellung von Optionen zur Übertragung des Risikos.

Das Risikoprofil findet sich als Element der Risikodatenblätter im Risikokatalog wieder.

3.5 Anwendung der phasen- und akteursbezogenen Risikosystematik am Beispiel des Risikos der wirtschaftlichen Entwicklung

Das in diesem Kapitel entwickelte Modell zur phasen- und akteursbezogenen Zuordnung und Systematisierung von Risiken soll an dieser Stelle am Beispiel des Risikos der wirtschaftlichen Entwicklung erläutert werden. Dieses zählt zur Gruppe der Standort- und Marktrisiken und tritt sowohl auf nationaler als auch auf regionaler Ebene auf.

In Abbildung 21 ist das Risikoprofil des Risikos der wirtschaftlichen Entwicklung dargestellt. Da das Risikoprofil als ein Element der Risikodatenblätter im Risikokatalog aufgenommen wurde, findet sich dieselbe Grafik auch dort bei der Beschreibung des Risikos der wirtschaftlichen Entwicklung wieder. Die Risikoprofile der anderen im Risikokatalog beschriebenen Risikokategorien entsprechen demselben Schema.

Das Risiko der wirtschaftlichen Entwicklung, welchem die Immobilie während ihres Lebenszyklus ausgesetzt ist, bestimmt sich im Wesentlichen durch ihr Konzept, ihre Nutzungsart und die avisierte Nutzerzielgruppe. Dieses wird in der Projektkonzeptionsphase durch den Projektentwickler festgelegt. Dieser kann hierbei beispielsweise bereits Wert auf eine hohe Flexibilität und Anpassbarkeit der Immobilie legen. Im Rahmen der Erstvermarktung wirkt sich das Risiko bereits bei ihm aus, wenn potentielle Käufer zukünftige Chancen und Risiken der Immobilie berücksichtigen und einpreisen, bzw. wenn sich die wirtschaftliche Lage seit der Projektkonzeption bereits erheblich verändert hat.
Im Wesentlichen wirken sich Konjunkturrisiken jedoch während der Nutzungsphase, in der die Immobilie vermietet ist, beim Investor aus, indem er entweder einen höheren Mietpreis als prognostiziert erzielen kann oder mit Leerstand und Vermietungsschwierigkeiten zu kämpfen hat. Dieses Risiko lässt sich vor allem bei gewerblichen Vermietungen

	Projektentwicklung				Nutzung			Verwertung
	Konzeption	Planung	Ausführung	Vermarktung	Nutzung	Renovierung /Umbau		Redevelopment
						Planung	Ausführung	
Projektentwickler	Entstehung	Entstehung	Entstehung	Auswirkung				Einfluss
Immobilienunternehmen					Auswirkung	Einfluss	Einfluss	
Nutzer					Übertragung			
Planer		Einfluss				Einfluss		Einfluss
Unternehmer								
EK-Geber				teilweise Auswirkung	teilweise Auswirkung			
FK-Geber				teilweise Auswirkung	teilweise Auswirkung			
Versicherung								
Kommunalpolitik	Einfluss	Einfluss	Einfluss	Einfluss	Einfluss	Einfluss	Einfluss	Einfluss
Landespolitik	Einfluss	Einfluss	Einfluss	Einfluss	Einfluss	Einfluss	Einfluss	Einfluss
Bundespolitik	Einfluss	Einfluss	Einfluss	Einfluss	Einfluss	Einfluss	Einfluss	Einfluss

Abb. 21: *Risikoprofil der Risikokategorie „Wirtschaftliche Entwicklung". (Eigene Abbildung).*

teilweise auf den Nutzer abwälzen, indem langfristige Mietverträge abgeschlossen oder eine Indexierung der Miete vereinbart werden. Im Rahmen von Umbaumaßnahmen während der Nutzungsphase kann der Investor das Gebäude ggf. anpassen und damit auf langfristige Konjunkturänderungen reagieren, insofern besteht hier ebenso wie im Rahmen eines Redevelopments eine Einflussmöglichkeit.

Eigen- und Fremdkapitalgeber sind indirekt vom Risiko der allgemeinen wirtschaftlichen Entwicklung betroffen. Eigenkapitalgeber sind am Gewinn des Immobilienunternehmens beteiligt, Fremdkapitalgeber tragen das Kreditausfallrisiko.[532] Hierbei kann das Risiko der wirtschaftlichen Entwicklung als systematisches Risiko erhebliche Auswirkungen haben, da es eine Vielzahl an Immobilien gleichermaßen betrifft.

Außerdem kann die Politik durch Setzen der Rahmenbedingungen die allgemeine Konjunkturentwicklung zumindest langfristig beeinflussen und hat somit ebenfalls Einfluss auf das Konjunkturrisiko. Dies gilt für den gesamten Lebenszyklus der Immobilie.

532 Eigenkapitalgeber sind dabei sowohl von einer positiven als auch einer negativen Entwicklung betroffen, während das Kreditausfallrisiko ein eindimensional negatives Risiko ist und Fremdkapitalgeber daher nur von einer negativen Entwicklung betroffen sind.

4 Fazit

In diesem Kapitel wurden verschiedene Möglichkeiten der Systematisierung und Beschreibung von Risiken – abseits ihrer inhaltlichen Einordnung in Risikokategorien, die bereits im vorangegangenen Kapitel besprochen wurde – erörtert.
Hierbei wurde zunächst auf in der Literatur verbreitete, aus der wirtschaftswissenschaftlichen Theorie abgeleitete Ansätze zur Risikosystematisierung eingegangen. Von den betrachteten Ansätzen erschienen die Unterscheidung in systematische und unsystematische Risiken sowie in eindimensionale und mehrdimensionale Risiken im Sinne dieser Arbeit als geeignet, und sollen daher als Merkmale im Risikokatalog aufgenommen werden.

Anschließend wurden Interdependenzen zwischen Risiken untersucht und ein Modell zu deren Beschreibung entwickelt. Hierbei wurden im Wesentlichen folgende Wirkungsketten identifiziert:

» Veränderungen der Standort- und Marktbedingungen auf Makroebene wirken sich immer auch auf die Meso- und Mikroebene aus.
» Wirtschaftliche und soziodemographische Entwicklung beeinflussen sich gegenseitig und gemeinsam den Immobilienmarkt. Auch die Politik kann Einfluss auf diese Risiken haben.
» Der Mietwert des Gebäudes reflektiert die Lage auf dem jeweiligen Immobilienteilmarkt, auf dem das Gebäude angeboten wird.
» Gebäudeeigenschaften bestimmen die Art und Weise, wie sich die verschiedenen Risiken auf die Immobilie auswirken.
» Die Managementqualität des Immobilienunternehmens beeinflusst verschiedene zahlungsrelevante Größen, beispielsweise die Höhe der tatsächlich erzielten Miete, umlagefähige und nicht umlagefähige Nebenkosten und Instandhaltungsausgaben.
» Es besteht eine hohe Abhängigkeit zwischen den verschiedenen zahlungsrelevanten Größen und der Wertentwicklung der Immobilie.

Die Kenntnis der Interdependenzen ist zur Risikoaggregation, zur Simulation und zur Einschätzung möglicher Gesamtrisiken von essentieller Bedeutung, weswegen sie im Risikokatalog für jede Risikokategorie beschrieben werden sollen. Hierfür wurde eine Möglichkeit zur grafischen Darstellung der Interdependenzen vorgestellt, die als Element in die Risikodatenblätter des Risikokatalogs integriert wurde.

Schließlich wurde eine Systematik entwickelt, um das Auftreten von Risiken im Lebenszyklus der Immobilie aus Sicht der verschiedenen beteiligten Akteure zu beschreiben. Hierzu wurde zunächst ein zweckdienliches Lebenszyklusmodell abgeleitet und die aus Sicht des Risikomanagements maßgeblichen Akteure, nämlich Projektentwickler, Immobilienunternehmen, Nutzer, Planer, Ausführende Unternehmen, Eigenkapitalgeber, Fremdkapitalgeber, Versicherungen, sowie die Politik, identifiziert. In dem Modell werden die Entstehung und Auswirkung der Risiken berücksichtigt, sowie Einfluss- und Übertragungsmöglichkeiten. Durch die Darstellung des Risikos im Immobilienlebenszyklus werden Ursachen der Risikoentstehung und Einflussmöglichkeiten offengelegt. Hierdurch und durch das Aufzeigen von Abwälzungsoptionen wird die Risikosteuerung deutlich erleichtert.

E: Bewertung von Risiken

Nachdem im bisherigen Verlauf bereits mögliche Risiken in Immobilienunternehmen identifiziert sowie mögliche Ansätze zu ihrer Systematisierung entwickelt und diskutiert wurden, widmet sich dieses Kapitel der Bewertung dieser Risiken. Insbesondere soll ein eigener Vorschlag zur Bewertung von Risiken in einem Immobilienunternehmen vorgestellt werden.
Dabei ist besonders zu beachten, dass an dieser Stelle ein Wechsel der Perspektive vollzogen wird. Während in den vorangegangenen Kapiteln im Sinne einer möglichst vollständigen Darstellung prinzipiell alle betroffenen Akteure und alle Lebenszyklusphasen der Immobilie betrachtet wurden, wird nun der Schwerpunkt auf das Immobilienunternehmen in der Rolle des Investors und die Nutzungsphase der Immobilie gesetzt. Andere Akteure spielen hier nur dann eine Rolle, wenn sie durch ihr Handeln das Risiko des Immobilienunternehmens beeinflussen.

In diesem Kapitel werden zunächst die Grundlagen der Risikobewertung erläutert sowie qualitative und quantitative Verfahren, insbesondere unter dem Aspekt ihrer Eignung im immobilienspezifischen Kontext, diskutiert. Darauf aufbauend wird ein eigener Vorschlag zur Bewertung des Risikos eines einzelnen Objekts, basierend auf einem Scoring-Ansatz, entwickelt. Schließlich werden Möglichkeiten zur Anwendung im Portfoliokontext erörtert, bevor im Rahmen eines Ausblicks auf eine Erweiterung der Risikobewertung durch Monte-Carlo-Simulationen eingegangen wird.

1 Methoden und Verfahren der Risikobewertung

Die Methoden und Verfahren der Risikobewertung lassen sich in einfache, meist qualitative Risikomaße, Risikomaße aus der Statistik, Risikomaße aus der Finanzwirtschaft und Ratingsysteme bzw. Scoringmodelle einteilen. Sie sollen im Folgenden kurz vorgestellt werden.

1.1 Einfache Risikomaße und Risikobewertungsverfahren

Einfache Risikomaße zeichnen sich durch eine intuitive und einfache Anwendung sowie einen geringen Datenbedarf aus, weswegen sie in der Praxis sehr beliebt sind. Meist handelt es sich hierbei um qualitative Risikomaße, oder sehr einfache quantitative Risikomaße, bei denen die verschiedenen Größen lediglich geschätzt werden.

Zunächst lassen sich die Risiken qualitativ in verschiedene Klassen unterteilen, zum Beispiel

» unbedeutende Risiken (die weder Jahresüberschuss noch Unternehmenswert spürbar beeinflussen),
» mittlere Risiken (die eine spürbare Beeinträchtigung des Jahresüberschuss bewirken),
» bedeutende Risiken (die den Jahresüberschuss spürbar beeinträchtigen oder zu einer erheblichen Reduktion des Unternehmenswertes führen),
» schwerwiegende Risiken (die zu einem Jahresverlust führen und den Unternehmenswert erheblich reduzieren), sowie

» bestandsgefährdende Risiken (die mit hoher Wahrscheinlichkeit den Fortbestand des Unternehmens gefährden).

Hierbei spielt sowohl das Schadensausmaß als auch die Wirkungsdauer eine Rolle.[533]

Des Weiteren wird sehr häufig der Risikoerwartungswert genutzt, bei dem die potentielle Schadenshöhe mit der Eintrittswahrscheinlichkeit des Schadens multipliziert wird, wobei beide Werte häufig lediglich geschätzt bzw. sogar nur qualitativ angegeben werden.[534] Gelegentlich werden Schadenshöhe und Eintrittswahrscheinlichkeit in einer zweidimensionalen Matrix verknüpft, um die Zugehörigkeit des Risikos zu den oben genannten Risikoklassen zu ermitteln.[535]

Darüber hinaus sind die sog. Korrekturverfahren,[536] bei denen beispielsweise in Wirtschaftlichkeitsrechnungen risikobehaftete Größen mit einem pauschalen oder prozentualen Zuschlag versehen werden, den einfachen Verfahren zuzuordnen, ebenso wie Risikomaße auf Basis von Sensitivitäts- und Szenarioanalysen.

Bei der Sensitivitätsanalyse werden einzelne risikobehaftete Eingangsparameter einer Rechnung variiert, um ihren Einfluss auf das Gesamtergebnis, beispielsweise den Kapitalwert eines Projekts, zu untersuchen.[537] Bei der Szenarioanalyse dagegen werden verschiedene als wahrscheinlich erachtete Parameterkombinationen festgelegt und der Zielwert für jede dieser Kombinationen berechnet. Hierdurch lassen sich beispielsweise Zielwerte für ein wahrscheinliches, ein extrem gutes

---

533 Vgl. Gleißner, Romeike 2005, S. 197–203.

534 Vgl. Sandvoß 2004; Romeike 2003, S. 183–184; Romeike 2005, S. 28; Klaproth 2004, S. 57; Gordon 2007, S. 24. Selbstverständlich zählt der Erwartungswert im Grunde genommen zu den statistischen Risikomaßen (vgl. hierzu auch Maier et al. 2007, S. 35–37), allerdings ist diese Einteilung dann nicht mehr zu rechtfertigen, wenn die Daten lediglich geschätzt werden. Auch von einem quantitativen Risikomaß kann dann nicht mehr die Rede sein, weswegen der Erwartungswert sowohl an dieser Stelle als auch im Rahmen der statistischen Risikomaße Erwähnung findet.

535 Beispiele hierzu finden sich unter anderem bei Gordon 2007, S. 24 sowie bei Romeike 2005, S. 28.

536 Vgl. Gürtler 2007, S. 62; Gondring 2007, S. 1.

537 Vgl. Romeike 2004b, S. 127; Gürtler 2007, S. 63–64; Gondring 2007, S. 87–98.

und ein extrem schlechtes Szenario berechnen, was der Ableitung möglicher Gewinne und Verluste dient.[538] Die Szenarioanalyse umgeht damit den Nachteil der Sensitivitätsanalyse, dass immer nur ein einziger Parameter variiert wird, was insbesondere im Fall einer Korrelation der Parameter nicht realistisch ist. Allerdings können bei beiden Verfahren keine Wahrscheinlichkeiten für das Eintreten bestimmter Zielwerte angegeben werden.

Schließlich zählen auch Checklisten,[539] SWOT-Analysen[540] und Due-Diligence-Prüfungen zu den Verfahren der qualitativen Risikobewertung. Bei diesen Verfahren werden besondere Risikofaktoren identifiziert und qualitativ gewertet. Hierbei hat vor allen Dingen die Due-Diligence-Prüfung im Rahmen von Transaktionen einen festen Platz in der Immobilienbranche erobert. Sie hat zum Ziel, die Risikopotentiale einer Immobilie oder eines Portfolios in verschiedenen Risikokategorien wie Grundstück, Bausubstanz oder rechtliche Fragen umfassend zu prüfen, um diese ggf. im Kaufpreis berücksichtigen zu können.[541] Dagegen handelt es sich bei der SWOT-Analyse um ein eher schlichtes Verfahren, welches mit geringem Zeitaufwand im Vorfeld einer detaillierten Prüfung Chancen und Risiken aufzeigen soll, bzw. der Prüfung von K.O.-Kriterien dient.[542] Ähnlich verhält es sich bei Checklisten. Genau genommen sind die genannten Verfahren daher eher der Risikoidentifikation als der Risikobewertung zuzuordnen. Aufgrund ihrer weiten Verbreitung in der Immobilienwirtschaft sollten sie jedoch an dieser Stelle nicht unerwähnt bleiben.

---

538 Vgl. Gürtler 2007, S. 64; Gondring 2007, S. 99–103; Romeike 2004b, S. 137; Schmitz, Wehrheim 2006, S. 74–75.

539 Vgl. Schmitz, Wehrheim 2006, S. 78.

540 Hierbei handelt es sich um eine Methodik zur Analyse von Stärken (Strengths), Schwächen (Weaknesses), Chancen (Opportunities) und Risiken (Threats). Vgl. Romeike 2004b, S. 137.

541 Vgl. Gondring 2007, S. 105–112.

542 Vgl. Gondring 2007, S. 140–143.

Allen in diesem Abschnitt erwähnten Risikomaßen ist die einfache Anwendung und die daraus folgende hohe Verbreitung in der Praxis gemein. Jedoch führt die meist subjektive Schätzung der Parameter dazu, dass Risiken oft nicht richtig eingeschätzt werden.[543] Hinzu kommen bei einigen Verfahren methodische Probleme. Beispielsweise handelt es sich beim Erwartungswert um einen Lageparameter, die Streuung der Zielgröße wird dagegen ausgeblendet, obwohl in der Betriebswirtschaftslehre für gewöhnlich eben die Streuung das Risiko charakterisiert.[544] Dies gilt ebenso für Korrekturverfahren, Sensitivitäts- und Szenarioanalysen. Daher ist festzustellen, dass die vorgestellten einfachen Verfahren der Risikobewertung nur bedingt zur Bewertung von Objektrisiken geeignet sind.

1.2 Statistische Risikomaße

Wenn die Streuung von Renditen oder anderen betriebswirtschaftlichen Erfolgsgrößen als Risiko interpretiert wird, liegt es nahe, entsprechende die Wahrscheinlichkeitsverteilung beschreibende statistische Parameter als Risikomaß zu verwenden.

Hier ist zunächst der Erwartungswert als Lageparameter zu nennen. Der Erwartungswert ist das mit den Wahrscheinlichkeiten gewichtete arithmetische Mittel der möglichen Ausprägungen der Zielgröße,[545] und damit das erste Moment einer Wahrscheinlichkeitsverteilung.[546] Im Grunde genommen sagt der Erwartungswert jedoch nichts über das Risiko einer Investition aus. Beispielsweise besitzen zwei Investitionsmöglichkeiten, von denen die eine in t=1 eine sichere Zahlung von 500 € verspricht, die andere aber mit einer Wahrscheinlichkeit von 50% eine Zahlung von 1.000 € und mit einer Wahrscheinlichkeit von 50% keine

543 Vgl. hierzu Gürtler 2007, S. 62 u. 64.

544 Vgl. hierzu beispielsweise Breuer et al. 2004, S. 21.

545 Vgl. Maier et al. 2007, S. 35–36.

546 Vgl. Bronstein, Semendjaev 1991, S. 665.

Einzahlung erbringt, denselben Erwartungswert von 500 €. Daher eignet sich der Erwartungswert alleine als Entscheidungsgrundlage für risikoneutrale Entscheider – also solche, für die das Risiko gerade nicht von Belang ist.[547]

Eine Betrachtung des Erwartungswerts einer Zielgröße macht demnach unter Risikogesichtspunkten erst dann Sinn, wenn zusätzlich das zweite Moment der Wahrscheinlichkeitsverteilung, also die Varianz bzw. die hieraus abgeleitete Standardabweichung[548] mit berücksichtigt wird.[549] Die Varianz wird dabei als mit den Wahrscheinlichkeiten gewichteter Durchschnitt der quadrierten Abweichung der möglichen Ausprägungen der unsicheren Zielgröße von ihrem Erwartungswert berechnet, und die Standardabweichung als Quadratwurzel der Varianz.[550]
Geht man nun von der Gültigkeit des Bernoulli-Prinzips[551] sowie von einem risikoscheuen Entscheider[552] aus, lässt sich zeigen, dass dieser den sicheren Erhalt eines Betrags dem Erhalt einer unsicheren Größe mit gleichem Erwartungswert vorzieht.[553] Hieraus lässt sich folgern, dass bei risikoscheuen Entscheidern ein höherer Erwartungswert positiv und ein höheres Risiko, charakterisiert durch die Varianz bzw. die Standardabweichung der Verteilung der möglichen Ausprägungen, negativ auf den Nutzenerwartungswert wirkt.[554] Dies wird auch als μ-σ-Prinzip

547 Vgl. hierzu Breuer 2001, S. 59-73 und 76-78 sowie Gondring 2007, S. 17 und 18-20, und Lausberg 2001, S. 164. Entscheidungen nach der Höhe des Erwartungswerts werden auch Bayes-Prinzip genannt. Vgl. Gondring 2007, S. 17.

548 Vgl. Bronstein, Semendjaev 1991, S. 666.

549 Vgl. Wüstefeld 2000, S. 82.

550 Vgl. Bronstein, Semendjaev 1991, S. 666.

551 Das Bernoulli-Prinzip besagt, dass unter der Voraussetzung der Gültigkeit verschiedener Axiome rationalen Handelns für den betrachteten Entscheider eine kardinale Nutzenfunktion existiert, die jeder Ausprägung des unsicheren Endvermögens einen Nutzenwert zuordnet, und dass mögliche Handlungsalternativen anhand der Höhe des Nutzenerwartungswerts in eine Rangfolge gebracht werden können. Vgl. Breuer 2001, S. 59; Baumeister 2004, S. 15.

552 Dieser ist dadurch gekennzeichnet, dass seine Risikonutzenfunktion degressiv steigend, also streng konkav verläuft. Vgl. Breuer 2001, S. 78–79.

553 Vgl. Breuer 2001, S. 78–81.

554 Dies lässt sich für den Fall einer quadratischen Nutzenfunktion recht einfach zeigen. Siehe hierzu Breuer et al. 2004, S. 40–42.

bezeichnet.[555] Es kann weiterhin festgestellt werden, dass eine Investitionsmöglichkeit andere mit gleicher oder geringerer Standardabweichung und gleichem oder höherem Erwartungswert dominiert.[556] Unmittelbar aus der Standardabweichung wird die Volatilität abgeleitet, die vor allem als Risikomaß bei der Beschreibung von Kursänderungsrisiken im Zusammenhang mit Wertpapieren zur Anwendung kommt, sich beispielsweise aber auch zur Beschreibung der Wertschwankungen von Immobilien eignet. Hierbei wird die Standardabweichung der Renditen auf ein Jahr bezogen berechnet, um eine Vergleichbarkeit herzustellen.[557]

Doch auch die ausschließliche Betrachtung von Erwartungswert und Varianz bzw. Standardabweichung ist nicht unproblematisch, da die ersten beiden Momente bei einer nicht symmetrischen Wahrscheinlichkeitsverteilung ein unvollständiges Bild abgeben. Dies soll durch ein kurzes Beispiel[558] verdeutlicht werden.
Ein Investor hat die Möglichkeit, in t=0 in zwei verschiedene Projekte zu investieren, die in t=1 in Abhängigkeit vom dann gültigen Umweltzustand s eine Zahlung bewirken. Die Zahlungen w_n in den verschiedenen Umweltzuständen i, sowie deren Eintrittswahrscheinlichkeiten $\phi(i)$ sind in der folgenden Tabelle wiedergegeben:

	$s^{(1)}$	$s^{(2)}$	$s^{(3)}$	$s^{(4)}$
$\varphi^{(i)}$	5%	56,25%	22,5%	16,25%
W_1	-500 €	0 €	500 €	1.000 €
W_2	1.000 €	500 €	0 €	-500 €

Tab. 11: *Berechnungsbeispiel zur Berücksichtigung höherer Momente von Wahrscheinlichkeitsverteilungen. (In Anlehnung an Breuer et al. 2004, S. 180).*

555 Vgl. Breuer et al. 2004, S. 40–42. Gondring bezeichnet dies als „μ-σ-Regel". Vgl. Gondring 2007, S. 19–22.

556 Vgl. Breuer et al. 2004, S. 40–42.

557 Vgl. Maier et al. 2007, S. 39; Henne 2003, S. 52.

558 In Anlehnung an Breuer et al. 2004, S. 178–183.

Obwohl beide Investitionsalternativen dabei einen Erwartungswert in Höhe von 250 € und eine Standardabweichung in Höhe von 410,79 € aufweisen sind sie von ihrem Risikoprofil doch sehr verschieden, was durch die folgende Abbildung illustriert wird.

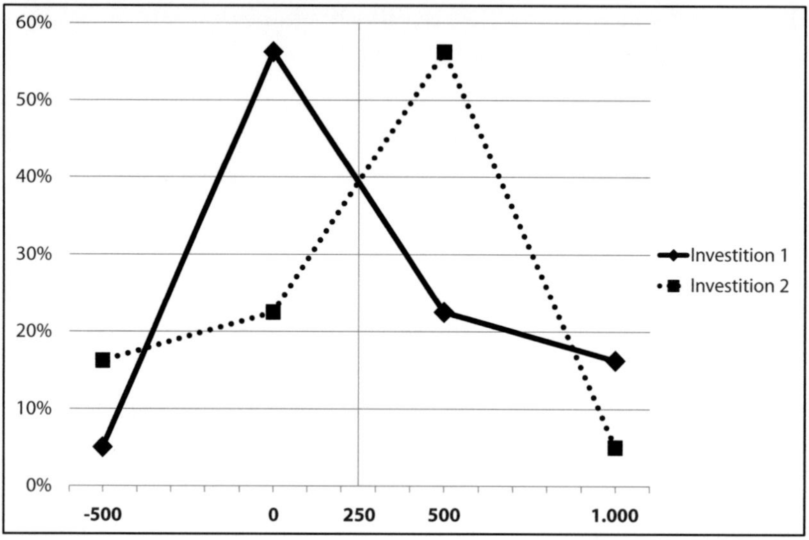

Abb. 22: *Beispiel zur Berücksichtigung höherer Momente von Wahrscheinlichkeitsverteilungen. (In Anlehnung an Breuer et al. 2004, S. 180).*

In diesem Sinne ist bei nicht symmetrischen Verteilungen zusätzlich zu Erwartungswert und Standardabweichung noch die sog. Schiefe als drittes Moment der Verteilung zu berücksichtigen. Die Schiefe berechnet sich, ähnlich der Varianz als zweites Moment, indem die mit den Wahrscheinlichkeiten gewichtete dritte Potenz der Abweichung der einzelnen Merkmalsausprägungen von deren Erwartungswert berechnet wird.[559] In dem oben eingeführten Beispiel berechnet sich die Schiefe γ^3_{w1} der Investitionsalternative 1 zu

---

[559] Vgl. Bronstein, Semendjaev 1991, S. 666; Breuer et al. 2004, S. 180–183.

$$\begin{aligned}\gamma_{w_1}^3 &= (-500-250)^3 \cdot 0{,}05 \\ &+ (0-250)^3 \cdot 0{,}5625 \\ &+ (500-250)^3 \cdot 0{,}225 \\ &+ (1.000-250)^3 \cdot 0{,}1625 \\ &= 42.187.500\end{aligned}$$

Die Schiefe der zweiten Investitionsalternative beträgt dagegen -42.187.500. Hierbei würde ein risikoscheuer Investor die erste Alternative vorziehen. Dies lässt sich auch intuitiv damit begründen, dass die Wahrscheinlichkeit eines Verlustes bei der ersten Investitionsalternative deutlich geringer als bei der zweiten ist.[560] Ein risikoscheuer Investor wird daher eine positive Schiefepräferenz aufweisen, also bei gleichem Erwartungswert und gleicher Standardabweichung zweier Investitionsalternativen diejenige mit der höheren Schiefe auswählen.

Eine weitere Möglichkeit, asymmetrische Verteilungen zu beurteilen, ist die Berechnung der Semivarianz. Hierbei werden bei der Berechnung der Varianz nur die unterhalb des Erwartungswerts liegenden Ausprägungen der Zufallsvariable berücksichtigt. Im Falle einer symmetrischen Verteilung ist die Semivarianz genau die Hälfte der Varianz. Entsprechend lässt sich auch die Semivolatilität als die auf ein Jahr bezogene Semistandardabweichung ermitteln.[561]

Der Einsatz statistischer Risikomaße ist zwar nutzentheoretisch fundiert, bringt aber in der Praxis gewisse Tücken mit sich. So muss hierfür entweder eine hinreichend große Anzahl empirisch beobachteter Daten vorliegen oder die Wahrscheinlichkeitsverteilung des betrachteten Risikofaktors bekannt sein, wobei es durch die schlechte Verfügbarkeit von

---

560 Vgl. Breuer et al. 2004, S. 182. Für eine allgemeine nutzentheoretische Herleitung siehe Breuer et al. 2004, S. 183–186.

561 Vgl. Maier et al. 2007, S. 42; Baumeister 2004, S. 17. Die Semivarianz ist dabei ein Downside-Risikomaß, welches nur negative Abweichungen misst.

Daten in der Immobilienwirtschaft häufig zu Schwierigkeiten kommt.[562] Andererseits ist, selbst wenn entsprechende Daten der diversen Risikofaktoren, wie beispielsweise der Standort- und Marktrisiken vorliegen, die Ermittlung der Wahrscheinlichkeitsverteilung z. B. der Rendite eines einzelnen Immobilienobjekts analytisch nicht lösbar. Abhilfe können hier ggf. stochastische Simulationsverfahren schaffen, auf deren Einsatzmöglichkeiten auch in Abschnitt 4 dieses Kapitels hingewiesen wird.[563]

Die an dieser Stelle vorgestellten statistischen Maße, insbesondere Erwartungswert und Standardabweichung, eignen sich daher vornehmlich zur Bewertung einzelner Risikofaktoren, die empirisch gut beobachtbar sind und für die entsprechende Zeitreihen mit historischen Daten existieren, wie beispielsweise verschiedene Standort- und Marktfaktoren.[564]

Gleichzeitig spielen sie dennoch eine bedeutende Rolle in der wirtschaftswissenschaftlichen Forschung, da in den meisten Modellen von einer Normalverteilung von Renditen und anderen Parametern ausgegangen wird.[565] Dies hat den großen Vorteil, dass die Normalverteilung durch die beiden Parameter Erwartungswert und Standardabweichung vollständig beschrieben wird,[566] wodurch meist erst eine analytische Lösung möglich ist. Insbesondere in Folge der Finanzkrise wurde jedoch Kritik an der unreflektierten Annahme normalverteilter Größen laut, da in der Realität extreme Ereignisse offenbar wesentlich häufiger

---

562 Siehe hierzu auch Abschnitt C.4 dieser Arbeit.

563 Eine Möglichkeit, dieses Problem zu umgehen, sind Monte-Carlo-Simulationen. Vgl. auch Gleißner, Romeike 2005, S. 260–263; Finke 2005, S. 95; Schmitz, Wehrheim 2006, S. 91–92; Gürtler 2007, S. 64–73.

564 Allerdings gilt auch hier zu bedenken, dass eine aus historischen Daten ermittelte Wahrscheinlichkeitsverteilung keineswegs der Verteilung für die Zukunft entsprechen muss. Siehe hierzu auch Finke 2005, S. 47–48.

565 Vgl. Romeike 2004b, S. 85–86.

566 Vgl. Bronstein, Semendjaev 1991, S. 664 u. 667.

auftreten, als dies bei einer Normalverteilung der Wahrscheinlichkeiten der Fall wäre. Dieses Phänomen wird auch mit den Begriffen „Fat Tail" und „Black Swan" umschrieben.[567]

1.3 Risikomaße aus der Finanzwirtschaft

Auf der Grundlage der Statistik wurden im finanzwirtschaftlichen Bereich verschiedene Risikomaße entwickelt, die in diesem Abschnitt kurz vorgestellt werden sollen.

Zunächst ist die Ausfallwahrscheinlichkeit (Probability of Default) zu nennen. Diese wird vor allem zur Beurteilung von Kreditrisiken verwendet[568] und ist als die Wahrscheinlichkeit definiert, dass ein Geschäftspartner die vertraglich vereinbarte Leistung bezogen auf den Zeitraum von einem Jahr nicht erbringen kann.[569] Die Ratingagentur Moody's geht dabei dann von einem Ausfall (Default) aus, wenn

» eine Zins- oder Tilgungszahlung nicht oder nur verspätet geleistet,
» ein Insolvenzverfahren beantragt, oder
» ein Austausch der Schuldentitel gegen ein Paket von Wertpapieren mit einem niedrigeren Wert vorgenommen wird.[570]

Verallgemeinert kann eine Ausfallwahrscheinlichkeit auch als die Wahrscheinlichkeit verstanden werden, dass eine bestimmte Ziel- oder Mindestrendite unterschritten wird.[571]

Ist die Wahrscheinlichkeitsverteilung der für einen Ausfall maßgeblichen Größe bekannt, also beispielsweise der Gewinn eines Unternehmens, kann die Ausfallwahrscheinlichkeit analytisch als Integral über die

567 Siehe hierzu auch Lausberg 25.11.2008, S. 2–4.

568 Vgl. Wehrspohn 2005, S. 98; Henne 2003, S. 58.

569 Vgl. Romeike 2004b, S. 94 u. 37.

570 Vgl. Trück 2005, S. 202; Romeike 2004b, S. 37.

571 Vgl. Maier et al. 2007, S. 42.

Dichtefunktion von -∞ bis zum Zielwert z ermittelt werden.[572] Im Falle von Kreditrisiken wird die Ausfallwahrscheinlichkeit jedoch üblicherweise über ein Rating ermittelt. Dabei wird der Kreditnehmer anhand verschiedener Kriterien, die in einem Scoring-Verfahren aggregiert werden, einer Bonitätsklasse zugeordnet. Für diese kann durch empirische Beobachtung eine Ausfallwahrscheinlichkeit angegeben werden.[573]
Die Betrachtung der Ausfallwahrscheinlichkeit kann im Bereich des Kreditriskomanagements erweitert werden, indem zusätzlich der Verlust im Falle eines Ausfalls (Loss given Default, LGD) und der Anteil des Kreditbetrags, den die Bank im Falle eines Ausfalls noch zurückerhält (Recovery Rate, RR), berücksichtigt wird. Wird der LGD als Prozentsatz des Nominalkreditbetrags, der bei einem Ausfall verloren geht, definiert, kann die Recovery Rate wie folgt angegeben werden:

$$\text{Recovery Rate} = 1 - \text{Loss given default.}$$

Der von dem Kreditgeber erwartete Verlust ist dann das Produkt der Ausfallwahrscheinlichkeit und dem daraus resultierenden Verlust.[574]

Auf der Ausfallwahrscheinlichkeit baut auch die Kennzahl Value-at-Risk auf. Dieser kann entweder als Verlust oder negative Abweichung vom Erwartungswert definiert werden, der bzw. die mit einer bestimmten Wahrscheinlichkeit, dem sog. Konfidenzniveau, innerhalb eines bestimmten Zeitraums nicht überschritten wird.[575] Im Gegensatz zu der Ausfallwahrscheinlichkeit, die, wie der Name schon sagt, eine Wahrscheinlichkeit angibt, ist der Value-at-Risk ein in Geldeinheiten gemessener Betrag,[576] wodurch er intuitiv verständlich und leicht kommunizierbar ist.[577] Beide Risikomaße sind aber, wie auch die im vorangegangenen Abschnitt erwähnte Semivarianz, so genannte Downside-Risikomaße.

572 Vgl. Maier et al. 2007, S. 42–43; Henne 2003, S. 58–60. Siehe auch Abb. 22.

573 Vgl. Lüdicke 2003, S. 68–72; Wehrspohn 2005; Romeike 2004b, S. 98–99; Henne 2003, S. 58.

574 Vgl. Trück 2005, S. 202–203.

575 Vgl. Henne 2003, S. 55–58.

576 Vgl. Maier et al. 2007, S. 43–44.

577 Vgl. Holst, Holtkamp 2000, S. 819.

Dies bedeutet, dass die Risikomaße nur negative Abweichungen bewerten, Chancen werden hierdurch nicht abgebildet.[578] Der Value-at-Risk eignet sich grundsätzlich sowohl zur Risikoquantifizierung einzelner Assets[579] als auch zur aggregierten Bewertung von Geschäftsfeldern oder des gesamten Unternehmens.[580]

Basierend auf dem Value-at-Risk wurde in der Folge eine ganze Reihe von Risikomaßen entwickelt, die auf demselben Konzept aufbauen, aber eine andere risikobehaftete Größe abbilden. Ziel hierbei war auch, das Konzept für Unternehmen außerhalb der Finanzdienstleistungsbranche zu erschließen. Als ein Beispiel für solch einen Kennwert ist der Cash-Flow-at-Risk zu nennen.[581]

Die folgende Grafik verdeutlich nochmals den Zusammenhang zwischen Ausfallwahrscheinlichkeit und Value-at-Risk. Bei der Bestimmung der Ausfallwahrscheinlichkeit wird dabei von einem Betrag ausgegangen, der nicht unterschritten werden soll, und anschließend die entsprechende Wahrscheinlichkeit berechnet, während beim Value-at-Risk zuerst das Konfidenzniveau festgelegt und anschließend der korrespondierende Betrag ermittelt wird.[582]

578 Vgl. Maier et al. 2007, S. 42–46.

579 Hierbei kann es sich um Immobilien, aber auch um beliebige andere Anlagegüter, z. B. Finanzinstrumente, handeln.

580 Vgl. Holst, Holtkamp 2000, S. 815. Bei der Aggregation müssen allerdings Diversifikationseffekte zwischen den Assets berücksichtigt werden.

581 Vgl. beispielsweise Hager 2004; Romeike 2004a, S. 28.

582 Zur generellen Vorgehensweise bei der Ermittlung eines Value-at-Risk siehe Holst, Holtkamp 2000, S. 817–819.

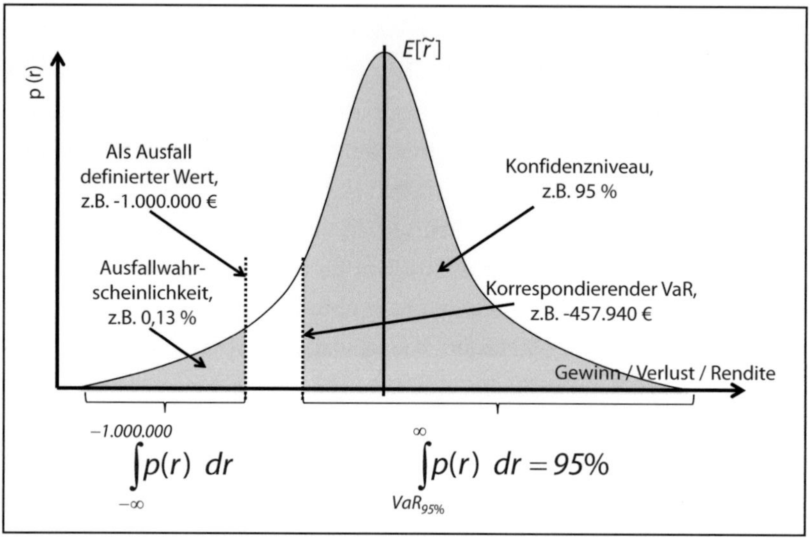

Abb. 23: *Ausfallwahrscheinlichkeit und Value-at-Risk.*[583] *(In Anlehnung an Henne 2003, S. 59).*

Einen anderen Ansatz als die auf Grundlage der Statistik entwickelten Risikomaße verfolgen die auf Basis der Kapitalmarkttheorie hergeleiteten Risikomaße. Von diesen werden im Folgenden der β-Faktor sowie das Sharpe- und das Treynor-Maß beschrieben.

Der β-Faktor leitet sich dabei aus dem von Sharpe, Lintner und Mossin auf Grundlage der Portfoliotheorie nach Markowitz zur Bewertung von Kapitalanlagen aller Art entwickelten Capital Asset Pricing Model (CAPM) ab. In diesem Modell wird der risikoangepasste Preis einer Anlage (im englischen Asset) in Abhängigkeit des Verhältnisses ihres Risikos zum Risiko eines Marktportfolios m, welches alle anderen Assets enthält, bestimmt.[584] Die (theoretisch geforderte) Rendite des jeweiligen Assets berechnet sich dabei zu

583 r entspricht dem Gewinn, p(r) ist dementsprechend die Wahrscheinlichkeit, dass ein bestimmter Gewinn r erzielt wird.

584 Zu Grundlagen und Herleitung des CAPM vgl. Kruschwitz 1999, S. 155–184 und Breuer 2001, S. 315–383.

$$E[\tilde{r}_j] = r_f + \underbrace{(E[\tilde{r}_m] - r_f)}_{\text{Überrendite des Marktportfolios}} \cdot \beta_j \text{ mit } \beta_j = \frac{COV(\tilde{r}_j, \tilde{r}_m)}{VAR(\tilde{r}_m)},$$

wobei r_f der risikofreie Zinssatz, r_m die Rendite des Marktportfolios und r_j die Rendite des zu bewertenden Assets ist. Der Erwartungswert der unsicheren Rendite des Assets j entspricht dem sicheren Zinssatz r_f zuzüglich dem Produkt der Überrendite des Marktportfolios und dem β-Faktor. Die Überrendite des Marktportfolios wird dabei auch als „Marktpreis des Risikos" bezeichnet.[585]

Der Beta-Koeffizient dient bei der Risikobewertung insbesondere der Quantifizierung des systematischen Risikos einer Anlage, also des marktspezifischen Risikos, welches sich nicht durch Portfoliobildung diversifizieren lässt. Zu beachten ist, dass der β-Faktor eine relative Kennzahl ist, das systematische Risiko der Anlage also als Vielfaches des Marktrisikos ausdrückt.[586]

Aus dem β-Faktor lässt sich wiederum die Residualvolatilität als Maß für das unsystematische Risiko ableiten. Sie ist als die Differenz zwischen dem Gesamtrisiko der Anlage und dem systematischen Risiko definiert und berechnet sich wie folgt:[587]

$$\sigma_{uj}^2 = \underbrace{\sigma_j^2}_{\text{Gesamtrisiko}} - \underbrace{\beta_j^2 \cdot \sigma_m^2}_{\text{system. Risiko}}$$

$$\sigma_{uj} = \sqrt{\sigma_{uj}^2}$$

Ebenfalls aus der Kapitalmarkttheorie leiten sich das Sharpe- und das Treynor-Maß ab. Beide Kennzahlen dienen prinzipiell der Messung der Performance von Fonds. Das Sharpe-Maß kann dabei als Überrendite eines Assets oder eines Portfolios im Vergleich zum risikolosen Zins-

585 Siehe hierzu auch Wüstefeld 2000, S. 84; Kruschwitz 1999, S. 173–174 und Breuer 2001, S. 341.

586 Vgl. Finke 2005, S. 138; Maier et al. 2007, S. 23–29; Wüstefeld 2000, S. 84–86.

587 Vgl. Maier et al. 2007, S. 49.

satz bezogen auf das Gesamtrisiko des Assets gedeutet werden.[588] Das Treynor-Maß hingegen bedient sich des bereits ausführlich erläuterten β-Faktors zur Messung des systematischen Risikos und berechnet sich als Überrendite bezogen auf das systematische Risiko. Problematisch ist dabei, dass das unsystematische Risiko vollständig außer Acht gelassen wird.[589] Die Formeln für das Sharpe- und das Treynor-Maß sind im Folgenden nochmals wiedergegeben.

$$\text{Sharpe-Maß}: SR_j = \frac{E\left[\tilde{r}_j\right] - r_f}{\sigma_j}$$

$$\text{Treynor-Maß}: TR_j = \frac{E\left[\tilde{r}_j\right] - r_f}{\beta_j}$$

Die im Finanzwesen gebräuchlichen Risikomaße erweitern das Spektrum möglicher Risikomaße deutlich. Primär eignen sie sich zunächst zur Quantifizierung finanzieller Risiken, da sie ursprünglich zur Bewertung von Finanzinstrumenten und -anlagen entwickelt wurden, und auch hauptsächlich in diesem Zusammenhang Verwendung finden. Allerdings können die Konzepte auch auf andere Problemkreise übertragen werden, beispielsweise als β-Faktor zum Vergleich der Renditeverteilung einzelner Immobilien mit dem Gesamtportfolio, oder als Value-at-Risk zur Bewertung von Verlustgefahren von Investitionen in beliebige Anlagegüter oder zur aggregierten Bewertung von Portfolios bzw. von Gesamtunternehmen.[590] Jedoch leiden die hier vorgestellten Risikomaße, ebenso wie die im vorangegangenen Kapitel erläuterten statistischen Risikomaße, unter der lückenhaften Datenlage im Immobilienwesen. Dies gilt sowohl für die auf statistischen Kenngrößen als auch

588 Vgl. Maier et al. 2007, S. 50–51. Zur Herleitung des Sharpe-Maßes siehe Breuer et al. 2004, S. 142–150.

589 Vgl. Maier et al. 2007, S. 50–51. Zur Herleitung des Treynor-Maßes siehe Breuer et al. 2004, S. 150–157.

590 Wüstefeld kommt in einer umfangreichen Untersuchung zu dem Schluss, dass Immobilienmärkte prinzipiell mit denselben Methoden und Verfahren wie Finanzmärkte untersucht werden können, wenn dem längeren Zeithorizont von Immobilieninvestments Rechnung getragen wird. Vgl. Wüstefeld 2000, S. 95–108.

für die auf der Kapitalmarkttheorie beruhenden Risikomaße. Ebenso ist eine analytische Berechnung aggregierter Kennzahlen auf Objekt- oder Portfolioebene aus den einzelnen Risikofaktoren kaum möglich.
Im Folgenden wird daher auf die Risikobeurteilung mittels Scoring- und Ratingansätzen eingegangen.

1.4 Risikobeurteilung durch Scoring- und Ratingsysteme

1.4.1 Grundlagen

Die bisher vorgestellten Kennzahlen zur Risikobewertung leiden vor allem daran, dass sie aufgrund der mangelnden Verfügbarkeit der zu ihrer Berechnung notwendigen Daten nur für Teilaspekte einer Risikobewertung von Immobilien bzw. Immobilienunternehmen tauglich sind[591], und dass die Berechnung einer aggregierten Risikokennziffer kaum möglich ist. Hier verspricht der Rating- bzw. Scoring-Ansatz Abhilfe.

Der Begriff Rating hat seinen Ursprung im angloamerikanischen Raum und kann mit „bewerten" übersetzt werden. Heutzutage wird Rating als das Ergebnis eines Bewertungsprozesses wirtschaftlicher Sachverhalte innerhalb von Unternehmen definiert.[592] Darauf aufbauend kann ein Immobilien-Rating als „ganzheitlicher Bewertungsprozess, welcher durch die periodische Analyse qualitativer und quantitativer Indikatoren aller risikorelevanter Aspekte Aussagen über die wirtschaftliche Zukunftsfähigkeit des Immobilienunternehmens bzw. einer einzelnen Immobilie trifft",[593] verstanden werden. Es handelt sich dabei um ein

591 Zum Beispiel eignen sich Volatilität und Value at Risk zur Bewertung von Immobilienmarktrisiken.

592 Vgl. Knuf 2004, S. 163.

593 Lange 2005, S. 30.

standardisiertes Verfahren, welches die verschiedenen Ratingobjekte anhand einheitlicher Kriterien beurteilt und somit vergleichbar macht.[594] Generell werden Ratings von Kreditgebern zur Ermittlung der Ausfallwahrscheinlichkeit eines Schuldners eingesetzt.[595] Dies bedingt, dass klassische Ratingverfahren vor allem auf Risikofaktoren abstellen, die eine Gefahr für die Zahlungsfähigkeit des Schuldners darstellen, also kaum die Chancen mit in die Bewertung einbeziehen. Daher können sie nicht ohne Weiteres im Risikomanagement angewendet werden.

Bei Betrachtung der Vorgehensweise bei einem Rating zeigt sich, dass dieses sich eines Scoring-Verfahrens zur Ermittlung der Ratingnote bedient. Hierbei werden Alternativen in einem hierarchischen Zielsystem nach ihrem Zielerreichungsgrad beurteilt, und die ermittelten Teilnoten zu einer Gesamtnote verdichtet.[596] Somit ist aus Prozesssicht ein Rating als mögliche Risikobewertungsmethode in das Risikomanagement integrierbar, da sich die verwendeten Instrumente und Verfahren ähneln.[597] In Abgrenzung des Ratings als Verfahren zur Ermittlung einer Bonität bzw. Ausfallwahrscheinlichkeit[598] von der Vorgehensweise im Ratingprozess soll im Folgenden lediglich der Begriff des Scoringverfahrens verwendet werden.

Neben dem Rating finden Scoring-Modelle auch beim qualitativen Immobilien-Portfoliomanagement Anwendung, um die Position des Objekts in der Portfoliomatrix zu ermitteln. In diesem Fall werden die Kriterien der x- oder der y-Achse der Portfoliomatrix zugeordnet und eine getrennte Bewertung durchgeführt.[599] Des Weiteren bieten sich im Rahmen von Balanced-Scorecard-Systemen weitere Einsatzmöglichkeiten

---

594 Vgl. Jedem 2006, S. 89–90

595 Vgl. beispielsweise Trotz 2004, S. 15–16; Jedem 2006, S. 87–89.

596 Vgl. Bundesverband öffentlicher Banken e.V. (VÖB) 2006, S. 10. Diese Vorgehensweise wird auch bei der Nutzwertanalyse, bei der im Rahmen einer Entscheidungssituation verschiedene Alternativen bewertet werden sollen, angewendet. Vgl. von Nitzsch 2002, S. 162–187.

597 Vgl. Lange 2005, S. 27–29.

598 Vgl. Lüdicke 2003, S. 68–72; Wehrspohn 2005; Romeike 2004b, S. 98–99; Henne 2003, S. 58.

599 Vgl. Bone-Winkel 1994, S. 188–199. Auf qualitative Portfoliomanagementsysteme wird auch in Abschnitt 3 dieses Kapitels näher eingegangen.

von Scoring-Verfahren. Eine Balanced Scorecard fasst dabei Ziele und Indikatoren mehrerer Perspektiven auf das Unternehmen zusammen, um so einen ganzheitlichen Planungs-, Kontroll- und Steuerungsprozess zu gewährleisten.[600]

Es ist festzustellen, dass sich die auch im Rahmen eines Rating eingesetzten Scoring-Modelle aufgrund ihres nachvollziehbaren und überprüfbaren Ablaufes zur Unterstützung in Entscheidungsprozessen verwenden lassen. Sie bieten – bei entsprechender Anpassung an die jeweilige Problemstellung – eine gute Grundlage für die Risikobewertung in Immobilienunternehmen.[601]

1.4.2 Ablauf des Scoring-Verfahrens

Im Folgenden soll der typische Ablauf eines Scoring-Verfahrens dargestellt werden, wobei auch die jeweiligen in den einzelnen Phasen auftretenden Schwierigkeiten erläutert werden.[602]

1.4.2.1 Aufstellung der Kriterien

In einem ersten Schritt müssen die zu erfassenden Risikokategorien, Risiken und Teilrisiken identifiziert und zusammengestellt werden.[603] Hierbei ist insbesondere auf Redundanzfreiheit zu achten, da (Teil-) Risiken, die mehrfach in Erscheinung treten, anschließend bei der Berechnung des Gesamtrisikos eventuell übergewichtet werden.[604] Des Weiteren ist der jeweilige Kontext und die Zielsetzung der Risikoanalyse zu beachten. Hier kann der Fokus auf einzelnen Märkten und Standorten, einzelnen Objekten, dem gesamten Immobilienportfolio oder dem ge-

[600] Zum Beispiel der finanziellen, der prozessbezogenen, der innovationsbezogenen und der Kundenperspektive. Vgl. Romeike 2004, S. 14-15; Gleißner et al. 2005, S. 48-68.

[601] Vgl. Bundesverband öffentlicher Banken e.V. (VÖB) 2006, S. 10.

[602] Vgl. zum Ablauf eines Scoring-Verfahrens von Nitzsch 2002, S. 162–187 und Bone-Winkel 1994, S. 188–189.

[603] Vgl. Jedem 2006, S. 139.

[604] Vgl. Bone-Winkel 1994, S. 189; von Nitzsch 2002, S. 163–167.

samten Unternehmen liegen. Je nach Zielsetzung sind unter Umständen andere Risiken zu erfassen, wobei an dieser Stelle auf das Kapitel C dieser Arbeit verwiesen sei.[605]

1.4.2.2 Messung der Kriterien

Im zweiten Schritt ist für jedes Kriterium festzulegen, wie es zu messen ist. Dies kann teilweise durch die bereits im bisherigen Verlauf dieses Kapitels vorgestellten Risikokennzahlen geschehen, teilweise sind aber zunächst Indikatoren für die Teilrisiken zu ermitteln.[606] Bei der Messung stehen prinzipiell folgende Methoden zur Verfügung:

» Die Messung über eine natürliche, kontinuierliche Skala. Diese kann bei allen Risiken zur Anwendung kommen, die selbst unmittelbar mit einer natürlichen Skala verknüpft sind. Dies trifft allerdings meist nur für einzelne Indikatoren zu, wie zum Beispiel die Entfernung zum nächsten ÖPNV-Haltepunkt, die Taktfrequenz in Minuten etc.

» Die Messung über Proxy-Attribute. Hier steht das eigentliche Risiko nicht direkt mit einer natürlichen Skala in Verbindung, aber es existieren Attribute, die mit dem Risiko unmittelbar verknüpft und die auf einer natürlichen Skala messbar sind. Beispiele sind unter anderem Ausfallwahrscheinlichkeiten oder auch diverse betriebswirtschaftliche Kennzahlen, wie der Schuldendeckungsgrad usw.

» Die Messung über diskrete Punktzahlen. Existiert eine endliche Menge von Ausprägungen des Risikos, die zugleich nicht auf einer kontinuierlichen natürlichen Skala messbar sind, bietet sich die Messung über diskrete Punktzahlen an, die für die einzelnen Ausprägungen vergeben werden. Diese Art der Messung bietet sich für

605 An dieser Stelle sollen keine Kriterienkataloge etablierter Ratingsysteme vorgestellt werden, da an dieser Stelle einerseits das Verfahren, und nicht dessen Ausgestaltung im Mittelpunkt des Interesses steht, und sich andererseits Ratingsysteme primär auf die Beurteilung möglicher Verlustrisiken beschränken. Der interessierte Leser sei auf die Darstellungen von Jedem 2006, Lange 2005, S. 27–29; Bundesverband öffentlicher Banken e.V. (VÖB) 2006 und Lange 2005 verwiesen.

606 Beispielsweise sind die Veränderung des BIP, der Auftragseingang und der ifo-Geschäftsklimaindex Indikatoren zur Beschreibung der wirtschaftlichen Entwicklung.

alle Risiken an, die schwer operationalisiert werden können. Dies ist vor allem bei eher weichen Risikofaktoren der Fall, wie beispielsweise dem Image einer Region oder eines Unternehmens. Damit die Vergabe der Punkte objektiv bleibt, müssen hier entsprechende Messvorschriften und ggf. Beispiele angegeben werden.[607]

In der Praxis kommt meist die Messung über diskrete Punktzahlen zum Einsatz. Daneben spielt auch die Messung über Proxyattribute eine Rolle, da hierüber quantitative Kennzahlen abgebildet werden können. Im Sinne einer Vereinheitlichung der Messung werden jedoch kontinuierliche natürliche Skalen häufig in diskrete Punktzahlen transformiert, wobei sowohl die äquidistante Einteilung als auch andere Verfahren zu Anwendung kommen können.[608]

Die Festlegung der Punkteskala bewegt sich grundsätzlich in einem Spannungsverhältnis zwischen hinreichender Detailgenauigkeit bei der Abbildung der verschiedenen Sachverhalte, was für eine hohe Anzahl an Klassen, und der Übersichtlichkeit und Anwendbarkeit, was eher für eine niedrige Anzahl an Klassen spricht. Darüber hinaus ist zu beachten, dass bei einer geraden Anzahl an Klassen bei äquidistanter Klasseneinteilung und symmetrischer Verteilung der Ausprägungen der Mittelwert nicht genau einer Klasse zugeordnet werden kann, da er genau die Grenze der beiden mittleren Klassen markiert. Dies ist unter Umständen sogar gewollt, damit der Anwender sich entweder für die bessere oder die schlechtere Bewertung entscheiden muss, und nicht aus Bequemlichkeit den Mittelwert wählt. In der Praxis dominiert zur Zeit die Bewertung auf einer Skala von einem (sehr gut) bis zehn (katastrophal)

---

607 Vgl. von Nitzsch 2002, S. 167–170.

608 Beispielsweise fordert die VÖB-Immobilienanalyse, dass die Besetzung der einzelnen Ratingklassen annähernd normalverteilt ist, was bei einer äquidistanten Einteilung häufig nicht gewährleistet ist. Vgl. Bundesverband öffentlicher Banken e.V. (VÖB) 2006, S. 20–21. Auch andere Verfahren verwenden zur Messung grundsätzlich diskrete Punktzahlen. Siehe auch Jedem 2006; Trotz 2004.

Punkten.[609] Daneben bietet sich auch eine Verwendung der bekannten Schulnoten von eins bis sechs, ggf. mit den bekannten Zwischenstufen, an.[610] Weniger als fünf und mehr als zehn Klassen machen sicherlich nur in begründeten Ausnahmefällen Sinn.

1.4.2.3 Bewertung der Kriterien

Im nächsten Schritt werden die gemessenen Indikatoren und Risiken bewertet. Dies geschieht mit einer kriteriumsspezifischen Bewertungsfunktion, die zum Beispiel einen auf einer natürlichen Skala gemessenen Wert in eine Bewertung übersetzt. Im Falle der Anwendung des Scoringverfahrens im Rahmen einer Nutzwertanalyse ist dies beispielsweise die persönliche Nutzenfunktion des Entscheiders, welche neben der Höhenpräferenz auch seine Risikoeinstellung mit abbildet.[611]

Auch in der Praxis ist es sinnvoll, grundsätzlich die Messung eines Risikos von seiner Bewertung zu trennen. Gleichwohl kommt bei der Messung mit diskreten Punktzahlen meist das Verfahren des Direct Ratings zum Einsatz, welches mit der Zuordnung der Punktzahl im Rahmen der Messung auch gleich die Bewertung des jeweiligen Risikos verbindet, so dass dieser Schritt entfallen kann.[612] Insofern spielt die von der Messung gesonderte Bewertung der Kriterien in den gebräuchlichen Immobilienbewertungsverfahren regelmäßig keine Rolle.

---

609 Dies ist darin begründet, dass diese Skala zu den von den Banken verwendeten Einstufungen kompatibel ist und auch leicht in das Benotungssystem der Ratingagenturen übersetzt werden kann (Vgl. Trotz 2004, S. 41–42). Diese Skala wird von allen auf den Standards der TEGoVA basierenden Immobilienanalyse-Systemen benutzt. Dies sind insbesondere das Markt- und Objektrating Morix (vgl. Trotz 2004, S. 16) und die VÖB-Immobilienanalyse (vgl. Bundesverband öffentlicher Banken e.V. (VÖB) 2006, S. 13–17).

610 Vgl. Trotz 2004, S. 41–42.

611 Vgl. von Nitzsch 2002, S. 170–181.

612 Vgl. von Nitzsch 2002, S. 178–179.

1.4.2.4 Gewichtung der Einzelbewertungen

Als nächstes gilt es, die Gewichte für die Indikatoren, Teilrisiken, Risiken und Risikokategorien festzulegen. Dies ist ein sehr wichtiger Schritt, da hierbei in der Praxis häufig Fehler entstehen, die aufgrund des großen Einflusses der Gewichte zu einer erheblichen Verzerrung des Endergebnisses führen.

Grundsätzlich erfüllen die Gewichtungsfaktoren bei Scoring-Modellen zwei Funktionen: Einerseits dienen sie der Gewichtung der Teilziele untereinander, ein bedeutsameres Teilziel bzw. Teilrisiko erhält demnach ein höheres Gewicht. Zusätzlich aber dienen sie auch dem Ausgleich der nicht gewünschten stärkeren Gewichtung von Teilzielen, die eine höhere Anzahl an Indikatoren aufweisen als andere Teilziele,[613] sowie von Teilzielen, die von mehreren Teilrisiken und Indikatoren erfasst werden.[614] Bei einer höheren Anzahl an Ebenen, Risiken und Indikatoren geht durch diese Vermischung an Funktionen leicht der Überblick verloren, welches tatsächliche Gewicht nun ein Risiko in dem Bewertungsmodell erhält. Eine weitere Schwierigkeit ergibt sich in diesem Fall auch durch die Forderung, die Gewichte so zu normieren, dass ihre Summe stets eins ergibt.[615] Dies führt bei einer steigenden Anzahl an Teilrisiken und Indikatoren dazu, dass die Zielgewichte sehr klein werden, was dem Überblick zusätzlich schadet. Im Folgenden sollen daher Verfahren diskutiert werden, mit deren Hilfe die Zielgewichte möglichst objektiv festgelegt werden können.[616]

---

613 Wird beispielsweise ein Teilziel durch zwei und ein anderes Teilziel durch vier Indikatoren gemessen, und werden alle Indikatoren mit demselben Gewicht versehen, dann erhält das Teilziel mit den vier Indikatoren hierdurch das doppelte Gewicht (nämlich insgesamt 4/6) des Teilziels mit den beiden Indikatoren (nämlich 2/6).

614 Vgl. Bone-Winkel 1994, S. 189.

615 Hierdurch bleibt die Skala bei der Aggregation erhalten, d. h. im Falle der Verwendung einer Skala von einem bis zehn Punkten, dass auch das Endergebnis auf einer Skala von einem bis zehn Punkten liegt. Vgl. auch von Nitzsch 2002, S. 181–182.

616 Auf eine Darstellung des von von Nitzsch vorgeschlagenen Trade-Off-Verfahrens (vgl. von Nitzsch 2002, S. 181–185) wird an dieser Stelle verzichtet, da das Verfahren aufgrund des damit verbundenen Aufwands und seiner Ausrichtung auf Entscheidungssituationen an dieser Stelle recht wenig geeignet erscheint.

Als erste Möglichkeit bietet sich an, eine gewisse Anzahl an Punkten, beispielsweise 100 oder 1.000, auf die verschiedenen Teilrisiken und Indikatoren zu verteilen, und anschließend die Zielgewichte zu normieren, indem man die jeweilige Punktzahl durch die Gesamtsumme teilt. Dieses Verfahren mag zwar sehr leicht anzuwenden und intuitiv verständlich sein, löst aber die oben beschriebenen Probleme keineswegs.

Beim Baumverfahren wird zunächst die Struktur der zu gewichtenden Risiken als Baum abgebildet, wobei die jeweiligen Risiken, Teilrisiken und Indikatoren die Knoten darstellen. Anschließend werden die einzelnen Zweige gewichtet, wobei die Summe aller von einem Knoten ausgehender Zweige immer eins ergeben muss. Die tatsächliche Gewichtung der einzelnen Knoten wird dann ermittelt, indem die Gewichte entlang aller übergeordneter Zweige, die zu dem Knoten führen, multipliziert werden. Die folgende Abbildung zeigt ein Beispiel zum Ablauf des Baumverfahrens.

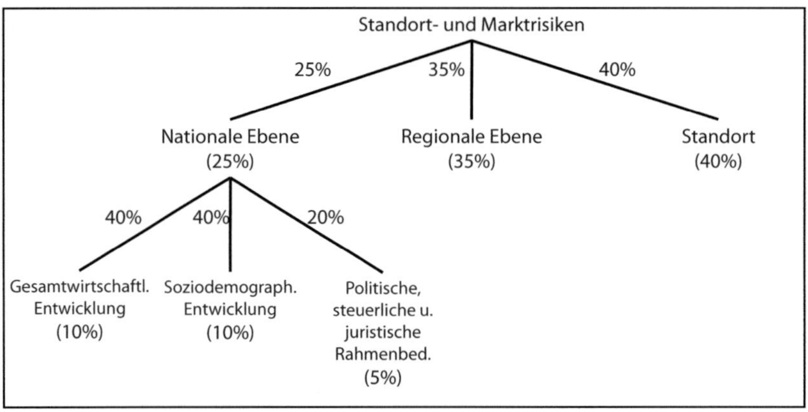

Abb. 24: *Das Baumverfahren zur Ermittlung der Gewichte in Scoring-Verfahren. (Eigene Darstellung).*

Das Baumverfahren löst hierbei das Problem der Unübersichtlichkeit, da immer nur einzelne Knoten und die hiervon ausgehenden Äste betrachtet werden müssen. Des Weiteren werden die Funktionen der Gewichtung und des Ausgleichs der Anzahl der Unterpunkte getrennt, da sich letzteres erst durch die Multiplikation entlang der einzelnen Pfade ergibt. Hierdurch ist das Baumverfahren – trotz seiner einfachen und intuitiven Anwendung – gut geeignet, um die größten Probleme bei der Festlegung der Gewichtungsfaktoren in Scoring-Modellen zu umgehen.

Schließlich soll an dieser Stelle die Möglichkeit erörtert werden, auf eine starre Verteilung der Gewichte zu verzichten, und diese statt dessen nach einem definierten Algorithmus dynamisch an das Bewertungsobjekt anzupassen.[617] Diesem Verfahren liegt die Überlegung zu Grunde, dass ein Teilkriterium, welches stark positiv oder negativ von einer durchschnittlichen Bewertung abweicht, hierdurch den Status eines Alleinstellungsmerkmals erlangt, und demnach auch höher gewichtet werden sollte als ein durchschnittliches Kriterium.[618] Prinzipiell wird bei den Verfahren immer noch von einer Grundgewichtung ausgegangen, die die Bedeutung der einzelnen Risikofaktoren widerspiegelt. Zusätzlich wird aber ein Korrekturfaktor eingeführt, der von der individuellen Bewertung des Kriteriums abhängig ist. Mit diesem Korrekturfaktor wird das Grundgewicht des jeweiligen Kriteriums multipliziert, und das neue Gewicht durch Normierung für die jeweilige Kriteriengruppe berechnet.[619] In der folgenden Abbildung werden die Korrekturfaktoren der VÖB-Immobilienanalyse und von HVB-morix gegenübergestellt. Hierbei fällt auf, dass bei der VÖB-Immobilienanalyse bereits bei einer Abweichung von zwei Punkten vom Mittelwert ein Korrekturfaktor von drei anfällt, während das Gewicht bei HVB-morix erst ab einer Abweichung von drei Punkten erhöht wird. Außerdem verzichtet HVB-morix auf die Angabe des Korrekturfaktors für die schlechteste Bewer-

---

617 Das im Folgenden beschriebene Verfahren findet unter anderem bei der VÖB-Immobilienanalyse und dem Immobilienrating HVB-morix Anwendung. Vgl. Bundesverband öffentlicher Banken e.V. (VÖB) 2006, S. 62–67; Trotz 2004, S. 121–130.

618 Vgl. Bundesverband öffentlicher Banken e.V. (VÖB) 2006, S. 62; Trotz 2004, S. 125.

619 Hierbei werden, ähnlich wie beim Baumverfahren, immer nur einzelne Knoten betrachtet, wobei aber für jeden Knoten eine eigene Teilbewertung errechnet wird. Im Baumverfahren dagegen wird prinzipiell nur eine Gesamtbewertung auf Basis der jeweiligen Gewichte erstellt.

tung von zehn Punkten („katastrophal"), und vergibt statt dessen für die gesamte Kategorie die schlechteste Note von zehn Punkten.[620] Ein mit der Bewertung „katastrophal" versehenes Kriterium wird so zum K.O.-Kriterium.[621]

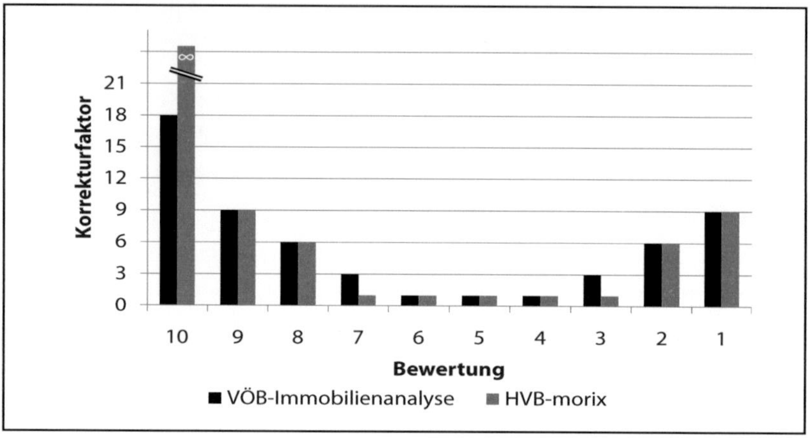

Abb. 25: *Beispiel für Korrekturfaktoren bei der dynamischen Gewichtung. (Bundesverband öffentlicher Banken e.V. (VÖB) 2006, S. 63; Trotz 2004, S. 125).*

Das Verfahren soll im Folgenden an einem Beispiel erläutert werden.[622] In dem Beispiel wird ein Ausschnitt einer Risikobewertung der Risikokategorie Standort und Markt betrachtet, wobei die nationale Ebene noch in die Unterkategorien „Gesamtwirtschaftliche Entwicklung", „Soziodemographische Entwicklung" und „Politische, juristische und steuerliche Rahmenbedingungen" untergliedert ist. Ferner liegen dem Beispiel die in der Abbildung gezeigten Korrekturfaktoren der VÖB-Immobilienanalyse zu Grunde.

620 Dies entspricht einem Korrekturfaktor in Höhe von „unendlich".

621 Auf der obersten Ebene werden die vier Kriteriengruppen aber nach einem starren Gewichtungsverhältnis bewertet, so dass die Bewertung einer Gruppe mit „katastrophal" nicht notwendigerweise zu einem ebensolchen Gesamtergebnis führt, wenngleich sie auch einen großen Einfluss besitzt. Vgl. Trotz 2004, S. 128–130.

622 Das Beispiel entstand in Anlehnung an Bundesverband öffentlicher Banken e.V. (VÖB) 2006, S. 64–67 und Trotz 2004, S. 126–127.

Ebene	Bewertung	Grundgewicht (W1)	Korrekturfaktor (W2)	Berechnung (W3 = W1 x W2)	Gewicht (W4 = W3/Σ W3)
1. 2. 3.	10 9 8 7 6 5 4 3 2 1				
Standort- und Marktrisiken	5				
nationale Ebene	5	25%	1	0,25	25%
Gesamtwirtschaftliche Entwicklung	5	40%	1	0,40	40%
Soziodemographische Entwicklung	4	40%	1	0,40	40%
Pol., jur. u. steuerl. Rahmenbedingungen	6	20%	1	0,20	20%
Regionale Ebene	5	35%		0,35	35%
Standort	6	40%	1	0,40	40%

Tab. 12: *Beispiel zur dynamischen Gewichtung, Variante 1. (Eigenes Beispiel in Anlehung an Bundesverband öffentlicher Banken e.V. (VÖB) 2006, S. 64–67 und Trotz 2004, S. 126–127).*

Die obige Tabelle zeigt die Berechnung der Bewertung für den Fall, dass sich alle Bewertungen im mittleren Bereich bewegen, weswegen die verwendeten Gewichte genau den Grundgewichten entsprechen. Das Teilergebnis der nationalen Ebene errechnet sich als gerundete Summe der Produkte der Bewertungen von Gesamtwirtschaftlicher Entwicklung etc. und ihrer jeweiligen Gewichte. Das Gesamtergebnis der Risikokategorie Standort und Markt wird entsprechend aus den Teilergebnissen der zweiten Ebene berechnet.

Ebene	Bewertung	Grundgewicht (W1)	Korrekturfaktor (W2)	Berechnung (W3 = W1 x W2)	Gewicht (W4 = W3/Σ W3)
1. 2. 3.	10 9 8 7 6 5 4 3 2 1				
Standort- und Marktrisiken	4				
nationale Ebene	3	25%	3	0,75	50%
Gesamtwirtschaftliche Entwicklung	2	40%	6	2,40	63%
Soziodemographische Entwicklung	3	40%	3	1,20	32%
Pol., jur. u. steuerl. Rahmenbedingungen	6	20%	1	0,20	5%
Regionale Ebene	5	35%	1	0,35	23%
Standort	6	40%	1	0,40	27%

Tab. 13: *Beispiel zur dynamischen Gewichtung, Variante 2. (Eigenes Beispiel in Anlehung an Bundesverband öffentlicher Banken e.V. (VÖB) 2006, S. 64–67 und Trotz 2004, S. 126–127).*

In der zweiten Variante des Beispiels wird die gesamtwirtschaftliche Entwicklung mit zwei Punkten (sehr gut) und die soziodemographische Entwicklung mit drei Punkten (gut) bewertet. Dies führt dazu, dass der Korrekturfaktor auf sechs bzw. drei steigt. Hierdurch steigt das Gewicht der gesamtwirtschaftlichen Entwicklung auf 40% · 6 / (40% · 6 + 40% · 3 + 20% · 1) = 63%, während das Gewicht der soziodemographischen Entwicklung analog auf 32% und das Gewicht der politischen, steuerlichen und juristischen Rahmenbedingungen auf 5% sinken. Dies führt zu einer Gesamtbewertung der nationalen Ebene von (gerundet) drei Punkten, wodurch sich ihr Gewicht durch den Korrekturfaktor drei von 25% auf 50% ebenfalls erhöht. Insgesamt verbessert sich die Gesamtbewertung auf vier Punkte.

Ebene			Bewertung	Grundgewicht (W1)	Korrekturfaktor (W2)	Berechnung (W3 = W1 x W2)	Gewicht (W4 = W3/Σ W3)
1.	2.	3.	10 9 8 7 6 5 4 3 2 1				
Standort- und Marktrisiken			9				
	nationale Ebene		10	25%	18	4,50	86%
		Gesamtwirtschaftliche Entwicklung	5	40%	1	0,40	5%
		Soziodemographische Entwicklung	10	40%	18	7,20	92%
		Pol., jur. u. steuerl.Rahmenbedingungen	6	20%	1	0,20	3%
	Regionale Ebene		5	35%	1	0,35	7%
	Standort		6	40%	1	0,40	8%

Tab. 14: *Beispiel zur dynamischen Gewichtung, Variante 3. (Eigenes Beispiel in Anlehung an (Bundesverband öffentlicher Banken e.V. (VÖB) 2006, S. 64–67)und (Trotz 2004, S. 126–127)).*

In der dritten Variante des Beispiels soll verdeutlicht werden, wie stark sich die Bewertung eines Faktors mit zehn Punkten („katastrophal") auf das Gesamtergebnis auswirkt. Abweichend zu Variante 1 wurde hier die soziodemographische Entwicklung mit zehn Punkten bewertet, wodurch auf ihr Gewicht der Korrekturfaktor 18 anzuwenden ist und dieses nach der Normierung auf 92% ansteigt. Diese hohe Gewichtung führt dazu, dass die nationale Ebene ebenfalls als katastrophal zu bewerten ist. Auch ihr Gewicht steigt erheblich an, nämlich auf 86%, und das Gesamtergebnis fällt auf neun Punkte ab. Das Beispiel zeigt, dass auch ohne die explizite Wertung einer katastrophalen Bewertung als K.O.-Kriterium diese zu einer erheblichen Verschlechterung des Gesamtergebnisses führt.

Das soeben beschriebene Verfahren der dynamischen Gewichtung zeichnet sich durch einige positive Eigenschaften aus. Vor allem folgt es der Intuition, dass insbesondere Chancen und Risiken, die stark vom Erwartungswert abweichen, besonderes Gewicht haben. Darüber hinaus kann eine vom Entscheider gewünschte Grundgewichtung integriert werden. Es ist aber auch vorstellbar, darauf zu verzichten und alle Teilrisiken, Risiken und Risikokategorien auf ihrer jeweiligen Ebene gleich zu gewichten. Da die Gewichte, ähnlich dem Baumverfahren, immer auf der jeweiligen Ebene und nur für eine Unterkategorie berechnet und normiert werden, bleibt die Vergabe der Gewichte übersichtlich und rechnerisch korrekt. Demgegenüber ist es sicherlich als Nachteil zu sehen, dass sich die Gewichte von Fall zu Fall ändern, worunter die Vergleichbarkeit der Bewertungen leidet. Dies scheint aber hinnehmbar, ist doch mit einer starren Verteilung der Gewichte die Gefahr gegeben, dass die Bagatellgrenze überschreitende Risiken bei einer hohen Anzahl betrachteter Risikofaktoren in der Gesamtbewertung untergehen.

1.4.2.5 Aggregation zu einem Gesamtergebnis

Im Gegensatz zu der Gewichtung ist die Aggregation zu einem Gesamtergebnis recht unproblematisch. Prinzipiell werden die mit den Gewichten multiplizierten Bewertungen zum Gesamtergebnis aufaddiert.[623] Zu unterscheiden ist lediglich, ob dies für das gesamte Modell auf einmal geschieht, oder ob Zwischenergebnisse auf jeder Ebene gebildet werden, wobei jeweils die Teilergebnisse der untergeordneten Ebene in das Teil- bzw. Gesamtergebnis eingehen. Je nach gewählter Vorgehensweise sind die Gewichte entsprechend anzupassen. Das Vorgehen bei der Aggregation wird in folgendem Beispiel nochmals gezeigt. Die Gewichte sind dem Beispiel zum Baumverfahren entnommen. Die Differenz der Gesamtergebnisse entsteht durch die Rundung des Teilergebnisses der nationalen Ebene in Schritt 2. Ohne diese Rundung würden beide Verfahren zum selben Ergebnis führen.

[623] Vgl. von Nitzsch 2002, S. 163.

Risikokategorie	Bewertung	Gewicht	Bewertung x Gewicht
Berechnung ohne Zwischenschritte			
Gesamtwirtschaftl. Entwicklung	2	10%	0,20
Soziodemograph. Entwicklung	3	10%	0,30
Pol., steuerl. und jur. Rahmenbedingungen	6	5%	0,30
Regionale Ebene	5	35%	1,75
Standort	6	40%	2,40
Gesamt			**4,95**
Berechnung mit Zwischenschritten			
Schritt 1: nationale Ebene			
Gesamtwirtschaftl. Entwicklung	2	40%	0,80
Soziodemograph. Entwicklung	3	40%	1,20
Pol., steuerl. und jur. Rahmenbedingungen	6	20%	1,20
Gesamt Nationale Ebene			**3,20**
Schritt 2: Standort und Marktrisiken (gesamt)			
nationale Ebene (Zwischenergebnis gerundet)	3	25%	0,75
Regionale Ebene	5	35%	1,75
Standort	6	40%	2,40
Gesamt Standort- und Marktrisiken			**4,90**

Tab. 15: *Beispiel für die Aggregation der Teilbewertungen zu einem Gesamtergebnis mit starren Gewichten. (Eigene Darstellung).*

1.5 Zusammenfassende Betrachtung

In diesem Abschnitt wurden verschiedene etablierte Verfahren zur Bewertung und Aggregation von Risiken vorgestellt.[624] Hierbei wurde zunächst auf die – in der Praxis sehr beliebten – einfachen Ansätze der Risikobewertung eingegangen, nämlich die qualitative Einstufung nach der Bedeutsamkeit des Risikos, die Bewertung nach dem Erwartungswert, Checklisten, SWOT-Analysen und Due-Diligence-Prüfungen. Es zeigte sich, dass diese Verfahren zur Bewertung von Risiken überaus

[624] Bei der Risikobewertung werden einzelne Risiken mit Hilfe qualitativer oder quantitativer Kennzahlen bewertet. Die Risikoaggregation hat die Zusammenfassung mehrer Einzelrisiken bzw. Einzelgrößen auf Grundlage eines einheitlichen Maßstabs zum Gesamtrisikoumfang der einzelnen Immobilie, des Immobilienportfolios bzw. von Teilportfolios, oder des Gesamtunternehmens zum Ziel. Vgl. auch Romeike 2004, S. 8 u. 103-105; Schröder 2005, S. 30-32.

problematisch sind, da sie im Zuge der mit ihrer Anwendung verbundenen Komplexitätsreduktion wesentliche Aspekte ausblenden. Hier ist insbesondere im Falle des Erwartungswerts die fehlende Aussage zur Streuung des Risikos zu nennen.

Daher wurde im Folgenden auf die Risikobewertung unter Nutzung statistischer Maße zur Beschreibung von Verteilungen, insbesondere auf die Größen Erwartungswert und Standardabweichung, eingegangen. Diese wurden zwar als zur Messung von Risiken grundsätzlich geeignet angesehen, aber die zu ihrer Anwendung nötigen statistischen Daten zu Immobilien und ihren Märkten stehen in Deutschland leider kaum zur Verfügung.[625] Hinzu kommt, dass diese Kennzahlen zwar für einige Teilrisiken gut anwendbar sind, beispielsweise aber eine Aggregation der Zahlen zur Ermittlung der Verteilung der Rendite eines Immobilienobjekts analytisch kaum lösbar ist.

Gleiches gilt prinzipiell auch für die im Finanzwesen gebräuchlichen Risikomaße. Diese bauen teilweise auf den statistischen Kennzahlen auf, teilweise stützen sie sich aber auch auf die Grundlagen der Kapitalmarkttheorie. Zur ersten Gruppe zählen die Ausfallwahrscheinlichkeit und der Value-at-Risk, zur zweiten unter anderem der β-Faktor sowie das Sharpe- und das Treynor-Maß.

Abhilfe verspricht das Scoring-Verfahren, welches eine Vielzahl verschiedener bewertungsrelevanter Faktoren zu einer Kennzahl verdichten kann. In ein Scoring-Modell können insbesondere auch die zuvor besprochenen Kennzahlen, sofern sie für Teilbereiche anwendbar sind, integriert werden. Scoring-Modelle finden bereits in den der Risikobewertung recht ähnlichen Bereichen Rating bzw. Immobilienanalyse und Immobilien-Portfoliomanagement Anwendung. Daher soll das im Folgenden zu entwickelnde Bewertungsmodell für Immobilienrisiken auf einem Scoring-Modell basieren.

---

[625] Siehe hierzu auch Jedem 2006, S. 190.

2 Konzeption eines Risikobewertungssystems

Die Risikobewertung verfolgt als Grundlage der Risikosteuerung vor allem den Zweck, die Signifikanz der bei der Risikoidentifizierung erkannten Risiken in Bezug auf die in der Risikostrategie definierten Kriterien zu bewerten und eine Gesamt-Risikoposition zu ermitteln.[626] Von den im vorangegangenen Abschnitt vorgestellten Methoden der Risikobewertung hat sich nur das Scoringverfahren als tauglich erwiesen, da es alleine die sehr vielfältigen Anforderungen im Falle der Risikobewertung von Immobilien weitgehend erfüllt.

Im Folgenden soll auf dieser Grundlage ein Vorschlag für ein solches Risikobewertungssystem entwickelt werden. Da eine allgemeingültige Aussage aufgrund der Breite des Themas und der Vielfalt an Immobilienarten jedoch kaum möglich ist,[627] beschränkt sich die Darstellung auf ein allgemeines Vorgehensmodell, welches an die jeweilige Situation im Immobilienunternehmen anzupassen ist. Hierzu werden Hinweise auf mögliche Problempunkte und Modellparameter gegeben. Darüber hinaus wird das Vorgehensmodell zunächst nur für den vereinfachten Fall der Bewertung eines einzelnen Immobilienobjekts beschrieben. Der Übergang zu einer Betrachtung von Immobilienportfolios bzw. ganzen Immobilienunternehmen erfolgt im darauf folgenden Abschnitt. Schließlich sei nochmals darauf hingewiesen, dass die Risikobewertung im Gegensatz zu den vorangegangenen Kapiteln ausschließlich aus Sicht des Immobilienunternehmens erfolgt.

---

[626] Vgl. Pöschl 2004, S. 86.

[627] Eine ähnliche Auffassung vertritt Sandvoß 2004, S. 7.

2.1 Grundlagen des Scoring-Modells

2.1.1 Betrachtete Risiken

Wie bereits erwähnt ist im Bereich der Risikobewertung von Immobilien kaum eine allgemeingültige Aussage zu den zu betrachtenden Risiken möglich, allenfalls können typische Risikofelder genannt werden.[628] Prinzipiell sind die in Kapitel C herausgearbeiteten Risikokategorien und Risiken ein guter Ausgangspunkt zur Identifikation der im konkreten Fall zu betrachtenden Risikokategorien und Risiken. Ansatzpunkte für die Auswahl sind beispielsweise die Nutzungsart der Immobilie oder ihr Entwicklungszustand.[629] Hierbei ist im Falle der Bewertung einzelner Immobilien der Bereich der Unternehmensrisiken auszuklammern, wobei ggf. einzelne Risiken aus dieser Kategorie den Objektrisiken zugeschlagen werden können. Hierzu zählen die Finanzierung, soweit sie sich tatsächlich auf die betrachtete Immobilie bezieht, sowie die objektbezogenen Managementrisiken.

2.1.2 Risikomessung

Im zweiten Schritt sind geeignete Indikatoren zur Messung der Risiken auszuwählen. Da diese einerseits von der Zusammenstellung der relevanten Risiken und andererseits ebenfalls von der konkreten Situation abhängen, kann auch hier keine allgemeinverbindliche Auflistung der zu betrachtenden Indikatoren angegeben werden.[630] Bei der Auswahl der Indikatoren sollte grundsätzlich darauf geachtet werden, dass diese

---

628 Vgl. Sandvoß 2004, S. 7.

629 Das Immobilienrating HVB-morix unterscheidet beispielsweise nach Bestandsimmobilien und Projektentwicklungen sowie nach gewerblich und zu Wohnzwecken genutzten Gebäuden. Vgl. Trotz 2004, S. 33–40. Einen Überblick zu Gliederungsmöglichkeiten geben Schulte et al. 2000, S. 23-27 u. 29-30 und Gondring 2004, S. 34–35.

630 Es sei aber auf den entsprechenden Abschnitt in Kapitel C als Grundlage verwiesen.

verständlich, eindeutig, interpretierbar und zielbezogen sind, ihre Messung auf einer seriösen Datenbasis beruht und der Erhebungsaufwand in einem vernünftigen Verhältnis zu ihrem Nutzen steht.[631]
Im Hinblick auf die spätere Auswertung erscheint es sinnvoll, die zur Verfügung stehenden Indikatoren nach ihrem Zeithorizont zu unterscheiden. Hierbei sind zukunfts-, gegenwarts- und vergangenheitsbezogene Kennzahlen zu unterscheiden, wobei im Sinne des Risikomanagements vor allem den zukunftsbezogenen Kennzahlen eine besondere Bedeutung als Frühwarnindikatoren zukommt. Für die wirtschaftliche Entwicklung zählen beispielsweise der Auftragseingang, insbesondere in bestimmten Schlüsselbranchen wie Bau und Maschinenbau, sowie der ifo-Geschäftsklimaindex zu den Frühwarnindikatoren, während die Veränderung des Bruttoinlandsprodukts oder der Export eher gegenwartsbezogene Indikatoren sind. Zu den Indikatoren mit hoher Latenzzeit können hier die Entwicklung der Steuereinnahmen oder Reaktionen des Arbeitsmarkts sein.[632]
Schließlich ist zwischen quantitativen und qualitativen Indikatoren zu unterscheiden. Während quantitative Indikatoren auf einer natürlichen Skala ohne weiteres messbar sind ist dies bei qualitativen Indikatoren, beispielsweise dem Image eines Standorts oder einer Region, nicht möglich.[633] Im Sinne einer objektiven Bewertung sollten, soweit möglich, quantitative Indikatoren gewählt werden. Ist die Verwendung qualitativer Indikatoren unumgänglich, muss eine hinreichend präzise Bewertungsvorschrift angegeben werden.[634]

Die gewählten Indikatoren sind in einem zweiten Schritt in eine Punkteskala zu übersetzen. Hierbei wird vorgeschlagen, die auch von der VÖB-Immobilienanalyse und von HVB-morix verwendete Skala von ei-

631 Vgl. Bogenberger 2006, S. 104.

632 Das DEGI-Immobilienstandortscoring unterscheidet hier nach volkswirtschaftlichen Kenngrößen, die den Status Quo und die Dynamik abbilden. Vgl. Beyerle 24.04.2006.

633 Siehe auch Ertle-Straub 2003, S. 171, 175; Kook, Sydow 2003, S. 56.

634 Vgl. Trotz 2004, S. 90.

nem bis zehn Punkte zu verwenden, wobei ein Punkt die best- („sehr gut“) und zehn Punkte die schlechtestmögliche („katastrophal“) Bewertung repräsentieren. Für eine mittlere Ausprägung sind fünf Punkte zu vergeben.[635]

Im Falle quantitativer Indikatoren kommen drei verschiedene Verfahren in Frage, um die jeweilige Bandbreite der Messergebnisse in die gewählte Punkteskala zu übertragen. Das einfachste Verfahren ist hierbei die äquidistante Einteilung, bei der die natürliche Skala der Messwerte in gleichgroße Abschnitte eingeteilt wird. Hierbei ist jedoch nicht gesichert, dass der Mittelwert der Verteilung der Messwerte der Bewertung von fünf Punkten entspicht. Um dies zu umgehen kann das Verfahren dergestalt modifiziert werden, dass neben den Extremwerten, die mit einem und zehn Punkten assoziiert werden, auch die mittlere Bewertung von fünf Punkten fest an den Mittelwert der Messwertverteilung geknüpft wird, und dass die zwischen den Fixpunkten gelegenen Klassen durch äquidistante Einteilung gebildet werden. Als drittes Verfahren kann die Klasseneinteilung so erfolgen, dass die Besetzung der einzelnen Klassen möglichst einer Normalverteilung entspricht und dass eine Häufung von Messwerten an den Rändern vermieden wird. Hierzu sind ggf. aufwändigere mathematische Verfahren nötig.[636]
Welches der drei Verfahren im jeweiligen Fall geeignet ist hängt stark von den Eigenschaften des jeweiligen Indikators ab. Abgesehen davon, dass für das dritte vorgeschlagene Verfahren die Verteilung des Indikators bekannt sein muss, entspricht bei einem normalverteilten Indikator auch die Besetzung der Klassen bei äquidistanter Einteilung einer Normalverteilung. Bei einer symmetrischen Verteilung entspricht das

[635] Vgl. Trotz 2004, S. 41–45; Bundesverband öffentlicher Banken e.V. (VÖB) 2006, S. 13. Ggf. bietet es sich an, statt der tatsächlichen Skalengrenzen bzw. Extremwerte und des Erwartungswerts des Indikators den Median bzw. das 1% und das 99%-Perzentil oder das 5% und das 95%-Perzentil zur Festlegung der Punkteskala zu verwenden. Dies hat den Hintergrund, dass sich die genannten Werte durch das Ausblenden von außergewöhnlichen Extremwerten stabiler verhalten als der Erwartungswert, der insbesondere bei kleinen Stichprobengrößen stark von Ausreißern beeinflußt werden kann.

[636] Vgl. Bundesverband öffentlicher Banken e.V. (VÖB) 2006, S. 20–21.

Ergebnis des zweiten Verfahrens, nämlich der äquidistanten Einteilung bei fixem Mittelwert, ebenfalls dem der äquidistanten Einteilung. Insofern kann in vielen Fällen auf das komplizierte Verfahren der Annäherung der Klassenbesetzung an eine Normalverteilung verzichtet werden. Die verschiedenen Verfahren der Klasseneinteilung werden in der folgenden Abbildung nochmals am Beispiel der asymmetrischen Gammaverteilung mit den Parametern p=2 und b=1[637] verglichen.

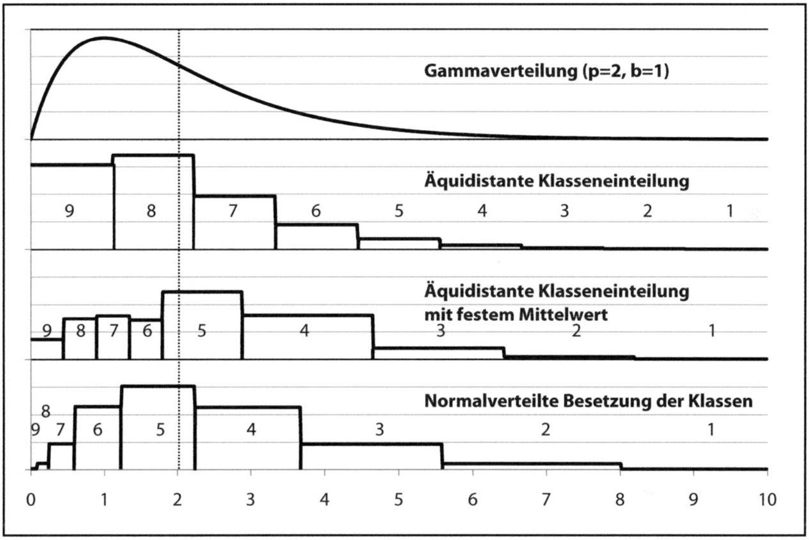

Abb. 26: *Beispielhafte Anwendung der verschiedenen Verfahren der Klasseneinteilung bei einem gammaverteilten Indikator. (Eigene Darstellung).*

Das gewählte Beispiel verdeutlicht gut die Eigenschaften sowie Vor- und Nachteile der verschiedenen Verfahren zur Klasseneinteilung. Bei der äquidistanten Einteilung bleibt die ursprüngliche Verteilung des Indikators im Kern erhalten. Wird der Mittelwert fixiert um zu erreichen, dass der Erwartungswert des Indikators der durchschnittlichen Bewertung mit fünf Punkten entspricht, korrespondiert die Besetzung der Klassen durch ihre unterschiedliche Breite weder mit der ursprünglichen Verteilung noch mit einer standardisierten Verteilung. Wird die

637 Der Erwartungswert beträgt dann genau 2, die Standardabweichung 1,414.

Klasseneinteilung so gewählt, dass die Besetzung der einzelnen Klassen normalverteilt ist, schwanken die einzelnen Intervallbreiten ggf. stark, wie sich auch im Beispiel deutlich zeigt.

Für qualitative Indikatoren muss dagegen eine Bewertungsvorschrift angegeben werden, um zu erreichen, dass die Vergabe der Punkte auch bei verschiedenen Bewertern objektiv nachvollziehbar und vergleichbar bleibt.[638] Hierbei ist idealerweise für jede Bewertungsstufe eine Messvorschrift, ggf. mit Beispielen angereichert, anzugeben.[639] Für weniger bedeutsame Kriterien bietet es sich an, lediglich die „Eckpunkte" der Bewertung also eine schlechte, eine mittlere und eine gute Bewertung genau zu definieren und die Abstufungen offen zu lassen.[640] Im Folgenden wird die Angabe von Messvorschriften für qualitative Indikatoren anhand eines Beispiels verdeutlicht.

Bewertung	Messvorschrift
1	international bekanntes Unikat von anerkanntem Architekturbüro entworfen, preisgekröntes Objekt
2	national bekanntes Unikat von anerkanntem Architekturbüro entworfen, preisgekröntes Objekt
3	Unikat mit hohem Identifikations- und Wiedererkennungswert
4	individuelle gestalterische Note des Objektes erkennbar, überregionaler Identifikationswert vorhanden
5	individuelle gestalterische Note des Objektes muss erkennbar sein
6	Standardarchitektur, zweckgebundene Gestaltung
7	Standardarchitektur, zweckgebundene Gestaltung, überholte Konzeption
8	überalterte Konzeption, überholter Zeitgeschmack
9	Zweckbau ohne gestalterische Akzente, überalterte Konzeption, überholter Zeitgeschmack
10	negatives architektonisches Image, Bauweise ohne ästhetischen Anspruch, überalterte Konzeption

Tab. 16: *Messvorschrift eines qualitativen Indikators am Beispiel der architektonischen Gestaltung von Bürogebäuden. (Bundesverband öffentlicher Banken e.V. (VÖB) 2006, S. 52).*

638 Vgl. Trotz 2004, S. 90.

639 Vgl. Bundesverband öffentlicher Banken e.V. (VÖB) 2006, S. 46–47.

640 Vgl. Bundesverband öffentlicher Banken e.V. (VÖB) 2006, S. 38; Trotz 2004, S. 104–118.

2.1.3 Gewichtung

Im vorangegangenen Abschnitt wurde bereits ausführlich auf die mit der Bildung der Gewichtungsfaktoren verbundenen Probleme hingewiesen. Zur Vermeidung subjektiver oder verzerrter Bewertungen durch Fehler bei der Ermittlung der Gewichte wird vorgeschlagen, das Verfahren der dynamischen Gewichtung anzuwenden.[641] Hierbei sollte jedoch zusätzlich die Dimension des jeweiligen Risikos bzw. Indikators berücksichtigt werden,[642] da sonst beispielsweise die Abwesenheit einer Hochwassergefahr zu einer sehr positiven Bewertung dieses Indikators führen würde, wodurch sein Gewicht erheblich ansteigt und hierdurch das Ergebnis des Risikos „Naturkatastrophen" unangemessen beeinflusst würde. Diese Berücksichtigung lässt sich beispielsweise durch eine fallabhängige Anpassung der Korrekturfaktoren erreichen, bei der für eindimensional positive Risiken die Korrekturfaktoren für Bewertungen von mehr als fünf Punkten gleich eins gesetzt werden, für eindimensional negative Risiken entsprechend die Korrekturfaktoren für Bewertungen von weniger als fünf Punkten. Bei zweidimensionalen Risiken bleiben die Korrekturfaktoren dagegen unangetastet.

Zur Ermittlung der Grundgewichte ist das Baumverfahren anzuwenden, wobei es aus Gründen der Komplexität sinnvoll erscheint, lediglich für die ersten zwei bis drei Ebenen der Risikohierarchie Grundgewichte anzugeben, und auf den unteren Ebenen die Risiken und Indikatoren gleich zu gewichten.
Die gewählte Grundgewichtung hängt, wie auch die Auswahl der Risiken und der Indikatoren, vom jeweiligen Kontext ab, in dem das Risikobewertungssystem eingesetzt werden soll, weswegen an dieser Stel-

---

641 Vgl. Trotz 2004, S. 124–127, Bundesverband öffentlicher Banken e.V. (VÖB) 2006, S. 38; Trotz 2004, S. 62–63 sowie Abschnitt E.1 dieser Arbeit.

642 In Kapitel D wurden die Risiken in eindimensional positive, zweidimensionale und eindimensional negative Risiken unterteilt. Bei den eindimensional positiven Risiken handelt es sich um Risiken, die ausschließlich Chancen (also positive Abweichungen) beinhalten, während eindimensional negative Risiken ausschließlich Verlustgefahren (also negative Abwichungen) bergen. Zweidimensionale Risiken beinhalten sowohl Chancen als auch Verlustgefahren.

le keine allgemeingültige Aussage getroffen werden kann.[643] Hinweise auf eine sinnvolle Auswahl der Gewichte finden sich unter anderem in der VÖB-Immobilienanalyse,[644] bei HVB-morix,[645] dem Bürogebäudebewertungssystem Office Score,[646] in der niederländischen Real Estate Norm,[647] bei Bone-Winkel,[648] bei Muncke[649] und bei Ertle-Straub.[650] Allerdings werden die genannten Gewichte nur selten explizit und transparent hergeleitet. Eine Ausnahme stellt die Arbeit von Ertle-Straub dar, in der Gewichte mit Hilfe einer Conjoint-Analyse ermitttelt werden. Darüber hinaus wird im Falle von HVB-morix darauf verwiesen, dass sich die gewählten Gewichte in Tests für mittlere Bewertungen als konfident erwiesen hätten,[651] allerdings sind gerade in Expertengremien festgesetzte Gewichte aus Sicht des Autors problematisch.[652]

643 Vgl. Bone-Winkel 1994, S. 190.

644 Vgl. Bundesverband öffentlicher Banken e.V. (VÖB) 2006, S. 38; Trotz 2004, S. 39-45 u. 87-92.

645 Vgl. Trotz 2004, S. 122-124 und 128-130.

646 Vgl. Fraunhofer-Institut für Arbeitswirtschaft und Organisation. http://www.office-score.de/.

647 Diese sieht allerdings lediglich eine Gewichtung der Abstufung A, B oder C vor. Vgl. Ertle-Straub 2003, S. 175–179.

648 Vgl. Bone-Winkel 1994, S. 190–192.

649 Vgl. Muncke 1996, S. 119.

650 Vgl. Ertle-Straub 2003, S. 180–252.

651 Vgl. Trotz 2004, S. 124.

652 Auf diese Weise werden beispielsweise die Gewichte in Office Score festgelegt (vgl. Fraunhofer-Institut für Arbeitswirtschaft und Organisation. http://www.office-score.de/). Andere Autoren bewerten die Festlegung im Expertengremium dagegen als vorteilhaft (siehe z. B. Ertle-Straub 2003, S. 175). Bone-Winkel ermittelt die verwendeten Gewichtungsfaktoren beispielsweise ebenfalls durch eine Expertenbefragung (vgl. Bone-Winkel 1994, S. 190).

2.1.4 Zusammenfassung der Grundlagen des Scoring-Modells

In diesem Abschnitt wurden die Grundlagen für das Risikobewertungssystem auf Grundlage eines Scoring-Verfahrens dargelegt. Die zu betrachtenden Risiken, die Indikatoren zu deren Messung sowie die Gewichte sind jeweils an die konkrete Situation anzupassen, weswegen im Rahmen dieser Arbeit lediglich auf mögliche Probleme hingewiesen wurde, allerdings keine allgemeingültige Aussage getroffen werden konnte. Als Grundlage können und sollten jedoch die in Kapitel C abgeleiteten Risikokategorien und Risiken dienen.

Bezüglich der Gewichtung soll das Verfahren der dynamischen Gewichtung angewendet werden, um der Gefahr von Fehlbewertungen aufgrund falscher Gewichte vorzubeugen. Dieses Verfahren wird um die Berücksichtigung der Risikodimensionalität ergänzt. Zur Festlegung der Grundgewichte wurde auf verschiedene Quellen verwiesen, die mögliche Gewichtsverteilungen auflisten.

2.2 Integration von Interdependenzen zwischen Risiken in das Scoring-Modell

Trotz der unbestrittenen Vorteile von Scoring-Modellen bei der Risikobewertung von Immobilien, insbesondere ihrer hohen Flexibilität und der daraus resultierenden Möglichkeiten, verschiedenste Arten von Risikoindikatoren und Kennzahlen in das Modell zu integrieren, haben Scoring-Modelle den unbestrittenen Nachteil, dass sie Risiken isoliert bewerten und folglich die Interdependenzen nicht berücksichtigen.[653] Andererseits steht gerade die Notwendigkeit der Berücksichtigung von Interdependenzen bei der Bewertung und Aggregation von Risiken außer Frage. Romeike fasst das grundlegende Problem in der Aussage

[653] Siehe auch Ertle-Straub 2003, S. 175.

„Das Ganze ist mehr als die Summe seiner Teile" zusammen.[654] Dahinter verbirgt sich, dass sich sowohl für sich genommen unproblematische einzelne Risiken unter Berücksichtigung der Interdependenzen zu einem bestandsgefährdenden Risiko entwickeln, als auch bedrohliche Risiken durch Diversifikation abschwächen können. Eine entsprechende Berücksichtigung von Interdependenzen bei der Aggregation ist daher unerlässlich.[655] Im Folgenden soll daher ein Vorschlag entwickelt werden, wie Interdependenzen von Risiken im Rahmen eines Scoring-Ansatzes berücksichtigt werden können.

Bereits in Kapitel D dieser Arbeit wurde eine Systematik zur praxisgerechten Beschreibung von Interdependenzen zwischen Risiken entwickelt, und in diesem Zusammenhang auch die Interdependenzen der wesentlichen Risikogruppen in der Immobilienwirtschaft abgeleitet. Hierbei wurde der Einfluss eines Risikos auf ein anderes Risiko durch die qualitativen Merkmale „stark", „mittel" und „schwach" charakterisiert, und zusätzlich Faktoren betrachtet, die selbst die Stärke des Wirkungszusammenhangs beeinflussen.[656] Zusätzlich wurden die Risiken bezüglich ihrer Wirkungsrichtung in eindimensional positive, zweidimensionale und eindimensional negative Risiken eingeteilt. Diese Erkenntnisse sollen nun als Grundlage der Integration in das Scoring-Modell dienen.

Grundsätzlich existieren zwei verschiedene Möglichkeiten, die Abhängigkeiten der Risiken in das Scoring-Modell aufzunehmen:

» vorgelagerte Risiken, die das gerade betrachtete Risiko beeinflussen, können bei diesem als zusätzlicher Indikator erfasst und bewertet werden, oder

654 Romeike 2005, S. 31.

655 Vgl. Huther 2003, S. 19; Schröder 2005, S. 27–33; Maier et al. 2007, S. 16–22.

656 Als Beispiel wurde in diesem Zusammenhang die Drittverwendungsfähigkeit von Gebäuden genannt, die ggf. einen negativen Einfluss von Marktrisiken abmildern kann, oder ein gegen Hochwasser gesichertes Gebäude.

» es kann für vorgelagerte Risiken ein Abschlag oder ein Zuschlag auf die Bewertung des gerade betrachteten Risikos vorgenommen werden.

Ein Vorteil des Zuschlagsverfahrens ist, dass Verbesserungen oder Verschlechterungen der Bewertung aus vorgelagerten Risiken explizit genannt werden, und nicht in der Reihe der Indikatoren untergehen. Daher soll dieser Ansatz weiter verfolgt werden, auch wenn das Verfahren der Erfassung als Indikator in Kombination mit der dynamischen Gewichtung ebenfalls prinzipiell geeignet erscheint.

Das gewählte Verfahren des Zuschlags oder Abschlags läuft allgemein so ab, dass zunächst der Punktwert des betrachteten Risikos wie bisher ermittelt wird. In einem zweiten Schritt wird der Zuschlag bzw. Abschlag aus den verschiedenen relevanten Parametern mit Hilfe eines eigenen Berechnungsverfahrens ermittelt und auf den Punktwert addiert. Hierdurch kann sich die Bewertung des Risikos entsprechend verbessern oder im Falle einer drohenden Gefahr auch verschlechtern.

Parameter bei der Ermittlung der Zu- und Abschläge sind

» die Stärke des Wirkungszusammenhangs,
» die Dimensionalität des beeinflussenden Risikos und
» weitere Faktoren, die Einfluss auf die Stärke des Wirkungszusammenhangs haben.

Die Stärke des Wirkungszusammenhangs kann dabei in Form einer quadratischen Matrix angegeben werden, deren Zeilen das beeinflusste und deren Spalten das beeinflussende Risiko angeben.[657] Bei der Modellierung der Wirkungszusammenhänge ist zu beachten, dass die-

[657] Diese Darstellung ähnelt einer Varianz-Kovarianz-Matrix, unterscheidet sich aber doch grundlegend von dieser. Im Gegensatz zur Varianz-Kovarianz-Matrix muss die hier betrachtete Matrix auf der Diagonale grundsätzlich den Wert 0 enthalten, da ein Risiko sich nicht selbst beeinflussen kann, während die Varianz-Kovarianz-Matrix auf der Diagonalen die Varianzen enthält. Des Weiteren sind die Werte der Varianz-Kovarianz-Matrix zur Diagonalen symmetrisch (da COV (a,b) = COV (b,a) ist). Auch dies ist hier prinzipiell nicht der Fall. Vgl. auch Breuer et al. 2004, S. 380 u. 382.

se nicht mehrfach abgebildet werden.[658] Hierzu kann es insbesondere dann kommen, wenn die Wirkungszusammenhänge gleichzeitig auf verschiedenen Betrachtungsebenen, also beispielsweise gleichzeitig auf Ebene von Einzelrisiken und Risikokategorien, betrachtet werden. Daher ist es prinzipiell sinnvoll, sich zur Modellierung der Wirkungszusammenhänge auf eine Betrachtungsebene, also beispielsweise Risikokategorien, zu beschränken.[659]

Die Berücksichtigung der Dimensionalität des beeinflussenden Risikos soll, ebenso wie schon im Falle der dynamischen Gewichtung, verhindern, dass das betrachtete Risiko eine Aufwertung erfährt, obwohl das vorgelagerte Risiko lediglich eine Verlustgefahr, aber keine Chancen beinhaltet. Genau umgekehrt verhält es sich bei einem eindimensional positiven vorgelagerten Risiko. Hier soll verhindert werden, dass das betrachtete Risiko abgewertet wird. Weitere Faktoren, die Einfluss auf die Stärke des Wirkungszusammenhangs haben, sind beispielsweise bestimmte Objekteigenschaften, welche die Auswirkung eines vorhandenen Risikos abmildern können.[660] Diese Faktoren lassen sich am einfachsten durch eine Anpassung der Matrix der Wirkungszusammenhänge erfassen. Prinzipiell ist aber auch eine differenziertere Berücksichtigung

---

658 Im Gegensatz zur unerwünschten Mehrfach*abbildung* desselben Risikozusammenhangs kann sich ein Risiko mehrfach *auf verschiedenen Pfaden* auswirken, was dann entsprechend modelliert werden muss. Ein Beispiel ist hier das Risiko der wirtschaftlichen Entwicklung: Dieses wirkt sich primär auf die Lage am Immobilienmarkt aus. Darüber hinaus beeinflusst die wirtschaftliche Entwicklung aber auch unter anderem die Preise für Energie, und damit die Betriebskosten. Diese impliziten Mehrfachwirkungen von Risiken werden bei höherer Detailgenauigkeit des Modells explizit aufgedeckt.

659 An dieser Stelle sei auch davor gewarnt, diese Ebene im Sinne einer erhofften Steigerung der Genauigkeit zu tief anzusiedeln. Einerseits sind die Risikozusammenhänge in der Immobilienwirtschaft für eine Modellierung auf der Ebene von Einzelrisiken und Indikatoren kaum ausreichend erforscht. Andererseits birgt die erheblich ansteigende Komplexität der Bewertung und Beschreibung der Wirkungszusammenhänge die Gefahr, zu falschen Ergebnissen zu kommen. In diesem Sinne gilt hier, dass weniger manchmal zu besseren Ergebnissen führt.

660 Als Beispiele wurden in diesem Zusammenhang der bauliche Schutz vor Überflutung in Folge von Hochwasser, oder auch die Drittverwendungsfähigkeit des Gebäudes genannt.

denkbar, die lediglich den Einfluss negativer Auswirkungen begrenzt, jedoch den Zuschlag aufgrund einer positiven Veränderung des beeinflussenden Risikos unverändert lässt.

Im Folgenden ist als Beispiel eine Matrix von Wirkungszusammenhängen wiedergegeben, welche auf Abbildung 16 dieser Arbeit basiert. Dabei entspricht der Eintrag „3" einem starken, „2" einem mittleren und „1" einem schwachen Einfluss auf das beeinflusste Risiko. Die Matrix ist so abzulesen, dass die Spalte des beeinflussenden und die Zeile des beeinflussten Risikos gewählt wird. So erhält man den Einfluß der soziodemographischen Entwicklung auf nationaler Ebene auf die gesamtwirtschaftliche Entwicklung, indem man die zweite Spalte und die dritte Zeile wählt. Der Einfluß ist demnach schwach (1).

Risikozusammenhang von Spalte auf Zeile
1: schwach
2: mittel
3: stark

			Standort- und Marktrisiken														Objektrisiken							Untern.	
			National			Regional						Standort													
			Pol., steuerl. & jurist. Rahmenbed.	Soziodemographische Entwicklung	Gesamtwirtschaftliche Entwicklung	Politische und rechtliche Risiken	Soziodemographische Entwicklung	Wirtschaftliches Umfeld	Standortrisiken	Großschadensereignisse	Immobilienmarkt	Standortrisiken	Immobilienmarkt	Politische und rechtliche Risiken	Soziale Risiken	Ökologische Risiken	Großschadensereignisse	Gebäudesubstanz	Ökologische Risiken (Gebäude)	Mietwert	Mieteinnahmen	Rechtliche Risiken	Bewirtschaftungskosten	Wertentwicklung	Managementrisiken	Risiken aus der Finanzierung
Standort- und Marktrisiken	Nation.	Pol., steuerl. & jurist. Rahmenbed.	0																							
		Soziodemographische Entwicklung	1	0	1																					
		Gesamtwirtschaftliche Entwicklung	1	1	0																					
	Regional	Politische und rechtliche Risiken	3			0																				
		Soziodemographische Entwicklung		3		1	0	1																		
		Wirtschaftliches Umfeld			3	1	1	0																		
		Standortrisiken				1			0																	
		Großschadensereignisse								0																
		Immobilienmarkt				2	3	3	2		0															
	Standort	Standortrisiken							2			0														
		Immobilienmarkt					3	3			3	3	0													
		Politische und rechtliche Risiken				2								0												
		Soziale Risiken													0											
		Ökologische Risiken														0										
		Großschadensereignisse								3							0									
Objektrisiken		Gebäudesubstanz														3	3	0	1							
		Ökologische Risiken (Gebäude)																	0							
		Mietwert											3					2	2	0						
		Mieteinnahmen													2					3	0		3		2	
		Rechtliche Risiken												2					1			0			2	
		Bewirtschaftungskosten						2							1			2	2			2	0		2	2
		Wertentwicklung														1					3		2	0		
Untern.		Managementrisiken																							0	
		Risiken aus der Finanzierung			2																			2		0

Abb. 27: *Beispiel für eine Matrix von Wirkungszusammenhängen. (Eigene Darstellung auf Grundlage von Abb. 16).*

Der Zu- bzw. Abschlag wird nun für jedes einzelne beeinflussende Risiko anhand einer Tabelle ermittelt. Hierzu ist zunächst der Score des beeinflussenden Risikos inklusive eigener Zu- und Abschläge zu ermitteln. Anschließend kann der Zu- bzw. Abschlag abgelesen werden. Es wird vorgeschlagen, folgende Werte zu verwenden:

Score beeinfl. Risiko	10	9	8	7	6	5	4	3	2	1
eindimensional negativ										
geringer Einfluss	2	1	0	0	0	0	0	0	0	0
mittlerer Einfluss	3	2	1	0	0	0	0	0	0	0
hoher Einfluss	4	3	2	1	0	0	0	0	0	0
zweidimensional										
geringer Einfluss	2	1	0	0	0	0	0	0	0	-1
mittlerer Einfluss	3	2	1	0	0	0	0	0	-1	-2
hoher Einfluss	4	3	2	1	0	0	0	-1	-2	-3
eindimensional positiv										
geringer Einfluss	0	0	0	0	0	0	0	0	0	-1
mittlerer Einfluss	0	0	0	0	0	0	0	0	-1	-2
hoher Einfluss	0	0	0	0	0	0	0	-1	-2	-3

Tab. 17: *Zu- und Abschläge aufgrund von Wirkungszusammenhängen. (Eigene Darstellung).*

Ein Abschlag (entspricht einer Verbesserung) von mehr als drei bzw. ein Zuschlag (entspricht einer Verschlechterung) von mehr als vier Punkten erscheint nicht sinnvoll, da hierdurch das Ergebnis zu stark beeinflusst würde. Bei eindimensionalen Risiken wird die jeweils nicht einschlägige Abweichung vom Mittelwert neutralisiert, indem die Werte für Zu- und Abschläge auf 0 gesetzt werden.[661]

Des Weiteren ist zu bedenken, wie sich mehrere vorgelagerte Risiken auswirken. Hierbei scheint es sinnvoll, die Risiken nach Einflussstärke getrennt zu betrachten, um zu verhindern, dass mehrere Risiken mittleren bzw. schwachen Einflusses ein Risiko mit starkem Einfluss neutrali-

[661] Wie auch bei der normalen Bepunktung und den Korrekturfaktoren für die Gewichte wurde bei der Auswahl der Werte davon ausgegangen, dass eine Bewertung von fünf Punkten einem mittleren Ergebnis entspricht, und dass die schlechteste Bewertung von zehn Punkten als katastrophales Ergebnis keine Entsprechung im positiven Bereich hat. Insofern ist die maximal mögliche Verschlechterung der Bewertung höher als die maximal mögliche Verbesserung.

sieren. Daher wird vorgeschlagen, den aggregierten Zu- bzw. Abschlag aus den Summen der Zu- und Abschläge der Risiken mit starkem Einfluss, mit mittlerem Einfluss und mit niedrigem Einfluss zu ermitteln, wobei sich die Summen in folgenden Intervallen bewegen sollen:

Einflussstärke	von...	...bis
stark	-3	+4
mittel	-2	+3
schwach	-1	+2
Gesamt	-3	+4

Tab. 18: *Begrenzungen der Zu- und Abschläge. (Eigene Darstellung).*

Die Vorgehensweise soll an einem kurzen Beispiel dargestellt werden. Das wirtschaftliche Umfeld auf regionaler Ebene wird von der gesamtwirtschaftlichen Entwicklung (auf nationaler Ebene) stark und von der soziodemographischen Entwicklung sowie von politischen und rechtlichen Risiken (beide auf regionaler Ebene) schwach beeinflusst. Wird nun die gesamtwirtschaftliche Entwicklung mit zwei Punkten bewertet würde dies zu einer Verbesserung der Bewertung des betrachteten Risikos um ebenfalls zwei Punkte führen. Werden gleichzeitig die soziodemographische Entwicklung sowie die politischen und rechtlichen Risiken mit zehn Punkten bewertet, würde dies zu einer Verschlechterung der Bewertung um jeweils zwei, also insgesamt vier Punkte führen. Insgesamt würde sich also bei einfacher Saldierung die Bewertung des betrachteten Risikos um zwei Punkte verschlechtern. Bei der gewählten Vorgehensweise ist jedoch der Zuschlag (entspricht einer Verschlechterung) aus Risiken, die einen schwachen Einfluss haben, auf maximal zwei Punkte begrenzt, die Verbesserung aufgrund der guten Bewertung der gesamtwirtschaftlichen Entwicklung und die Verschlechterung aufgrund der schlechten Bewertungen von soziodemographischer Entwicklung sowie der politischen und rechtlichen Risiken heben sich also auf, der Zuschlag auf das betrachtete Risiko beträgt 0 Punkte.

Eine besondere Problematik bei der Ermittlung der Zuschläge ergibt sich dadurch, dass sich bei der Beschreibung der Wirkungszusammenhänge prinzipiell Zirkelbezüge bzw. wechselseitige Abhängigkeiten und alternative Pfade bei der Suche nach vorgelagerten Risiken ergeben können. Ein Zirkelbezug entsteht unter anderem bei der Betrachtung der wirtschaftlichen und der soziodemographischen Entwicklung, zwischen denen, wie bereits erläutert, eine wechselseitige Abhängigkeit besteht. Des Weiteren wirken sich politische und rechtliche Risiken sowohl auf die soziodemographische als auch auf die wirtschaftliche Entwicklung aus, welche wiederum Einfluss auf den Immobilienmarkt haben. Um Zirkelbezüge zu vermeiden bietet es sich an, bei der Betrachtung die vorgelagerten Risiken in eine Baumstruktur zu übertragen, die dann abbricht, wenn keine weiteren vorgelagerten Risiken existieren, oder wenn ein Risiko innerhalb eines Astes zum zweiten Mal auftaucht, es sich also um einen Zirkelbezug handelt. Eine solche Baumstruktur ist im Folgenden am Beispiel des Immobilienmarkts auf regionaler Ebene wiedergegeben.

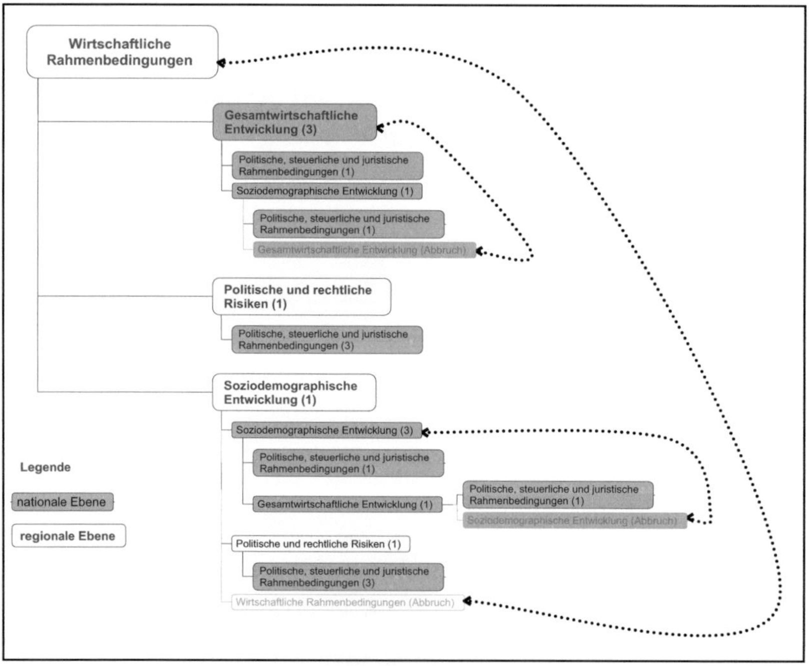

Abb. 28: *Aus der Wirkungsbeziehungsmatrix ermittelte Baumstruktur der risikobezogenen Abhängigkeiten des wirtschaftlichen Umfelds auf regionaler Ebene. Die Zahlen in Klammern geben die Stärke des Wirkungszusammenhangs an. (Eigene Darstellung).*

Bei der Ermittlung der Zu- und Abschläge für ein Risiko sind auch die Zu- und Abschläge der vorgelagerten Risiken einzubeziehen. Diese werden aus den um Zu- und Abschläge korrigierten Punktwerten der vorgelagerten Risiken ermittelt. Eine korrekte Berechnung wird dabei dadurch erreicht, dass die anzusetzenden Zu- und Abschläge anhand der Baumstruktur für jedes Risiko vollständig neu (dynamisch) berechnet werden.[662] In Kombination mit den im Verlauf der Berechnung statischen Bewertungen der einzelnen Risiken kann so der Zu- bzw. Abschlag für die nächsthöhere Ebene ermittelt werden. Das Verfahren ist im Folgenden nochmals am Beispiel des wirtschaftlichen Umfelds auf regionaler Ebene dargestellt. Wenn die vorgelagerten Risiken auf nationaler Ebene mit den Punktzahlen

- » Gesamtwirtschaftliche Entwicklung: 3 Punkte (gut)
- » Soziodemographische Entwicklung: 2 Punkte (sehr gut)
- » Politische, steuerliche und juristische Rahmenbedingungen: 1 Punkt (ausgezeichnet)
- » politische und rechtliche Risiken (regionale Ebene): 5 Punkte (durchschnittlich)
- » soziodemographische Entwicklung (regionale Ebene): 5 Punkte (durchschnittlich)

bewertet werden, ergibt sich für die Berechnung der Verbesserung des wirtschaftlichen Umfelds der in Tabelle 19 wiedergegebene Ablauf.

662 Bei der Berechnung mit Hilfe eines Computers lässt sich dies leicht durch eine rekursive Funktion realisieren.

Baumstruktur der Rekursion	Stärke des WZ	Bewertung	Zu- / Abschlag Gesamt	schwach	mittel	stark
Wirtschaftliches Umfeld	-	5	-2	0	0	-2
— Gesamtwirtschaftliche Entwicklung	3	3	-1	-1	0	0
—— Pol., steuerl. u. jur. Rahmenbedingungen	1	1	0	0	0	0
—— Soziodemographische Entwicklung	1	2	-1	-1	0	0
——— Pol., steuerl. u. jur. Rahmenbedingungen	1	1	0	0	0	0
——— Gesamtwirtschaftliche Entwicklung	Abbruch					
— Politische und rechtliche Risiken	1	5	-3	0	0	-3
—— Pol., steuerl. u. jur. Rahmenbedingungen	3	1	0	0	0	0
— Soziodemographische Entwicklung	1	5	-3	0	0	-3
—— Soziodemographische Entwicklung	3	2	-1	-1	0	0
——— Pol., steuerl. u. jur. Rahmenbedingungen	1	1	0	0	0	0
——— Gesamtwirtschaftliche Entwicklung	1	3	-1	-1	0	0
———— Pol., steuerl. u. jur. Rahmenbedingungen	1	1	0	0	0	0
———— Soziodemographische Entwicklung	Abbruch					
—— Politische und rechtliche Risiken	1	5	-3	0	0	-3
——— Pol., steuerl. u. jur. Rahmenbedingungen	3	1	0	0	0	0
—— Wirtschaftliches Umfeld	Abbruch					

Tab. 19: *Ablauf der rekursiven Berechnung am Beispiel des Zuschlags für das Wirtschaftliche Umfeld.*[663] *(Eigene Berechnung).*

Hierbei wirkt sich insbesondere die ausgezeichnete Bewertung der politischen, steuerlichen und juristischen Rahmenbedingungen auf nationaler Ebene auf die Verbesserung der Bewertung des wirtschaftlichen Umfelds aus, da diese bereits einen positiven Einfluss auf die gesamtwirtschaftliche Entwicklung hat, die wiederum das wirtschaftliche Umfeld stark beeinflusst.

Schließlich ist noch der Einfluss von Objekteigenschaften und anderen Faktoren auf die Stärke der Risikozusammenhänge mit in die Berechnung einzubeziehen. Hierbei wurde im Sinne der Flexibilität bei der Modellierung ein vergleichsweise aufwändiges Verfahren gewählt. Die

663 Zu- und Abschläge aus schwachem, mittlerem und starkem Einfluss werden getrennt berechnet und anschließend zum Gesamtzu- bzw. Abschlag aggregiert.

Einflussfaktoren werden jeweils als Tupel aus beeinflusstem Risiko, beeinflussendem Risiko und der Art des Einflusses angegeben. Bei der Art des Einflusses ist zu unterscheiden, ob sich die Veränderung des Wirkungszusammenhangs nur in negativen, in positiven oder in beiden Konstellationen auswirkt. Bei der Berücksichtigung ausschließlich in negativen Konstellationen wirkt sich die Veränderung des Wirkungszusammenhangs nur dann aus, wenn das beeinflussende Risiko mit mehr als fünf Punkten bewertet wurde, bei positiven Konstellationen entsprechend umgekehrt. Ein Beispiel, wo diese Unterscheidung notwendig ist, ist die Nutzungsflexibilität und Drittverwendungsfähigkeit der Immobilie. Diese führt bei guter Marktlage zu keiner Verbesserung der Bewertung, allerdings bei schlechter Marktlage zu einer Senkung der negativen Auswirkungen. Die Veränderung des Wirkungszusammenhangs kann dann in Abhängigkeit von der Bewertung der jeweiligen Objekteigenschaft ermittelt werden, wobei auch bei mehreren Objekteigenschaften, die sich auf die jeweilige Kombination aus beeinflussendem und beeinflusstem Risiko auswirken, die maximale Veränderung auf eine Stufe beschränkt ist, und bei einem bereits starken Zusammenhang keine weitere Verstärkung erfolgt, bzw. bei einem schwachen Zusammenhang keine Eliminierung desselben.

2.3 Beispielhafte Umsetzung des Risiko-Bewertungssystems

Das hier vorgeschlagene Scoring-Modell wurde mit Hilfe von Microsoft Excel beispielhaft für die Hauptrisikokategorien umgesetzt. Die beschriebenen Berechnungsmethoden wurden dabei als Makros in der in Excel integrierten Skriptsprache Visual Basic programmiert. Im folgenden soll die Funktionsweise des Verfahrens anhand einiger ausgewählter Beispiele erläutert werden. [664]

[664] Im Rahmen dieser Arbeit wurde lediglich zwischen den Standort- und Marktrisiken, den Objektrisiken und den Unternehmensrisiken unterschieden. Einige Markt- und Objektratingsysteme sowie Portfoliomanagementsysteme differenzieren bei den Objektrisiken zusätzlich nach der Qualität des Objekts und der Qualität der Objekt-Cash-Flows (vgl. u. a. Bundesverband öffentlicher Banken e.V. (VÖB) 2006; Trotz 2004; Kook et al. 2003). Diese Trennung erschien jedoch hier nicht sinnvoll, da eine enge Verbindung zwischen Objektqualität und Cash Flow besteht (vgl. auch Kook et al. 2003, S. 95). Darüber hinaus liegt der Fokus der Risikobewertung im Sinne dieser Arbeit mehr auf den Cash Flows und der Wertentwicklung des Objekts, für die die Objektqualität allerdings ein beeinflussender Faktor ist.

	Scoring 10	9	8	7	6	5	4	3	2	1	Bewertung	Zuschlag	Gesamtscore
Gesamtscore						■							5
1 Standort- und Marktrisken						■							5
1.1 Nationale Ebene						■							5
1.1.1 Gesamtwirtschaftliche Entwicklung						■					5	0	5
1.1.2 Soziodemographische Entwicklung							■				4	0	4
1.1.3 Pol., steuerl. und jur. Rahmenbed.					■						6	0	6
1.2 Regionale Ebene						■							5
1.2.1 Wirtschaftliches Umfeld						■					5	0	5
1.2.2 Soziodemographische Entwicklung							■				4	0	4
1.2.3 Immobilienmarkt						■					5	0	5
1.2.4 Politische und rechtliche Risiken					■						6	0	6
1.2.5 Standortrisiken						■					5	0	5
1.2.6 Großschadensereignisse							■				4	0	4
1.3 Standort						■							5
1.3.1 Immobilienmarkt						■					5	0	5
1.3.2 Standortrisiken							■				4	0	4
1.3.3 Politische und rechtliche Risiken						■					5	0	5
1.3.4 Soziale Risiken							■				4	0	4
1.3.5 Ökologische Risiken					■						6	0	6
1.3.6 Großschadensereignisse							■				4	0	4
2 Objektrisiken						■							5
2.1 Gebäudesubstanz						■					5	0	5
2.2 Ökologische Risiken (Gebäude)						■					5	0	5
2.3 Mietwert						■					5	0	5
2.4 Mieteinnahmen						■					5	0	5
2.5 Bewirtschaftungskosten					■						6	0	6
2.6 Wertentwicklung						■					5	0	5
2.7 Rechtliche Risiken					■						6	0	6
3 Unternehmensrisiken						■							5
3.1 Managementrisiken						■					5	0	5
3.2 Risiken aus der Finanzierung						■					5	0	5

Tab. 20: *Anwendungsbeispiel des Risiko-Bewertungssystems - Version 1. (Eigene Berechnung).*

Das erste Beispiel zeigt den einfachsten Fall, dass alle Risiken als durchschnittlich bewertet wurden. Hier wirken sich die Interdependenzen nicht aus, da Zu- und Abschläge erst bei stärkeren Abweichungen von einer mittleren Bewertung berücksichtigt werden. Gleiches gilt für die dynamische Gewichtung, weswegen in diesem Beispiel durchgängig die Grundgewichtung zur Anwendung kommt. Dies entspricht auch der Intuition, dass eine durchschnittliche Immobilie in einer durchschnittlichen Lage auch durchschnittlich bewertet werden sollte.

	Scoring 10	9	8	7	6	5	4	3	2	1	Bewertung	Zuschlag	Gesamtscore
Gesamtscore							■						4
1 Standort- und Marktrisken								▒	■				2
1.1 Nationale Ebene									■				2
1.1.1 Gesamtwirtschaftliche Entwicklung									■		2	0	2
1.1.2 Soziodemographische Entwicklung								■			3	0	3
1.1.3 Pol., steuerl. und jur. Rahmenbed.					■						6	0	6
1.2 Regionale Ebene						▒		■					3
1.2.1 Wirtschaftliches Umfeld						▒		■			5	-2	3
1.2.2 Soziodemographische Entwicklung							▒	■			4	-1	3
1.2.3 Immobilienmarkt						▒		■			5	-2	3
1.2.4 Politische und rechtliche Risiken					■						6	0	6
1.2.5 Standortrisiken						■					5	0	5
1.2.6 Großschadensereignisse							■				4	0	4
1.3 Standort						▒			■				2
1.3.1 Immobilienmarkt						▒			■		5	-3	2
1.3.2 Standortrisiken							■				4	0	4
1.3.3 Politische und rechtliche Risiken						■					5	0	5
1.3.4 Soziale Risiken							■				4	0	4
1.3.5 Ökologische Risiken					■						6	0	6
1.3.6 Großschadensereignisse							■				4	0	4
2 Objektrisiken						▒	■						4
2.1 Gebäudesubstanz						■					5	0	5
2.2 Ökologische Risiken (Gebäude)						■					5	0	5
2.3 Mietwert						▒		■			5	-2	3
2.4 Mieteinnahmen						▒	■				5	-1	4
2.5 Bewirtschaftungskosten					■						6	0	6
2.6 Wertentwicklung						■					5	0	5
2.7 Rechtliche Risiken					■						6	0	6
3 Unternehmensrisiken						■							5
3.1 Managementrisiken						■					5	0	5
3.2 Risiken aus der Finanzierung						▒	■				5	-1	4

Tab. 21: *Anwendungsbeispiel des Risiko-Bewertungssystems - Version 2. (Eigene Berechnung).*

Im zweiten Beispiel haben sich die Bedingungen auf nationaler Ebene deutlich verbessert, so dass nun die gesamtwirtschaftliche Entwicklung mit zwei Punkten und die soziodemographische Entwicklung mit drei Punkten bewertet wurden. Dies führt dazu, dass die Standort- und Marktrisiken auf regionaler sowie auf Standortebene mit entsprechenden Abschlägen versehen werden – das Ergebnis verbessert sich hier um zwei bzw. sogar um drei Punkte. Auch auf Gebäudeebene ergeben sich Risikoabschläge, da Mietwert und Mieteinnahmen aufgrund der

Verbesserung der Rahmenbedingungen als weniger riskant angesehen werden. Das Ergebnis der Kategorie Objektrisiken verbessert sich daher von fünf auf vier Punkte.[665]

	Scoring 10	9	8	7	6	5	4	3	2	1	Bewertung	Zuschlag	Gesamtscore
Gesamtscore				■	▒								7
1 Standort- und Marktrisiken		■		▒									9
1.1 Nationale Ebene		■											9
1.1.1 Gesamtwirtschaftliche Entwicklung		■									9	0	9
1.1.2 Soziodemographische Entwicklung					■	▒					5	1	6
1.1.3 Pol., steuerl. und jur. Rahmenbed.					■						6	0	6
1.2 Regionale Ebene		■				▒							9
1.2.1 Wirtschaftliches Umfeld		■			▒						6	3	9
1.2.2 Soziodemographische Entwicklung					■	▒					5	1	6
1.2.3 Immobilienmarkt		■			▒						6	3	9
1.2.4 Politische und rechtliche Risiken					■						6	0	6
1.2.5 Standortrisiken						■					5	0	5
1.2.6 Großschadensereignisse							■				4	0	4
1.3 Standort			■			▒							8
1.3.1 Immobilienmarkt		■				▒					5	4	9
1.3.2 Standortrisiken							■				4	0	4
1.3.3 Politische und rechtliche Risiken						■					5	0	5
1.3.4 Soziale Risiken							■				4	0	4
1.3.5 Ökologische Risiken					■						6	0	6
1.3.6 Großschadensereignisse							■				4	0	4
2 Objektrisiken				■		▒							7
2.1 Gebäudesubstanz						■					5	0	5
2.2 Ökologische Risiken (Gebäude)						■					5	0	5
2.3 Mietwert			■			▒					5	3	8
2.4 Mieteinnahmen				■		▒					5	2	7
2.5 Bewirtschaftungskosten			■		▒						6	2	8
2.6 Wertentwicklung					■	▒					5	1	6
2.7 Rechtliche Risiken					■						6	0	6
3 Unternehmensrisiken				■		▒							7
3.1 Managementrisiken						■					5	0	5
3.2 Risiken aus der Finanzierung				■		▒					5	2	7

Tab. 22: *Anwendungsbeispiel des Risiko-Bewertungssystems - Version 3. (Eigene Berechnung).*

Genau umgekehrt verhält es sich bei einer Verschlechterung von Rahmenbedingungen. Im dritten Beispiel wurde die gesamtwirtschaftliche Entwicklung als schlecht eingestuft, was auf regionaler Ebene bereits leichte Auswirkungen auf den Immobilienmarkt hat. Dies hat massive Risikozuschläge auf Standort-, Objekt- und Unternehmensebene zur Folge. Das Immobilienmarktrisiko auf Standortebene erhält einen Risikozuschlag von vier Punkten, auf Objektebene gibt es Risikozuschläge

[665] Die Bewertungen ohne Berücksichtigung der Risikointerdependenzen sind zur Veranschaulichung grau dargestellt.

für Mietwert, Mieteinnahmen, Bewirtschaftungskosten (diese hängen auch von der Wirtschaftlichen Entwicklung ab) und Wertentwicklung. Auf Unternehmensebene sind die Finanzierungsrisiken betroffen. Der Gesamtscore verschlechtert sich bei Berücksichtigung der Wirkungszusammenhänge um zwei auf sieben Punkte.
Die beiden Beispiele verdeutlichen, wie sich übergeordnete Risiken mit hohem Einfluß auf die Immobilienmärkte bei Berücksichtigung von Risikointerdependenzen auswirken. Gesamtwirtschaftliche und soziodemographische Entwicklung sind gewissermaßen ein Frühindikator für die mittelfristige Entwicklung der Immobilienmärkte, und damit auch der Vermietungschancen und Wertentwicklung der einzelnen Objekte.[666] Bei der Bewertung mit Interdependenzen wird durch die Zu- und Abschläge daher die zukünftig zu erwartende Entwicklung bereits berücksichtigt, wodurch sich auch der Einfluß bedeutender Risikogruppen auf die Gesamtbewertung erhöht. Hierdurch werden mittelfristige Chancen klar aufgezeigt, aber auch eine trügerisch positive Bewertung vermieden, wenn sich in der Zukunft Probleme ankündigen.

Im folgenden vierten Beispiel wurden bei der Risikobewertung zusätzlich die Objekteigenschaften berücksichtigt, wobei von einer sehr guten Objektqualität mit Bewertungen zwischen einem und drei Punkten ausgegangen wurde. Dieses Gebäude reagiert weniger stark auf die erhöhten Standort- und Marktrisiken, so dass der Risikozuschlag auf Objektebene nur noch zwei statt der im vorangegangenen Beispiel ermittelten vier Punkte beträgt. Diese Verbesserung ist darin begründet, dass hochwertige Objekte auch in einem schwierigen Marktumfeld überdurchschnittliche und stabilere Mieten erzielen. Des Weiteren können durch die hohe Gebäudeflexibilität Marktrisiken abgefedert werden, da ein breiteres Spektrum potentieller Nutzer angesprochen wird und man bei der Vermietung weniger abhängig von einzelnen Branchen oder Nutzergruppen ist. Schließlich trägt eine hohe Gebäudequalität auch zu einer Begrenzung der Nutzungskosten sowie der hiermit verbundenen

666 Vgl. hierzu auch Kapitel D.2 dieser Arbeit.

Risiken, beispielsweise dem Energiepreisrisiko, bei. Dies trägt zu einer Stabilisierung der Netto-Mieteinnahmen bzw. im Fall umgelegter Nebenkosten zu einem höheren Spielraum bei der Verhandlung der Kaltmiete bei.[667]

	Scoring 10	9	8	7	6	5	4	3	2	1	Bewertung	Zuschlag	Gesamtscore
Gesamtscore				■	▒								7
1 Standort- und Marktrisken		■		▒									9
1.1 Nationale Ebene		■											9
1.1.1 Gesamtwirtschaftliche Entwicklung		■									9	0	9
1.1.2 Soziodemographische Entwicklung					■	▒					5	1	6
1.1.3 Pol., steuerl. und jur. Rahmenbed.					■						6	0	6
1.2 Regionale Ebene		■				▒							9
1.2.1 Wirtschaftliches Umfeld		■			▒						6	3	9
1.2.2 Soziodemographische Entwicklung					■	▒					5	1	6
1.2.3 Immobilienmarkt		■			▒						6	3	9
1.2.4 Politische und rechtliche Risiken					■						6	0	6
1.2.5 Standortrisiken						■					5	0	5
1.2.6 Großschadensereignisse							■				4	0	4
1.3 Standort			■			▒							8
1.3.1 Immobilienmarkt		■				▒					5	4	9
1.3.2 Standortrisiken							■				4	0	4
1.3.3 Politische und rechtliche Risiken						■					5	0	5
1.3.4 Soziale Risiken							■				4	0	4
1.3.5 Ökologische Risiken					■						6	0	6
1.3.6 Großschadensereignisse							■				4	0	4
2 Objektrisiken					■	▒							6
2.1 Gebäudesubstanz						■					5	0	5
2.2 Ökologische Risiken (Gebäude)						■					5	0	5
2.3 Mietwert				■		▒					5	2	7
2.4 Mieteinnahmen					■	▒					5	1	6
2.5 Bewirtschaftungskosten				■	▒						6	1	7
2.6 Wertentwicklung						■					5	0	5
2.7 Rechtliche Risiken					■						6	0	6
3 Unternehmensrisiken				■		▒							7
3.1 Managementrisiken						■					5	0	5
3.2 Risiken aus der Finanzierung				■		▒					5	2	7

Tab. 23: *Anwendungsbeispiel des Risiko-Bewertungssystems - Version 4. (Eigene Berechnung).*

Andererseits können sich auch schlechte Gebäudeeigenschaften risikoverstärkend auswirken, wie das folgende und letzte Beispiel zeigt. Hierdurch kommt im Scoringmodell zum Ausdruck, dass schlechte Gebäude bei einer Wandlung hin zum Mietermarkt meist als erste mit Leerstand

[667] Die genannten Vorteile qualitativ hochwertiger Gebäude, die dies idealerweise durch ein Nachhaltigkeitszertifikat dokumentieren, zeigen sich auch in der Realität. Vgl. beispielsweise auch Frensch 2008; Hellbusch 2008; Kirchberger 2008; Steinbach 2008; Wallbank et al. 2006.

und sinkenden Mieteinnahmen zu kämpfen haben. Im Beispiel wurden die Objekteigenschaften mit Bewertungen von neun und zehn Punkten beurteilt. Dies führt zu einer erheblichen Verschlechterung von Mietwert, Mieteinnahmen, Bewirtschaftungskosten und in der Folge auch der Wertentwicklung. Die Bewertung der Kategorie der Objektrisiken verschlechtert sich hierdurch von sieben auf neun Punkte.

	Scoring 10	9	8	7	6	5	4	3	2	1	Bewertung	Zuschlag	Gesamtscore
Gesamtscore													8
1 Standort- und Marktrisiken													9
1.1 Nationale Ebene													9
1.1.1 Gesamtwirtschaftliche Entwicklung											9	0	9
1.1.2 Soziodemographische Entwicklung											5	1	6
1.1.3 Pol., steuerl. und jur. Rahmenbed.											6	0	6
1.2 Regionale Ebene													9
1.2.1 Wirtschaftliches Umfeld											6	3	9
1.2.2 Soziodemographische Entwicklung											5	1	6
1.2.3 Immobilienmarkt											6	3	9
1.2.4 Politische und rechtliche Risiken											6	0	6
1.2.5 Standortrisiken											5	0	5
1.2.6 Großschadensereignisse											4	0	4
1.3 Standort													8
1.3.1 Immobilienmarkt											5	4	9
1.3.2 Standortrisiken											4	0	4
1.3.3 Politische und rechtliche Risiken											5	0	5
1.3.4 Soziale Risiken											4	0	4
1.3.5 Ökologische Risiken											6	0	6
1.3.6 Großschadensereignisse											4	0	4
2 Objektrisiken													8
2.1 Gebäudesubstanz											5	0	5
2.2 Ökologische Risiken (Gebäude)											5	0	5
2.3 Mietwert											5	3	8
2.4 Mieteinnahmen											5	2	7
2.5 Bewirtschaftungskosten											6	3	9
2.6 Wertentwicklung											5	1	6
2.7 Rechtliche Risiken											6	0	6
3 Unternehmensrisiken													7
3.1 Managementrisiken											5	0	5
3.2 Risiken aus der Finanzierung											5	2	7

Tab. 24: *Anwendungsbeispiel des Risiko-Bewertungssystems - Version 5. (Eigene Berechnung).*

2.4 Zusammenfassung

Im vorangegangenen Abschnitt wurde ein Risikobewertungssystem zur Beurteilung der Risiken einer einzelnen Immobilie auf Grundlage eines Scoringverfahrens entwickelt.
Wesentlich ist hierbei die Berücksichtigung von Interdependenzen zwischen den Risiken in dem Verfahren. Dies stellt aus Sicht des Autors gegenüber den üblichen Scoringmodellen, wie sie im Rahmen von Ratings oder auch Nutzwertanalysen zum Einsatz kommen, eine erhebliche Verbesserung dar, da sonst die Gefahr besteht, dass das tatsächliche Risiko unter- bzw. überschätzt wird.

In der folgenden Abbildung wird der Ablauf des Scoring-Verfahrens schematisch dargestellt. Zunächst werden die einzelnen Risiken und Indikatoren auf der untersten Gliederungsstufe bewertet. Anschließend werden aus den Bewertungen der vorgelagerten Risiken die Zu- und Abschläge ermittelt, welche die Risikointerdependenzen im Modell abbilden sollen. Da hierbei Zu- und Abschläge auf das vorgelagerte Risiko berücksichtigt werden, und es hierbei auch zu Zirkelbezügen kommen kann, erfolgt die Ermittlung mit Hilfe eines rekursiven Algorithmus. Hierbei gehen außerdem die Stärke des Zusammenhangs sowie weitere beeinflussende Faktoren wie Gebäudeeigenschaften in die Berechnung mit ein. Die Gesamtbewertung des Risikos bzw. Indikators ergibt sich dann als Summe aus Bewertung und Zuschlag. Anschließend wird auf Basis der Gesamtbewertung das jeweilige Gewicht dynamisch ermittelt. Hierzu wird das Grundgewicht, in der Grafik beispielsweise 50% für die wirtschaftliche Entwicklung, mit dem in Abhängigkeit von der Bewertung ermittelten Korrekturfaktor, hier 6, multipliziert. Anschließend muss das Gewicht normiert werden, so dass die Summe aller Gewichte der jeweiligen Kategorie 1 ergibt. Demzufolge beträgt das neue Gewicht eben nicht 300, sondern 86%. Um die Gesamtnote für die jeweilige Kategorie zu bilden werden alle Teilbewertungen mit den ermittelten Gewichten multipliziert und summiert. Zur Ermittlung der Bewertung der Oberkategorie „Standort und Markt" sind die Bewertungen der Unterkategorien ebenfalls dynamisch zu gewichten und zu summieren.

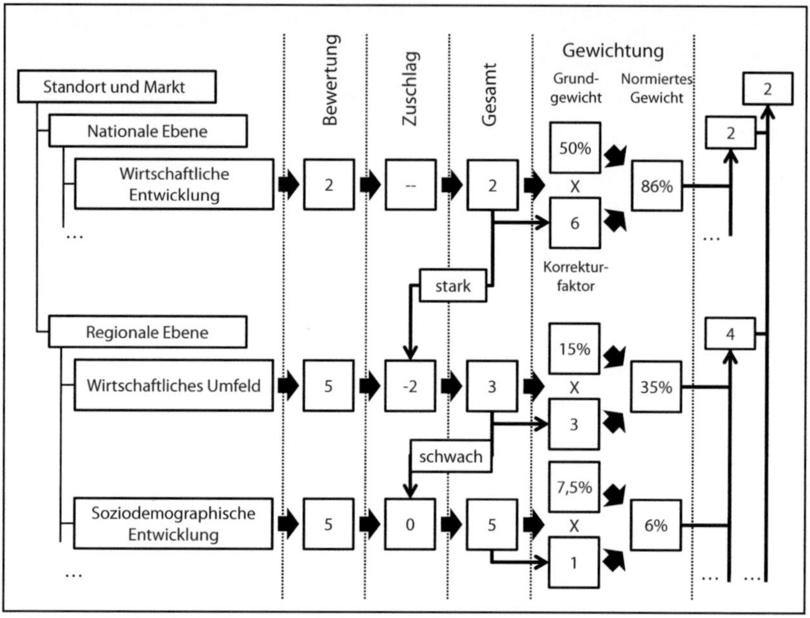

Abb. 29: *Ablauf des Scoringverfahrens mit Berücksichtigung der Interdependenzen zwischen den Risiken. (Eigene Darstellung).*

Das Risikobewertungssystem wurde mit Hilfe von Microsoft Excel für die Hauptrisikokategorien beispielhaft umgesetzt und angewendet.

Wie das erste Berechnungsbeispiel demonstrierte, kommen die Interdependenzen bei einer durchschnittlichen Bewertung aller Risiken nicht zum Tragen. Die beiden folgenden Beispiele zeigten, dass sich bei der Bewertung durch die Berücksichtigung von Interdependenzen der Einfluss von Risiken mit großem Beeinflussungspotential erhöht, da auch alle nachgelagerten Risiken entsprechend auf- bzw. abgewertet werden. Dies verhindert auch eine zu positive oder zu negative Bewertung nachgelagerter Risiken durch deren isolierte Betrachtung.

In den beiden letzten Berechnungsbeispielen wurden zusätzlich Gebäudeeigenschaften in einem schwierigen Marktumfeld berücksichtigt. Dies diente der Demonstration, dass das Risikobewertungssystem auch die risikoverstärkende bzw. risikosenkende Wirkung guter oder unerwünschter Gebäudeeigenschaften adäquat abbildet.

3 Einsatz des Risikobewertungsmodells im Portfoliokontext

Im bisherigen Verlauf wurde das Scoringverfahren lediglich zur Beurteilung des Risikos einzelner Immobilien angewendet. In diesem Abschnitt soll am Beispiel des qualitativen Immobilien-Portfoliomanagements dargelegt werden, wie das Konzept auf die Ebene der Risikobeurteilung von Immobilienportfolios übertragen werden kann.[668]

3.1 Grundlagen des qualitativen Immobilien-Portfoliomanagements

In der Immobilienwirtschaft hat sich ein zu den in der Finanzwirtschaft üblichen mathematisch-statistischen Ansätzen des Portfoliomanagement auf Basis der Kapitalmarkttheorie vollkommen verschiedenes Verständnis von Portfoliomanagement etabliert. Das in der Immobilienwirtschaft gebräuchliche Portfoliomanagement stammt von dem von den Unternehmensberatungen The Boston Consulting Group (BCG)

668 Neben der qualitativen Portfolioanalyse gibt es weitere Anwendungsmöglichkeiten des Scoringmodells auf Portfolio- bzw. Unternehmensebene, z. B. im Rahmen einer Balanced Scorecard. Vgl. zur Balanced Scorecard im Risikomanagement auch Gleißner et al. 2005, S. 53-74.

und McKinsey entwickelten strategischen Portfoliomanagement ab.[669] Hierbei wird das betrachtete Unternehmen in strategische Geschäftsfelder eingeteilt, die entsprechend ihrer Bewertung in einer zweidimensionalen Matrix abgetragen werden.[670] Die Achsen der Matrizen sind dabei prinzipiell den die Unternehmensumwelt beschreibenden Faktoren und den unternehmensinternen Faktoren zugeordnet. Den verschiedenen Feldern der Matrix sind Normstrategien zugeordnet, so dass sich aus der Position des strategischen Geschäftsfelds mögliche Strategien zu dessen weiterer Entwicklung ableiten lassen.

Die ursprüngliche BCG-Matrix besitzt vier Felder. Auf der y-Achse wird dabei die Marktwachstumsrate als die Unternehmensumwelt beschreibender Faktor und auf der x-Achse der relative Marktanteil als unternehmensspezifischer Faktor abgetragen. Den einzelnen Feldern sind folgende plakative Bezeichnungen und Normstrategien zugeordnet:

» „Cash Cows" sind strategische Geschäftsfelder mit hohem Marktanteil bei geringer Marktdynamik, die aufgrund geringer Kosten überdurchschnittliche Gewinne erwirtschaften. Diese sollten abgeschöpft werden.

» „Stars" sind durch einen hohen Marktanteil bei hoher Marktdynamik gekennzeichnet. Hier sollte investiert werden, um weiter zu wachsen.

» „Question Marks" besitzen zwar eine hohe Marktdynamik, aber nur einen geringen Marktanteil. Hier ist zu entscheiden, ob dieser durch Investitionen ausgebaut oder ob desinvestiert wird.

» „Poor Dogs" schließlich zeichnet eine geringe Marktdynamik und ein geringer Marktanteil aus. Hier sollte desinvestiert werden.

Legt man zusätzlich einen typischen Produktlebenszyklus zu Grunde, wie er beispielsweise von Moore beschrieben wird,[671] durchwandert ein Produkt im Zeitablauf idealerweise die Felder „Question Mark", „Star", „Cash Cow" und „Poor Dog". Daher ist ein weiterer Grund, in „Poor

---

669 Vgl. Bone-Winkel 1994, S. 169–175; Schulte et al. 2007, S. 30–32.

670 Vgl. hierzu und im Folgenden Steinmann, Schreyögg 2005, S. 243–251 und Becker, Fallgatter 2005, S. 91–99.

671 Siehe Moore 2004.

Dog"-Geschäftsfelder nicht weiter zu investieren, dass sie am Ende ihres Produktlebenszyklus stehen.[672] In der folgenden Grafik ist der typische Aufbau einer BCG-Matrix wiedergegeben.

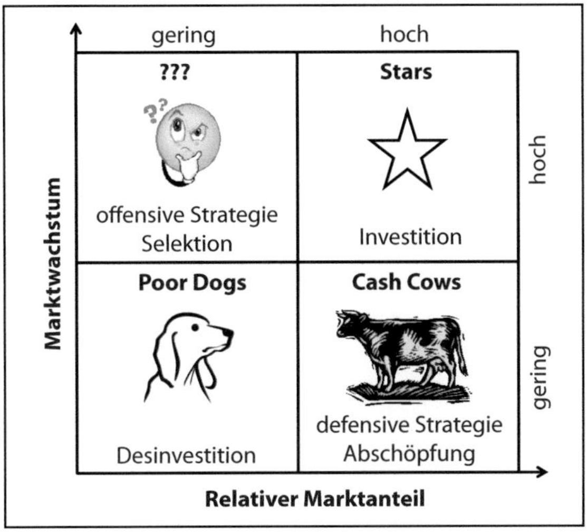

Abb. 30: *Typischer Aufbau der BCG-Portfoliomatrix. (In Anlehnung an Becker, Fallgatter 2005, S. 93 und Steinmann, Schreyögg 2005, S. 245).*

Die BCG-Matrix wurde von McKinsey in der Form erweitert, dass nicht mehr nur zwei Faktoren für die Positionsbestimmung in der Matrix verwendet werden. Statt dessen werden die Bewertungen für die „Marktattraktivität", welche die Unternehmensumwelt charakterisiert, und den „relativen Wettbewerbsvorteil", der die Stellung des Unternehmens im Markt ausdrückt, auf der Grundlage eines umfangreichen Kriterienkatalogs mit Hilfe eines Scoring-Verfahrens ermittelt. Außerdem wurde die Matrix in 3 x 3 Felder aufgeteilt, wobei die Felder unterhalb der Diagonale für die darin befindlichen Geschäftsfelder eine Abschöpfungs- und Desinvestitionsstrategie und für die Felder oberhalb der Diagonalen eine Investitions- und Wachstumsstrategie vorsehen. Für die drei Felder auf der Diagonalen kann keine konkrete Empfehlung gegeben

672 Vgl. Becker, Fallgatter 2005, S. 95–96.

werden, hier ist selektiv vorzugehen.[673] Auch der prinzipielle Aufbau der McKinsey-Matrix soll im Folgenden nochmals grafisch dargestellt werden.

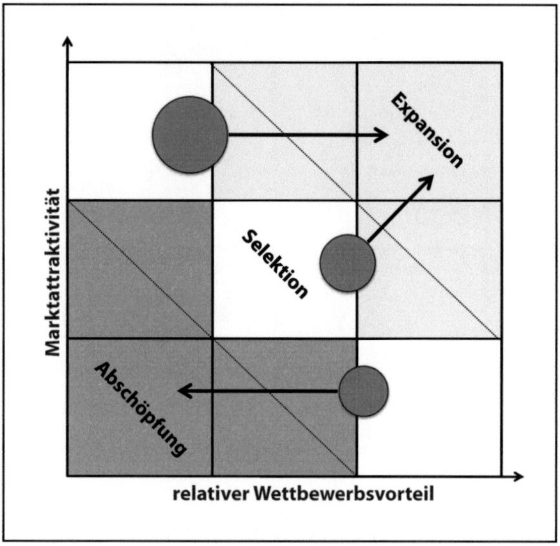

Abb. 31: *Typischer Aufbau der McKinsey-Portfoliomatrix. (In Anlehnung an Becker, Fallgatter 2005, S. 97 und Steinmann, Schreyögg 2005, S. 250).*

Die qualitative Portfolioanalyse auf Basis der soeben vorgestellten Konzepte unterscheidet sich sowohl von ihrer gedanklichen Basis als auch in ihrer Zielsetzung grundsätzlich vom mathematisch-statistischen Portfoliomanagement nach Markowitz. Während hier der Schwerpunkt auf der Portfoliozusammenstellung unter der Prämisse, unsystematische Risiken durch Diversifikation zu reduzieren, liegt, handelt es sich bei dem BCG- und McKinsey-Porfoliomanagement vielmehr um eine qualitative Analyse des bestehenden Porfolios zum Zwecke der Strategieentwicklung. Diese Verfahren sind also ein Bestandteil des strategischen Managements.

673 Vgl. Steinmann, Schreyögg 2005, S. 249–251; Becker, Fallgatter 2005, S. 97–99.

Die qualitative Portfolioanalyse wurde durch Bone-Winkel auf die Immobilienwirtschaft übertragen, indem sie als Hilfsmittel zur Steuerung offener Immobilienfonds vorgeschlagen wurde. Die verwendete Matrix orientiert sich hierbei an der neun-Felder-Matrix des McKinsey-Ansatzes mit den beiden Dimensionen „Marktattraktivität" und „Relative Wettbewerbsposition",[674] wobei die Position[675] des jeweiligen strategischen Geschäftsfelds[676] mit Hilfe eines Scoring-Verfahrens ermittelt wird.[677] Die einzelnen den verschiedenen Feldern zugeordneten Normstrategien entsprechen prinzipiell ebenfalls dem ursprünglichen branchenneutralen Ansatz, wurden allerdings präzisiert. Die Matrix auf der folgenden Seite stellt die entsprechenden Normstrategien nochmals gegenüber und nennt entsprechende Beispiele.

Auf dieser Grundlage wurden in der Folge weitere Modelle des qualitativen Portfoliomanagements entwickelt. Hier ist auch das Modell von Kook, Sydow zu nennen,[678] welches auf einer dreidimensionalen Matrix mit den Dimensionen Standortqualität, Objektqualität und Qualität des Objekt-Cashflows aufbaut. Die Standortqualität fasst hierbei die Bewertung des Umfelds der Immobilie sowie die hieraus resultierende Attraktivität der Lage zusammen. Sie entspricht dem Umweltfaktor (Marktattraktivität, Standort) der zweidimensionalen Portfoliomodelle. Die relative Wettbewerbsposition wird dagegen in den Objektstandard, der die Ausstattung und den baulichen Zustand der Immobilie unter Berücksichtigung nachfragerelevanter Kriterien erfasst, und den Vermietungserfolg, welcher den wirtschaftlichen Erfolg durch die Miet-

674 Vgl. Bone-Winkel 1994, S. 172–173.

675 Die Größe der Markierungen entspricht dabei dem jeweiligen Verkehrswert der Objekte. Vgl. Bone-Winkel 1994, S. 193.

676 Zur Definition strategischer Geschäftsfelder vgl. Bone-Winkel 1994, S. 175–181.

677 Vgl. Bone-Winkel 1994, S. 188–199. Das vorgeschlagene Scoringverfahren ist dabei vergleichsweise einfach aufgebaut und greift auf eine starre Gewichtung der einzelnen Kritierien zurück.

678 Das Portfoliomodell von Kook und Sydow wurde speziell für Wohnungsunternehmen entwickelt (vgl. Kook, Sydow 2003, S. 11–12). Diese Unterscheidung spiegelt sich jedoch im Wesentlichen in den im Scoring-Ansatz enthaltenen Kriterien wider. Der grundsätzliche Aufbau wird hiervon nicht tangiert.

höhe und den Leerstand erfasst, aufgeteilt. Auch hier ist jede der drei Dimensionen in drei Bereiche eingeteilt, so dass sich insgesamt 27 Felder ergeben.[679] Für diese werden, wie üblich, Normstrategien angegeben.[680]

Ein wesentliches Problem der vorgestellten Immobilien-Portfoliomanagementsysteme ist jedoch, dass diese keine Diversifikationseffekte und keine Rendite-Risiko-Relationen bei der Strategieentwicklung berücksichtigen. Daher soll an dieser Stelle der Ansatz von Wellner nicht unerwähnt bleiben, die ein Modell zur Synthese der qualitativen strategischen Portfolioanalyse und des quantitativen Portfoliomanagements nach Markowitz zu einem ganzheitlichen Immobilien-Portfoliomanagementsystem vorschlägt.

Hierbei wird in mehreren Schritten vorgegangen. Zunächst wird für das bestehende Portfolio und ggf. für den Erwerb in Frage kommende Objekte eine quantitative Analyse mit den Methoden der Portfoliotheorie nach Markowitz durchgeführt. In diesem ersten Schritt offenbart sich bereits, welche Objekte auf jeden Fall im Bestand bleiben sollten, und für welche Objekte sich eine Desinvestitionsstrategie anbietet.[681] Anschließend sind die im ersten Schritt herausgefilterten Objekte einer qualitativen Fundamentalanalyse mit Hilfe eines Scoringverfahrens zu unterziehen, dessen Ergebnisse in einer zweidimensionalen Matrix mit den Dimensionen „Objektqualität und Standort" sowie „Marktrisiko" abgebildet werden. Als dritte Dimension bezeichnet die Größe der Markierungen den Renditeerwartungswert aus der quantitativen Analyse, dessen Standardabweichung wird als gestrichelte Linie um die Markierung abgebildet.[682]

Hieraus ergeben sich folgende Strategieempfehlungen:

679 Vgl. Kook, Sydow 2003, S. 39–45.

680 Vgl. Kook, Sydow 2003, S. 74–100.

681 Vgl. Wellner 2003, S. 231–233.

682 Vgl. Wellner 2003, S. 233–235.

Marktattraktivität	relativer Wettbewerbsvorteil: schwach	mittel	stark
hoch	**Offensivstrategie** » Aufbau von Wettbewerbsvorteilen durch umfassendes Redevelopment » Hohe Entwicklungsinvestitionen » Evtl. Desinvestition, wenn Potential erschöpft Beispiel: Ältere Objekte in guten Lagen	**Selektives Wachstum** » Investition in Objektqualität und Management » Ausbau vorhandener Stärken » Schwächen identifizieren » Service erhöhen (FM) Beispiel: Ältere Objekte in 1A-Lagen	**Investition und Wachstum** » Optimierung der Bestandsobjekte » Sicherung der Wettbewerbsvorteile » Investitionen maximieren Beispiel: Neue Objekte mit Vollvermietung in 1A-Lagen
mittel	**Abschöpfen** » Cash-Flow abschöpfen » Objektverkauf erwägen » Spezialisierung / Nischen suchen / Redevelopment um Wettbewerbsposition zu verbessern Beispiel: Vermietete ältere Bestandsobjekte in schlechtem Zustand	**Übergangsstrategie** » Wachstumsbereiche identifizieren » Marktentwicklung abwarten » Selektiv investieren Maximierung des Cash-Flows als Ziel Beispiel: Bestandsobjekte mittlerer Lagen in den Nebenlagen	**Selektives Wachstum** » Wachstumsbereiche identifizieren » Investitionen abhängig von Marktentwicklung » Sicherung der Wettbewerbsposition Beispiel: Top-Objekte an unattraktiven Standorten mit mittlerer Vermietung
niedrig	**Desinvestition** » Evtl. Cash-Flow noch abschöpfen » Verwertung planen » Kapitalfreisetzung realisieren Beispiel: Leerstehende ältere Objekte an unattraktiven Standorten ohne Perspektiven	**Abschöpfen** » Geschäftsbereiche ausdünnen / auf Desinvestition vorbereiten » Evtl. Realisierung von Wertsteigerungen durch Objektverkauf » Minimierung der Investition Beispiel: Vermietete ältere Bestandsobjekte in Nebenlagen ohne Perspektiven	**Defensivstrategien** » Gesamtposition halten » Cash-flow maximieren » Investitionen zur Instandhaltung / effizientes FM » Senkung der Fixkosten bei Verzicht auf Investition Beispiel: Top-Objekte an peripheren Lagen

Abb. 32: *Normstrategien im Immobilien-Portfoliomanagement nach Bone-Winkel. (Wellner 2003, S. 211; Enseling 21.02.2006, S. 8).*

» Objekte mit geringem Marktrisiko, hoher Objektqualität und hohem Renditeerwartungswert bei geringer Standardabweichung, die sich zusätzlich nach der quantitativen Portfolioanalyse gut in die Portfoliostruktur einfügen, sollten im Bestand belassen und ausgebaut werden (Top-Objekte).
» Objekte, die in einigen der drei (qualitativen) Dimensionen schlecht beurteilt wurden, sich nach der quantitativen Analyse aber gut ins Portfolio einfügen, sollten entsprechend optimiert werden.
» Objekte, die in allen drei Dimensionen gut beurteilt wurden, sich aber nach der quantitativen Analyse schlecht ins Zielportfolio einfügen, sollten mittelfristig abgestoßen werden. Diese Konstellation ist aber eher unwahrscheinlich.
» Objekte, die in einigen der drei qualitativen Dimensionen schlecht beurteilt wurden und nach der quantitativen Analyse nicht ins Zielportfolio passen, sind Desinvestitionsobjekte.

Zusammenfassend ist festzustellen, dass durch die Synthese die qualitative Portfolioanalyse um den in der quantitativen Portfoliomanagement dominierenden Aspekt der Diversifizierung von Risiken durch Portfoliobildung erweitert wird, was grundsätzlich positiv zu werten ist. Allerdings werden durch den Ansatz die hiermit verbundenen Probleme, nämlich die schlechte Datenverfügbarkeit und die für die Umsetzung ungünstigen Eigenschaften von Immobilien und Immobilienmärkten, nicht gelöst,[683] weswegen die Anwendung der quantitativen Portfoliotheorie im Kontext von Immobilien weiterhin als schwierig einzustufen ist. Daher sollen im Folgenden lediglich die beschriebenen qualitativen Ansätze auf der Basis von Scoring-Modellen weiter betrachtet werden.

683 Vgl. Wellner 2003, S. 233.

3.2 Vorgehensweise

Aus der Beschreibung der Grundlagen des Immobilienportfoliomanagements ergibt sich, dass ein Immobilienportfoliomanagement-System prinzipiell aus

- » einem in zwei oder mehr Dimensionen unterteilten Scoring-Modell zur Bewertung der Immobilien,
- » einer bezüglich ihrer Dimensionalität dem Scoring-Modell entsprechenden Matrix zur Visualisierung der Bewertungsergebnisse,
- » sowie einem Katalog von Normstrategien

besteht. Dabei wird jeweils so vorgegangen, dass zunächst die Immobilien mit Hilfe des Scoring-Modells bewertet und dementsprechend in der Matrix positioniert werden. Anschließend werden aus der Position der Immobilien anhand der zugeordneten Normstrategien Strategieempfehlungen für die zukünftige Bewirtschaftung des Bestands entwickelt.
Grundsätzlich lässt sich das im Rahmen dieser Arbeit entwickelte Scoring-Modell zur Bewertung des Risikos einer einzelnen Immobilie auch im Kontext des Immobilien-Portfoliomanagements einsetzen. Hierbei ist jedoch zunächst der Anwendungszweck der Portfolioanalyse zu präzisieren. Es kann dabei zwischen dem Zweck des Immobilienbestandsmanagements und dem eines unternehmensweiten Risikomanagements unterschieden werden, wobei das unternehmensweite Risikomanagement deutlich über das Immobilien-Bestandsmanagement hinausgeht und hierbei auch die Notwendigkeit besteht, Unternehmensrisiken in die Betrachtung zu integrieren. Die folgenden Überlegungen beschränken sich daher auf die Anwendung im Rahmen des Immobilien-Bestandsmanagements.

Die Auswahl der Dimensionen des Modells ist an Kook, Sydow sowie an die in Kapitel C entwickelten Risikokategorien angelehnt und umfasst die Dimensionen „Standort und Markt“, „Objekt“ und

„Objekteigenschaften“.[684] Durch die Kongruenz der gewählten Dimensionen mit den im bisherigen Verlauf der Arbeit betrachteten Risikokategorien, und auch mit dem auf dieser Basis entwickelten Scoring-Modell zur Bewertung des Risikos einer einzelnen Immobilie, gestaltet sich die Aufteilung des Scoring-Modells auf die drei Dimensionen sehr leicht. Hierbei sind lediglich die jeweiligen Teilnoten für die standort- und marktbezogenen sowie die objektbezogenen Risiken unter Berücksichtigung der Wirkungszusammenhänge zu bilden und entsprechend in der Matrix abzutragen. Bei den Objekteigenschaften bestehen ohnehin keine Abhängigkeiten untereinander, so dass hier unter Nutzung der dynamischen Gewichtung eine Gesamtnote gebildet werden kann, ohne Wirkungszusammenhänge zu berücksichtigen.

Eine Besonderheit bei der Betrachtung von Portfolios ergibt sich in der Dimension „Standort und Markt“, da die Bewertungen hier in Abhängigkeit der Betrachtungsebene jeweils für mehrere Objekte Anwendung finden.[685] So gilt die Bewertung der nationalen Gegebenheiten bei einem ausschließlich im Inland investierten Immobilienunternehmen für das gesamte Portfolio, die Bewertung einer Region für alle in dieser Region gelegenen Objekte und so fort. Hierdurch sinkt mit steigender Anzahl der Objekte im Portfolio der durchschnittliche Bewertungsaufwand je Objekt erheblich.[686] Allerdings ist sicherlich spätestens auf der Ebene des Mikrostandorts bei der Bewertung nach den verschiedenen Nutzungsarten zu differenzieren.[687]

---

684 Vgl. Kook, Sydow 2003, S. 39–45. Bei den Objekteigenschaften handelt es sich nach dem Verständnis dieser Arbeit nicht um Risiken im eigentlichen Sinn. Da die Objekteigenschaften jedoch erheblichen Einfluss auf die Risikoposition der Immobilie haben sollten sie dennoch in dem Modell entsprechend aufgeführt werden.

685 Vgl. Wiedenmann 2005, S. 52–53; Bundesverband öffentlicher Banken e.V. (VÖB) 2006, S. 37.

686 Auch bei der Bewertung einzelner Objekte ist es zweckdienlich, eine einheitliche Bewertung der gemeinsamen Ebenen von Standort- und Marktrisiken zu Grunde zu legen, da ansonsten die Vergleichbarkeit der Objekte verloren geht. Siehe hierzu auch Bundesverband öffentlicher Banken e.V. (VÖB) 2006, S. 37.

687 Vgl. beispielsweise Bundesverband öffentlicher Banken e.V. (VÖB) 2006, S. 37.

Die Objekte können nach der Ermittlung der drei Teilnoten in der entsprechenden Matrix eingetragen werden. Dabei entspricht der Bereich zwischen zehn und sieben Punkten einem hohen Risiko, zwischen sechs und vier Punkten ist von einem mittleren Risiko und zwischen drei Punkten und einem Punkt von einem geringen Risiko auszugehen. Daraus ergeben sich folgende prinzipielle Möglichkeiten der Eingruppierung und korrespondierender Normstrategien:[688]

» Bei hohen Standort- und Marktrisiken sind Investitionen in das Objekt kaum lohnend, weswegen solche Objekte zum Desinvestitionsbestand zählen.

» Standorte mit niedrigem Standort- und Marktrisiko bieten sich grundsätzlich für Investitionen an. Hier sollten Objekte mit mittlerem und hohem objektbezogenen Risiko und mittleren bzw. schlechten Objekteigenschaften entsprechend optimiert werden.

» Bei mittlerem Standort- und Marktrisiko ist selektiv vorzugehen. Hierbei ist einerseits besonderes Augenmerk auf die zukünftige Entwicklung des Standort- und Marktumfelds zu legen, welches anhand von Frühwarnindikatoren gemessen werden kann. Des Weiteren stellt sich hier die Frage, ob eher durchschnittliche Aussichten bei der Marktlage beispielsweise durch besonders hochwertige Objekteigenschaften, Maßnahmen wie eine hohe Gebäudeflexibilität oder die Besetzung aktueller Themen wie nachhaltiges oder auch altengerechtes Bauen ausgeglichen werden können. Dementsprechend ist eine Investitions-, Abschöpfungs- oder Desinvestitionsstrategie zu wählen, wovon auch das entsprechende Zielfeld beim objektspezifischen Risiko und den Objekteigenschaften abhängt.

Insbesondere die Standorte und Märkte mit mittlerem Risiko bieten auch Chancen, durch unternehmerische Tätigkeit unter Einbeziehung der entsprechenden Risikosituation Gewinne zu erwirtschaften. Dies ist gerade bei den Top-Standorten nicht ohne weiteres möglich, da hier, wie Kurzrock bemerkt, durch das Herdenverhalten von Investoren das Preisniveau oftmals so hoch ist, dass die Performance systematisch da-

688 Die Normstrategien wurden auf Grundlage der Ausführungen von Kook und Sydow entwickelt. Vgl. Kook, Sydow 2003, S. 85–100.

runter leiden muss. Gleichzeitig muss aber bezweifelt werden, dass das Risiko an gefragten Standorten entsprechend niedriger ist.[689] Letztendlich ist bei der Festlegung der Portfoliostrategie auf eine ausgewogene Mischung von Objekten entsprechend der Risikostrategie und Ausrichtung des jeweiligen Unternehmens zu achten, um eine hinreichende Diversifikation unsystematischer Risiken zu erreichen.

Das hier vorgestellte Modell ermöglicht, wie alle Modelle zur qualitativen Portfolioanalyse, leider keine explizite Analyse der Diversifikation innerhalb eines Portfolios, und damit zunächst ebenfalls nicht des durch Kumulationseffekte bestimmten Portfoliorisikos.[690] Jedoch werden meist zusätzliche Diversifikationsstrategien bei der Portfoliobildung berücksichtigt, wie beispielsweise die Streuung nach

» der Lage in der Stadt,
» der Region,
» der Objektart,
» dem Objektzustand,
» dem wirtschaftlichen Umfeld,
» verschiedenen Teilmärkten,
» dem Alter der Immobilien, sowie
» der Objektgröße.[691]

Hierbei ist jedoch auch zu berücksichtigen, dass zunehmend stärkere Korrelationen der Marktfaktoren verschiedener Städte und Regionen sowie Staaten zu beobachten sind, wodurch eine Streuung nach geographischen Regionen an Potential verliert. Ebenso verhält es sich mit der Streuung nach Nutzungsarten innerhalb einer Region, da sich viele makroökonomische Faktoren auf verschiedene Nutzungsarten gleichzeitig auswirken. Eine Lösungsmöglichkeit ist die Klassifikation der verschiedenen Standorte nach ihrer ökonomischen Basis, wobei gleichartige

689 Vgl. Kurzrock 2007, S. 235.

690 Vgl. beispielsweise Rommelfanger 2008, S. 15–16; Huther 2003, S. 19; Schröder 2005, S. 30.

691 Vgl. Pfnür, Armonat April 2001, S. 77–78. Siehe zur Auswahl möglicher Diversifikationskriterien auch Maier et al. 2007, S. 223–224.

Standorte zu Diversifikationsbausteinen zusammenzufassen sind.[692] Außerdem ist anzumerken, dass mit solchen mehr oder weniger intuitiven Diversifikationsstrategien kaum ein optimal diversifiziertes Portfolio im Sinne der Markowitz'schen Portfoliotheorie konstruiert werden kann – der Ansatz erinnert vielmehr an das Vorgehen bei der naiven Diversifikation.[693] Sollen mit dem vorgestellten Scoring-Modell Diversifikationseffekte im Portfolio untersucht werden, kann dies unter anderem mit Hilfe einer Simulation geschehen.[694] Auf diese Möglichkeit soll jedoch im folgenden Abschnitt noch detaillierter eingegangen werden.

Soll das vorgestellte Modell zur Risikobewertung in Immobilienportfolios im Rahmen eines unternehmensweiten Risikomanagements eingesetzt werden, sind zusätzlich die Wechselwirkungen zwischen allgemeinen Unternehmensrisiken und den immobilienspezifischen Risiken zu berücksichtigen. Hierbei handelt es sich einerseits um die Auswirkungen von Risiken aus dem Bereich der Unternehmensführung und der Prozessqualität im Immobilienunternehmen auf die Vermietungsrisiken, und andererseits um den Beitrag der einzelnen Immobilien zum Cash Flow des Unternehmens und damit auch zu Liquidität und Ertrag, sowie um deren Einfluss auf verschiedene andere Finanzierungsrisiken.

Da die Entwicklung eines solchen unternehmensweiten Risikomanagements jedoch zweifellos den Rahmen dieser Arbeit sprengen würde, soll an dieser Stelle darauf verzichtet und dieses Thema der weiteren Forschung im Bereich des Immobilien-Risikomanagements überlassen werden.

692 Vgl. Kurzrock 2007, S. 233.

693 Siehe zur naiven Diversifikation auch Breuer et al. 2004, S. 125–140.

694 Siehe hierzu beispielsweise Gleißner, Meier 1999 und Wolf 2003.

3.3 Zusammenfassende Betrachtung

In diesem Abschnitt wurde am Beispiel des qualitativen Portfoliomanagements aufgezeigt, wie der Fokus des Scoringverfahrens von der einzelnen Immobilie auf das Immobilienportfolio erweitert werden kann. Generell ist der Einsatz des Scoringmodells auch im Rahmen anderer Instrumentarien denkbar, zum Beispiel der Balanced Scorecard.

Zunächst wurden die Grundlagen der qualitativen Portfolioanalyse, die in der Immobilienwirtschaft das hierzu etablierte Verfahren ist, dargestellt und die bisherige Entwicklung dieses Verfahrens skizziert.
Anschließend wurde auf der Grundlage des Modells von Kook, Sydow und des im vorangegangenen Abschnitt entwickelten Scoring-Modells ein Ansatz zur Portfolioanalyse entworfen.
Ein prinzipbedingtes Manko aller Ansätze zur qualitativen Portfolioanalyse ist jedoch, dass diese Diversifikations- und Kumulationseffekte nicht explizit berücksichtigen. Daher soll im nächsten Abschnitt im Rahmen eines Ausblicks auf Erweiterungsmöglichkeiten der Risikobewertung durch Monte-Carlo-Simulationen hingewiesen werden, die auch dieses Themengebiet mit umfassen.

4 Erweiterung der Risikobewertung durch Einsatz von Simulationen

Stochastische Simulationsverfahren wie die Monte-Carlo-Simulation und die damit verwandte Latin-Hypercube-Methode[695] gewinnen im Risikomanagement, auch in der Immobilienwirtschaft, verstärkt an Bedeutung.[696] Simulationen kommen insbesondere dann zum Einsatz, wenn eine analytische Lösung auf Grund der Komplexität des Problems nicht möglich ist,[697] weswegen sich diese Verfahren zur Lösung verschiedener Probleme im Rahmen des Risikomanagements anbieten.[698]

In diesem Abschnitt soll im Sinne eines Ausblicks auf die Möglichkeiten zur Erweiterung des im bisherigen Verlauf entwickelten Risikobewertungsverfahrens durch Monte-Carlo-Simulationen eingegangen werden. In diesem Zusammenhang werden zunächst die Grundlagen von Monte-Carlo-Simulationen erläutert. Anschließend werden Vorschläge zur Erweiterung der Risikobewertung auf Ebene der Einzelimmobilie und des Portfolios entwickelt.

---

695 Der Begriff „Monte-Carlo-Simulation" soll in diesem Zusammenhang als Oberbegriff für stochastische Simulationsverfahren verwendet werden (siehe hierzu auch Steinhausen 1994, S. 6). Daneben wird der Begriff in der Literatur auch als Teilbegriff für stochastische Simulationsverfahren verwendet, bei denen bei jedem Simulationsdurchlauf die Zufallszahlen aus dem gesamten Spektrum der hinterlegten Wahrscheinlichkeitsverteilung gezogen werden, während beispielsweise bei der Latin-Hypercube-Methode die Zufallszahlen immer aus einem Teilintervall der jeweiligen Verteilung gezogen werden. Hierdurch soll sichergestellt werden, dass die jeweilige Verteilung mit einer geringeren Anzahl von Simulationsdurchläufen hinreichend abgebildet wird, wodurch man sich von der Latin-Hypercube-Methode eine höhere Effizienz der Berechnung verspricht (siehe beispielsweise Rommelfanger 2008, S. 43; Gürtler 2007, S. 68–69). Solche Unterscheidungen werden jedoch auf der hier vorliegenden konzeptionellen Ebene als unbeachtlich erachtet.

696 Diese Verfahren werden beispielsweise von Ropeter-Ahlers 16.10.2008, Gürtler 2007 und Nemuth 2006 explizit im immobilienspezifischen Kontext verwendet.

697 Vgl. Steinhausen 1994, S. 5.

698 Dies sind beispielsweise die Berechnung der Verteilung einer unsicheren Zielgröße (vgl. Finke 2005, S. 95) oder die Aggregation von Risiken (siehe z. B. Wolf 2003, S. 567; Gleißner, Meier 1999).

4.1 Grundlagen der Simulation

Simulationen im Allgemeinen sind in vielen Bereichen zu finden. Dies reicht von der Schulung von Piloten in Flugsimulatoren über Unternehmensplanspiele bis hin zur Simulation aufwendiger Experimente, beispielsweise von Crash-Tests im Rahmen der Fahrzeugentwicklung. Eine Teilmenge hiervon ist die Simulation als Methode des Operation Research zur Lösung von Problemen, die nicht als mathematisches Modell beschreibbar oder aufgrund des zu großen Rechenaufwands nicht analytisch lösbar sind.[699]
Bei der hier behandelten Monte-Carlo-Simulation handelt es sich um ein stochastisches Simulationsverfahren, welches Modelle,[700] deren Eingangsparameter vom Zufall abhängig sind, simuliert.[701] Damit eignet sich die Monte-Carlo-Simulation generell für Berechnungen im Rahmen des Risikomanagements.

Methodische Grundlage der Monte-Carlo-Simulation ist das schwache Gesetz der großen Zahlen.[702] Dieses besagt, dass sich der Mittelwert einer Reihe von Messungen einer unbekannten Größe, die jeweils voneinander unabhängig erfolgen und einem zufälligen Fehler unterliegen, für eine große Anzahl an Messungen der gesuchten Größe annähert.[703] Hieraus kann geschlossen werden, dass mit einer steigenden Zahl von Simulationsdurchläufen die Wahrscheinlichkeit einer Abweichung des Ergebnisses der Simulation von der tatsächlichen Verteilung abnimmt.[704]

---

699 Vgl. Steinhausen 1994, S. 5–6.

700 Unter einem Modell ist hierbei eine vereinfachte Abbildung der Realität zu verstehen, die durch Reduktion und Abstraktion generiert wird. Vgl. Steinhausen 1994, S. 21–22.

701 Hiervon sind die sog. deterministischen Simulationsverfahren zu unterscheiden, bei denen alle Daten und Entscheidungsregeln, die in das Modell eingehen, als bekannt und eindeutig vorausgesetzt werden. Vgl. Steinhausen 1994, S. 6.

702 Vgl. Finke 2005, S. 99.

703 Vgl. Bronstein, Semendjaev 1991, S. 675; Finke 2005, S. 99.

704 Vgl. Finke 2005, S. 99.

Prinzipiell läuft die Durchführung einer Simulationsstudie in mehreren Schritten ab:

» Zunächst[705] ist ein deterministisches Modell zu entwickeln, welches aus einer Reihe von Inputwerten einen oder mehrere Zielwerte berechnet.[706] Ein sehr einfaches Beispiel wäre etwa der Wurf von zwei Würfeln. Inputs sind in diesem Fall die jeweiligen Punktzahlen von Würfel 1 und Würfel 2. Output kann die Summe der Augen sein, oder ob ein Pasch geworfen wurde. Ein sehr komplexes Modell dagegen ist die Ermittlung des Werts einer Immobilie, die auf sehr vielen Eingangsparametern beruht, wobei hier auch im Modell eine Reihe von Beziehungen berücksichtigt werden müssen.

» Parallel zur Modellbildung sind die für die Simulation notwendigen Daten zu beschaffen. Hierzu zählen einerseits die Werte von während der Simulation konstant zu haltenden Größen, und andererseits die Wahrscheinlichkeitsverteilungen und deren Parameter für die zu variierenden Parameter.[707] Im Beispiel der beiden Würfel wäre dies jeweils eine diskrete Gleichverteilung von 1 bis 6, im Falle der Immobilienwertermittlung wäre beispielsweise die allgemeine wirtschaftliche Entwicklung eine stochastische, die vermietbare Fläche dagegen eine statische Inputgröße.

» Anschließend ist die Simulation als Computerprogramm zu implementieren.[708]

» Das Simulationsmodell ist anhand von Testdaten zu validieren, d. h. daraufhin zu überprüfen, ob es für den betrachteten Ausschnitt annähernd der Realität gleicht. Dies kann beispielsweise durch

705 Auf die Beschreibung eventuell vorgelagerter Schritte wie die Problemformulierung, die Erstellung eines Projektplans oder die Beantwortung der Frage, ob eine Simulation im gegebenen Fall eine sinnvolle Lösungsstrategie ist, wird an dieser Stelle verzichtet. Siehe hierzu auch Banks 1998, S. 15–18; Steinhausen 1994, S. 20–21.

706 Vgl. Banks 1998, S. 15–17; Rommelfanger 2008, S. 39–40; Steinhausen 1994, S. 21–22; Finke 2005, S. 102; Gürtler 2007, S. 70. Ausführlich wird das Thema Modellbildung von Pritsker 1998 behandelt.

707 Vgl. Banks 1998, S. 17; Steinhausen 1994, S. 22; Finke 2005, S. 103; Gürtler 2007, S. 70.

708 Vgl. Banks 1998, S. 17; Steinhausen 1994, S. 22–23. Auf Ablauf und Details der Simulation wird im weiteren Verlauf noch eingegangen.

Testläufe mit Daten aus der Vergangenheit, Sensitivitätsanalysen, durch Einsetzen von extremen Werten bei einzelnen Eingangsdaten oder durch verschiedene Arten von Expertenbefragungen geschehen.[709]

» Nun sind die einzelnen Simulationsläufe zu planen. Hierbei sind insbesondere die Zahl der Iterationen und ggf. der Anfangszustand der verschiedenen Parameter von Interesse.[710] Von einer ausreichenden Anzahl an Iterationen kann dabei ausgegangen werden, wenn die berechneten Zielwerte wie der Mittelwert oder verschiedene Quantile der gesuchten Verteilung stabil sind, sich also bei weiteren Iterationen nicht mehr oder nur noch sehr geringfügig ändern.[711] Ein verfälschender Einfluss durch den Anfangszustand kann durch eine hohe Anzahl an Iterationen oder durch Abwarten einer Einschwingphase vor Aufzeichnung der Ergebnisse vermindert werden.[712]

» Nach so viel Vorarbeit sind schließlich die eigentlichen Simulationen durchzuführen und deren Ergebnisse zu interpretieren.[713]

Die eigentliche Simulation läuft so ab, dass mit Hilfe eines Zufallszahlengenerators durch das Computerprogramm Zufallszahlen für alle unsicheren Eingangsgrößen des Modells generiert werden, die den im Schritt der Datenbeschaffung ermittelten Wahrscheinlichkeitsverteilungen der unsicheren Eingangsgrößen entsprechen. Bei diesem Schritt ist zu beachten, dass die Erzeugung von Zufallszahlen nicht trivial ist. In den meisten Programmiersprachen ist eine Funktion vorgesehen, die im

709 Vgl. Banks 1998, S. 17 u. 23-25; Steinhausen 1994, S. 24.

710 Vgl. Steinhausen 1994, S. 24–25.

711 Vgl. Gürtler 2007, S. 163–164. Die Frage nach der Anzahl der notwendigen Iterationen lässt sich auch analytisch lösen. Hierbei kommt man zu dem Ergebnis, dass zur Verbesserung der Genauigkeit des Simulationsergebnisses um den Faktor a die Anzahl der Iterationen um den faktor a^2 zu erhöhen ist. Vgl. Steinhausen 1994, S. 42–44; Banks 1998, S. 26–27.

712 Vgl. Steinhausen 1994, S. 24–25; Banks 1998, S. 27–28.

713 Vgl. Steinhausen 1994, S. 25; Banks 1998, S. 16–18; Gürtler 2007, S. 70.

Intervall 0,1 gleichverteilte Pseudo-Zufallszahlen erzeugt.[714] Aus diesen lassen sich Zufallszahlen verschiedener Wahrscheinlichkeitsverteilungen, insbesondere auch normalverteilte Zufallszahlen, ermitteln.[715]
Aus diesen Zufallszahlen und den statischen Inputgrößen werden nun durch das deterministische Modell die verschiedenen Outputwerte berechnet und in einer Ergebnistabelle aufgezeichnet, bevor der Vorgang mit der Erzeugung eines neuen Satzes von Zufallszahlen für die unsicheren Inputgrößen von neuem beginnt.
Diese Schleife wird entsprechend der zuvor festgelegten Anzahl an Iterationen wiederholt. Schließlich können die in der Ergebnistabelle festgehaltenen Ergebnisse der einzelnen Schritte, beispielsweise mit Hilfe der deskriptiven Statistik oder grafisch, ausgewertet werden. Das Vorgehen ist in der folgenden Abbildung nochmals grafisch dargestellt.

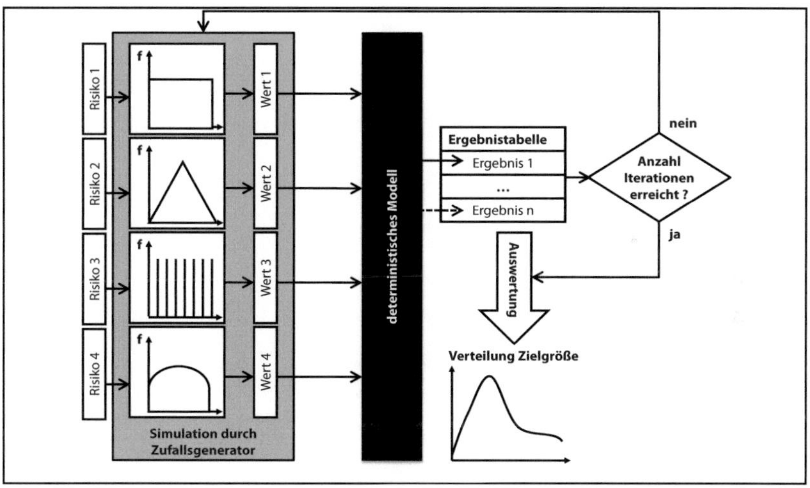

Abb. 33: *Ablauf einer Monte-Carlo-Simulation. (Eigene Darstellung).*

714 Siehe hierzu sowie zum Unterschied zwischen echten und Pseudo-Zufallszahlen Steinhausen 1994, S. 26–30; Ross 1997, S. 36–38; Rommelfanger 2008, S. 41–45; L'Ecuyer 1998, S. 93–96.

715 Hierfür bietet sich generell die Transformationsmethode, also das Einsetzen der 0,1-gleichverteilten Zufallszahlen in die Umkehrfunktion der Verteilungsfunktion der gewünschten Verteilung, an (vgl. Steinhausen 1994, S. 36–39; Cheng 1998). Zur Erzeugung normalverteilter Zufallszahlen ist diese Methode jedoch ungeeignet. Hierfür wurden verschiedene andere Verfahren entwickelt (vgl. Steinhausen 1994, S. 40–41; Cheng 1998, S. 154).

Eine Sonderform ist die Simulation stochastischer Prozesse.[716] Im Allgemeinen beschreiben stochastische Prozesse den Verlauf einer Zufallsgröße, beispielsweise des Energiepreises, im Zeitverlauf. Interessant für die Simulation sind insbesondere stochastische Prozesse, bei denen die Wahrscheinlichkeitsverteilung für den Zustand des Systems im Zeitpunkt t+1 von seinem Zustand in t abhängt, die sog. Markov-Ketten.[717] Ein einfaches Beispiel ist die Simulation des Weges eines Betrunkenen, der bei jedem Schritt mit einer gewissen Wahrscheinlichkeit nach vorne, hinten, links oder rechts torkelt.[718]
Eine Modellierung mit Hilfe von Markov-Ketten bietet sich insbesondere für sog. Warteschlangen- und Lagerhaltungsprobleme an, mit denen sich viele praktische Probleme im Bereich der Immobilienwirtschaft, beispielsweise auch die Wahl des optimalen Ersatzzeitpunkts, abbilden lassen.[719] Stochastische Prozesse liefern so die Grundlage zur Simulation von zukünftigen Entwicklungen, beispielsweise von Märkten. So ist vorstellbar, künftige Preisentwickungen mit Hilfe von Markov-Ketten zu simulieren.

---

716 Bei stochastischen Prozessen handelt es sich prinzipiell um eine Menge von Zufallsgrößen, die in Abhängigkeit einer weiteren Größe, für gewöhnlich der Zeit, realisiert werden. Man unterscheidet dabei den Parameterraum T (den Betrachtungszeitraum) und den Zustandsraum Z. Der Zustandsraum Z bezeichnet die Menge aller Zustände, die die Zufallsgröße annehmen kann. Statt der Zeit als Parameterraum ist es auch möglich, beispielsweise die Entfernung von einem Ausgangspunkt zu wählen. Des Weiteren unterscheidet man stochastische Prozesse mit diskreter und mit stetiger Zeit. Vgl. Beichelt 1997, S. 51–55.

717 Charakteristisch für Markov-Ketten ist die Gedächtnislosigkeit des Prozesses, da der Verlauf in den Zeitpunkten vor t keine Rolle spielt. Für jeden Zustand des Systems ist die bedingte Wahrscheinlichkeit $P(X_{t+1} = i_{t+1} \mid X_t = i_t)$, mit der bei Vorliegen des Zustands i_t der Nachfolgezustand i_{t+1} angenommen wird, die sog. Übergangswahrscheinlichkeit, anzugeben. Falls die Übergangswahrscheinlichkeiten unabhängig von Zeitpunkt t sind handelt es sich um einen homogenen Markov-Prozess, sonst um einen inhomogenen. Vgl. Waldmann, Stocker 2004, S. 11–14.

718 Siehe auch Steinhausen 1994, S. 9–13.

719 Vgl. Waldmann, Stocker 2004, S. 111–135.

4.2 Einsatzmöglichkeiten von Simulationsverfahren im Rahmen der Risikobewertung

Nachdem die Grundlagen der Simulation erläutert wurden, soll im Folgenden auf Möglichkeiten der Erweiterung des Risikoscoringmodells durch Simulationen im Rahmen der Bewertung von Einzelobjekten und von Immobilienportfolios eingegangen werden.

Zunächst bietet sich die Simulation zur Ermittlung einer Wahrscheinlichkeitsverteilung des Scoringergebnisses der einzelnen Immobilie an. In das Scoringmodell fließt eine Vielzahl an Indikatoren ein, denen eine Wahrscheinlichkeitsverteilung auf Basis historischer Daten oder Schätzungen zugeordnet werden kann. Eine analytische Berechnung ist bereits aufgrund der großen Anzahl an Kombinationsmöglichkeiten – bei realistischerweise 250 im Scoringmodell erfassten Indikatoren und einer Bewertungsskala von einem bis 10 Punkten gibt es $250^{10} \approx 9{,}53 \times 10^{23}$ Kombinationsmöglichkeiten[720] – nicht möglich. Soll dieses Problem mit Hilfe einer Simulation gelöst werden sind bei jeder Iteration für die einzelnen Indikatoren entsprechend ihrer jeweiligen Verteilung Zufallszahlen zu ziehen und auf dieser Basis das Scoringergebnis zu bestimmen. Es geht also bei dieser Beurteilung nicht um eine Momentbeurteilung der Immobilie, bei der die Eingangsparameter des Scoringmodells feststehen, sondern um eine Abbildung des Spektrums des Bewertungsergebnisses bei variablen Rahmenbedingungen.[721] Aus den Ergebnissen

[720] Es handelt sich hierbei um eine Variation mit Wiederholung, da dieselbe Bewertung für mehrere Indikatoren vergeben werden kann, es aber auf die Reihenfolge, in der die Bewertungen vergeben werden, ankommt. Damit ergibt sich bei n Indikatoren und k Bewertungsschritten eine Anzahl von n^k möglichen Bewertungskombinationen. Vgl. Bronstein, Semendjaev 1991, S. 110–111.

[721] Ähnliche Anwendungen finden sich bei Steinhausen im Rahmen der Beurteilung von Investitionsalternativen sowie bei Ropeter-Ahlers (vgl. Steinhausen 1994, S. 85–88; Ropeter-Ahlers 2008). Gürtler setzt die Simulation zur Bewertung von Prognoseunsicherheiten in der Wirtschaftlichkeitsrechnung von PPP-Projekten ein (vgl. Gürtler 2007, S. 161–178).

der einzelnen Iterationen kann dann die Verteilung des Scoringergebnisses bestimmt werden.
Diese Art der Simulation stellt auch eine sinnvolle Erweiterung der Szenarioanalyse dar, da auf diese Weise wahrscheinliche Parameterkombinationen ermittelt werden können.

Des Weiteren bietet sich die Simulation zur Beurteilung zukünftiger Entwicklungen der einzelnen Immobilie sowie des gesamten Portfolios an.[722] Wie bereits erläutert, können zukünftige Entwicklungen als stochastische Prozesse modelliert werden. Dies kann zum Beispiel die wirtschaftliche Entwicklung oder die Entwicklung der Immobilienmärkte, aber auch objektspezifische Risikoindikatoren wie die Höhe der Instandhaltungskosten betreffen.

Die Simulation zukünftiger Entwicklungen durch stochastische Prozesse kann auf Ebene der Einzelimmobilie zur Bewertung ihres Verhaltens unter sich ändernden Rahmenbedingungen eingesetzt werden. Insbesondere bietet sich aber der Einsatz des Verfahrens auf Portfolioebene an, da hierdurch auch Risiken aggregiert und die zukünftige Situation des Unternehmens abgeschätzt werden können,[723] wobei insbesondere die Bewertung der sog. Klumpenrisiken[724] von Bedeutung ist. Durch die Analyse zukünftiger Entwicklungen können Schwächen in der Diversifikationsstrategie des Unternehmens aufgedeckt werden, beispielsweise indem in gleichartige Märkte investiert wurde, die von Entwicklungen auf nationaler Ebene ähnlich betroffen sind.[725]

722 Ein Beispiel zur zukünftigen Entwicklung der Bilanz eines Unternehmens, welches auf die hier angesprochene Problematik prinzipiell übertragbar ist, findet sich bei Steinhausen 1994, S. 75–85.

723 Zu beachten ist, dass mit Hilfe der Simulation nicht eine genaue Position des Portfolios in der Zukunft ermittelt wird, sondern nur Wahrscheinlichkeiten für mögliche Entwicklungspfade.

724 Vgl. Gondring 2007, S. 1.

725 Siehe zu dieser Problematik auch Kurzrock 2007, S. 233–235.

Bei einer solchen Simulation zur Bewertung der künftigen Entwicklung des Portfolios ist zunächst das Verhalten sämtlicher Indikatoren, die die Beurteilung der relevanten Teilmärkte und der einzelnen Objekte unmittelbar oder mittelbar beeinflussen, im Zeitverlauf zu analysieren und zu modellieren. Nun sind die Verläufe der einzelnen Indikatoren im Zeitverlauf zu simulieren, und hieraus die jeweiligen Bewertungen für die Teilmärkte und die einzelnen Objekte im Portfolio zu ermitteln.[726] Deren zeitliche Entwicklungen können im Portfoliodiagramm animiert dargestellt werden, so dass deutlich gezeigt wird, wohin sich die einzelnen Bereiche des Portfolios entwickeln.

Der mit der Erstellung eines solchen Modells verbundene Arbeitsaufwand ist nicht zu unterschätzen. Es ist nicht nur unabdingbar, dass die einzelnen Risikoindikatoren realitätskonform modelliert sind, es muss darüber hinaus auch verhindert werden, dass durch die isolierte Simulation der einzelnen Indikatoren wenig plausible Kombinationen gebildet werden. Eine solche Kombination wäre ein regionaler Bevölkerungsverlust, der aber mit stark steigenden Mietpreisen einhergeht – die Anschauung lehrt hier etwas anderes. Eine Möglichkeit zur Umgehung dieses Problems wäre die Anpassung der Verteilung nachgelagerter Risiken an die Simulationsergebnisse der vorgelagerten Risiken. Im Beispiel verhält es sich so, dass zunächst eine Zufallszahl gezogen wird, die die regionale Bevölkerungsentwicklung darstellt. Anschließend würde auf dieser Basis die Wahrscheinlichkeitsverteilung für die Simulation der Mietpreise angepasst, zum Beispiel indem der Erwartungswert nach unten verschoben wird. Auf Basis dieser angepassten Verteilung kann dann im nächsten Schritt eine Zufallszahl zur Ermittlung des Mietpreises gezogen werden. Eine weitere Möglichkeit wäre die Anpassung der Verteilung an das Simulationsergebnis der vorgelagerten Risiken in der Vorperiode.

---

726 Die Objekteigenschaften werden als im Zeitablauf konstant angenommen. Hier kann es nur zu Veränderungen kommen, wenn sich der Bewertungsmaßstab in Folge geänderter Anforderungen an die Immobilien, beispielsweise geänderte gesetzliche Rahmenbedingungen, ändert.

Simulationen können nicht nur im Rahmen von Scoring-Modellen, sondern insbesondere auch zur Erweiterung von Investitionsrechnungs- und Cash-Flow-Modellen eingesetzt werden,[727] indem die einzelnen Zahlungen bzw. für das Gesamtmodell maßgebliche, unsichere Faktoren wie Zins- und Preisentwicklung entsprechend mit Wahrscheinlichkeitsverteilungen unterlegt und simuliert werden. Lausberg und Wiegner nennen darüber hinaus verschiedene Möglichkeiten zur Kombination von Scoring- und Cash-Flow-Modellen, zum Beispiel die Anpassung der gewählten Wahrscheinlichkeitsverteilungen in Cash-Flow-Modellen in Abhängigkeit vom Scoring-Ergebnis. Diese Vorgehensweise bietet sich insbesondere zur Modellierung von Mieten oder Leerstandsdauern an.[728]

Generell ist bei der Modellierung stochastischer Simulationen zu beachten, dass bei steigender Detailgenauigkeit und Umfang ein sehr komplexes „Welt-Modell" entsteht. Alle darin getroffenen Annahmen sind stets kritisch zu hinterfragen,[729] da die große Gefahr einer oberflächlichen Scheingenauigkeit besteht. Daher ist einerseits großer Wert auf die Kalibrierung des Modells zu legen,[730] andererseits kann es außerdem sinnvoll sein, zunächst auf die Abbildung feiner Details zu verzichten. Insgesamt kann festgehalten werden, dass Simulationen zur Beurteilung künftiger Risiken sehr sinnvoll sind, aber selbst aufgrund ihrer Komplexität auch das Risiko einer Fehlbewertung bergen. Insofern besteht auch an dieser Stelle offenbar noch weiterer Forschungsbedarf, bevor umfassende Simulationsmodelle produktiv eingesetzt werden können.

---

727 Anwendungsbeispiele für Monte-Carlo-Simulationen in Investitionsrechnungs- und Cash-Flow-Modellen finden sich unter anderem bei Nemuth 2006 S. 151-182 und Gürtler 2007, S. 161-180.

728 Vgl. Lausberg et al. 2009.

729 Oft fehlen beispielsweise bereits entsprechende Daten, um die Verteilungen der Eingangsvariablen modellieren zu können. Vgl. Rommelfanger 2008, S. 45.

730 Vgl. Steinhausen 1994, S. 24. Siehe zur Validierung von Simulationsmodellen Balci 1998.

5 Zusammenfassende Betrachtung

In diesem Kapitel wurde das Thema „Risikobewertung" behandelt. Hierzu wurden zunächst im Rahmen einer Einführung verschiedene etablierte Verfahren zur Risikobewertung vorgestellt. Die anschließende Diskussion bezüglich ihrer Tauglichkeit kam zu dem Ergebnis, dass zur Zeit alleine Scoringverfahren in der Lage sind, die sehr verschiedenen Risiken und Risikokennzahlen in der Immobilienwirtschaft zu einer Gesamtbewertung zusammenzufassen. Als Nachteil des Scoringverfahrens wurde allerdings angesehen, dass die Risiken hier isoliert bewertet und Interdependenzen nicht berücksichtigt werden.

Daher wurde im Folgenden zunächst auf der Ebene des Einzelgebäudes ein Vorschlag entwickelt, in dem die Interdependenzen zwischen den Risiken in Form von Zu- und Abschlägen auf die Risikobewertung berücksichtigt werden. Das Verfahren wurde beispielhaft auf Basis von Microsoft Excel umgesetzt.

Im Anschluss daran wurde auf Möglichkeiten eingegangen, das Scoringverfahren auch auf Portfolio- oder Unternehmensebene einzusetzen. Als Beispiel hierzu diente das qualitative Portfoliomanagement von Immobilienunternehmen. Hierfür ist das Scoringverfahren mit wenigen Modifikationen zweifelsohne geeignet. Ein Schwachpunkt des qualitativen Risikomanagements ist jedoch, dass diese Verfahren prinzipbedingt keine ausreichende Grundlage zur Bewertung von Diversifikations- oder auch Kumulationseffekten im Portfolio bieten.

Stochastische Simulationsverfahren stellen einen vielversprechenden Ansatz zur Lösung dieses und weiterer Probleme im Immobilien-Risikomanagement dar, weswegen zum Abschluss im Sinne eines Ausblicks auf Erweiterungsmöglichkeiten der Risikobewertung durch stochastische Simulationsverfahren auf Einzelobjekt- und Portfolioebene eingegangen wurde. Dies sind insbesondere die Ermittlung einer Verteilung des Scoringergebnisses, wenn unsichere Eingangsparameter des Modells bzw. deren zukünftige Entwicklung simuliert werden. Des Weiteren bietet sich auch eine Kombination von Cash-Flow- und Scoringmodellen an. Insbesondere in diesem Bereich erscheinen weitere Forschungsaktivitäten sinnvoll und lohnend.

F: Ergebnisse der Arbeit und Ausblick

1 Ergebnisse der Arbeit

Die vorliegende Arbeit beschäftigt sich mit dem Risikomanagement in der Immobilienwirtschaft, und möchte hier einen Beitrag zur Verbesserung der Risikoanalyse- und bewertung leisten. Wesentliche Ziele der Arbeit waren die Identifikation und systematische Beschreibung der in der Immobilienwirtschaft relevanten Risiken in einem Risikokatalog, sowie die Weiterentwicklung von Verfahren zur Risikobewertung. Hierbei lag der Schwerpunkt auf dem Risikomanagement aus Sicht von Immobilienunternehmen, also von Unternehmen, die in Immobilien investieren und aus Mieteinnahmen und Wertsteigerungen Erträge generieren.

Nach einer kurzen Einleitung und der Erläuterung des Aufbaus der Arbeit wurde in Kapitel B zunächst auf die gestiegene Bedeutung des Risikomanagements in Immobilienunternehmen eingegangen, in denen Entscheidungen früher oft auf Grundlage der Erfahrung und des Bauchgefühls des Managements getroffen wurden. Für diese Veränderung waren neben einer tiefgreifenden Veränderung der Immobilienmärkte strengere Anforderungen der finanzierenden Banken in der Folge von Basel II, neue gesetzliche Regelungen und nicht zuletzt eine Professionalisierung der Unternehemen mit verantwortlich.

Die sich hieran anschließenden Ausführungen zum Stand der Forschung kamen zu dem Ergebnis, dass zwar bereits etliche wissenschaftliche Veröffentlichungen zu dem Thema existieren, hierbei aber meist nur einzelne Aspekte beleuchtet werden und ein Überblick über die gesamte Bandbreite weitgehend fehlt.
Das Kapitel schloß mit einer allgemeinen Darstellung des Risikomanagementprozesseses.

Kapitel C widmete sich der Identifizierung relevanter Risiken und Riskofelder. Das etwas unbefriedigende Ergebnis in Bezug auf den derzeitigen Stand der Forschung veranlasste dazu, hier zunächst durch Auswertung repräsentativer wissenschaftlicher Beiträge zu dem Thema eine Sammlung von Risikobegriffen als Grundlage der weiteren Untersuchung zu erarbeiten.
Hierzu wurde zunächst auf Grundlage der Literatur ein allgemeines System von Risikokategorien erarbeitet. Im Anschluß daran wurde eine repräsentative Auswahl von insgesamt 37 Beiträgen auf die hierin verwendeten Risikobegriffe und Risikodefinitionen hin untersucht, wovon letztlich 28 Beiträge in die Auswertung eingingen. Hierbei wurden die in der Literatur verwendeten Risikobegriffe thematisch geordnet und schließlich zu etwas allgemeiner gehaltenen Risiken zusammengefasst. Insgesamt ergab sich hierbei eine Anzahl von 720 Risikobegriffen und 237 Risiken, vor allem aus den Bereichen Standort und Markt, sowie Unternehmensrisiken und Objektrisiken während der Erstellungsphase. Die im Zuge dieses Schrittes erstellte Risikoliste mit der Literaturauswertung findet sich im Anhang A dieser Arbeit.
Die identifizierten Risikokategorien bilden die Grundlage des Risikokatalogs, welcher den Anhang B zu dieser Arbeit bildet. Als Elemente auf den einzelnen Risikodatenblättern finden sich eine kurze Beschreibung des jeweiligen Risikos, die Teilrisiken mitsamt den dazugehörigen Risikobegriffen, sowie eine Sammlung weiterführender Literatur.

Angesichts der großen Zahl relevanter Risiken wurde im Folgenden auf eine detaillierte Darstellung möglicher Risikoindikatoren verzichtet, und statt dessen eine Aufstellung möglicher Datenquellen für die Risikobewertung erarbeitet.

Im darauf folgenden Kapitel D wurden weitere Möglichkeiten der Systematisierung von Risiken, neben der in Kapitel C verwendeten sachlichen Gliederung, erörtert bzw. entwickelt. Hierbei wurden zunächst die in der Literatur gebräuchlichen Systematisierungsansätze aufgrund risikotheoretischer Merkmale diskutiert, wie z. B. die Unterscheidung in systematische und unsystematische Risiken. Hierbei kam die Arbeit zu dem Ergebnis, dass ein Großteil dieser Unterscheidungen nur einen geringen praktischen Nutzwert aufweist, und die Unterscheidung zusätzlich oft situationsabhängig und wenig trennscharf ist. Daher wurden nur einige ausgewählte Systematiken als Elemente in den Risikokatalog übernommen.
Im Anschluß wurde auf Möglichkeiten zur Beschreibung der Interdependenzen von Risiken eingegangen. Es wurde festgestellt, dass die Kenntnis der gegenseitigen Abhängigkeiten eine wesentliche Grundlage des Risikomanagements darstellt, da diese zur Aggregation von Risiken und zur Risikoreduzierung durch Diversifikation unerläßlich ist. In verschiedenen wissenschaftlichen Beiträgen fanden sich vereinzelte Hinweise auf Risikozusammenhänge, die auf Expertenbefragungen, empirischen Untersuchungen oder theoretischen Modellen basierten. Diese wurden zu einem eigenen Modell von Risikoabhängigkeiten und Wirkungsketten zusammengefasst, und schließlich ein Verfahren zur Beschreibung dieser Abhängigkeiten entwickelt. Deren grafische Darstellung bildet ebenfalls ein Element der Risikodatenblätter.
Der letzte Abschnitt des Kapitels beschäftigte sich mit der Entwicklung einer Systematik zur Beschreibung von Risiken aus Sicht einzelner Immobilienlebenszyklusphasen und verschiedener beteiligter Akteure. Anlass hierfür war, dass Risiken im Immobilienwesen häufig in frühen Phasen des Lebenszyklus begründet werden, sich aber erst später und bei einem anderen Akteur auswirken. Hierzu wurden zunächst gängige

Immobilien-Lebenszyklusmodelle vorgestellt und hieraus ein eigenes, allgemein gehaltenes Modell als Grundlage der Systematik entwickelt. Im Anschluß daran wurden die aus Risikosicht relevanten Akteure ausgewählt, sowie die verschiedenen Möglichkeiten des Auftretens von Risiken beschrieben. Diese drei Teile wurden in der Darstellung des Risikoprofils zusammengefasst, welches schließlich am Beispiel des Risikos der wirtschaftlichen Entwicklung beispielhaft angewendet wurde. Das Risikoprofil ist das letzte der Elemente auf den Risikodatenblättern im Risikokatalog.[731]

Kapitel E schließlich widmete sich der Bewertung von Risiken. Hierbei wurde die in den vorangegangenen Kapiteln eingenomme akteurs- und phasenneutrale Ebene verlassen und explizit auf ein Immobilienunternehmen in der Rolle des Investors und ein Gebäude in der Nutzungsphase abgestellt.

Es wurde zunächst auf verschiedene Methoden und Verfahren der Risikobewertung eingegangen, und diese auf ihre Eignung zur Anwendung im Immobilienwesen hin untersucht. Hierbei zeigte sich, dass einfache Risikomaße wie der Schadenerwartungswert wegen ihrer wenig genauen Einschätzung und statistische und finanzwirtschaftliche Risikomaße wegen der unzureichenden Datenverfügbarkeit nur begrenzt einsetzbar sind. Daher wurde das – auch im Rating oder der Standortanalyse gebräuchliche – Scoringverfahren als Basis des Risikobewertungssystems ausgewählt, obwohl die Festlegung der Gewichtungsfaktoren und die fehlende Berücksichtigung von Risikointerdependenzen bei der Bewertung als Schwachpunkte des Verfahrens identifiziert wurden.

Um Probleme bei der Festlegung der Gewichtungsfaktoren zu umgehen, wurde das Verfahren der dynamischen Gewichtung von dem Immobilien-Ratingsystem der TEGoVA übernommen. Hierbei wird das

731 Insgesamt enthalten die Formblätter im Risikoatalog also als Elemente eine allgemeine Beschreibung bzw. Definition des Risikos, die Systematisierung nach sachlichen und theoretischen Aspekten sowie nach Risikoabhängigkeiten, das Risikoprofil der phasen- und akteursbezogenen Systematik, die in der Literaturanalyse ermittelten Teilrisiken und Risikobegriffe sowie Literaturhinweise zu dem Risiko. Diese Formblätter wurden für die Hauptrisikogruppen ausgefüllt. Das Ergebnis findet sich in Anhang B dieser Arbeit.

Gewicht eines Indikators erhöht, wenn die Bewertung stark vom Mittelwert abweicht. Dies entspricht der Intuition, dass vor allem die herausragenden Merkmale das Risiko prägen, während sich die im „grünen Bereich" befindlichen Indikatoren eher neutral verhalten.

Zur Integration der Interdependenzen in das Scoringverfahren wurde eine Methode entwickelt, bei der mit Hilfe eines rekursiven Verfahrens ein Zu- bzw. Abschlag auf das Risiko des jeweils betrachteten Risikos berechnet wird, wenn ein vorgelagertes Risiko besonders gut oder schlecht bewertet wurde. Zusätzlich wurden die Risikoposition beeinflussende Gebäudeeigenschaften in das Berechnungsverfahren integriert. Das Risikobewertungssystem wurde anschließend an verschiedenen Beispielszenarien erprobt.

Weiterhin wurde der Einsatz des Bewertungsmodells auf Portfolioebene im Rahmen der Portfolioanalyse erläutert. Hierzu ist das Verfahren mit den beschriebenen Modifikationen zweifelsohne geeignet, ein prinzipbedingter Schwachpunkt qualitativer Portfolioanalyseverfahren ist jedoch die mangelnde Berücksichtigung von Diversifikations- und Kumulationseffekten.

Als Lösungsmöglichkeit dieses und weiterer Probleme im Immobilien-Risikomanagement bieten sich stochastische Simulationsverfahren an, auf die zum Abschluß im Sinne eines Ausblicks kurz eingegangen wurde.

2 Wertung der Ergebnisse und Ausblick

Im Rahmen der vorliegenden Arbeit wurden Lösungsvorschläge zu drei wesentlichen Themen unterbreitet, welche Forschung und Praxis im immobilienbezogenen Risikomanagement derzeit stark beschäftigen: Die Risikoerkennung bzw. die Erstellung eines umfassenden Risikokatalogs für die Immobilienwirtschaft, die Systematisierung und Beschreibung von Risiken sowie die Risikobewertung.

Dass die Frage, welche Risiken die Branche überhaupt betreffen, hochaktuell, nicht trivial und auch nicht leicht zu beantworten ist, zeigt sich darin, dass sich auch der Arbeitskreis Risikomanagement bei der Gesellschaft für immobilienwirtschaftliche Forschung e. V. (gif) dazu entschieden hat, zunächst diese wichtige Basisarbeit anzugehen und selbst einen Katalog von Risiken und entsprechenden Risikodefinitionen zu erarbeiten. Die Ergebnisse der Literaturanalyse stellen hier eine gute Grundlage für die weitere Forschung dar, sind aber aus Sicht des Autors unbedingt weiter zu ergänzen und auch zu detaillieren. Wichtige Punkte sind hier sicherlich die Ergänzung des Risikokatalogs um weitere Risikogruppen, zum Beispiel operationelle Risiken der Unternehmen, und die Sammlung geeigneter Risikoindikatoren sowie der hierzu nötigen Datenquellen.

Weiterhin können die im Rahmen der Arbeit entwickelten Systematiken als Grundlage für die Beschreibung und Systematisierung der gesammelten Risiken dienen. Hierbei sind sowohl die Kenntnis der Interdependenzen als auch der Entwicklung des Risikos im Immobilienlebenszyklus für die Risikobewertung und die Entwicklung wirksamer Steuerungsstrategien von hoher Bedeutung. Allerdings besteht insbesondere im Bereich der Interdependenzen von Risiken dringend weiterer Forschungsbedarf, insbesondere im Bereich empirischer Arbeiten.

Wesentliche Voraussetzung, um hierbei zu aussagekräftigen und realitätskonformen Ergebnissen zu gelangen, ist jedoch die Verbesserung der Datenverfügbarkeit im Immobiliensektor, was auch eine Verbesserung der Beschreibung der einzelnen Gebäude nötig macht. Hier gilt es, entsprechende Standards zur Dokumentation von Gebäuden und ihrer wirtschaftlichen Kenngrößen zu schaffen, wobei der Trend zur Nachhaltigkeitszertifizierung hierauf sicherlich positiven Einfluss hat.

Das auf Basis der gebräuchlichen Scoringverfahren entwickelte Risikobewertungssystem für einzelne Objekte ermöglicht die Integration der Risikointerdependenzen in die Betrachtung, und bildet hierdurch die Realität deutlich besser als gängige Verfahren ab. Das Modell wurde beispielhaft umgesetzt, für einen produktiven Einsatz ist jedoch zunächst die Detailgenauigkeit zu erhöhen, indem die Risiken auf einer oder zwei weiteren Gliederungsebenen erfasst werden. Des Weiteren sind die Parameter des Modells zu kalibrieren, was allerdings wiederum eine entsprechende Datenverfügbarkeit voraussetzt.

Anschließend wurde die Anwendbarkeit des Scoring-Modells im qualitativen Immobilien-Portfoliomanagement demonstriert. Hierbei ist die Integration mathematisch-statistischer Ansätze zur Diversifikation jenseits heurisitscher Methoden allerdings noch nicht befriedigend gelöst. Hierfür wäre wiederum eine verbesserte Datenverfügbarkeit und die Kenntnis der Risikointerdependenzen Voraussetzung.

Gleiches gilt für die Erweiterung der Risikobewertung durch stochastische Simulationsverfahren, welche im Sinne eines Ausblicks diskutiert wurden. Diese bieten nach Auffassung des Autors große Potentiale bei der Risikoaggregation und als Ersatz üblichen Szenarioanalysen – doch auch hier gilt, dass zunächst auf Basis eines verbesserten Datenbestands zu Immobilien weitere Forschungen notwendig sind, um die Wahrscheinlichkeitsverteilungen der Risikoparameter zu ermitteln und tragfähige Modelle zur Abbildung beispielsweise von Marktmechanismen zu entwickeln.

Insgesamt zeigen sich aus Sicht des Autors zwei wichtige Ansatzpunkte für die weitere Forschung: die Weiterentwicklung des Risikokatalogs und die Verbesserung der Datenlage in der Immobilienwirtschaft, die wiederum Grundlage weiterer Forschungsaktivitäten ist.

Der Risikokatalog dient dabei der Sammlung und übersichtlichen Darstellung der Erkenntnisse. Er sollte kein statisches, sondern ein dynamisches Werkzeug sein, welches stets neuen Erfordernissen und Erkenntnissen angepasst wird. Hierzu zählen sowohl die Pflege des Datenbestandes, die weitere Detaillierung, die Erweiterung um weitere Risiken, aber auch die Ergänzung um neue Elemente.

Der praktische Nutzen des Risikokatalogs würde nach Auffassung des Autors beispielsweise durch die Aufnahme geeigneter Risikosteuerungsstrategien als weiteres Element deutlich erhöht. Hierbei empfiehlt es sich, empfehlenswerte und ggf. standardisierte Vorgehensweisen zu den einzelnen Risiken zu sammeln und zu pflegen. Eine solche Strategie könnte zum Beispiel im Falle des Risikos von Bränden sein, dass zunächst die Maßnahmen des baulichen Brandschutzes ausgeschöpft, und diese ggf. durch technischen Brandschutz ergänzt werden. Hinzu kommt eine entsprechende Wartungs- und Instandhaltungsstrategie für die relevante Gebäudeausrüstung, unter anderem Feuerungsanlagen, Gas- und Elektroinstallation. Das Restrisiko wird regelmäßig versichert.

Der Risikokatalog kann so sowohl der Praxis als auch der Forschung als Grundlage der täglichen Arbeit und als Werkzeug zur Standardisierung dienen.

Die Verbesserung der Datenlage kommt ebenfalls der gesamten Branche zu Gute. Sie ist Grundlage der weiteren, insbesondere der empirischen Forschung zu Marktmechanismen und Risikointerdependenzen, kommt aber auch der Praxis in Form genauerer Wertermittlungen und verbesserten Möglichkeiten zur Risikoeinschätzung zu Gute, von einer

Verringerung des Aufwands für Due-Diligence-Prüfungen abgesehen. Wesentliche Ziele sind hier die standardisierte Beschreibung von Immobilien, und die Erfassung des Bestands nach diesem Schema.

Diese grundlegenden Forschungsarbeiten auf dem Gebiet des Immobilien-Risikomanagements sind aus Sicht des Autors kaum von einzelnen Forschergruppen oder Unternehmen zu leisten. Hier wird sicherlich ein ständiger Dialog zwischen Forschern und Praktikern über Unternehmens- und Institutsgrenzen hinweg nötig sein, um zu Ergebnissen entsprechender Qualität zu kommen – die Arbeit des Arbeitskreises Risikomanagement der Gesellschaft für immobilienwirtschaftliche Forschung e. V. (gif) ist hier sicherlich mehr als nur ein guter Anfang.

Gleiches gilt für die Entwicklung gemeinsamer Standards bei der Risikobewertung. Ähnlich der Anforderungen von Basel II an Banken würde es sich auch in der Immobilienbranche anbieten, standardisierte Hilfsmittel für einfache Anwendungen und kleinere Unternehmen zur Verfügung zu stellen, aber auch eigene, fortgeschrittene Ansätze zuzulassen. Durch gemeinsame Forschung und Weiterentwicklung des Instrumentariums ließe sich der Standard des Risikomanagements in der Branche insgesamt erhöhen. Außerdem würden die Risikopositionen verschiedener Immobilien, (Teil-) Portfolien und Unternehmen durch die Verwendung einheitlicher Kennzahlen und Verfahren leichter vergleichbar, was der Transparenz und Glaubwürdigkeit der Branche entgegenkäme.

Daher ist zu hoffen, dass die Ergebnisse der vorliegenden Arbeit sowohl in der Praxis zur Anwendung kommen, als auch den Anwendern sowie der Forschung zum Immobilien-Risikomanagement als Grundlage und Anregung für Erweiterungen und zukünftige Forschungen dienen.

Literaturverzeichnis

aengevelt.com (2009). Aengevelt Immobilien GmbH & Co. KG (Düsseldorf). Online verfügbar unter http://www.aengevelt.com/, zuletzt aktualisiert am 03.03.2009, zuletzt geprüft am 03.03.2009.

AktG: Aktiengesetz. Deutscher Bundestag (22.07.2008), vom 6. September 1965 (BGBl. I S. 1089), zuletzt geändert durch Artikel 11 des Gesetzes vom 16. Juli 2007 (BGBl. I S. 1330). Online verfügbar unter http://bundesrecht.juris.de/aktg/, zuletzt aktualisiert am 22.07.2008, zuletzt geprüft am 23.07.2008.

Alda, Willi; Hirschner, Joachim (2007): Projektentwicklung in der Immobilienwirtschaft - Grundlagen für die Praxis. 2. Aufl. Wiesbaden: Teubner (Leitfaden des Baubetriebs und der Bauwirtschaft).

Allendorf, Georg; Kurzrock, Björn-Martin (2007): Portfoliomanagement mithilfe qualitativer Modelle. In: Schulte, Karl-Werner; Thomas, Matthias (Hg.): Handbuch Immobilien-Portfoliomanagement. Köln: Immobilien-Manager-Verl. (Immobilienfachwissen), S. 121–144.

Altmeppen, Hermann (2007): Kosten für Mieterwechsel mutieren zu Renditefressern. In: Immobilien Zeitung, H. 44, S. 4.

Arbeitsagentur.de - Veröffentlichungen - Statistik (2009). Bundesagentur für Arbeit (Nürnberg). Online verfügbar unter http://www.arbeitsagentur.de/, zuletzt aktualisiert am 26.02.2009, zuletzt geprüft am 26.02.2009.

Arbeitskreis PPP im Management öffentlicher Immobilien im BPPP e.V. (04.05.2006): Risiken immobilienwirtschaftlicher PPPs aus Sicht der beteiligten Akteure. Herausgegeben von Andreas Pfnür. TU Darmstadt, Fachgebiet Immobilienwirtschaft und Baubetriebswirtschaftslehre. Darmstadt. (Arbeitspapiere zur immobilienwirtschaftlichen Forschung und Praxis, 4). Online verfügbar unter http://www.immobilien-forschung.de/fileadmin/immo/05_Veroeffentlichungen/Arbeitsreihen/Arbeitspapier_4_BPPP-Risiken.pdf, zuletzt geprüft am 09.10.2008.

Armonat, Stefan (2006): Immobilienrenditen in finanzwirtschaftlichen Modellen - Investmentorientierte Portfolio-Steuerung von Immobilienanlagen. 1. Aufl. Frankfurt am Main u.a: Lang (Immobilienwirtschaftliche Forschungen in Theorie und Praxis, 4).

atisreal.de (2009). Atisreal Holding GmbH (Düsseldorf). Online verfügbar unter http://www.atisreal.de, zuletzt aktualisiert am 03.03.2009, zuletzt geprüft am 03.03.2009.

Auer, Josef; Heymann, Eric; Just, Tobias (01.10.2008): Bauen als Klimaschutz - Warum die Bauwirtschaft vom Klimawandel profitiert. Deutsche Bank AG. Frankfurt am Main. (Aktuelle Themen, 433). Online verfügbar unter http://www.dbresearch.com/PROD/DBR_INTERNET_DE-PROD/PROD0000000000232157.pdf, zuletzt geprüft am 30.10.2008.

Bach, Hansjörg; Ottmann, Matthias; Sailer, Erwin, et al. (Hg.) (2005): Immobilienmarkt und Immobilienmanagement - Entscheidungsgrundlagen für die Immobilienwirtschaft. München: Vahlen.

Balci, Osman (1998): Verification, Validation, and Testing. In: Banks, Jerry (Hg.): Handbook of Simulation. Principles, Methodology, Advances, Applications, and Practice. New York , Weinheim: Wiley , S. 335–393.

Bank für internationalen Zahlungsausgleich (Basel) (Oktober 2006): Grundsätze für eine wirksame Bankenaufsicht. Basler Ausschuss für Bankenaufsicht. Bank für internationalen Zahlungsausgleich (Basel). Basel. Online verfügbar unter http://www.bis.org/publ/bcbs129ger.pdf, zuletzt geprüft am 28.07.2008.

Banks, Jerry (1998): Principles of Simulation. In: Banks, Jerry (Hg.): Handbook of Simulation. Principles, Methodology, Advances, Applications, and Practice. New York , Weinheim: Wiley , S. 3–30.

Basler Ausschuss für Bankenaufsicht (01.09.2004): Internationale Konvergenz der Kapitalmessung und Eigenkapitalanforderungen - Überarbeitete Rahmenvereinbarung. Übersetzung der Deutschen Bundesbank. Basler Ausschuss für Bankenaufsicht. Basel. Online verfügbar unter http://www.bundesbank.de/download/bankenaufsicht/pdf/eigenkapitalempfehlung_de.pdf, zuletzt geprüft am 28.07.2008.

BauGB: Baugesetzbuch. Deutscher Bundestag (23.09.2004), Neugefasst durch Bekanntmachung vom 23.09.2004 (Bgbl. I S, 2414), zuletzt geändert durch Art. 4 des Gesetzes vom 24.12.2008 (Bgbl. I S. 3018). Online verfügbar unter http://bundesrecht.juris.de/bundesrecht/bbaug/gesamt.pdf, zuletzt aktualisiert am 23.09.2004, zuletzt geprüft am 26.02.2009.

bauindustrie.de (2009). Hauptverband der deutschen Bauindustrie e. V. (Berlin). Online verfügbar unter http://www.bauindustrie.de/, zuletzt geprüft am 03.03.2009.

Baumeister, Alexander (2004): Risikomanagement bei Immobilieninvestments - Entscheidungshilfen für institutionelle Anleger. 1. Aufl. Wiesbaden: Dt. Univ.-Verl. (Gabler Edition Wissenschaft).

Becker, Fred G.; Fallgatter, Michael J. (2005): Strategische Unternehmungsführung - Eine Einführung. Berlin: E. Schmidt.

Beichelt, Frank (1997): Stochastische Prozesse für Ingenieure. Stuttgart: Teubner.

Beinert, Claudia (2003): Bestandsaufnahme Risikomanagament. In: Reichling, Peter (Hg.): Risikomanagement und Rating. Grundlagen, Konzepte, Fallstudie. 1. Aufl. Wiesbaden: Gabler , S. 21–42.

Bender, Wolfgang (2007): Risikomanagement in Immobilienportfolios. In: Schulte, Karl-Werner; Thomas, Matthias (Hg.): Handbuch Immobilien-Portfoliomanagement. Köln: Immobilien-Manager-Verl. (Immobilienfachwissen), S. 269–284.

Bernet, Jürg (2004): Due Dilligence als Risikoindikator. In: Lutz, Ulrich; Klaproth, Thomas (Hg.): Riskmanagement im Immobilienbereich. Technische und wirtschaftliche Risiken. Berlin: Springer, S. 149–158.

Beyerle, Thomas (2003): Modernes Immobilien-Portfoliomanagement - von theoretischen Ansätzen und praktikablen Strukturen. In: Gondring, Hanspeter (Hg.): Real Estate Investment Banking. Neue Finanzierungsformen bei Immobilieninvestitionen. 1. Aufl. Wiesbaden: Gabler , S. 135–148.

Beyerle, Thomas (24.04.2006): DEGI-Immobilienstandortscoring2006. Deutsche Gesellschaft für Immobilienfonds GmbH. Frankfurt am Main.

bfw-bund.de (2009). BFW Bundesverband Freier Immobilien- und Wohnungsunternehmen e.V. (Berlin). Online verfügbar unter http://www.bfw-bund.de, zuletzt geprüft am 03.03.2009.

BGB: Bürgerliches Gesetzbuch. Deutscher Bundestag (18.08.1896), vom 2. Januar 2002 (BGBl. I S. 42, 2909; 2003 I S. 738), zuletzt geändert durch Artikel 1 des Gesetzes vom 4. Juli 2008 (BGBl. I S. 1188). Online verfügbar unter http://bundesrecht.juris.de/bundesrecht/bgb/gesamt.pdf, zuletzt aktualisiert am 18.08.1896, zuletzt geprüft am 22.09.2008.

Bielka, Frank (2007): Stadtrendite der öffentlichen Wohnungswirtschaft: Hoher Gewinn für die Stadt. In: Steinert, Jürgen (Hg.): Kommunale Wohnungsunternehmen - Tafelsilber oder Saatkartoffeln. Positionen des Arbeitskreises Stadtentwicklung, Bau und Wohnen der Friedrich-Ebert-Stiftung. 1. Auflage. Berlin: Eigenverlag , S. 63–76.

Bietke, Daniela (2003): Benchmarking und Risikoschätzung mit Unternehmensindikatoren. In: Reichling, Peter (Hg.): Risikomanagement und Rating. Grundlagen, Konzepte, Fallstudie. 1. Aufl. Wiesbaden: Gabler , S. 149–172.

Bill, Ralf (2002): Grundlagen der Geo-Informationssysteme. In: Bill, Ralf; Seuß, Robert; Schilcher, Matthäus (Hg.): Kommunale Geo-Informationssysteme. Basiswissen, Praxisberichte und Trends. 1. Auflage. Heidelberg: Wichmann , S. 3–19.

BINE Informationsdienst: Neues Anforderungsniveau für Gebäude - EnEV 2009 jetzt verbindlich. Pressemitteilung vom 02.10.2009. Karlsruhe. Online verfügbar unter http://www.bine.info/uploads/tx_pdfgenerator2/neues_anforderungsniveau_fuer_gebaeude.pdf, zuletzt geprüft am 23.10.2009.

bmwi.de - Energiestatistiken (2009). Bundesministerium für Wirtschaft und Technologie (Berlin). Online verfügbar unter http://www.bmwi.de/, zuletzt geprüft am 26.02.2009.

Bogenberger, Stefan (2006a): Benchmarking im Lebenszyklusmanagement. In: Reisbeck, Tilman; Schöne, Lars Bernhard (Hg.): Immobilien-Benchmarking. Ziele, Nutzen, Methoden und Praxis. Berlin, Heidelberg: Springer-Verlag Berlin Heidelberg , S. 15–52.

Bogenberger, Stefan (2006b): Entwicklung eines Immobilien-Benchmarkings. In: Reisbeck, Tilman; Schöne, Lars Bernhard (Hg.): Immobilien-Benchmarking. Ziele, Nutzen, Methoden und Praxis. Berlin, Heidelberg: Springer-Verlag Berlin Heidelberg , S. 89–120.

Bogenberger, Stefan; Reisbeck, Tilman (2006): Elemente und Bausteine eines Immobilien-Benchmarkings. In: Reisbeck, Tilman; Schöne, Lars Bernhard (Hg.): Immobilien-Benchmarking. Ziele, Nutzen, Methoden und Praxis. Berlin, Heidelberg: Springer-Verlag Berlin Heidelberg , S. 53–88.

Bogenberger, Stefan; Schöne, Lars Bernhard (2006): Renditeoptimierung mit Immobilien-Benchmarking - Praxisbeispiele. In: Reisbeck, Tilman; Schöne, Lars Bernhard (Hg.): Immobilien-Benchmarking. Ziele, Nutzen, Methoden und Praxis. Berlin, Heidelberg: Springer-Verlag Berlin Heidelberg , S. 321–381.

Bone-Winkel, Stephan (1994): Das strategische Management von offenen Immobilienfonds - Unter besonderer Berücksichtigung der Projektentwicklung von Gewerbeimmobilien. Köln: Müller (Schriften zur Immobilienökonomie, 1).

Bone-Winkel, Stephan (1996): Wertschöpfung durch Projektentwicklung - Möglichkeiten für Immobilieninvestoren. In: Schulte, Karl-Werner (Hg.): Handbuch Immobilien-Projektentwicklung. Köln: Müller (Immobilien-Wissen), S. 427–463.

Bradler, Andreas (2004): Immobilienspezifisches Riskmanagement in der Kommune. In: Lutz, Ulrich; Klaproth, Thomas (Hg.): Riskmanagement im Immobilienbereich. Technische und wirtschaftliche Risiken. Berlin: Springer (Engineering online library), S. 241–255.

Brauer, Kerry-U. (2001a): Einführung in die Immobilienwirtschaft. In: Brauer, Kerry-U. (Hg.): Grundlagen der Immobilienwirtschaft. Recht, Steuern, Marketing, Finanzierung, Bestandsmanagement, Projektentwicklung. 3. vollst. überarb. Aufl. Wiesbaden: Gabler , S. 5–52.

Brauer, Kerry-U. (Hg.) (2001b): Grundlagen der Immobilienwirtschaft - Recht, Steuern, Marketing, Finanzierung, Bestandsmanagement, Projektentwicklung. 3. vollst. überarb. Aufl. Wiesbaden: Gabler.

Bräuninger, Dieter; Just, Tobias; Schäfer, Stefan (10.10.2007): Wohnungsfinanzierung in Deutschland: vier Trends. Herausgegeben von Hans-Joachim Frank. Deutsche Bank AG. Frankfurt am Main. (Aktuelle Themen, 398). Online verfügbar unter http://www.dbresearch.com/PROD/DBR_INTERNET_DE-PROD/PROD0000000000216461.pdf, zuletzt geprüft am 30.10.2008.

BREEAM: BRE Environmental Assessment Method (2007). Building Research Establishment Ltd. Online verfügbar unter http://www.breeam.org/, zuletzt geprüft am 25.02.2009.

Breuer, Wolfgang (2001): Finanzierung II - Entscheidungen bei Risiko. 1. Aufl. Wiesbaden: Gabler.

Breuer, Wolfgang (2007): Investition I - Entscheidungen bei Sicherheit. 3. Auflage. Wiesbaden: Gabler.

Breuer, Wolfgang (2008): Finanzierung - Eine systematische Einführung. 2. Aufl. Wiesbaden: Gabler.

Breuer, Wolfgang; Gürtler, Marc; Schuhmacher, Frank (2004): Portfoliomanagement - Theoretische Grundlagen und praktische Anwendungen. 2., überarb. und erw. Aufl. Wiesbaden: Gabler.

Bronstein, Ilja N.; Semendjaev, Konstantin A. (1991): Taschenbuch der Mathematik. 25., durchgesehene Auflage;. Stuttgart; Leipzig; Frankfurt am Main: Teubner; Verlag Harri Deutsch.

Bruhn, Reinhard (2001): Immobilienbestandsmanagement. In: Brauer, Kerry-U. (Hg.): Grundlagen der Immobilienwirtschaft. Recht, Steuern, Marketing, Finanzierung, Bestandsmanagement, Projektentwicklung. 3. vollst. überarb. Aufl. Wiesbaden: Gabler , S. 437–514.

BStatG: Bundesstatistikgesetz. Deutscher Bundestag (01.02.1987), vom 22.01.1987, zuletzt geändert durch Art. 3 des Gesetzes vom 07.09.2007 (Bgbl. I S. 2246). Online verfügbar unter http://bundesrecht.juris.de/bundesrecht/bstatg_1987/gesamt.pdf, zuletzt aktualisiert am 01.02.1987, zuletzt geprüft am 26.02.2009.

Bulwien, Hartmut (2001): Anforderungen des Immobilienmarktes an Standortgutachten. In: Gondring, Hanspeter; Lammel, Eckhard (Hg.): Handbuch Immobilienwirtschaft. 1. Auflage. Wiesbaden: Gabler .

bulwiengesa.de (2009). BulwienGesa AG (München). Online verfügbar unter http://www.bulwiengesa.de, zuletzt aktualisiert am 03.03.2009, zuletzt geprüft am 03.03.2009.

bund.de - Verwaltung Online (2008). Bundesverwaltungsamt (Köln). Online verfügbar unter http://www.bund.de/, zuletzt aktualisiert am 26.09.2008, zuletzt geprüft am 26.09.2008.

Bundesbank.de - Statistik. Deutsche Bundesbank (Frankfurt a. M.). Online verfügbar unter http://www.bundesbank.de/statistik/, zuletzt geprüft am 26.02.2009.

Bundesministerium für Verkehr, Bau und Stadtentwicklung (Berlin); Bundesamt für Bauwesen und Raumordnung (Bonn): Fortsetzung des Dialogs Bauqualität – Erarbeitung von Lehrmodulen zum Nachhaltigen Bauen zur Unterstützung der Aus- und Weiterbildung der am Bau Beteiligten (2008). Bearbeitet durch: Lützkendorf, Thomas; Graubner, Carl-Alexander; Löhnert, Günter. Bonn: Eigenverlag (BBR Online-Publikation, 12/2008).

Bundesministerium für Verkehr, Bau und Stadtentwicklung (Berlin); Bundesamt für Bauwesen und Raumordnung (Bonn) (2008): Fortsetzung des Dialogs Bauqualität – Erarbeitung von Lehrmodulen zum Nachhaltigen Bauen zur Unterstützung der Aus- und Weiterbildung der am Bau Beteiligten. Bundesministerium für Verkehr, Bau und Stadtentwicklung (Berlin); Bundesamt für Bauwesen und Raumordnung (Bonn). Bonn. (BBR Online-Publikation).

Bundesministerium für Verkehr, Bau-und Wohnungswesen (Berlin) (Januar 2001): Leitfaden Nachhaltiges Bauen. 1. Nachdruck (mit redaktionellen Änderungen). Bundesministerium für Verkehr, Bau-und Wohnungswesen (Berlin). Berlin. Online verfügbar unter http://www.bmvbs.de/Anlage/original_8183/Leitfaden-Nachhaltiges-Bauen.pdf, zuletzt geprüft am 11.04.2008.

Bundesverband Investment und Asset Management e.V. (Frankfurt a.M.) (15.08.2008): BVI-Gesamtstatistik. Stichtag: 30.06.2008. Frankfurt am Main. Online verfügbar unter http://www.bvi.de/de/statistikwelt/bvi_gesamtstatistik/download/BVI_GS_0806_KP.pdf, zuletzt geprüft am 22.08.2008.

Bundesverband öffentlicher Banken e.V. (VÖB) (2006): VÖB-ImmobilienAnalyse - Instrument zur Beurteilung des Chance- / Risikoprofils von Immobilien. Bundesverband öffentlicher Banken e.V. (VÖB). Berlin.

Bürkner, Hans-Joachim; Berger, Olaf; Luchmann, Christian; Tenz, Eric (2007): Der demographische Wandel und seine Konsequenzen für Wohnungsnachfrage, Städtebau und Flächennutzung. Leibniz-Institut für Regionalentwicklung und Strukturplanung. Erkner. Online verfügbar unter http://www.irs-net.de/download/wp_wandel.pdf, zuletzt geprüft am 22.01.2008.

bvi.de (2009). Bundesverband Investment und Asset Management e.V. (Frankfurt a.M.). Online verfügbar unter http://www.bvi.de/, zuletzt geprüft am 03.03.2009.

cbre.de (2009). CB Richard Ellis GmbH (Frankfurt a.M.). Online verfügbar unter http://www.cbre.de, zuletzt aktualisiert am 03.03.2009, zuletzt geprüft am 03.03.2009.

cesifo-group.de (2009). ifo Institut für Wirtschaftsforschung e.V. (München). Online verfügbar unter http://www.cesifo-group.de, zuletzt aktualisiert am 03.03.2009, zuletzt geprüft am 03.03.2009.

Cheng, Russell C. H. (1998): Random Variate Generation. In: Banks, Jerry (Hg.): Handbook of Simulation. Principles, Methodology, Advances, Applications, and Practice. New York , Weinheim: Wiley, S. 139–172.

Colliers International Property Consultants, Inc (Boston) (Hg.) (2009): colliers.com - Market Reports. Online verfügbar unter http://www.colliers.com/Corporate/MarketReports/, zuletzt aktualisiert am 03.03.2009, zuletzt geprüft am 03.03.2009.

Czaja, Martin (25.11.2008): Risikomanagement bei einem Developer und Asset Manager - Am Beispiel der BEOS GmbH. Veranstaltung vom 25.11.2008, aus der Reihe "gif-Forum Risikomanagement". Frankfurt am Main.

Dammert, Bernd (2001): Öffentliches und privates Baurecht. In: Brauer, Kerry-U. (Hg.): Grundlagen der Immobilienwirtschaft. Recht, Steuern, Marketing, Finanzierung, Bestandsmanagement, Projektentwicklung. 3. vollst. überarb. Aufl. Wiesbaden: Gabler , S. 103–182.

dbresearch.de (2009). Deutsche Bank AG (Frankfurt a.M.). Online verfügbar unter http://www.dbresearch.de, zuletzt geprüft am 03.03.2009.

de.nielsen.com (2009). The Nielsen Company (Germany) GmbH (Frankfurt a.M.). Online verfügbar unter http://de.nielsen.com, zuletzt geprüft am 04.03.2009.

Derleder, Peter (2007): Die Rechte des Schrottimmobilienerwerbers zwischen Überrumpelungs- und Täuschungsschutz - Zugleich Besprechung von BGH, Urt. v. 19.9.2006 - XI ZR 204/04. In: Zeitschrift für Immobilienrecht, S. 257–263.

destatis.de (2009). Statistisches Bundesamt (Wiesbaden). Online verfügbar unter http://www.destatis.de/, zuletzt geprüft am 26.02.2009.

Deutsche Bundesbank (Frankfurt a. M.) (18.12.2006): Die Umsetzung der neuen Eigenkapitalregelungen für Banken in deutsches Recht. (Deutsche Bundesbank Monatsbericht, Dezember 2006). Online verfügbar unter http://www.bundesbank.de/download/volkswirtschaft/mba/2006/200612mba_eingenkapitalregelungen.pdf, zuletzt geprüft am 28.07.2008.

Deutsche Bundesbank (Frankfurt a. M.) (24.04.2001): Die neue Baseler Eigenkapitalvereinbarung (Basel II). (Deutsche Bundesbank Monatsbericht, April 2001). Online verfügbar unter http://www.bundesbank.de/download/volkswirtschaft/mba/2001/200104mba_basel.pdf, zuletzt geprüft am 28.07.2008.

Deutsche Gesellschaft für Nachhaltiges Bauen e.V. (2009): Das deutsche Gütesiegel Nachhaltiges Bauen. (Version 2008). Online verfügbar unter http://www.dgnb.de/fileadmin/downloads/DGNB_Systembeschreibung_online_20090112a.pdf, zuletzt aktualisiert am 12.01.2009, zuletzt geprüft am 25.02.2009.

Deutsche Gesellschaft für Risikomanagement: Risikoaggregation in der Praxis - Beispiele und Verfahren aus dem Risikomanagement von Unternehmen. 1. Aufl. (2008). Berlin: Springer.

Deutscher Bundestag: Konzept Nachhaltigkeit - Vom Leitbild zur Umsetzung. Abschlußbericht der Enquête-Kommission „Schutz des Menschen und der Umwelt - Ziele und Rahmenbedingungen einer nachhaltig zukunftsverträglichen Entwicklung" des 13. Deutschen Bundestages (1998). Bonn: Eigenverlag (Zur Sache, 98,4).

Diederichs, Claus Jürgen (1996): Grundlagen der Projektentwicklung. In: Schulte, Karl-Werner (Hg.): Handbuch Immobilien-Projektentwicklung. Köln: Müller (Immobilien-Wissen), S. 17–80.

Diederichs, Claus Jürgen; Getto, Petra; Streck, Stefanie (2003): Entwicklung eines Bewertungssystems für ökonomisches und ökologisches Bauen und gesundes Wohnen. Stuttgart: Fraunhofer-IRB-Verl. (Bauforschung für die Praxis, 57).

Diekmann, Andreas (2007): Empirische Sozialforschung - Grundlagen, Methoden, Anwendungen. 18. Aufl., vollst. überarb. und erw. Neuausg. Reinbek bei Hamburg: Rowohlt-Taschenbuch-Verl. (rororo Rowohlts Enzyklopädie, 55678).

Dietrich, Reinhard (2005): Entwicklung werthaltiger Immobilien - Einflussgrößen - Methoden - Werkzeuge. Stuttgart: Teubner (Leitfaden des Baubetriebs und der Bauwirtschaft).

diw.de (2009). Deutsches Institut für Wirtschaftsforschung (Berlin). Online verfügbar unter http://diw.de, zuletzt geprüft am 03.03.2009.

Dobberstein, Monika (1997): Entwicklung einer Methode zur Schätzung der Bürobeschäftigten im Rahmen von Büroflächennachfrageprognosen. Dissertation. Dortmund. Universität Dortmund, Fakultät für Raumplanung.

Dobberstein, Monika (26.10.2001): Das prozyklische Verhalten der Büromarktakteure - Interessen, Zwänge und mögliche Alternativen. Universität Dortmund. Dortmund. (Arbeitspapiere der Fakultät für Raumplanung, Bd. 2). Online verfügbar unter http://www.raumplanung.uni-dortmund.de/gwp/download/dlfiles/Arbeitspapiere/ArbeitspapierNo2.pdf, zuletzt geprüft am 03.11.2008.

Donner, Christian (14.03.2003): Gemeinnütziger Wohnbau in Europa - Wohnungsgemeinnützigkeit und Marktwirtschaft in der EU. Online verfügbar unter http://www.iswb.at/forschung/Wbfoe/1998/1998-3_Donner.pdf, zuletzt geprüft am 01.08.2008.

Donner, Sascha (2009a): Praxis des Risikomanagements von Internationalen Immobilieninvestoren. Betreut von Ottmar Schneck und Armin Betz. Hamburg. Europäische Fernhochschule Hamburg, zuletzt geprüft am 03.11.2009.

Donner, Sascha (2009b): Risikomanagement von internationalen Immobilieninvestoren. In: Kredit & Rating Praxis, H. 1, S. 17–20.

Dorbritz, Jürgen; Ette, Andreas; Gärtner, Karla; Grünheid, Evelyn; Mai, Ralf; Micheel, Frank et al. (24.04.2008): Bevölkerung - Daten, Fakten, Trends zum demographischen Wandel in Deutschland. Bundesinstitut für Bevölkerungsforschung in Zusammenarbeit mit dem Statistischen Bundesamt. Wiesbaden.

dr-luebke.com (2009). Dr. Lübke GmbH (Frankfurt a.M.). Online verfügbar unter http://www.dr-luebke.com, zuletzt aktualisiert am 03.03.2009, zuletzt geprüft am 03.03.2009.

Eekhoff, Johann; Arentz, Oliver; Rauen, Stephan; Langner, Benedikt (2007): Zur Ökonomisierung der Immobilienwirtschaft – Entwicklungen und Perspektiven - Bericht der Kommission des Deutschen Verbandes für Wohnungswesen, Städtebau und Raumordnung e.V. im Auftrag des Bundesministeriums für Verkehr, Bau und Stadtentwicklung. Deutscher Verband für Wohnungswesen, Städtebau und Raumordnung e.V. Berlin.

Ehrlichmann, Jürgen (03.06.2008): Konzeption zur Energieeinsparung - Was muss der Vermieter an Energiesparmaßnahmen umsetzen. Veranstaltung vom 03.06.2008. Frankfurt am Main. Veranstalter: Bundesverband öffentlicher Banken. Online verfügbar unter https://www.voeb-teamroom.de/QuickPlace/dlk/Main.nsf/$defaultview/B6009BD65C30E4D3C125745E0049CCA9/$File/Ehrlichmann_Energieeinsparung.pdf?OpenElement, zuletzt geprüft am 10.06.2008.

Eilers, Franz; Hofer, Thomas (2007): Die statistische Erfassung der Immobilienpreisentwicklung in Deutschland. In: Verband deutscher Pfandbriefbanken (vdp) e. V. (Berlin) (Hg.): Professionelles Immobilien-Banking. Fakten und Daten 2007-2008. Berlin, S. 51–57.

Empirica-Institut (Hg.) (2009): www.empirica.info.

EnEV: Verordnung über energiesparenden Wärmeschutz und energiesparende Anlagentechnik bei Gebäuden (Energieeinsparverordnung). Bundesministerium für Verkehr, Bau und Stadtentwicklung (Berlin) (01.10.2009), Geändert durch Verordnung vom 29.4.2009 I 954.

Enseling, Andreas (21.02.2006): Theoretische Grundlagen für das Portfoliomanagement in der Wohnungswirtschaft. Institut Wohnen und Umwelt (IWU). Darmstadt. Online verfügbar unter http://www.iwu.de/fileadmin/user_upload/dateien/wohnen/Grundlagen_Portfoliomanagement.pdf, zuletzt geprüft am 15.04.2008.

Enseling, Andreas; Greiff, Rainer; Hinz, Eberhard (2003): Erneuerung älterer Wohnungsbestände in Stufen - Forschungsvorhaben gefördert durch das Bundesamt für Bauwesen und Raumordnung - Endbericht. Bundesamt für Bauwesen und Raumordnung. Bonn. (Forschungen, 111).

Ertle-Straub, Susanne (2003): Standortanalyse für Büroimmobilien. Zugl.: Leipzig, Univ., Diss., 2002. Norderstedt: Books on Demand GmbH (Reihe: Immobilienmanagement, 4).

Eurostat (2009). Europäische Kommission, Eurostat (Luxemburg). Online verfügbar unter http://epp.eurostat.ec.europa.eu, zuletzt geprüft am 26.02.2009.

Everling, Oliver (Hg.) (2009): Praxishandbuch Rating von Immobilienportfolios. Köln: Immobilien Manager Verlag IMV.

Fahrmeir, Ludwig; Kneib, Thomas; Lang, Stefan (2007): Regression - Modelle, Methoden und Anwendungen. Berlin: Springer (Statistik und ihre Anwendungen).

Farny, Dieter (2006): Versicherungsbetriebslehre. 4., überarb. Aufl. Karlsruhe: VVW.

Finke, Robert (2005): Grundlagen des Risikomanagements - Quantitative Risikomanagement-Methoden für Einsteiger und Praktiker. 1. Aufl. Weinheim, Bergstr: Wiley-VCH.

Franz, Peter (2004): Schrumpfende Städte - Schrumpfende Wirtschaft? - Der Fall Ostdeutschland. In: Deutsche Zeitschrift für Kommunalwissenschaften, Jg. 43, H. 1, S. 33–50.

Franzen, Jörg (2008): Kommunale Wohnungsunternehmen – zwischen Rendite und sozialer Verantwortung - Die Positionierung der kommunalen Wohnungsunternehmen zwischen Gesellschaftererwartungen, Versorgungsfunktion und Markterfordernissen. In: vhw Forum Wohneigentum, H. April-Mai, S. 85–88.

Freitag, Lutz (06.09.2006): Die Wohnungswirtschaft im Jahr 2020 in Sachsen aus Sicht des GdW. Veranstaltung vom 06.09.2006. Dresden. Online verfügbar unter http://www.vswg.de/fileadmin/user_upload/aktuell/pdf/2006/16vt/Lfreitag.pdf, zuletzt geprüft am 04.08.2008.

Freitag, Lutz (2007): Unverzichtbar – Kommunale und öffentliche Wohnungsunternehmen sichern vitale Städte. In: Steinert, Jürgen (Hg.): Kommunale Wohnungsunternehmen - Tafelsilber oder Saatkartoffeln. Positionen des Arbeitskreises Stadtentwicklung, Bau und Wohnen der Friedrich-Ebert-Stiftung. 1. Auflage. Berlin: Eigenverlag , S. 26–40.

Frensch, Stefanie (2008): Der Markt für nachhaltig zertifizierte Immobilien. In: Immobilien & Finanzierung - Der langfristige Kredit, H. 22, S. 821–822.

Füser, Karsten; Heidusch, Mirjam (2003): Rating - einfach und schnell zur erstklassigen Positionierung Ihres Unternehmens. Freiburg , Berlin , München , Zürich: Haufe Mediengruppe.

GdW - Bundesverband Deutscher Wohnungs- und Immobilienunternehmen e.V. (Berlin): Finanzierung in der Wohnungs- und Immobilienwirtschaft - Grundlagen, Strategien, Instrumente (2006). Hamburg: Hammonia (GdW-Arbeitshilfen, 50).

GdW - Bundesverband Deutscher Wohnungs- und Immobilienunternehmen e.V. (Berlin): Insolvenzvorsorge und Krisenmanagement in den Wohnungsunternehmen - Krisenursachen, Maßnahmen zur Insolvenzvermeidung. 1. Aufl (2003). Hamburg: Hammonia [u.a.] (GdW-Arbeitshilfen, 42).

GdW - Bundesverband Deutscher Wohnungs- und Immobilienunternehmen e.V. (Berlin): Risiko-Managementsystem im Wohnungsunternehmen. 2. Aufl (2000). Hamburg: Hammonia (Fachbuch für die Wohnungswirtschaft).

gdw.de (2009). GdW - Bundesverband Deutscher Wohnungs- und Immobilienunternehmen e.V. (Berlin). Online verfügbar unter http://www.gdw.de/, zuletzt geprüft am 03.03.2009.

Gesellschaft für immobilienwirtschaftliche Forschung (gif) e.V. (2004): Leitfaden Immobilienobjekt-Rating. Gesellschaft für immobilienwirtschaftliche Forschung (gif) e.V., zuletzt geprüft am 11.08.2008.

gewos.de (2002). GEWOS Institut für Stadt-, Regional- und Wohnforschung GmbH (Hamburg). Online verfügbar unter http://www.gewos.de, zuletzt aktualisiert am 31.08.2007, zuletzt geprüft am 03.03.2009.

gfk.com (2009). GfK SE (Nürnberg). Online verfügbar unter http://www.gfk.com, zuletzt geprüft am 04.03.2009.

GG: Grundgesetz für die Bundesrepublik Deutschland (23.05.1949), in der im Bundesgesetzblatt Teil III, Gliederungsnummer 100-1, veröffentlichten bereinigten Fassung, zuletzt geändert durch das Gesetz vom 28. August 2006 (BGBl. I S. 2034). Online verfügbar unter http://bundesrecht.juris.de/bundesrecht/gg/gesamt.pdf, zuletzt aktualisiert am 23.05.1949, zuletzt geprüft am 26.09.2008.

gif-ev.de (2009). Gesellschaft für immobilienwirtschaftliche Forschung (gif) e.V. Online verfügbar unter http://www.gif-ev.de/, zuletzt geprüft am 27.02.2009.

Girmscheid, Gerhard; Busch, Thorsten A. (2008a): Projektrisikomanagement in der Bauwirtschaft. Berlin: Bauwerk-Verlag.

Girmscheid, Gerhard; Busch, Thorsten A. (2008b): Unternehmensrisikomanagement in der Bauwirtschaft. 1. Aufl. Berlin: Bauwerk-Verlag.

Gleißner, Werner (2004): Integrierte Risiko- und Portfoliomanagementsysteme in der Immobilienwirtschaft. In: Lutz, Ulrich; Klaproth, Thomas (Hg.): Riskmanagement im Immobilienbereich. Technische und wirtschaftliche Risiken. Berlin: Springer (Engineering online library).

Gleißner, Werner; Meier, Günter (1999): Risikoaggregation mittels Monte-Carlo-Simulation. In: Versicherungswirtschaft, Jg. 54, H. 13, S. 926.

Gleißner, Werner; Romeike, Frank (2005): Risikomanagement - Umsetzung, Werkzeuge, Risikobewertung ; Controlling, Qualitätsmanagement und Balanced Scorecard als Plattform für den Aufbau. 1. Aufl. Freiburg im Breisgau: Haufe (Haufe-Praxisratgeber).

Goldbeck, Axel von (2008): Steuerpolitische Potenziale bei energetischen Baumaßnahmen. In: Immobilien & Finanzierung - Der langfristige Kredit, H. 22, S. 830–831.

Gondring, Hanspeter (2004): Immobilienwirtschaft - Handbuch für Studium und Praxis. München: Vahlen.

Gondring, Hanspeter (2007): Risiko Immobilie - Methoden und Techniken der Risikomessung bei Immobilieninvestitionen. 1. Aufl. München: Oldenbourg.

Gondring, Hanspeter (Hg.) (2003): Real Estate Investment Banking - Neue Finanzierungsformen bei Immobilieninvestitionen. 1. Aufl. Wiesbaden: Gabler.

Google Enterprise Solutions (2009). Google Inc. (Mountain View, USA). Online verfügbar unter http://www.google.de/intl/de/enterprise/geospatial.html, zuletzt aktualisiert am 25.02.2009, zuletzt geprüft am 26.02.2009.

Gordon, Tom (2007): Advance Warning - Risk management and how it can be put to good use for the building surveyor running projects. In: RICS Property World, H. 1, S. 24–25.

Götze, Uwe (2008): Investitionsrechnung - Modelle und Analysen zur Beurteilung von Investitionsvorhaben. Berlin: Springer Berlin (Springer-Lehrbuch).

Götze, Uwe; Betz, Stefan; Götze-Henselmann-Mikus (Hg.) (2001): Risikomanagement. Heidelberg: Physica-Verl. (Beiträge zur Unternehmensplanung).

Green Star - Green Building Council Australia (GBCA) (2009). Green Building Council Australia (GBCA). Online verfügbar unter http://www.gbca.org.au/green-star, zuletzt geprüft am 25.02.2009.

Groll, Karl-Heinz (2004): Das Kennzahlensystem zur Bilanzanalyse - Ergebniskennzahlen - Aktienkennzahlen - Risikokennzahlen. 2., erw. u. aktualis. Aufl. München: Hanser.

GroMiKV: Verordnung über die Erfassung, Bemessung, Gewichtung und Anzeige von Krediten im Bereich der Großkredit und Millionenkreditvorschriften des Kreditwesengesetzes (Großkredit- und Millionenkreditverordnung). Bundesministerium der Finanzen (14.12.2006), vom 14. Dezember 2006 (BGBl. I S. 3065). Online verfügbar unter http://www.bundesrecht.juris.de/bundesrecht/gromikv_2007/gesamt.pdf, zuletzt aktualisiert am 14.12.2006, zuletzt geprüft am 28.07.2008.

Gründl, Helmut; Schmeisner, Hato (2006): Versicherungen. In: Handelsblatt (Hg.): Handelsblatt Wirtschafts-Lexikon. Das Wissen der Betriebswirtschaftslehre. 12 Bände. Stuttgart: Schäffer-Poeschel .

Gürtler, Volkhard (2007): Stochastische Risikobetrachtung bei PPP-Projekten. Renningen: Expert-Verl. (Aus Forschung und Praxis, 9).

Gutachterausschuss (Karlsruhe) (20.02.2009): Immobilienmarkt 2008. Gutachterausschuss (Karlsruhe). Karlsruhe. Online verfügbar unter http://www.karlsruhe.de/bauen/wohnen/gutachterausschuss/grundstuecksmarktber/HF_sections/content/1235126433516.pdf, zuletzt geprüft am 26.02.2009.

Hager, Peter (2004): Corporate Risk Management - Cash Flow at Risk und Value at Risk. 1. Aufl. Frankfurt am Main: Bankakademie-Verl. (Competence Center Finanz- und Bankmanagement, 3).

Hammer, Thomas (2004): Reserven verbraucht - Die Krise der Fondsgesellschaft Deka ist für offene Immobilienfonds symptomatisch. Die Anleger ziehen ihr Geld zu Recht ab. In: Die Zeit, Ausgabe 43, 2004, S. 33.

Hankammer, Gunter (2009): Schäden an Gebäuden - Erkennen und beurteilen. 2., aktualisierte und erweiterte Auflage. Köln: Müller.

Harms, Bettina (2007): Brauchen wir eigentlich kommunale Wohnungsunternehmen. In: Steinert, Jürgen (Hg.): Kommunale Wohnungsunternehmen - Tafelsilber oder Saatkartoffeln. Positionen des Arbeitskreises Stadtentwicklung, Bau und Wohnen der Friedrich-Ebert-Stiftung. 1. Auflage. Berlin: Eigenverlag , S. 54–62.

Hassler, Uta; Kohler, Niklaus; Wang, Wilfried (1999): Umbau - Über die Zukunft des Baubestandes. Tübingen: Wasmuth.

Hax, Arnoldo C.; Majluf, Nicolas S. (1988): Strategisches Management - Ein integratives Konzept aus dem MIT. Frankfurt/Main: Campus-Verlag.

Hellbusch, Fabian (2008): Green Building als Wertfaktor. In: Immobilien & Finanzierung - Der langfristige Kredit, H. 22, S. 835.

Hellerforth, Michaela (2001): Der Weg zu erfolgreichen Immobilienprojekten durch Risikobegrenzung und Risikomanagement. Eschborn: RKW-Verlag.

Hellerforth, Michaela (2007): BWL für die Immobilienwirtschaft. München: Oldenbourg (Lehrbuch kompakt).

Hellerforth, Michaela (2008): Immobilieninvestition und -finanzierung. München: Oldenbourg (Lehrbuch kompakt).

Henne, Antje (2003): Risikomessung. In: Reichling, Peter (Hg.): Risikomanagement und Rating. Grundlagen, Konzepte, Fallstudie. 1. Aufl. Wiesbaden: Gabler , S. 43–62.

Herzog, Kati (2005): Lebenszykluskosten von Baukonstruktionen - Entwicklung eines Modells und einer Softwarekomponente zur ökonomischen Analyse und Nachhaltigkeitsbeurteilung von Gebäuden. Darmstadt: TU Darmstadt, Institut für Massivbau (Dissertation, 10).

Hinter Fassaden - Die Erträge von offenen Immobilienfonds sinken. Enttäuschte Anleger ziehen ihr Geld ab. Die Branche will der Vertrauenskrise mit mehr Transparenz begegnen. (2004). In: finanztest - Stiftung Warentest, Ausgabe 12/2004, 05.11.2004, S. 46–55.

Hitt, Michael A; Black, J. Stewart; Porter, Lyman W. (2005): Management. 1. Aufl. Upper Saddle River: Pearson Prentice Hall.

HOAI: Verordnung über die Honorare für Leistungen der Architekten und der Ingenieure (Honorarordnung für Architekten und Ingenieure). Deutscher Bundestag (01.01.1991), vom 4. März 1991, zuletzt geändert durch Art. 5 Neuntes Euro-EinführungsG vom 10. 11. 2001 (BGBl. I S. 2992).

Hohgraefe, Stefan (2001): Positionierung einer gemischt genutzten Immobilie als Markenprodukt - Skylight. Frankfurts Highlight. In: Schulte, Karl-Werner; Hiska Brade, Kersin (Hg.): Handbuch Immobilien-Marketing. Köln: Müller (Immobilien-Wissen), S. 861–884.

Holst, Johnny; Holtkamp, Willy (2000): Risikoquantifizierung und Frühwarnsystem auf Basis der Value at Risk-Konzeption. In: Betriebs-Berater, H. 16, S. 815–819.

Homann, Klaus (2000): Bau-Projektmanagement. In: Schulte, Karl-Werner (Hg.): Immobilienökonomie. Betriebswirtschaftliche Grundlagen. 2.,. überarb. Aufl. München: Oldenbourg (Immobilienökonomie, Bd. 1), S. 229–274.

hoppenstedt.de (2009). Hoppenstedt Firmeninformationen GmbH (Darmstadt). Online verfügbar unter http://www.hoppenstedt.de, zuletzt geprüft am 04.03.2009.

Huther, Andreas (2003): Integriertes Chancen- und Risikomanagement - Zur ertrags- und risikoorientierten Steuerung von Real- und Finanzinvestitionen in der Industrieunternehmung. 1. Aufl. Wiesbaden: Dt. Univ.-Verl. (Gabler Edition Wissenschaft).

ifs-staedtebauinstitut.de (2009). Institut für Städtebau, Wohnungswirtschaft und Bausparwesen e.V. (Berlin). Online verfügbar unter http://www.ifs-staedtebauinstitut.de, zuletzt aktualisiert am 20.02.2009, zuletzt geprüft am 27.02.2009.

ifw-kiel.de (2009). Institut für Weltwirtschaft an der Universität Kiel (Kiel). Online verfügbar unter http://www.ifw-kiel.de, zuletzt geprüft am 03.03.2009.

ImmobilienScout24.de (2009). Immobilien Scout GmbH (Berlin). Online verfügbar unter http://www.immobilienscout24.de/, zuletzt geprüft am 27.02.2009.

infoscore.de (2009). arvato infoscore GmbH (Baden-Baden). Online verfügbar unter http://www.infoscore.de, zuletzt geprüft am 04.03.2009.

InvG: Investmentgesetz. Deutscher Bundestag (15.12.2003), vom 15. Dezember 2003 (BGBl. I S. 2676), zuletzt geändert durch Artikel 1 des Gesetzes vom 21. Dezember 2007 (BGBl. I S. 3089). Online verfügbar unter http://www.bundesrecht.juris.de/bundesrecht/invg/gesamt.pdf, zuletzt aktualisiert am 15.12.2003, zuletzt geprüft am 04.08.2008.

inwis.de (2009). InWIS Institut für Wohnungswesen, Immobilienwirtschaft, Stadt- und Regionalentwicklung GmbH an der Ruhr-Universität Bochum (Bochum). Online verfügbar unter http://www.inwis.de/, zuletzt aktualisiert am 17.02.2009, zuletzt geprüft am 27.02.2009.

ipd.com Deutschland (2008). IPD Investment Property Databank GmbH (Wiesbaden). Online verfügbar unter http://www.ipd.com/germany, zuletzt geprüft am 08.10.2008.

Isenhöfer, Björn; Väth, Arno (2000a): Lebenszyklus von Immobilien. In: Schulte, Karl-Werner (Hg.): Immobilienökonomie. Betriebswirtschaftliche Grundlagen. 2.,. überarb. Aufl. München: Oldenbourg (Immobilienökonomie, Bd. 1), S. 141–147.

Isenhöfer, Björn; Väth, Arno (2000b): Projektentwicklung. In: Schulte, Karl-Werner (Hg.): Immobilienökonomie. Betriebswirtschaftliche Grundlagen. 2.,. überarb. Aufl. München: Oldenbourg (Immobilienökonomie, Bd. 1), S. 149–228.

ivd.net (2009). Immobilienverband IVD Bundesverband e.V. (Berlin). Online verfügbar unter http://www.ivd.net, zuletzt aktualisiert am 16.02.2009, zuletzt geprüft am 03.03.2009.

iwh-halle.de (2009). Institut für Wirtschaftsforschung Halle (Halle). Online verfügbar unter http://www.iwh-halle.de, zuletzt geprüft am 03.03.2009.

iwu.de (2009). Institut Wohnen und Umwelt (IWU) GmbH (Darmstadt). Online verfügbar unter http://www.iwu.de/, zuletzt aktualisiert am 2007, zuletzt geprüft am 27.02.2009.

Janicki, Thomas (2002): Perspektiven der Privatisierung von Wohnungsbeständern aus Sicht der öffentlichen Hand. In: Schulte, Karl-Werner; Achleitner, Ann-Kristin; Schäfers, Wolfgang; Knobloch, Bernd (Hg.): Handbuch Immobilien-Banking. Von der traditionellen Immobilien-Finanzierung zum Immobilien-Investmentbanking. Köln: Müller (Immobilien-Wissen), S. 591–608.

Jedem, Ulrike (2006): Immobilienrating - Überlegungen zur Risikoeinschätzung bei Immobilien aus Sicht der Kapitalgeber. 1. Aufl. Freiburg im Breisgau: Rombach (Finanzmärkte und Immobilienwirtschaft, 2).

Jones Lang LaSalle (Hg.) (2007): OSCAR 2007 - Office Service Charge Analysis Report - Büronebenkostenanalyse. Berlin et al.

Just, Tobias (03.02.2004): Auswirkungen der demografischen Entwicklung auf den deutschen Büro- und Einzelhandelsimmobilienmarkt. Veranstaltung vom 03.02.2004. Berlin. Online verfügbar unter http://www.dbresearch.com/PROD/DBR_INTERNET_DE-PROD/PROD0000000000073513.pdf, zuletzt geprüft am 03.11.2008.

Just, Tobias (11.09.2003): Demografie lässt Immobilien wackeln. Herausgegeben von Hans-Joachim Frank. Deutsche Bank AG. Frankfurt am Main. (Aktuelle Themen, 283). Online verfügbar unter http://www.dbresearch.com/PROD/DBR_INTERNET_EN-PROD/PROD0000000000063853.pdf, zuletzt geprüft am 25.04.2008.

Just, Tobias (17.09.2007): Auswirkungen der demografischen Entwicklungen auf die Büromärkte. Veranstaltung vom 17.09.2007. Berlin. Online verfügbar unter http://www.dbresearch.com/PROD/DBR_INTERNET_DE-PROD/PROD0000000000216030.pdf, zuletzt geprüft am 30.10.2008.

Just, Tobias (31.08.2005): Europas Immobilienmärkte - Was sie verbindet, was sie unterscheidet. Veranstaltung vom 31.08.2005. Berlin. Online verfügbar unter http://www.dbresearch.com/PROD/DBR_INTERNET_DE-PROD/PROD0000000000191198.pdf, zuletzt geprüft am 30.10.2008.

Kholodilin, Konstantin A.; Menz, Jan-Oliver; Siliverstovs, Boriss (2008): Immobilienkrise? - Warum in Deutschland die Preise seit Jahrzehnten stagnieren. In: Wochenbericht des DIW, Jg. 75, H. 17, S. 214–223.

Kiepe, Folkert (2007): Zur Bedeutung kommunaler Wohnungsunternehmen für Wohnraumversorgung und Stadtentwicklung. In: Steinert, Jürgen (Hg.): Kommunale Wohnungsunternehmen - Tafelsilber oder Saatkartoffeln. Positionen des Arbeitskreises Stadtentwicklung, Bau und Wohnen der Friedrich-Ebert-Stiftung. 1. Auflage. Berlin: Eigenverlag , S. 41–53.

Kippes, Stephan; Sailer, Erwin (2005): Immobilienmanagement - Handbuch für professionelle Immobilienbetreuung und Vermögensverwaltung. Stuttgart: Boorberg.

Kirchberger, Klaus (2008): Energieeffizienz bei Büroimmobilien - Nischenmarkt mit Zukunft. In: Immobilien & Finanzierung - Der langfristige Kredit, H. 22, S. 824–825.

Klann, Ralf J. (2008): Nachhaltigkeitsstrategien bei Immobilienaktiengesellschaften. In: Immobilien & Finanzierung - Der langfristige Kredit, H. 22, S. 836–837.

Klaproth, Thomas (2004): Riskmanagement im Rahmen des KonTraG - Anforderungen und betriebliche Notwendigkeit im Hinblick auf den Immobilienbereich. In: Lutz, Ulrich; Klaproth, Thomas (Hg.): Riskmanagement im Immobilienbereich. Technische und wirtschaftliche Risiken. Berlin: Springer (Engineering online library), S. 39–60.

Klinger, Franz; Müller, Michael (Hg.) (2003): Basel II & Immobilien - Herausforderung für die Immobilienfinanzierung. Unter Mitarbeit von Britta Göckeritz, Sabine Henke und Lothar Schmidt et al. Berlin: Lexxion-Verl.

Klug, Walter; Schrah, Bodo: Immobilienfonds: Wirtschafts-Lexikon. Das Wissen der Betriebswirtschaftslehre. 12 Bände. Stuttgart: Schäffer-Poeschel .

Kniffka, Rolf; Koeble, Wolfgang (Hg.) (2008): Kompendium des Baurechts - Privates Baurecht und Bauprozess: Beck, C H.

Knobloch, Bernd (2008-2009): Die Klimaschutzgesetze der deutschen Bundesregierung und ihre Auswirkungen auf die Immobilienfinanzierung. In: Professionelles Immobilen-Banking, S. 52–57.

Knuf, Holger (2004): Ansatz eines Immobilien-Ratings unter dem Gesichtspunkt der besonderen Berücksichtigung von Risiken in der Bewirtschaftungsphase. In: Lutz, Ulrich; Klaproth, Thomas (Hg.): Riskmanagement im Immobilienbereich. Technische und wirtschaftliche Risiken. Berlin: Springer (Engineering online library), S. 159–173.

Köberle, Gesa (2008): Erfolgskriterien nachhaltiger Immobilien. In: Immobilien & Finanzierung - Der langfristige Kredit, H. 22, S. 828–829.

Koeble, Wolfgang (2008): Architektenrecht. In: Kniffka, Rolf; Koeble, Wolfgang (Hg.): Kompendium des Baurechts. Privates Baurecht und Bauprozess: Beck, C H .

Kook, Heiner; Sydow, Manfred (2003): Strategisches Portfoliomanagement in der Immobilienwirtschaft - Ein Leitfaden für Theorie und Praxis. 1. Aufl. Hamburg: Hammonia.

Kottjé, Johannes; Sous, Silke; Oswald, Rainer (2005): Kostengünstig bauen - Schäden vermeiden. München: DVA.

Kreißig, Johannes; Braune, Ann; Trinius, Wolfram (27.11.2005): Lebenszykluskostenmodell von Gebäuden - Abschlussbericht zum Projektteil. Forschungsprojekt "Weiterentwicklung von Instrumenten für eine nachhaltige Baupolitik", zuletzt geprüft am 15.08.2008.

Krimmling, Jörn (2005): Facility Management - Strukturen und methodische Instrumente. Stuttgart: Fraunhofer IRB.

Krone, Hans G. (Hg.) (2004): Zukunftsorientierte Immobilienwirtschaft - Neue Trends und innovative Lösungen. Tönning: Der Andere Verl. (Leipziger Beiträge zur praxisorientierten Wirtschafts- und Sozialforschung, 1).

Kruschwitz, Lutz (1999): Investitionsrechnung. 2., aktualisierte Aufl. München: Oldenbourg (Internationale Standardlehrbücher der Wirtschafts- und Sozialwissenschaften).

Kühne-Büning, Lidwina; Nordalm, Volker; Steveling, Lieselotte (2005): Grundlagen der Wohnungs- und Immobilienwirtschaft. Vormals "Lehrbuch der Wohnungswirtschaft". 4., überarb. und erw. Aufl. Hamburg: Hammonia [u.a.].

Kurzrock, Björn-Martin (2007): Einflussfaktoren auf die Performance von Immobilien-Direktanlagen. Köln: Rudolf Müller (Schriftenreihe zur immobilienwirtschaftlichen Forschung, 01).

KWG: Gesetz über das Kreditwesen. Deutscher Bundestag (21.12.2007), vom 9. September 1998 (BGBl. I S. 2776), zuletzt geändert durch Artikel 2 des Gesetzes vom 21. Dezember 2007 (BGBl. I S. 3089). Online verfügbar unter http://bundesrecht.juris.de/bundesrecht/kredwg/gesamt.pdf, zuletzt aktualisiert am 21.12.2007, zuletzt geprüft am 28.07.2008.

Kyrein, Rolf (2002): Immobilien-Projektmanagement - Projektentwicklung und -steuerung. Köln; Berlin: Immobilien Manager Verlag IMV.

L'Ecuyer, Pierre (1998): Random Number Generation. In: Banks, Jerry (Hg.): Handbook of Simulation. Principles, Methodology, Advances, Applications, and Practice. New York , Weinheim: Wiley , S. 93–137.

Lange, Bettina (2005): Immobilienrating - Modell zur Analyse von Ausfallrisiken immobilienwirtschaftlicher Kreditengagements. Norderstedt: Books on Demand (Immobilienmanagement, 9).

Lauer, Jörg (2006): Strukturierte Immobilienfinanzierung. Frankfurt am Main: Knapp.

Lausberg, Carsten (2001): Das Immobilienmarktrisiko deutscher Banken. Sternenfels: Verl. Wiss. und Praxis (Studienreihe der Stiftung Kreditwirtschaft an der Universität Hohenheim, 29).

Lausberg, Carsten (25.11.2008): Immobilienrisikomanagement - Stand der Forschung. Veranstaltung vom 25.11.2008, aus der Reihe "gif-Forum Risikomanagement". Frankfurt am Main.

Lausberg, Carsten; Wiegner, Andreas (2009): Marktdaten im Immobilienrating. In: Everling, Oliver (Hg.): Praxishandbuch Rating von Immobilienportfolios. Köln: Immobilien Manager Verlag IMV.

LBO BW: Landesbauordnung. Baden-Württembergischer Landtag (01.01.1996), vom 08.08.1995. Online verfügbar unter http://www.landesrecht-bw.de/, zuletzt aktualisiert am 01.01.1996, zuletzt geprüft am 19.09.2008.

LEED - Leadership in Energy and Environmental Design. U.S. Green Building Council. Online verfügbar unter http://www.usgbc.org/leed, zuletzt geprüft am 25.02.2009.

Liebert, Géraldine; Spilker, Ralf; Oswald, Rainer (2007): Schimmelpilzbefall bei hochwärmegedämmtem Neu- und Altbauten - Erhebung von Schadensfällen - Ursachen und Konsequenzen. Stuttgart: Fraunhofer-IRB-Verl. (Bau- und Wohnforschung, 2506).

Link, Andreas (2006): Rating und Kreditentscheidungsmodell für Immobilien-Projektentwicklungen. 1. Aufl. Frankfurt am Main: Bankakademie-Verl.

Lintner, John (1965): The valuation of risky assets and the selection of risky investments in stock portfolios and capital budgets. In: Review of Economics and Statistics, S. 13–37.

Lohse, Moritz (2006): Die wirtschaftliche Situation deutscher Wohnungsunternehmen - Eine empirische Untersuchung. Herausgegeben von Andreas Pfnür. Technische Universität Darmstadt, Forschungscenter betriebliche Immobilienwirtschaft. Darmstadt. (Arbeitspapiere zur immobilienwirtschaftlichen Forschung und Praxis, 7). Online verfügbar unter http://www.bwl.tu-darmstadt.de/bwl9/neu/fileadmin/RESEARCH/04_Arbeitspapiere/Arbeitspapier_7_deutscheWohnungsunternehmen.pdf, zuletzt geprüft am 30.01.2008.

Lorenz, David Philipp (2006): The application of sustainable development principles to the theory and practice of property valuation. Karlsruhe: Universitätsverl. (Karlsruher Schriften zur Bau-, Wohnungs- und Immobilienwirtschaft, 1).

Lüdicke, Oliver (2003): Ratingverfahren und -agenturen. In: Reichling, Peter (Hg.): Risikomanagement und Rating. Grundlagen, Konzepte, Fallstudie. 1. Aufl. Wiesbaden: Gabler , S. 63–88.

Lutz, Ulrich; Klaproth, Thomas (Hg.) (2004): Riskmanagement im Immobilienbereich - Technische und wirtschaftliche Risiken. Berlin: Springer (Engineering online library).

Lützkendorf, Thomas; Lorenz, David Philipp (2007): „Green Buildings" - nur umweltfreundlich oder auch wirtschaftlich und wertstabil. In: Verband deutscher Pfandbriefbanken (vdp) e. V. (Berlin) (Hg.): Professionelles Immobilien-Banking. Fakten und Daten 2007-2008. Berlin, S. 58–68.

Lützkendorf, Thomas; Lorenz, David Philipp; Kertes, Jürgen (2007): Gestaltung und Nutzung des Basel-II konformen Objekt-Rating für eine kostengünstige Finanzierung qualitativ hochwertiger und ökologisch vorteilhafter Neubau- und Sanierungsprojekte im Wohungsbau. Stuttgart: Fraunhofer-IRB-Verl. (Bau- und Wohnforschung, F 2495).

Lützkendorf, Thomas; Urschel, Oliver (20.06.2008): The Relationship between Economy, Sustainability and Risk. Veranstaltung vom 20.06.2008, aus der Reihe "ERES Annual Conference". Krakau. Veranstalter: European Real Estate Society.

Lützkendorf, Thomas; Urschel, Oliver (2007): Risiken im Lebenszyklus von Immobilien: Facility Management 2007. Messe und Kongress, Frankfurt am Main, 24.-26. April 2007. Berlin: VDE, S. 439–448.

lv-bw.de (2009). Landesamt für Geoinformation und Landentwicklung Baden-Württemberg (Stuttgart). Online verfügbar unter http://www.lv-bw.de, zuletzt aktualisiert am 28.01.2009, zuletzt geprüft am 04.03.2009.

Maier, Kurt M.; Graf, Karl Herbert; Schwatlo, Winfried; Steinbrenner, Hans-Peter (2007): Risikomanagement im Immobilien- und Finanzwesen - Ein Leitfaden für Theorie und Praxis. 3., überarb. und erw. Aufl. Frankfurt am Main: Knapp.

Mankiw, Nicholas Gregory; Taylor, Mark P. (2008): Grundzüge der Volkswirtschaftslehre. 4., überarb. und erw. Aufl. Stuttgart: Schäffer-Poeschel.

maps.live.de - Lokale Suche mit Microsoft Virtual Earth-Technologie (2006). Microsoft Corporation. Online verfügbar unter http://maps.live.de/, zuletzt geprüft am 26.02.2009.

MaRisk: Mindestanforderungen an das Risikomanagement. Bundesanstalt für Finanzdienstleistungsaufsicht (28.07.2008), vom 30.10.2007. Online verfügbar unter http://www.bafin.de/cln_006/nn_721290/SharedDocs/Veroeffentlichungen/DE/Service/Rundschreiben/2007/rs__0705__ba.html, zuletzt aktualisiert am 28.07.2008, zuletzt geprüft am 28.07.2008.

Markowitz, Harry M. (1970): Portfolio selection - Efficient diversification of investments. New Haven: Yale University Press (Monograph, 16).

Metzner, Steffen (2002): Immobiliencontrolling - Strategische Analyse und Steuerung von Immobilienergebnissen auf Basis von Informationssystemen. 1. Aufl. Norderstedt: Books on Demand.

Michelis, Alberto de; Chantraine, Alain (2003): Erinnerungen Eurostats - Fünfzig Jahre im Dienst Europas. Luxemburg: Eigenverlag.

Möller, Dietrich A. (2001): Planungs- und Bauökonomie; Bd 1 - Grundlagen der wirtschaftlichen Bauplanung. München: Oldenbourg.

Mönke, Reinhard (2002): Ausfallrisiken gewerblicher Immobilienfinanzierungen. Zugl.: Köln, Univ., Diss., 2002. Lohmar, Köln: Eul (Reihe: Finanzierung, Kapitalmarkt und Banken, 19).

Moore, Geoffrey A. (2004): Inside the Tornado - Strategies for developing, leveraging, and surviving hypergrowth markets. Neuauflage d. Originals von 1995. New York: Harper Business Essentials.

Mossin, Jan (1966): Equilibrium in a capital asset market. In: Econometrica, Jg. 34, H. 4, S. 768–783.

Muncke, Günter (1996): Standort- und Marktanalyse in der Immobilienwirtschaft - Ziele, Gegenstand, methodische Grundlagen, Datenbasis und Informationslücken. In: Schulte, Karl-Werner (Hg.): Handbuch Immobilien-Projektentwicklung. Köln: Müller (Immobilien-Wissen), S. 101–164.

Murfeld, Egon (Hg.) (2006): Spezielle Betriebswirtschaftslehre der Immobilienwirtschaft. 5. Aufl. Hamburg: Hammonia.

Nemuth, Tilo (2006): Risikomanagement bei internationalen Bauprojekten. Renningen: Expert-Verl. (Aus Forschung und Praxis).

Nitzsch, Rüdiger von (2002): Entscheidungslehre - Wie Menschen entscheiden und wie sie entscheiden sollten. Stuttgart: Schäffer-Poeschel.

Nitzsch, Rüdiger von (2003): Investitonslehre - Grundlagen, Modelle und Kalküle. Vorlesungsskript. 3. Auflage. Aachen: G. Mainz.

Norm, ISO 15686-5, 10.06.2008: Buildings and constructed assets - Service-life planning - Part 5: Life-cycle costing.

Norm, SIA 112 2001, 21.08.2001: Leistungsmodell.

Office-Score.de (2007). Fraunhofer-Institut für Arbeitswirtschaft und Organisation. Online verfügbar unter http://www.office-score.de/, zuletzt geprüft am 12.08.2008.

Ottmann, Matthias (2005): Preisbildung, Standortverhalten und Stadtentwicklung. In: Bach, Hansjörg; Ottmann, Matthias; Sailer, Erwin; Unterreiner, Frank Peter (Hg.): Immobilienmarkt und Immobilienmanagement. Entscheidungsgrundlagen für die Immobilienwirtschaft. München: Vahlen , S. 277–334.

Peiß, Stefan (1999): Kumulierte Risiken im Immoblien-Finanzierungsportfolio der Banken und im Immobilien-Anlageportfolio der Versicherungen - Theoretische Grundlagen und empirisiche Ergebnisse. In: Zeitschrift für Versicherungswesen (ZfV), H. 24, S. 812–818.

Peiß, Stefan (2000): Kumulierte Risiken im Immobilien-Finanzierungsportfolio der Banken und im Immobilien-Anlageportfolio der Versicherungen - Theoretische Grundlagen und empirische Ergebnisse. Schluss zu ZFV 24/99. In: Zeitschrift für Versicherungswesen (ZfV), H. 1, S. 20–24.

Pelzeter, Andrea (2006): Lebenszykluskosten von Immobilien - Einfluss von Lage, Gestaltung und Umwelt. Köln: Immobilien Informationsverlag Rudolf Müller (Schriften zur Immobilienökonomie, 36).

PfandBG: Pfandbriefgesetz. Deutscher Bundestag (19.07.2005), vom 22.05.2005, zuletzt geändert durch Art. 16 InvestmentänderungsG vom 21. 12. 2007 (BGBl. 2007 I S. 3089), zuletzt aktualisiert am 19.07.2005.

pfandbrief.de (2009). Verband deutscher Pfandbriefbanken (vdp) e. V. (Berlin). Online verfügbar unter http://www.pfandbrief.de, zuletzt geprüft am 03.03.2009.

Pfeiff, Claudia (2003): Die Versorgung mit Wohnraum als Aufgabe der Daseinsvorsorge – über die Existenzberechtigung von Wohnungsunternehmen in öffentlicher Hand - Diskussionsbericht der Expertenrunde. In: Schader-Stiftung (Hg.): Öffentliche Daseinsvorsorge – Problem oder Lösung. Argumente und Materialien zur Debatte. Symposium der Schader-Stiftung am 13. Februar 2003 in Frankfurt am Main. Darmstadt , S. 59–67.

Pflaum, Rainer E. (27.01.2006): Risikomanagement - Entwicklung der rechtlichen Anforderungen und Regelungen. Veranstaltung vom 27.01.2006. Düsseldorf. Online verfügbar unter http://cmsftp.world-soft-cms.info/r/risikozentrum.de/uploads/Rechtsentwicklung%20im%20RM.pdf, zuletzt geprüft am 07.02.2008.

Pfnür, Andreas; Armonat, Stefan (April 2001): Immobilienkapitalanlage institutioneller Investoren - Risikomanagement und Portfolioplanung - Ergebnisbericht. Arbeitsbereich öffentliche Wirtschaft am Fachbereich Wirtschaftswissenschaften der Universität Hamburg. Hamburg. (Arbeitspapiere des Arbeitsbereichs Öffentliche Wirtschaft am Fachbereich Wirtschaftswissenschaften der Universität Hamburg, 26). Online verfügbar unter http://www.immobilien-forschung.de/fileadmin/immo/05_Veroeffentlichungen/Arbeitsreihen/WP_26_immobilienkapitalanlage.pdf, zuletzt geprüft am 09.10.2008.

Pfnür, Andreas (2002): Betriebliche Immobilienökonomie. Heidelberg: Physica-Verlag.

Picot, Gerhard (2001): Überblick über die Kontrollmechanismen nach KonTraG. In: Lange, Knut W.; Wall, Friederike (Hg.): Risikomanagement nach dem KonTraG. Aufgaben und Chancen aus betriebswirtschaftlicher und juristischer Sicht. München: Vahlen, S. 5–37.

Pierschke, Barbara (2000): Facilities Management. In: Schulte, Karl-Werner (Hg.): Immobilienökonomie. Betriebswirtschaftliche Grundlagen. 2.,. überarb. Aufl. München: Oldenbourg (Immobilienökonomie, Bd. 1), S. 275–315.

Pöschl, Petra (2004): Aufbau und Handhabung eines Risikomanagement-Systems. In: Lutz, Ulrich; Klaproth, Thomas (Hg.): Riskmanagement im Immobilienbereich. Technische und wirtschaftliche Risiken. Berlin: Springer (Engineering online library), S. 77–97.

Pritsker, A. Alan B. (1998): Principles of Simulation Modeling. In: Banks, Jerry (Hg.): Handbook of Simulation. Principles, Methodology, Advances, Applications, and Practice. New York , Weinheim: Wiley , S. 31–54.

Proske, Dirk (2004): Katalog der Risiken - Risiken und Ihre Darstellung. 1. Aufl. Dresden: Eigenverlag.

raumbeobachtung.de (2009). Bundesamt für Bauwesen und Raumordnung (Bonn). Online verfügbar unter http://www.raumbeobachtung.de/, zuletzt geprüft am 03.03.2009.

Raum, Bernd (2002): Due diligence real estate. In: Immobilien & Finanzierung - Der langfristige Kredit, Jg. 53, H. 5, S. 134–138.

Reichling, Peter (2003): Basel II: Rating und Kreditkonditionen. In: Reichling, Peter (Hg.): Risikomanagement und Rating. Grundlagen, Konzepte, Fallstudie. 1. Aufl. Wiesbaden: Gabler , S. 3–20.

Reip, Herwart W. (2003): Bewertung von Immobilienrisiken unter besonderer Berücksichtigung von Basel II. In: Gondring, Hanspeter (Hg.): Real Estate Investment Banking. Neue Finanzierungsformen bei Immobilieninvestitionen. 1. Aufl. Wiesbaden: Gabler , S. 115–134.

Reisbeck, Tilman; Schöne, Lars Bernhard (Hg.) (2006): Immobilien-Benchmarking - Ziele, Nutzen, Methoden und Praxis. Berlin, Heidelberg: Springer.

Richtlinie, GEFMA 100-1, Juli 2004: Facility Management - Grundlagen.

Rips, Franz-Georg (2007): Rolle und Aufgaben der kommunalen Wohnungsunternehmen aus der Sicht des Deutschen Mieterbundes. In: Steinert, Jürgen (Hg.): Kommunale Wohnungsunternehmen - Tafelsilber oder Saatkartoffeln. Positionen des Arbeitskreises Stadtentwicklung, Bau und Wohnen der Friedrich-Ebert-Stiftung. 1. Auflage. Berlin: Eigenverlag , S. 9–25.

Romeike, Frank (2003): Bewertung und Aggregation von Risiken. In: Romeike, Frank; Finke, Robert B. (Hg.): Erfolgsfaktor Risiko-Management. Chance für Industrie und Handel ; Methoden, Beispiele, Checklisten. 1. Aufl. Wiesbaden: Gabler , S. 183–198.

Romeike, Frank (2004): Lexikon Risikomanagement. 1. Aufl. Köln: Bank-Verlag.

Romeike, Frank (2005b): Risikokategorien im Überblick. In: Romeike, Frank (Hg.): Modernes Risikomanagement. Die Markt-, Kredit- und operationellen Risiken zukunftsorientiert steuern. 1. Aufl. Weinheim: Wiley-VCH , S. 17–32.

Romeike, Frank (Hg.) (2005a): Modernes Risikomanagement - Die Markt-, Kredit- und operationellen Risiken zukunftsorientiert steuern. 1. Aufl. Weinheim: Wiley-VCH.

Romeike, Frank: RiskNET - The Risk Management Network. Online verfügbar unter http://www.risknet.de/, zuletzt geprüft am 04.02.2008.

Rommelfanger, Heinrich (2008): Stand der Wissenschaft bei der Aggregation von Risiken: Risikoaggregation in der Praxis. Beispiele und Verfahren aus dem Risikomanagement von Unternehmen. 1. Aufl. Berlin: Springer , S. 15–47.

Ropeter-Ahlers, Sven-Eric (2008): Simulationsmodelle für objektspezifische Risikoprofile - Serie Immobilien-Risikomanagement, Teil 4: Integration von Risikoaspekten in die Investitionsrechnung. In: Immobilien Zeitung, Ausgabe 41, 16.10.2008, S. 15.

Ross, Sheldon M. (1997): Simulation. 2. Aufl. London: Academic Pr. (Statistical modeling and decision science).

Rücker, Thomas (2001): Konzeption und Implementierung eines Kunden-Management- und Informationssystems. In: Schulte, Karl-Werner; Hiska Brade, Kersin (Hg.): Handbuch Immobilien-Marketing. Köln: Müller (Immobilien-Wissen), S. 149–168.

rwi-essen.de (2009). Rheinisch-Westfälisches Institut für Wirtschaftsforschung e.V. (Essen). Online verfügbar unter http://www.rwi-essen.de/, zuletzt aktualisiert am 09.07.2003, zuletzt geprüft am 03.03.2009.

sachverstaendigenrat-wirtschaft.de (2009). Sachverständigenrat zur Begutachtung der gesamtwirtschaftlichen Entwicklung. Online verfügbar unter http://www.sachverstaendigenrat-wirtschaft.de/, zuletzt geprüft am 27.02.2009.

SachvRatG: Gesetz über die Bildung eines Sachverständigenrates zur Begutachtung der gesamtwirtschaftlichen Entwicklung. Deutscher Bundestag (14.06.1967), in der im Bundesgesetzblatt Teil III, Gliederungsnummer 700-2, veröffentlichten bereinigten Fassung, zuletzt geändert durch Artikel 128 der Verordnung vom 31. Oktober 2006 (BGBl. I S. 2407). Online verfügbar unter http://bundesrecht.juris.de/bundesrecht/sachvratg/gesamt.pdf, zuletzt aktualisiert am 14.06.1967, zuletzt geprüft am 27.02.2009.

Sailer, Erwin (2005): Rahmenbedingungen und Grundtatbestände des Immobilienmarktes. In: Bach, Hansjörg; Ottmann, Matthias; Sailer, Erwin; Unterreiner, Frank Peter (Hg.): Immobilienmarkt und Immobilienmanagement. Entscheidungsgrundlagen für die Immobilienwirtschaft. München: Vahlen , S. 31–96.

Sandvoß, Jörg (2004): Grundlagen des Risikomanagements in der Immobilienwirtschaft. In: Lutz, Ulrich; Klaproth, Thomas (Hg.): Riskmanagement im Immobilienbereich. Technische und wirtschaftliche Risiken. Berlin: Springer (Engineering online library), S. 1–38.

Schäfers, Wolfgang (1997): Strategisches Management von Unternehmensimmobilien - Bausteine einer theoretischen Konzeption und Ergebnisse einer empirischen Untersuchung. Köln: Müller (Schriften zur Immobilienökonomie, 3).

Schäfers, Wolfgang; Hörner, Christian (2002): Privatisierung von Wohnungsunternehmen der öffentlichen Hand: Grundlagen - Gestaltungsvarianten - Prozess. In: Schulte, Karl-Werner; Achleitner, Ann-Kristin; Schäfers, Wolfgang; Knobloch, Bernd (Hg.): Handbuch Immobilien-Banking. Von der traditionellen Immobilien-Finanzierung zum Immobilien-Investmentbanking. Köln: Müller (Immobilien-Wissen), S. 535–560.

Scharp, Michael; Behrendt, Siegfried; Galonska, Jürgen; Knoll, Michael; Kreibich, Rolf (2002): Nachhaltigkeit des Bauens und Wohnens - Perspektiven und Handlungsfelder für die Wohnungswirtschaft. 1. Aufl. Baden-Baden: Nomos (ZukunftsStudien, 26).

Schmitz, Thorsten; Wehrheim, Michael (2006): Risikomanagement - Grundlagen, Theorie, Praxis. Stuttgart: Kohlhammer.

Schnarr, Thomas; Hölzer, Klaus (25.11.2008): Risikomanagement im Immobilienbereich - Die Aufholjagd hat begonnen. Veranstaltung vom 25.11.2008, aus der Reihe "gif-Forum Risikomanagement". Frankfurt am Main.

Schröder, Regina Wencke (2005): Risikoaggregation unter Beachtung der Abhängigkeiten zwischen Risiken. Baden-Baden: Nomos.

schufa.de (2009). SCHUFA Holding AG Wiesbaden. Online verfügbar unter http://www.schufa.de, zuletzt geprüft am 04.03.2009.

Schulte, Karl Werner; Allendorf, Georg; Crommen, Marcel (1999): Investitionsrechnung im Sozialen Wohnungsbau - Rentabilitätsermittlung und Dimensionierung von Fördermitteln. Berlin, : Immobilien Manager Verlag IMV.

Schulte, Karl Werner; Thomas, Matthias; Focke, Christian; Pfrang, Dominique (2007): Konzeptionelle Grundlagen des immobilien-Portfoliomanagements. In: Schulte, Karl-Werner; Thomas, Matthias (Hg.): Handbuch Immobilien-Portfoliomanagement. Köln: Immobilien-Manager-Verl. (Immobilienfachwissen), S. 27–38.

Schulte, Karl-Werner (Hg.) (1996): Handbuch Immobilien-Projektentwicklung. Unter Mitarbeit von Stephan Bone-Winkel und Bernd Heuer. Köln: Müller (Immobilien-Wissen).

Schulte, Karl-Werner; Achleitner, Ann-Kristin; Schäfers, Wolfgang, et al. (Hg.) (2002): Handbuch Immobilien-Banking - Von der traditionellen Immobilien-Finanzierung zum Immobilien-Investmentbanking. Köln: Müller (Immobilien-Wissen).

Schulte, Karl-Werner; Allendorf, Georg; Ropeter, Sven-Eric (2000a): Immobilieninvestition. In: Schulte, Karl-Werner (Hg.): Immobilienökonomie. Betriebswirtschaftliche Grundlagen. 2.,. überarb. Aufl. München: Oldenbourg (Immobilienökonomie, Bd. 1), S. 507–582.

Schulte, Karl-Werner; Schäfers, Wolfgang; Hoberg, Wenzel; Homann, Klaus; Sotelo, Ramon; Vogler, Jochen H. (2000b): Betrachtungsgegenstand der Immobilienökonomie. In: Schulte, Karl-Werner (Hg.): Immobilienökonomie. Betriebswirtschaftliche Grundlagen. 2.,. überarb. Aufl. München: Oldenbourg (Immobilienökonomie, Bd. 1), S. 13–80.

Schulten, Andreas (2004): Datentechnische Voraussetzungen zur Risikoüberwachung. In: Lutz, Ulrich; Klaproth, Thomas (Hg.): Riskmanagement im Immobilienbereich. Technische und wirtschaftliche Risiken. Berlin: Springer (Engineering online library), S. 99–111.

Schulze Darup, Burkhard (1996): Bauökologie. Wiesbaden: Bauverl.

Schwarz, Martin E. (2004): Strategisches Management in der Wohnungswirtschaft - Ehemals gemeinnützige Wohnungsunternehmen auf dem Weg zu einem neuen Führungsverständnis. 1. Aufl. Wiesbaden: Deutscher Universitäts-Verlag (Gabler Edition Wissenschaft - NPO-Management).

Schwenzer, Joachim (2008): Untersuchung zur Bedeutung und Ausprägung des Risikomanagements von Immobilien in Deutschland. Betreut von Wolfgang Niemeier, Hermann Altmeppen und Stephan Lechelt. Braunschweig. Technische Universität Braunschweig, Institut für Geodäsie und Photogrammetrie. Online verfügbar unter http://www.altmeppen.de/pdf/DA_Schwenzer_Risiko.pdf, zuletzt geprüft am 03.11.2009.

Sharpe, William F. (1965): Capital asset prices: a theory of market equilibrium under conditions of risk. In: Journal of Finance, Jg. 19, S. 425–442.

Sinz, Gerhard B. (2004): Basel II - rechtliche Auswirkungen auf die Immobilien- und Projektfinanzierung. In: Suyter, Alexander (Hg.): Risikomanagement. Aktuelle Entwicklungen und Auswirkungen auf Banken und Unternehmen. Frankfurt am Main: Knapp , S. 367–384.

SISKA - Statistisches Informationssystem Karlsruhe (2009). Amt für Stadtentwicklung (Karlsruhe). Online verfügbar unter http://www.karlsruhe.de/Stadtentwicklung, zuletzt aktualisiert am 18.02.2009, zuletzt geprüft am 26.02.2009.

SolvV: Verordnung über die angemessene Eigenmittelausstattung von Instituten, Institutsgruppen und Finanzholding-Gruppen (Solvabilitätsverordnung). Bundesministerium der Finanzen (21.12.2007), vom 14. Dezember 2006 (BGBl. I S. 2926), geändert durch Artikel 2a des Gesetzes vom 21. Dezember 2007 (BGBl. I S. 3089). Online verfügbar unter http://www.bundesrecht.juris.de/bundesrecht/solvv/gesamt.pdf, zuletzt aktualisiert am 21.12.2007, zuletzt geprüft am 28.07.2008.

sowiport.de (2009). Bertelsmann Stiftung (Gütersloh); Deutsches Zentralinstitut für soziale Fragen (Berlin); GESIS – Gesellschaft Sozialwissenschaftlicher Infrastruktureinrichtungen e.V. (Mannheim); Universitäts- und Stadtbibliothek Köln; Wissenschaftszentrum Berlin für Sozialforschung. Online verfügbar unter http://www.sowiport.de/, zuletzt geprüft am 27.02.2009.

Soziale Wohnraumförderung (2008). Bundesministerium für Verkehr; Bau und Stadtentwicklung (Berlin). Online verfügbar unter http://www.bmvbs.de/Stadtentwicklung_-Wohnen/Wohnraumfoerderung-,1568/Soziale-Wohnraumfoerderung.htm, zuletzt aktualisiert am 31.07.2008, zuletzt geprüft am 31.07.2008.

Spieth, Wolf (2008): Investoren müssen Klimarisiken ins Auge fassen - Europa steht vor einer Regulierung bei Treibhausgasen, die Marktwert und Geschäfte der Unternehmen drastisch verändert. In: Handelsblatt, Jg. 2008, 21.01.2008, S. 7.

Spilker, Ralf; Oswald, Rainer (2000): Konzepte für die praxisorientierte Instandhaltungsplanung im Wohnungsbau. Stuttgart: Fraunhofer-IRB-Verl. (Bauforschung für die Praxis, 55).

Stadt Heidelberg: Aktuelles aus dem Gemeinderat - Gemeinderat 23.07.2008. Pressemitteilung vom 31.07.2008. Heidelberg. Online verfügbar unter http://www.heidelberg.de/servlet/PB/menu/1184596/index.html, zuletzt geprüft am 01.08.2008.

Stadt Heidelberg: Heidelberger Bürgerentscheid scheitert am Quorum: Entscheidung über die Wohnungen geht zurück an Gemeinderat. Pressemitteilung vom 16.07.2008. Heidelberg. Online verfügbar unter http://www.heidelberg.de/servlet/PB/menu/1178987/index.html, zuletzt geprüft am 01.08.2008.

Statistisches Bundesamt (Wiesbaden) (24.05.2005): Statistisch gesehen. Statistisches Bundesamt (Wiesbaden). Wiesbaden. Online verfügbar unter http://www.destatis.de/jetspeed/portal/cms/Sites/destatis/Internet/DE/Content/Service/UeberUns/Statistisch__gesehen,property=file.pdf, zuletzt geprüft am 26.02.2009.

Statistisches Landesamt Baden-Württemberg (2009). Statistisches Landesamt Baden-Württemberg (Stuttgart). Online verfügbar unter http://www.statistik.baden-wuerttemberg.de/, zuletzt geprüft am 26.02.2009.

Steinbach, Sami (2008): Going Green - wachsende Nachfrage nach "grünen" Büroimmobilien. In: Immobilien & Finanzierung - Der langfristige Kredit, H. 22, S. 826–827.

Steiner, Manfred; Wagner, Marc; Fock, Henning (2006): Eigenkapital. In: Handelsblatt (Hg.): Handelsblatt Wirtschafts-Lexikon. Das Wissen der Betriebswirtschaftslehre. 12 Bände. Stuttgart: Schäffer-Poeschel .

Steinhausen, Detlef (1994): Simulationstechniken. München: Oldenbourg.

Steinmann, Horst; Schreyögg, Georg (2005): Management - Grundlagen der Unternehmensführung; Konzepte, Funktionen, Fallstudien. 6., vollst. überarb. Aufl. Unter Mitarbeit von Jochen Koch. Wiesbaden: Gabler (Gabler Lehrbuch).

Stellmann, Frank (2008): Rechtsrisiken sind potenzielle Deal-Breaker - Serie Immobilien-Risikomanagement, Teil 6: Rechtliches Risikomanagement. In: Immobilien Zeitung, Ausgabe 43, 30.10.2008, S. 10.

Stengel, Rüdiger von (2003): Portfoliomanagement institutioneller Anleger. In: Gondring, Hanspeter (Hg.): Real Estate Investment Banking. Neue Finanzierungsformen bei Immobilieninvestitionen. 1. Aufl. Wiesbaden: Gabler , S. 313–326.

Szigeti, Françoise; Davis, Gerald (2005): What is Performance Based Building (PBB) - In a Nutshell. Performance Based Building Thematic Network PeBBu. Online verfügbar unter http://www.pebbu.nl, zuletzt aktualisiert am 03.06.2005, zuletzt geprüft am 14.08.2008.

Thomas, Matthias (1997): Die Entwicklung eines Performanceindexes für den deutschen Immobilienmarkt. Köln: Müller.

Thomas, Matthias (2002): Performancemessung im Immobilien-Asset-Management. In: Schulte, Karl-Werner; Achleitner, Ann-Kristin; Schäfers, Wolfgang; Knobloch, Bernd (Hg.): Handbuch Immobilien-Banking. Von der traditionellen Immobilien-Finanzierung zum Immobilien-Investmentbanking. Köln: Müller (Immobilien-Wissen), S. 689–714.

Thomas, Matthias; Leopoldsberger, Gerrit; Walbröhl, Victoria (2000): Immobilienbewertung. In: Schulte, Karl-Werner (Hg.): Immobilienökonomie. Betriebswirtschaftliche Grundlagen. 2.,. überarb. Aufl. München: Oldenbourg (Immobilienökonomie, Bd. 1), S. 381–448.

Thomas, Matthias; Wellner, Kristin (2007): Portfoliomanagement mithilfe quantitativer Modelle. In: Schulte, Karl-Werner; Thomas, Matthias (Hg.): Handbuch Immobilien-Portfoliomanagement. Köln: Immobilien-Manager-Verl. (Immobilienfachwissen), S. 83–106.

Trotz, Raymond (2004): Immobilien - Markt- und Objektrating - Ein praxiserprobtes System für die Immobilienanalyse. 1. Aufl. Köln: Müller.

Trück, Stefan (2005): Loss Given Default und Recovery Rates - Eine Einführung. In: Romeike, Frank (Hg.): Modernes Risikomanagement. Die Markt-, Kredit- und operationellen Risiken zukunftsorientiert steuern. 1. Aufl. Weinheim: Wiley-VCH , S. 201–239.

Umweltbundesamt: Leitfaden zum ökologisch orientierten Bauen - [eine Veröffentlichung aus dem Fachgebiet I 1.2 "Raumbezogene Umweltplanung, Kommunaler Umweltschutz" des Umweltbundesamtes]. 3., überarb. und erw. Aufl. Heidelberg: Müller.

Union Investment Real Estate AG (13.02.2004): ImmoCheck - Ein Qualitätscheck zur Analyse und Bewertung von Immobilien. Broschüre. Union Investment Real Estate AG. Hamburg. Online verfügbar unter http://realestate.union-investment.com/docme/service/service/Innovative_ideas/ImmoCheckBrosch_1_.pdf, zuletzt geprüft am 12.08.2008.

United Nations: Buildings and climate change - Status, challenges and opportunities (2007). Paris: UNEP DTIE Sustainable Consumption and Production Branch.

Unterreiner, Frank Peter (2003): Was unterscheidet offene und geschlossene (Immobilien-) Fonds? - Namensgleich, doch kaum verwandt. In: Der Immobilienbrief, H. 48, S. 4–6.

Unterreiner, Frank Peter (2005): Die Teilmärkte des Immobilienmarktes. In: Bach, Hansjörg; Ottmann, Matthias; Sailer, Erwin; Unterreiner, Frank Peter (Hg.): Immobilienmarkt und Immobilienmanagement. Entscheidungsgrundlagen für die Immobilienwirtschaft. München: Vahlen , S. 217–274.

Usinger, Wolfgang; Minuth, Klaus (Hg.) (2004): Immobilien Recht und Steuern. Köln, Berlin: Immobilien Manager Verlag IMV.

VermG: Vermessungsgesetz für Baden-Württemberg. Baden-Württembergischer Landtag (01.01.2005), vom 01.07.2004. Online verfügbar unter http://www.landesrecht-bw.de/, zuletzt aktualisiert am 01.01.2005, zuletzt geprüft am 26.02.2009.

Veser, Jürgen; Thrun, Thomas; Jaedicke, Wolfgang (2008): Veränderungen der Anbieterstruktur im deutschen Wohnungsmarkt und wohnungspolitische Implikationen. Unter Mitarbeit von Karin Lorenz-Hennig und Christoph Zander. Bonn: Eigenverlag BBR (Forschungen, 124).

Vest, Peter (2001): Der Kunde im Fokus des Immobilien-Marketings. In: Schulte, Karl-Werner; Hiska Brade, Kersin (Hg.): Handbuch Immobilien-Marketing. Köln: Müller (Immobilien-Wissen), S. 127–148.

vgf-marktzahlen.de (2009). VGF Verband Geschlossene Fonds Betriebsgesellschaft mbH (Berlin). Online verfügbar unter http://www.vgf-marktzahlen.de/, zuletzt aktualisiert am 27.02.2009, zuletzt geprüft am 03.03.2009.

vgf-online.de - Zahlen - Daten - Fakten (2008). Verband geschlossene Fonds e. V. (Berlin). Online verfügbar unter http://www.vgf-online.de/rund-um-fonds/zahlen-daten-fakten.html, zuletzt geprüft am 22.08.2008.

Viering, Markus G.; Liebchen, Jens H. (2007): Managementleistungen im Lebenszyklus von Immobilien. 1. Aufl. Wiesbaden: Teubner (Leitfaden der Bauwirtschaft und des Baubetriebs).

VOB/B: Vergabe- und Vertragsordnung für Bauleistungen Teil B. Bundesministerium für Verkehr, Bau und Stadtentwicklung (BMVBS), vom 04.09.2006. Online verfügbar unter http://www.bmvbs.de/Anlage/original_981860/VOB-B_-Ausgabe-2006.pdf, zuletzt geprüft am 22.09.2008.

Waldmann, Karl-Heinz; Stocker, Ulrike M. (2004): Stochastische Modelle - Eine anwendungsorientierte Einführung. Berlin, Heidelberg: Springer (EMILeA-stat - Medienreihe zur angewandten Statistik).

Wallbank, Chris; Hilderson, Peter; Apted, Jeremy (2006): Assessing the Value of Sustainability. Australia. Herausgegeben von Jones Lang LaSalle. Online verfügbar unter http://www.research.joneslanglasalle.com/download.asp?LanguageID=12&DocumentID=3859, zuletzt geprüft am 25.01.2008.

Walton, Mary (1988): The Deming Management Method. New York, NY: Perigee Books.

Weber, Barbara; Alfen, Wilhelm; Maser, Stefan (2006): Projektfinanzierung und PPP - Praktische Anleitung für PPP und andere Projektfinanzierungen. Stand: 2006. Köln: Bank-Verl.

Wehrspohn, Uwe (2005): Das kanonische Verfahren zur Bestimmung von Ausfallwahrscheinlichkeiten. In: Romeike, Frank (Hg.): Modernes Risikomanagement. Die Markt-, Kredit- und operationellen Risiken zukunftsorientiert steuern. 1. Aufl. Weinheim: Wiley-VCH , S. 85–98.

Wellner, Kristin (2003): Entwicklung eines Immobilien-Portfolio-Management-Systems - Zur Optimierung von Rendite-Risiko-Profilen diversifizierter Immobilien-Portfolios. Norderstedt: Books on Demand.

Wiedenmann, Markus (2005): Risikomanagement bei der Immobilien-Projektentwicklung unter besonderer Berücksichtigung der Risikoanalyse und Risikoquantifizierung. Norderstedt: Books on Demand.

Wikipedia (2009): Wirtschaftsforschungsinstitut: Wikipedia. Die freie Enzyklopädie. Wikimedia Foundation Inc. (San Francisco).

Wilson, Alex (1998): Green development - Integrating ecology and real estate. New York, NY: Wiley (The Wiley series in sustainable design).

Winkler, Frank; Gladis, Katharina (2004): Leerstands-- und Segregationsrisiken in Wohnungsbeständen - Ursachen, Auswirkungen, Handlungsspielräume und mögliche Gegenmaßnahmen. In: Lutz, Ulrich; Klaproth, Thomas (Hg.): Riskmanagement im Immobilienbereich. Technische und wirtschaftliche Risiken. Berlin: Springer (Engineering online library), S. 129–148.

Winter, Peter (2007): Risikocontrolling in Nicht-Finanzunternehmen - Entwicklung einer tragfähigen Risikocontrolling-Konzeption und Vorschlag zur Gestaltung einer Risikorechnung. 1. Aufl. Lohmar, Köln: Eul.

Wippermann, Carsten; Calmbach, Marc; Kleinhückelkotten, Silke (2008): Umweltbewusstsein in Deutschland 2008 - Ergebnisse einer repräsentativen Bevölkerungsumfrage. Bundesministerium für Umwelt, Naturschutz und Reaktorsicherheit (Berlin). (Umweltpolitik). Online verfügbar unter http://www.umweltdaten.de/publikationen/fpdf-l/3678.pdf, zuletzt aktualisiert am 11.12.2008, zuletzt geprüft am 23.10.2009.

Wirsching, Max (22.06.2005): Der demographische Wandel und dessen Auswirkungen auf das Wirtschaftswachstum. KfW Bankengruppe (Frankfurt a. M.). Frankfurt am Main. (Mittelstand- und Strukturpolitik, 32). Online verfügbar unter http://www.kfw.de/DE_Home/Research/Publikatio94/Mittelstan45/Demographi41/Per32_Demographie_und_Wachstum.pdf, zuletzt geprüft am 11.11.2008.

Wirth, Axel (2004): Einführung Architekten- und Ingenieurrecht. In: Korbion, Hermann; Mantscheff, Jack; Vygen, Klaus (Hg.): Honorarordnung für Architekten und Ingenieure (HOAI). Kommentar. 5., neubearb. Aufl. München: Beck Juristischer Verlag.

WoFG: Gesetz über die soziale Wohnraumförderung (Wohnraumförderungsgesetz). Deutscher Bundestag (01.01.2002), vom 13. September 2001 (BGBl. I S. 2376), zuletzt geändert durch Artikel 2 Abs. 13 des Gesetzes vom 5. Dezember 2006 (BGBl. I S. 2748). Online verfügbar unter http://bundesrecht.juris.de/bundesrecht/wofg/gesamt.pdf, zuletzt aktualisiert am 01.01.2002, zuletzt geprüft am 31.07.2008.

Wolf, Klaus (2003): Risikoaggregation anhand der Monte-Carlo-Simulation. In: Controlling, H. 10, S. 565–572.

Wolf, Klaus; Runzheimer, Bodo (2003): Risikomanagement und KonTraG - Konzeption und Implementierung. Wiesbaden: Gabler.

Wolke, Thomas (2008): Risikomanagement. 2., vollst. überarb. und erw. München: Oldenbourg.

Wüstefeld, Hermann (2000): Risiko und Rendite von Immobilieninvestments. Frankfurt am Main: Knapp.

Zimmer, Daniel; Sonneborn, Andrea Maria (2001): § 91 Abs. 2 AktG - Anforderungen und gesetzgeberische Absichten. In: Lange, Knut W.; Wall, Friederike (Hg.): Risikomanagement nach dem KonTraG. Aufgaben und Chancen aus betriebswirtschaftlicher und juristischer Sicht. München: Vahlen, S. 38–59.

Anhang A: Ergebnis der Literaturauswertung

In diesem Anhang ist das Ergebnis der Literaturauswertung, die in Kapitel C eingehend dargestellt wurde, wiedergegeben. Die ersten beiden Spalten der Tabelle geben dabei das ebenfalls in Kapitel C entwickelte System von Risikokategorien wieder. In der vierten Spalte sind die sachlich geordneten Risikobegriffe, wie sie der Literatur entnommen wurden, wiedergegeben. Die übrigen Spalten markieren die einzelnen ausgewerteten Literaturquellen. Ist dort eine Quelle mit „X“ markiert bedeutet dies, dass in dieser Quelle einer oder mehrere der in der vierten Spalte gesammelten Risikobegriffe verwendet wurden. Die Risikobegriffe wurden in der dritten Spalte zu einzelnen Risikoarten zusammengefasst.

Die folgende Abbildung verdeutlicht nochmals den Aufbau der Tabellen.

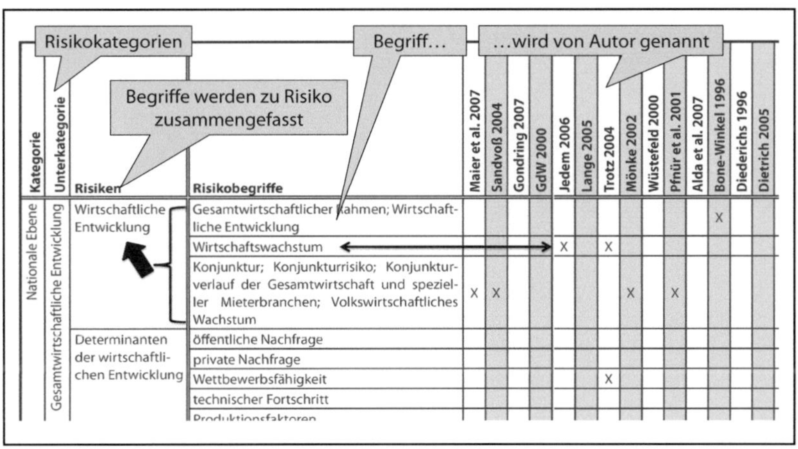

Abb. 34: *Aufbau der Tabellen. (Eigene Darstellung).*

1 Standort- und Marktrisiken

Kategorie	Unterkategorie	Risiken	Risikobegriffe	Maier et al. 2007	Sandvoß 2004	Gondring 2007	GdW 2000
Nationale Ebene	Gesamtwirtschaftliche Entwicklung	Wirtschaftliche Entwicklung	Gesamtwirtschaftlicher Rahmen; Wirtschaftliche Entwicklung				
			Wirtschaftswachstum				
			Konjunktur; Konjunkturrisiko; Konjunkturverlauf der Gesamtwirtschaft und spezieller Mieterbranchen; Volkswirtschaftliches Wachstum	X	X		
		Determinanten der wirtschaftlichen Entwicklung	öffentliche Nachfrage				
			private Nachfrage				
			Wettbewerbsfähigkeit				
			technischer Fortschritt				
			Produktionsfaktoren				
			Produktivitätsveränderungen				
			Arbeitsmarktrisiko	X			
			Beschäftigungsrisiko	X			
			Einkommens- und Kaufkraftentwicklung; Einkommensrisiko	X			
		Preisentwicklung	Preisänderungssrisiko; Preisrisiken	X	X		
			Inflation; Inflationsrate; Inflationsrisiko	X			
			Wechselkursvolatilität				
		Zinsentwicklung	Änderungen im Zinsniveau; Kapitalmarktzinsen; Zinsen; Zinsentwicklung; Zinsniveau				
		Branchenstruktur- und Entwicklung	Entwicklung der Branche; Konjunkturverlauf der Bauwirtschaft				
			Branchenstruktur				
			Risiken aus der Branchenentwicklung				

Bone-Winkel 1994	Wellner 2003	Kook et al. 2003	Gürtler 2007	Lausberg 2001	Jedem 2006	Lange 2005	Trotz 2004	Mönke 2002	Wüstefeld 2000	Pfnür et al. 2001	Alda et al. 2007	Bone-Winkel 1996	Diederichs 1996	Dietrich 2005	Isenhöfer et al. 2000	Muncke 1996	Wiedenmann 2005	Girmscheid et al. 2008a	Girmscheid et al. 2008b	Nemuth 2006	Gondring 2004	Romeike 2005	Schmitz et al. 2006
												X							X				
					X		X																
	X			X				X		X							X				X		
																		X					
																		X					
							X																
																					X		
																					X		
																					X		
	X																						
	X		X	X	X	X	X	X		X		X						X					
							X																
	X			X	X			X		X							X				X		
	X																		X				
							X																
																		X					

Kategorie	Unterkategorie	Risiken	Risikobegriffe	Maier et al. 2007	Sandvoß 2004	Gondring 2007	GdW 2000
Fortsetzung Nationale Ebene	Soziodemographische Entwicklung	Soziodemographische Entwicklung	Demographie; Soziodemographische Rahmenbedingungen; soziodemographisches Risiko	X			
			Strukturwandel				
		Bevölkerungsentwicklung	Bevölkerungsentwicklung; Bevölkerungswachstum			X	
			Einwohnerzahl			X	
		Altersstruktur	Altersstruktur			X	
		Sozialstruktur	Einkommens- und Kaufkraftentwicklung; Einkommensrisiko; Kaufkraft	X			
			Arbeitslosigkeit; Arbeitsmarktrisiko	X			
			Beschäftigungsrisiko	X			
			Qualifikations- und Bildungsstruktur				
		kulturelle Werte	kultureller Wandel				
	Polit., steuerl. und juristische Rahmenbedingungen		Länderrisiko	X			
		Administratives Risiko	Administratives Risiko	X			
		Politisches Risiko; politische Stabilität	Staatliche Maßnahmen				
			Politik; Politische Einflüsse; Politische Risiken (insbes. nach Wahl); Politische Situation und Risiko der politischen instabilität; Politisches Risiko	X	X		
			Gesetze und Verordnungen; Rechtliche Änderungen; Rechtliches Risiko; Zusätzliche Auflagen durch Gesetzesänderungen	X	X		
		Wirtschafts- und Rechtsordnung	Gestaltung der Marktordnung; Wirtschafts- und Rechtsordnung				
		Ordnungspolitisches Risiko	Auflagen (Bsp. Umwelt- oder Arbeitsrecht); Mindeststandards und Auflagen; Ordnungspolitisches Risiko; Politik	X	X	X	
			Ökologische und gesellschaftliche Anforderungen; Umweltschutzauflagen				

Bone-Winkel 1994	Wellner 2003	Kook et al. 2003	Gürtler 2007	Lausberg 2001	Jedem 2006	Lange 2005	Trotz 2004	Mönke 2002	Wüstefeld 2000	Pfnür et al. 2001	Alda et al. 2007	Bone-Winkel 1996	Diederichs 1996	Dietrich 2005	Isenhöfer et al. 2000	Muncke 1996	Wiedenmann 2005	Girmscheid et al. 2008a	Girmscheid et al. 2008b	Nemuth 2006	Gondring 2004	Romeike 2005	Schmitz et al. 2006
					X												X						
																	X						
X					X		X																
					X																		
	X						X																
	X				X		X																
					X																		
																					X		
																					X		
	X								X								X			X			
	X																	X			X		
					X															X			
																					X		
	X															X							

Kategorie	Unterkategorie	Risiken	Risikobegriffe	Maier et al. 2007	Sandvoß 2004	Gondring 2007	GdW 2000
Fortsetzung Nationale Ebene	Fortsetzung Polit., steuerl. und juristische Rahmenbedingungen	Rechtssicherheit	Durchsetzungsmöglichkeit des Rechts; Rechtssicherheit				
			Zivilrecht				
			Schlichtungsmöglichkeiten bei Streitigkeiten zwischen den Vertragspartnern				
		Steuern	Belastungen durch Steuern und Abgaben; Steueränderungsrisiko; Steuerliche Rahmenbedingungen; Steuerliches Risiko; Steuerrecht; Steuerrisiko	X		X	
			Besteuerung; Besteuerungsrisiko; Höhe der Steuern; Steuerzahlungen und -ersparnisse	X			
		Subventionen	Fördermittel am Ort; Subventionen			X	
			Wohngeld				
			Bausparförderung				
		Einkommens- und Kaufkraftentwicklung	Einkommens- und Kaufkraftentwicklung				
		Risiken aus Zollbestimmungen und Import- oder Exportbeschränkungen	Risiken aus Zollbestimmungen und Import- oder Exportbeschränkungen				
			Ein- und Ausfuhrbeschränkungen				
			Zahlungs- und Währungsrisiken				
			Kapitaltransferbeschränkungen				
			Restriktionen auf Immobilienerwerb				
		Politische Stabilität	Streik				
			Korruption				
			Krieg				
		Kulturrisiko	Kulturrisiko; Soziale und kulturelle Risiken	X			
Regionale Ebene	Wirtschaftliches Umfeld	Wirtschaftliche Rahmenbedingungen	Regionales Wirtschaftswachstum; Wirtschaftlicher Erfolg; Wirtschaftskraft				
			Konjunktur; Konjunkturrisiko; Wirtschaftliche Rahmenbedingungen; Wirtschaftsentwicklung	X	X	X	
		Investitionsklima	Wirtschaftsklima Land				
			Investitionsklima; Wirtschaftsklima Stadt				
			technologische Kapazität				

Bone-Winkel 1994	Wellner 2003	Kook et al. 2003	Gürtler 2007	Lausberg 2001	Jedem 2006	Lange 2005	Trotz 2004	Mönke 2002	Wüstefeld 2000	Pfnür et al. 2001	Alda et al. 2007	Bone-Winkel 1996	Diederichs 1996	Dietrich 2005	Isenhöfer et al. 2000	Muncke 1996	Wiedenmann 2005	Girmscheid et al. 2008a	Girmscheid et al. 2008b	Nemuth 2006	Gondring 2004	Romeike 2005	Schmitz et al. 2006
							X					X						X					
									X														
																				X			
			X					X	X	X	X												
										X		X									X		
																X					X		
																					X		
																					X		
	X																						
																				X			
																		X					
																				X			
																		X					
							X																
																		X					
							X																
																		X					
																				X			
							X		X	X													
						X																	
																X							
																X	X						
							X																

Kategorie	Unterkategorie	Risiken	Risikobegriffe	Maier et al. 2007	Sandvoß 2004	Gondring 2007	GdW 2000
Fortsetzung Regionale Ebene	Fortsetzung Wirtschaftliches Umfeld		Umsatz und Steueraufkommen				
		Zentralität	Räumliche Anbindung				
			Infrastrukturelle Zentralität; Zentrumsfunktion			X	
		Image	Image			X	
		Beschäftigungsentwicklung	Beschäftigte; Beschäftigungsentwicklung; Beschäftigungsquote; Beschäftigungsrisiko	X		X	
		Regionale Wirtschaftsstruktur	Strukturelle bzw. sektorale Entwicklung; Voraussichtliche Entwicklung				
			Industrie- /Branchenmix				
			Wirtschaftliche Konzentration				
			Beschäftigte nach Wirtschaftszweigen; Wirtschaftsstruktur				
			Ansiedlung von Großunternehmen			X	
			Regionale Spezialisierungen				
			Aufgabe von Standorten; Künftige Entwicklung der Region				
		Image	Stadt- und Regionalmarketing				
			Image; Image der Stadt; Stadt-/ Regionsimage			X	
	Soziodemographische Entwicklung	Soziodemographische Entwicklung	Regionale Soziodemographika; Soziodemographische Rahmenbedingungen; Soziodemographische Struktur; soziodemographisches Risiko	X			
			Künftige Entwicklung der Region				
		Bevölkerungsentwicklung	Bevölkerung				
			Einwohnerzahl			X	
			Bevölkerungsdichte; Einwohnerdichte				
			Bevölkerungsentwicklung; Bevölkerungswachstum			X	
			Migrationstrends; Wanderungsbewegungen				
		Bevölkerungsstruktur	Bevölkerungsstruktur			X	

Bone-Winkel 1994	Wellner 2003	Kook et al. 2003	Gürtler 2007	Lausberg 2001	Jedem 2006	Lange 2005	Trotz 2004	Mönke 2002	Wüstefeld 2000	Pfnür et al. 2001	Alda et al. 2007	Bone-Winkel 1996	Diederichs 1996	Dietrich 2005	Isenhöfer et al. 2000	Muncke 1996	Wiedenmann 2005	Girmscheid et al. 2008a	Girmscheid et al. 2008b	Nemuth 2006	Gondring 2004	Romeike 2005	Schmitz et al. 2006
																	X						
X																							
X																							
					X	X											X						
X									X														
					X																		
							X																
					X	X			X								X						
X																							
								X													X		
X																							
																X	X						
					X					X							X						
								X															
									X														
					X		X																
X					X	X	X	X									X				X		
																	X				X		
																	X						

Kategorie	Unterkategorie	Risiken	Risikobegriffe	Maier et al. 2007	Sandvoß 2004	Gondring 2007	GdW 2000
Fortsetzung Regionale Ebene	Fortsetzung Soziodemographische Entwicklung	Altersstruktur	Altersstruktur; Altersverteilung- und Entwicklung			X	
		Sozialstruktur	Sozialstruktur				
			Ausländeranteil				
			Arbeitslosenquote; Arbeitslosigkeit; Arbeitsmarkt; Arbeitsmarktrisiko; Arbeitsmarktsituation	X		X	
			Beschäftigte; Beschäftigungsentwicklung; Beschäftigungsquote			X	
			Qualifikation der Arbeitskräfte			X	
			Bildungsniveau; Qualifikations- und Bildungsstruktur				
			Arbeitsplatzangebot				
			Karrieremöglichkeiten				
			Einkommensrisiko; Einkommenstruktur; Erwerbsstruktur; Kaufkraft; Kaufkraftindex	X		X	
			Einkommensentwicklung; Einkommensverhältnisse				
		Pendleraufkommen	Pendleraufkommen				
		Haushaltsstruktur	Haushaltsstruktur; Haushaltstruktur			X	
			Haushaltsgröße				
	Immobilienmarkt	Regionale Marktverhältnisse	Regionale Immobilienmarktverhältnisse				
			Marktliquidität				
		Marktänderung	Marktänderungen; Marktzyklus; Risiko aus Immobilienzyklus				
			Trendveränderung				
			Zeitliche Verzögerung				
			Stärke und Dauer von Marktzyklen				
			Volatilität des Marktes				

Bone-Winkel 1994	Wellner 2003	Kook et al. 2003	Gürtler 2007	Lausberg 2001	Jedem 2006	Lange 2005	Trotz 2004	Mönke 2002	Wüstefeld 2000	Pfnür et al. 2001	Alda et al. 2007	Bone-Winkel 1996	Diederichs 1996	Dietrich 2005	Isenhöfer et al. 2000	Muncke 1996	Wiedenmann 2005	Girmscheid et al. 2008a	Girmscheid et al. 2008b	Nemuth 2006	Gondring 2004	Romeike 2005	Schmitz et al. 2006
					X	X											X						
X									X								X						
																	X						
X					X		X		X							X	X						
					X	X											X						
					X												X						
									X														
																X							
X						X	X																
X						X																	
																	X						
						X																	
								X															
										X													
							X																
									X			X					X						
												X											
																	X						
					X																		
					X																		

Kategorie	Unterkategorie	Risiken	Risikobegriffe	Maier et al. 2007	Sandvoß 2004	Gondring 2007	GdW 2000
Fortsetzung Regionale Ebene	Fortsetzung Immobilienmarkt	Wettbewerbs-situation	Markt- und Wettbewerbssituation für Immobilien und Mietangebote; Marktanteil; Marktpotential und Konkurrenz				
			Erwartungen der Marktteilnehmer				
			Anbieter- und Nachfragerverhalten; Bedarf nachgefragte Flächen; Bedarfsänderung; Flächennachfrage; Nachfragerückgang; potentieller Nachfragebedarf		X	X	
			Nachfrageelastizität				
			Bedrohung durch neue Konkurrenten; Wettbewerbssituation				
			Anbieter- und Nachfragerverhalten; Angebotsentwicklung; Flächen-/Büroangebot; Flächenbestand; verfügbares Flächenangebot; Verfügbares Flächenenagebot			X	
			Angebotselastizität				
			Bauvolumen; geplante Fertigstellungen; Neufertigstellungen			X	
			Grad der Marktanspannung; Marktanspannung				
			Leerstand; Leerstandrisiko; Leerstandsquote			X	
			Verhältnis Leerstand-Vermietungsleistungen				
		Miet- und Preisentwicklung; Preisrigidität	Flächen-/Mietkosten; Miet- und Kaufpreisniveau; Miet- und Preisniveau; Mietniveau; Mietpreisverfall			X	
			Miet- und Preisentwicklung; Preisrigidität				
		Wettbewerbs-fähigkeit	Risiken in Bezug auf die eigene Wettbewerbsfähigkeit				
			Entwicklungsrisiko; Entwicklungsrisiko / Marktrisiko; Intransparenz; Markt; Markttransparenzrisiko	X			
		Standortrisiko	Standortrisiko	X			
		Portfoliorisiken	Portfoliorisiken				
			Lage der Bestände; Regionalität		X		X
			Nutzungsart				

Bone-Winkel 1994	Wellner 2003	Kook et al. 2003	Gürtler 2007	Lausberg 2001	Jedem 2006	Lange 2005	Trotz 2004	Mönke 2002	Wüstefeld 2000	Pfnür et al. 2001	Alda et al. 2007	Bone-Winkel 1996	Diederichs 1996	Dietrich 2005	Isenhöfer et al. 2000	Muncke 1996	Wiedenmann 2005	Girmscheid et al. 2008a	Girmscheid et al. 2008b	Nemuth 2006	Gondring 2004	Romeike 2005	Schmitz et al. 2006
						X			X										X				
																					X		
	X			X	X							X											
					X																		
					X																		X
	X			X	X	X										X							
					X																		
				X		X																	
					X		X																
	X				X																		
					X																		
	X						X	X								X							
							X										X						
																			X				
											X		X	X	X		X						
									X														
						X																	
						X																	
						X																	

Kategorie	Unterkategorie	Risiken	Risikobegriffe	Maier et al. 2007	Sandvoß 2004	Gondring 2007	GdW 2000
Fortsetzung Regionale Ebene	Fortsetzung Immobilienmarkt	Bodenverfügbarkeit	Verfügbarkeitsfaktoren; vorhandener Boden				
			Raumkapazitäten				
		Ökologische und gesellschaftliche Anforderungen	Ökologische und gesellschaftliche Anforderungen				
		Kostenentwicklung	Beschaffungs- und Absatzmärkte				
			Baukosten; Baukostenentwicklung; Regionaler Baumarkt; Verhandlungsstärke der Lieferanten				
	Politische und rechtliche Risiken	Kommunalpolitische Risiken	Kommunalpolitische Gegebenheiten; Politische Risiken (insbes. nach Wahl); Politische Situation				
		Planungsvorgaben	Planungsvorgaben				
			Auflagen (Bsp. Umwelt- oder Arbeitsrecht); Ökologische und gesellschaftliche Anforderungen; Umweltschutzauflagen			X	
		Rechtssicherheit	Rechtliche Änderungen; Zusätzliche Auflagen durch Gesetzesänderungen				
		Steuern	Belastungen durch Steuern und Abgaben ; Besteuerungsrisiko; Lokale Abgaben; Steuergesetzgebung; Steuerliche Situation	X		X	
		Subventionen	Fördermittel am Ort; Subjekt- und Objektförderung; Subventionen			X	
		Administratives Risiko	Administratives Risiko	X			
		Öffentliches Baurecht	Abhängigkeiten von Genehmigungsverfahren; Genehmigungsgebahren; Genehmigungspraxis				
			Baurecht; Öffentliches Baurecht			X	
		Raumordnungspolitik	Landesentwicklungsplan, Flächennutzungsplan; Raumordnungspolitik; Stadtentwicklungspolitik				
			Räumliche Situation				

Bone-Winkel 1994	Wellner 2003	Kook et al. 2003	Gürtler 2007	Lausberg 2001	Jedem 2006	Lange 2005	Trotz 2004	Mönke 2002	Wüstefeld 2000	Pfnür et al. 2001	Alda et al. 2007	Bone-Winkel 1996	Diederichs 1996	Dietrich 2005	Isenhöfer et al. 2000	Muncke 1996	Wiedenmann 2005	Girmscheid et al. 2008a	Girmscheid et al. 2008b	Nemuth 2006	Gondring 2004	Romeike 2005	Schmitz et al. 2006
					X																X		
																					X		
	X																						
									X														
						X		X						X									X
	X					X											X						
														X									
	X								X							X							
	X																		X				
					X											X	X						
					X											X							
						X											X						X
					X																		
X						X			X														
									X														

Kategorie	Unterkategorie	Risiken	Risikobegriffe	Maier et al. 2007	Sandvoß 2004	Gondring 2007	GdW 2000
Fortsetzung Regionale Ebene	Fortsetzung Politische und rechtliche Risiken	Stadtstruktur und -entwicklung	Stadtstruktur / -entwicklung				
			Infrastrukturelle Zentralität; Regionale Infrastruktur; Zentralörtlichkeit; Zentrumsfunktion			X	
			Bildungsangebot				
			Kultur- und Freizeitangebot				
			Kultur- und Freizeiteinrichtungen				
			Öffentliche Einrichtungen; Staatliche Einrichtungen			X	
			Hochschulen / Forschung				
			Überregionale Verkehrsstruktur				
			Flughafen / Hafen				
			Bahn-Anbindung				
			Fernstraßennetz				
			Innerstädtisches Straßennetz				
			ÖPNV-Netz				
		Image	Stadt- und Regionalmarketing				
			Image; Image der Stadt; Stadt-/ Regionsimage			X	
			Branchenkontakte				
	Standort	Räumliche Situation	Räumliche Situation				
		Image (Stadt / Region)	Reiz der Region				
			Image; Image der Stadt; Stadt-/ Regionsimage			X	
		Raumordnungspolitik	Landesentwicklungsplan, Flächennutzungsplan; Raumordnungspolitik; Stadtentwicklungspolitik				
			Infrastrukturelle Zentralität; Regionale Infrastruktur; Zentralörtlichkeit; Zentrumsfunktion			X	

Bone-Winkel 1994		X						X										X	X		
Wellner 2003																					
Kook et al. 2003																					
Gürtler 2007																					
Lausberg 2001																					
Jedem 2006																					
Lange 2005	X	X																		X	
Trotz 2004																					
Mönke 2002																					
Wüstefeld 2000		X			X									X							
Pfnür et al. 2001	X																			X	
Alda et al. 2007																					
Bone-Winkel 1996																					
Diederichs 1996																					
Dietrich 2005																					
Isenhöfer et al. 2000																					
Muncke 1996			X	X		X	X								X						
Wiedenmann 2005	X		X				X		X	X	X	X	X			X	X			X	X
Girmscheid et al. 2008a																					
Girmscheid et al. 2008b																					
Nemuth 2006																					
Gondring 2004																					
Romeike 2005																					
Schmitz et al. 2006																					

Kategorie	Unterkategorie	Risiken	Risikobegriffe	Maier et al. 2007	Sandvoß 2004	Gondring 2007	GdW 2000
Fortsetzung Regionale Ebene	Fortsetzung Standort	Infrastruktur	Öffentliche Einrichtungen; Staatliche Einrichtungen			X	
			Bildungsangebot				
			Hochschulen / Forschung				
			Kultur- und Freizeiteinrichtungen				
			Kultur- und Freizeitangebot				
			Überregionale Verkehrsstruktur				
			Flughafen / Hafen				
			Bahn-Anbindung				
			Fernstraßennetz				
			Innerstädtisches Straßennetz				
			ÖPNV-Netz				
		Wohnqualität	Wohnqualität				
		Stadtstruktur / -entwicklung	Stadtstruktur / -entwicklung				
			Branchenkontakte				
	Großschadensereignisse	Naturgefahren	Höhere Gewalt (Erdbeben, Überschwemmung); Naturgefahren; Naturrisiko; Risiken aus höherer Gewalt; Risiken aus Katastrophen; Umweltrisiko	X			
		Man-Made-Großschäden	Man-Made-Großschäden				
		Risiko des zufälligen Untergangs /Beschädigung	Risiko des zufälligen Untergangs; Untergang des Objekts	X			
			Betriebsunterbrechungsrisiko; Risiken aus Schlechtwetter				
		Emissionen / Immissionen	Immissionen				
			CO2-Emissionen				
			Schwebestaubemissionen				
		Altlasten	Altlasten; Kontamination des Baugrunds				

Bone-Winkel 1994	Wellner 2003	Kook et al. 2003	Gürtler 2007	Lausberg 2001	Jedem 2006	Lange 2005	Trotz 2004	Mönke 2002	Wüstefeld 2000	Pfnür et al. 2001	Alda et al. 2007	Bone-Winkel 1996	Diederichs 1996	Dietrich 2005	Isenhöfer et al. 2000	Muncke 1996	Wiedenmann 2005	Girmscheid et al. 2008a	Girmscheid et al. 2008b	Nemuth 2006	Gondring 2004	Romeike 2005	Schmitz et al. 2006
																	X						
X																							
																X							
																	X						
X																							
									X														
																	X						
																	X						
																	X						
																	X						
																	X						
X																							
																	X						
																X							
			X				X											X		X			X
							X																
	X																						
																		X					X
		X																					
							X																
							X																
									X									X					

Kategorie	Unterkategorie	Risiken	Risikobegriffe	Maier et al. 2007	Sandvoß 2004	Gondring 2007	GdW 2000
Standort	Immobilienmarkt	Lokale Marktverhältnisse	Entwicklungsrisiko; Entwicklungsrisiko / Marktrisiko; Markt; Marktrisiko				
			Lokale Markteintrittsbarrieren				
			Marktliquidität				
			Marktänderungen; Marktgröße				
		Wettbewerbssituation	Qualitative und quantitative Angebots- und Nachfragesituation				
			Anbieter- und Nachfragerverhalten in der Gemeinde; Bedarf nachgefragte Flächen; Flächenbedarfsentwicklung; Flächennachfrage; Nachfragerückgang		X	X	
			Anzahl und Struktur aktueller und potentieller Mieter				
			Verhandlungsstärke und Nachfrageverhalten aktueller und potentieller Mieter				
			Marktmacht der Marktteilnehmer; Verhandlungsstärke der Anbieter von Immobilien; Verhandlungsstärke von Lieferanten				
			Anbieter- und Nachfragerverhalten in der Gemeinde; Marktmacht der Marktteilnehmer; Psychologische Faktoren; Wettbewerbsverhalten etablierter Investoren				
			Verhandlungsmacht der Abnehmer				
			Bedrohung durch neue Konkurrenten; Direkte Konkurrenzobjekte; Konkurrenz; Konkurrierende Objekte (in Realisierung oder Planung); relevante Konkurrenzobjekte		X	X	
			Bauvolumen; geplante Fertigstellungen; Neufertigstellungen; Projektierte Flächen und Bauvolumen			X	
			Flächenbestand; verfügbares Flächenangebot			X	
			Angebotsüberschuß; Leerstände; Leerstandrisiko in der Gemeinde; Leerstandsquote		X	X	
			Grad der Marktanspannung				

Bone-Winkel 1994	Wellner 2003	Kook et al. 2003	Gürtler 2007	Lausberg 2001	Jedem 2006	Lange 2005	Trotz 2004	Mönke 2002	Wüstefeld 2000	Pfnür et al. 2001	Alda et al. 2007	Bone-Winkel 1996	Diederichs 1996	Dietrich 2005	Isenhöfer et al. 2000	Muncke 1996	Wiedenmann 2005	Girmscheid et al. 2008a	Girmscheid et al. 2008b	Nemuth 2006	Gondring 2004	Romeike 2005	Schmitz et al. 2006
											X	X	X	X	X								
X																							
							X																
X									X														
						X																	
X	X			X																			
X																							
X																							
X						X																	X
X	X					X											X						
																							X
X								X															X
X				X		X																	
				X																			
X	X																						
							X																

Kategorie	Unterkategorie	Risiken	Risikobegriffe	Maier et al. 2007	Sandvoß 2004	Gondring 2007	GdW 2000
Fortsetzung Standort	Fortsetzung Immobilienmarkt	Miet- und Preisentwicklung	Miet- und Preisniveau; Mietniveau; Mietpreisniveau; Nivellierung des Mietniveaus nach Nutzungsformen und Standorten			X	
			Miet- und Preisentwicklung; Preisrigidität				
			Nachhaltigkeit des Preis-Leistungsverhältnisses				
			Preispolitischer Spielraum				
			Kaufpreisniveau				
			Wertentwicklungspotential; Wertsteigerungspotential				
		Markttransparenz	Intransparenz; Markttransparenz; Markttransparenzrisiko	X			
		Nutzeranforderungen	Eignung des Mikrostandorts für Objektart und Nutzerzielgruppe; Standortpräferenzen				
			Ansprüche an Immobilienobjekte; Eignung des Mikrostandorts für Objektart und Nutzerzielgruppe				
		Funktionale Substitutionskonkurrenz durch Eigennutzung	Funktionale Substitutionskonkurrenz durch Eigennutzung				
		Umfeldbeurteilung	Umfeldbeurteilung		X		
		Lage der Bestände	Lage der Bestände		X		X
		Bodenverfügbarkeit	Baulandpreise; Bodenkosten				
			Raumkapazitäten				
		Baukostenentwicklung	Verhandlungsstärke von Lieferanten; Wettbewerbssituation				
			Baukosten; Baukostenentwicklung; Regionaler Baumarkt; Verhandlungsstärke von Lieferanten				
		Allgemeine Renditeentwicklung	Allgemeine Renditeentwicklung				

Bone-Winkel 1994	Wellner 2003	Kook et al. 2003	Gürtler 2007	Lausberg 2001	Jedem 2006	Lange 2005	Trotz 2004	Mönke 2002	Wüstefeld 2000	Pfnür et al. 2001	Alda et al. 2007	Bone-Winkel 1996	Diederichs 1996	Dietrich 2005	Isenhöfer et al. 2000	Muncke 1996	Wiedenmann 2005	Girmscheid et al. 2008a	Girmscheid et al. 2008b	Nemuth 2006	Gondring 2004	Romeike 2005	Schmitz et al. 2006
X						X	X	X															
							X										X						
						X																	
X																							
						X		X															
X						X																	
X																	X						
X							X																
X							X																
X																							
X						X		X															
																					X		
														X									X
						X		X						X									X
X																							

Kategorie	Unterkategorie	Risiken	Risikobegriffe	Maier et al. 2007	Sandvoß 2004	Gondring 2007	GdW 2000
Fortsetzung Standort	Standortrisiken	Standort	Lage (Qualität Mikro-/Makrostandort); Lagefaktoren; Standort; Standortqualität zum Erwerbs- oder Erstellungstermin; Standortrisiko	X			
		Image	Image; Image Betriebsstandort; Image des Quartiers und der Adresse; Image des Standortes; Imagefaktoren; Nachbarschaft			X	
		Zentralität	Stadt- und Zentrumsfunktion				
			Stadtgeographische Spezialisierungen				
			Nähe zum Unternehmen				
			Nähe Absatzmärkte				
		Umfeld	Charakteristik Umfeld; Grundstücksumfeld / Nachbarschaft; Umfeld; Umfeld / Einzugsbereich; Umgebung; Wohnumfeld				
			„Adresse“; Adresse, Attraktivität				
			Bebauung, Baustruktur; Bebauung; Nachbarbebauung und -entwicklung; Nachbarschaftsbebauung und -Nutzung			X	
			Reiz der Stadt				
			Grundstückslage; Lage (Umgebungsstruktur); Umgebung			X	
			Sichtanbindung, Ausblick				
			Branchenmix; Nutzungssektor Umfeld			X	
			Aufenthaltsqualität				
			Grünanteil, Sauberkeit				
			Wohnen und Wohnumfeld				
			Agglomerationseffekte; Integrationsgrad vor- und nachgelagerter Funktionen; Synergien und Agglomerationseffekte			X	

Bone-Winkel 1994	**Wellner 2003**	**Kook et al. 2003**	**Gürtler 2007**	**Lausberg 2001**	**Jedem 2006**	**Lange 2005**	**Trotz 2004**	**Mönke 2002**	**Wüstefeld 2000**	**Pfnür et al. 2001**	**Alda et al. 2007**	**Bone-Winkel 1996**	**Diederichs 1996**	**Dietrich 2005**	**Isenhöfer et al. 2000**	**Muncke 1996**	**Wiedenmann 2005**	**Girmscheid et al. 2008a**	**Girmscheid et al. 2008b**	**Nemuth 2006**	**Gondring 2004**	**Romeike 2005**	**Schmitz et al. 2006**
	X			X	X				X	X	X	X	X	X									
X		X			X		X									X	X						
X																							
X																							
																X							
																X							
X		X			X				X					X			X						
X																	X						
	X	X															X						
																X							
									X					X									
																	X						
																	X						
																	X						
																	X						
																X							
X																	X						

Kategorie	Unterkategorie	Risiken	Risikobegriffe	Maier et al. 2007	Sandvoß 2004	Gondring 2007	GdW 2000
Fortsetzung Standort	Fortsetzung Standortrisiken	Physische Grundstücksbeschaffenheit	Bebaubarkeit			X	
			Grundstück; Grundstücksbeschaffenheit; Grundstückssituation; Physische Grundstücksbeschaffenheit; Topographie; Topographie Boden			X	
			Integrierte / Solitäre Lage				
			Größe, Zuschnitt; Grundstückszuschnitt; Zuschnitt			X	
		Infrastrukturangebot	Infrastruktur; Infrastruktur am Standort; Infrastruktur hinsichtlich Versorgungseinrichtungen; Infrastruktur, Gastronomie; Nahversorgungsattraktivität; Qualität der Nahversorgung von Grundstück und Quartier für die Nutzerzielgruppe; Umfang der Versorgungseinrichtungen für Haushalt und Gewerbebedarf			X	
			Zentrale Einrichtungen				
			Anzahl von Einrichtung für Bildung, Sport, Freizeit und Erholung				
			Schulen, Ausbildung				
			Freizeitmöglichkeiten; Freizeitwert				
			Hochkultur				
			Kleinkultur				

Bone-Winkel 1994	Wellner 2003	Kook et al. 2003	Gürtler 2007	Lausberg 2001	Jedem 2006	Lange 2005	Trotz 2004	Mönke 2002	Wüstefeld 2000	Pfnür et al. 2001	Alda et al. 2007	Bone-Winkel 1996	Diederichs 1996	Dietrich 2005	Isenhöfer et al. 2000	Muncke 1996	Wiedenmann 2005	Girmscheid et al. 2008a	Girmscheid et al. 2008b	Nemuth 2006	Gondring 2004	Romeike 2005	Schmitz et al. 2006
X							X		X					X			X						
																	X						
									X								X						
	X	X			X	X	X		X								X						
																	X						
									X														
																X							
																X	X						
																X							
																X							

Kategorie	Unterkategorie	Risiken	Risikobegriffe	Maier et al. 2007	Sandvoß 2004	Gondring 2007	GdW 2000
Fortsetzung Standort	Fortsetzung Standortrisiken	Verkehrsanbindung	Infrastruktur; Infrastruktur hinsichtlich Verkehrsanbindung; Qualität der Verkehrsanbindung von Grundstück und Quartier; Verkehrsanbindung; Verkehrserschließung			X	
			Anbindung des Grundstücks im regionalen Straßenverkehrsnetz; Infrastruktur; Verkehrsanbindung; Verkehrsinfrastruktur				
			Straßenprofil / Anbindung				
			Verkehrsfrequenz				
			Passantenfrequenz				
			Zugänglichkeit / Anfahrbarkeit				
			Parkmöglichkeiten; Parksituation Umfeld				
			Anbindung an öffentliche Verkehrsmittel; Entfernung / Umfeld ÖPNV				
			Entfernung Flughafen, Bahnhof				
		Technische Ver- und Entsorgung	Technische Ver- und Entsorgung				
	rechtliche und politische Risiken	Lokalpolitisches Risiko	Politik; Politisches Risiko	X	X		
		Administratives Risiko	Struktur und Effizienz der Kommunalverwaltung				
			Administratives Risiko	X			
			Wirtschaftsklima Land				
			Wirtschaftsklima Stadt				
		Öffentliches Baurecht	Planungsvorgaben				
			Bauordnungsrecht; Baurecht			X	
			Denkmalschutz			X	
			Bauleitplanung; Bauplanungsrecht (F-Plan und B-Plan); Baurecht			X	
			B-Plan, Geschosse, Traufhöhe				
			Architektonische Vorgaben				
		Stadtentwicklungspolitik	Stadtentwicklungspolitik				
			Städtebauliche Entwicklung				
			Kommunale Flächenausweisung, Bodenpolitik				

Bone-Winkel 1994	Wellner 2003	Kook et al. 2003	Gürtler 2007	Lausberg 2001	Jedem 2006	Lange 2005	Trotz 2004	Mönke 2002	Wüstefeld 2000	Pfnür et al. 2001	Alda et al. 2007	Bone-Winkel 1996	Diederichs 1996	Dietrich 2005	Isenhöfer et al. 2000	Muncke 1996	Wiedenmann 2005	Girmscheid et al. 2008a	Girmscheid et al. 2008b	Nemuth 2006	Gondring 2004	Romeike 2005	Schmitz et al. 2006
X		X			X	X	X									X							
X		X				X	X		X														
																	X						
																	X						
																	X						
																	X						
		X															X						
									X								X						
																	X						
																	X						
X																							
																X							
																X							
														X									
					X																		
X					X																		
																	X						
																	X						
X																							
X																							
X																							

Kategorie	Unterkategorie	Risiken	Risikobegriffe	Maier et al. 2007	Sandvoß 2004	Gondring 2007	GdW 2000
Fortsetzung Standort	Fortsetzung rechtl. u. pol. Risiken	Steuern	Besteuerungsrisiko; Lokale Abgaben; Steuergesetzgebung	X			
		Subventionen	Fördermittel am Ort				
			verbilligtes Bauland (Gemeinden)				
		Infrastrukturangebot	Infrastruktur; Verkehrsanbindung; Verkehrserschließung; zukünftige Entwicklung der Anbindung des Grundstücks im regionalen Straßenverkehrsnetz			X	
			Infrastruktur; Verkehrsanbindung				
			Parkmöglichkeiten				
			Umfeldbeurteilung		X		
			Nahversorgungsattraktivität			X	
			Staatliches Angebot				
	soziale Risiken	Nachbarschaft	Nachbarschaft; Umfeld / Einzugsbereich; Umfeldbeurteilung; Wohnbevölkerung Einzugsgebiet		X		
		Altersstruktur	Altersstruktur der Mieter; Altersverteilung		X		
		Sozialstruktur	Sozialstruktur				
			Einkommen, Kaufkraftniveau				
			Ausländeranteil				
		Problemgruppen	Belegungsstruktur der Bestände nach Problemgruppen; Nachbarschaft; Randgruppen		X		
	Ökologische Risiken	Umweltqualität	Naturrisiko; Umweltqualität; Umweltrisiko	X			
			Immissionen; Umweltbelastungen; Umwelteinflüsse / Immissionen; Umweltrisiko; Umweltverschmutzung	X	X		
			Umfeldbeurteilung		X		
			Freizeitwert				
			Grünanteil, Sauberkeit				
		Immissionen	Imissionsbeeinträchtigung durch Lärm, Geruch und sonst. Immissionen				
		Altlasten	Kontamination des Baugrunds; ökologische Altlasten; Schadstoffbelastung				

Bone-Winkel 1994	Wellner 2003	Kook et al. 2003	Gürtler 2007	Lausberg 2001	Jedem 2006	Lange 2005	Trotz 2004	Mönke 2002	Wüstefeld 2000	Pfnür et al. 2001	Alda et al. 2007	Bone-Winkel 1996	Diederichs 1996	Dietrich 2005	Isenhöfer et al. 2000	Muncke 1996	Wiedenmann 2005	Girmscheid et al. 2008a	Girmscheid et al. 2008b	Nemuth 2006	Gondring 2004	Romeike 2005	Schmitz et al. 2006
					X											X							
																X							
																					X		
X		X			X				X														
X		X																					
		X																					
																					X		
		X			X												X						
																	X						
																	X						
																	X						
																	X						
		X															X						
			X									X				X							
		X			X													X					
																X							
																	X						
							X																
							X											X		X			

Kategorie	Unterkategorie	Risiken	Risikobegriffe	Maier et al. 2007	Sandvoß 2004	Gondring 2007	GdW 2000
Fortsetzung Standort	Großschadensereignisse	Naturkatastrophen	Naturrisiko	X			
			Höhere Gewalt (Erdbeben, Überschwemmung); Naturkatastrophen; Risiken aus höherer Gewalt				
			Umfeldbeurteilung		X		
			Höhere Gewalt				
		Man-Made-Großschäden	Gefährdung durch technische Katastrophen				
		Kriminalität	Allgemeine Gewalteinwirkungen (Kriminalität, Terrorgefahr)				
		Risiko des zufälligen Untergangs /Beschädigung	Untergang des Objekts				

Bone-Winkel 1994	Wellner 2003	Kook et al. 2003	Gürtler 2007	Lausberg 2001	Jedem 2006	Lange 2005	Trotz 2004	Mönke 2002	Wüstefeld 2000	Pfnür et al. 2001	Alda et al. 2007	Bone-Winkel 1996	Diederichs 1996	Dietrich 2005	Isenhöfer et al. 2000	Muncke 1996	Wiedenmann 2005	Girmscheid et al. 2008a	Girmscheid et al. 2008b	Nemuth 2006	Gondring 2004	Romeike 2005	Schmitz et al. 2006
							X											X		X			
							X																
							X																
							X																
	X																						

2 Objektrisiken (Nutzungsphase)

Kategorie	Unterkategorie	Risiken	Risikobegriffe	Maier et al. 2007	Sandvoß 2004	Gondring 2007	GdW 2000
In Nutzung	Gebäudesubstanz	Bausubstanz; Ausstattung	Bauqualität; Bausubstanz; Bausubstanz/-technik; Bausubstanzrisiko; Bauweise; Gebäudesubstanz; Qualität Objekt; Substanzrisiko	X			
			Objektrisiko	X			
			Langfristige Werthaltigkeit				
			Alter; Objektzustand				
			Instandhaltung; Instandhaltungsstau		X		X
			Zeitraum seit der letzten Modernisierung				
			Redevelopmentbedarf				
			Erscheinungsbild				
			Baumängel; Funktionsfähigkeit				
			Funktionsfähigkeit				
			Dach; Fenster / Türen; Fassade; Treppenhaus; Balkon; Heizung; Bad				
			Parkmöglichkeiten; Parkplatzsituation			X	
		Risiko des zufälligen Untergangs /Beschädigung	Risiko des zufälligen Untergangs; Untergang des Objekts	X			
		Nutzungs- bzw. Mieteradäquanz	Mieteradäquanz; Nutzungs- bzw. Mieteradäquanz				
			Kundenzufriedenheit, Loyalität; Mieterzufriedenheit		X		
		Lageadäquanz	Lageadäquanz				
		Technologische Überalterung	Technologische Adäquanz; Technologische Neuerungen; Überalterungsrisiko				
		Flexibilität	Reserveflächen / Expansionsfähigkeit				
		Risiko des zufälligen Untergangs	Risiko des zufälligen Untergangs; Untergang des Objekts	X			

Bone-Winkel 1994	Wellner 2003	Kook et al. 2003	Gürtler 2007	Lausberg 2001	Jedem 2006	Lange 2005	Trotz 2004	Mönke 2002	Wüstefeld 2000	Pfnür et al. 2001	Alda et al. 2007	Bone-Winkel 1996	Diederichs 1996	Dietrich 2005	Isenhöfer et al. 2000	Muncke 1996	Wiedenmann 2005	Girmscheid et al. 2008a	Girmscheid et al. 2008b	Nemuth 2006	Gondring 2004	Romeike 2005	Schmitz et al. 2006
	X			X	X		X		X	X							X						
X																							
						X	X																
				X																			
						X																	
X																							
										X													
			X									X											
	X																						
		X																					
		X																					
	X																						
X						X																	
																		X					
X																							
X	X		X																				
X																							
	X																						

Kategorie	Unterkategorie	Risiken	Risikobegriffe	Maier et al. 2007	Sandvoß 2004	Gondring 2007	GdW 2000
Fortsetzung in Nutzung	Ökologische Risiken	Umweltrisiken	Umweltrisiken				
			Ökologie; Umwelteinflüsse aus dem Objekt				
			Umweltbelastungen		X		
		Immissionen	Imissionsbeeinträchtigung durch Lärm, Geruch und sonst. Immissionen				
		Altlasten	Kontamination des Baugrunds; ökologische Altlasten; Schadstoffbelastung				
	Mietwert	Vermietungsrisiko	Vermietungsrisiko				
			Anschlussvermietung; Vermietungsrisiko; Wiedervermietbarkeit / Marktgängigkeit		X		
			Prestige / Standing				
			Langfristige Werthaltigkeit				
			Cash Flow				
			Ertragslage; Ertragsrisiko; Nachhaltigkeit der Mieterträge; Volatilität und Risiko	X	X	X	
			Vermietungssituation				
		Mietpotential; aktuelle Miethöhe	Erzielbare Miete; Mieteinnahmen; Miethöhe; Mietpreise; Mietzins				
			Gesamtkapitalrentabilität; Performancerisiko; Renditerisiko		X		
			Mietpotential; Preisfindung; Unternehmensspezifische Mietpreisgestaltung		X	X	X
			Mietentwicklung		X		
			Art der Mietzinsanpassung			X	
			Mietdauer				
			Headlines und Incentives				
			Mietkonzessionen				
			Vorvermietungsrisiko				
			Mietgarantien				
			Bestehende Mietsteigerungspotentiale; Mietsteigerungspotential			X	
			Entwicklungsfähigkeit (Indexierung, Umsatzbeteiligung, Anschlußvermietung)				

Bone-Winkel 1994	Wellner 2003	Kook et al. 2003	Gürtler 2007	Lausberg 2001	Jedem 2006	Lange 2005	Trotz 2004	Mönke 2002	Wüstefeld 2000	Pfnür et al. 2001	Alda et al. 2007	Bone-Winkel 1996	Diederichs 1996	Dietrich 2005	Isenhöfer et al. 2000	Muncke 1996	Wiedenmann 2005	Girmscheid et al. 2008a	Girmscheid et al. 2008b	Nemuth 2006	Gondring 2004	Romeike 2005	Schmitz et al. 2006
																							X
							X							X									
							X																
							X											X		X			
																	X						
							X					X											
X																							
X																							
X						X																	
X						X																	
					X																		
		X		X					X	X							X						
						X			X														
									X														
									X														
				X																			
																	X						
				X																			
							X																
X																							

Kategorie	**Unterkategorie**	**Risiken**	**Risikobegriffe**	**Maier et al. 2007**	**Sandvoß 2004**	**Gondring 2007**	**GdW 2000**
Fortsetzung in Nutzung	Fortsetzung Mietwert	Leerstand	Leerstand; Leerstand am Stichtag; Leerstandsrisiko; Vermietungsrisiko (Leerstand); Vermietungsstand		X	X	X
			Vermietungssituation; Vermietungsstand				
			Durchschnittliche Leerstandsdauer				
		Mieterzufriedenheit	Kundenzufriedenheit, Loyalität; Mieterzufriedenheit		X		
			Fluktuation		X	X	
		Mietermix; Problemgruppen	Anfänglicher Mietermix; Mietermix			X	
			Belegungsstruktur der Bestände nach Problemgruppen		X		X
			Mieterklima; Nachbarschaft			X	
			Altersstruktur der Mieter		X	X	X
			Sozialstruktur der Mieter			X	
			Branchen, Größen und Flächenmix				
		Marktanteil	Marktanteil am Standort				
			Marktanteil am Gesamtbestand				
	Bewirtschaftungskosten	Bewirtschaftungskostenrisiko	Ertragslage; Ertragsrisiko; Volatilität und Risiko	X	X		
			Rendite				
			Gesamtkapitalrentabilität; Performancerisiko; Renditerisiko; Volatilität und Risiko		X		
			Cash Flow				
		Mietausfall	Mieterausfälle				
			Mietausfälle; Mietausfallrisiko				
			Mietrückstände		X		X
		Mieterbonität	Bonität; Bonität der Mieter; Mieterbonität; Objektspezifische Mieterbonität; Schuldnerausfallrisiko; Vermietungsrisiko (Mieterbonität)		X	X	
			Erlösschmälerung		X		X
		Fluktuation	Fluktuation		X	X	X

Bone-Winkel 1994	Wellner 2003	Kook et al. 2003	Gürtler 2007	Lausberg 2001	Jedem 2006	Lange 2005	Trotz 2004	Mönke 2002	Wüstefeld 2000	Pfnür et al. 2001	Alda et al. 2007	Bone-Winkel 1996	Diederichs 1996	Dietrich 2005	Isenhöfer et al. 2000	Muncke 1996	Wiedenmann 2005	Girmscheid et al. 2008a	Girmscheid et al. 2008b	Nemuth 2006	Gondring 2004	Romeike 2005	Schmitz et al. 2006
	X	X				X	X		X		X												
					X		X																
		X																					
																		X					
										X							X						
		X																					
X																							
X																							
X																							
X						X																	
						X																	
X						X			X														
X																							
				X																			
				X					X														
X	X			X						X	X	X					X						

Kategorie	Unterkategorie	Risiken	Risikobegriffe	Maier et al. 2007	Sandvoß 2004	Gondring 2007	GdW 2000
Fortsetzung in Nutzung	Fortsetzung Bewirtschaftungskosten	Bewirtschaftungskosten (umlagefähig / nicht umlagefähig); Instandhaltungskosten	Betriebs- und Instandhaltungskostenrisiko; Bewirtschaftungs- und Instandhaltungsaufwand; Instandhaltung; Instandhaltungskosten				
			Bewirtschaftungskosten; Nicht umlagefähige Betriebskosten; Nicht umlagefähige Bewirtschaftungskosten				
			Analyse der Betriebskosten; Betriebs- und Instandhaltungskostenrisiko; Betriebs- und sonstige Kosten; Betriebskostenentwicklung		X		X
			Bewirtschaftungskosten; Umlagefähige Bewirtschaftungskosten; Umlagefähige Nebenkosten			X	
			Bewirtschaftungseffizienz; Bewirtschaftungskostenquote			X	
			Reinigung			X	
			Strom- und Wasserversorgung			X	
			Winterdienst			X	
			Sicherheitsdienst			X	
			Abfallentsorgung			X	
			Wartungsverträge für TGA			X	
			Versicherungen			X	
			Analyse der Betriebskosten; Kostenstrukturrisiko		X		X
			Objekteffizienz				
		Qualität / Effizienz des Objektmanagements	Exogene vs. interne Managementausführung; Managementrisiko; Objektmanagement; Qualität des Immobilienmanagements; Verwaltung			X	
			Kaufmännische Verwaltung; Verwaltung			X	
			Facility Management				
			Ressourcenbindung				
			Objektspezifische Vertragsgestaltung				
			Sach- und Preisgefahr				

Bone-Winkel 1994	Wellner 2003	Kook et al. 2003	Gürtler 2007	Lausberg 2001	Jedem 2006	Lange 2005	Trotz 2004	Mönke 2002	Wüstefeld 2000	Pfnür et al. 2001	Alda et al. 2007	Bone-Winkel 1996	Diederichs 1996	Dietrich 2005	Isenhöfer et al. 2000	Muncke 1996	Wiedenmann 2005	Girmscheid et al. 2008a	Girmscheid et al. 2008b	Nemuth 2006	Gondring 2004	Romeike 2005	Schmitz et al. 2006
X	X		X	X						X													
	X						X			X													
			X	X																			
	X						X																
						X																	
					X																		
X	X					X				X													
	X																						
																	X						
X																							
										X													
			X																				

Kategorie	Unterkategorie	Risiken	Risikobegriffe	Maier et al. 2007	Sandvoß 2004	Gondring 2007	GdW 2000
Fortsetzung in Nutzung	Wertentwicklung	Investitionsrisiko	Investitionsrisiko	X			
		Wertentwicklungsrisiko	Wertentwicklungspotential; Wertsteigerungspotential				
			Erzielbarer Verkaufserlös; Restwertrisiko; Wert; Wertänderungsrisiko	X			
			Risiko aus Exit-Strategien				
			Renditerisiko		X		
			Anschaffungs- bzw. Herstellkosten		X		
			Vervielfältiger				
			Ertragsrisiko	X	X		
			Bewertungsrisiko	X			
			Beleihungswertrisiko	X			
			Sicherheitenverwertung; Veräußerungsrisiko; Verkaufsrisiko; Verwertungsrisiko				
	Rechtliche Risiken	Mietvertragsstruktur	Mietvertragsstruktur			X	
		Eigentumsverhältnisse	Belastungen in Abt. I und II (des Grundbuchs)			X	
			Eigentumsverhältnisse			X	
			Baulasten; Baurecht			X	
		Privatrechtliche Rechtsstreitigkeiten	Privatrechtliche Rechtsstreitigkeiten			X	

Bone-Winkel 1994	Wellner 2003	Kook et al. 2003	Gürtler 2007	Lausberg 2001	Jedem 2006	Lange 2005	Trotz 2004	Mönke 2002	Wüstefeld 2000	Pfnür et al. 2001	Alda et al. 2007	Bone-Winkel 1996	Diederichs 1996	Dietrich 2005	Isenhöfer et al. 2000	Muncke 1996	Wiedenmann 2005	Girmscheid et al. 2008a	Girmscheid et al. 2008b	Nemuth 2006	Gondring 2004	Romeike 2005	Schmitz et al. 2006
X						X	X																
	X		X	X						X													
																	X						
																	X						
	X		X	X													X						
X																							

3 Objekteigenschaften

Kategorie	Unterkategorie	Risiken	Risikobegriffe	Maier et al. 2007	Sandvoß 2004	Gondring 2007	GdW 2000
Objekteigenschaften	Architektonsiche Gestaltung	Architektur	Architektonische Gestaltung; Architektur; Gestaltung		X		
			Objektqualität und Wohnwert				
		Nutzungs- bzw. Mieteradäquanz	Nutzeradäquanz; Nutzungs- bzw. Mieteradäquanz; Nutzungskonzeption				
		Technologische Adäquanz	Technologische Adäquanz				
		Ökologie	Ökologie				
		Erscheinungsbild	Erscheinungsbild; Lageadäquanz			X	
		Städtebauliche Gestaltung	Umgebungsgestaltung				
			Grad der Integration in die Umgebung				
	Image	Image	„Adresse"				
			Eigenständiges Image				
	Bauweise	Objektqualität	Bauqualität; Qualität		X		
			Langfristige Werthaltigkeit				
			Objektqualität und Wohnwert				
		Nutzungsadäquanz	Nutzungsadäquanz				
		Nutzungs- bzw. Mieteradäquanz	Nutzungs- bzw. Mieteradäquanz				
		Lageadäquanz	Lageadäquanz				
		Technologische Adäquanz	Technologische Adäquanz				
		Flexibilität	Flexibilität; Flexibilität in der Nutzung; Nutzungsflexibilität; Objektflexibilität				
			Drittverwendungsfähigkeit; Drittverwendungsrisiko				
			Reserveflächen / Expansionsfähigkeit				

Bone-Winkel 1994	Wellner 2003	Kook et al. 2003	Gürtler 2007	Lausberg 2001	Jedem 2006	Lange 2005	Trotz 2004	Mönke 2002	Wüstefeld 2000	Pfnür et al. 2001	Alda et al. 2007	Bone-Winkel 1996	Diederichs 1996	Dietrich 2005	Isenhöfer et al. 2000	Muncke 1996	Wiedenmann 2005	Girmscheid et al. 2008a	Girmscheid et al. 2008b	Nemuth 2006	Gondring 2004	Romeike 2005	Schmitz et al. 2006
					X		X		X					X									
								X															
X						X			X														
X																							
														X									
X																							
									X														
									X														
X																							
X																							
					X																		
X																							
								X															
X																							
X																							
X																							
X																							
X	X				X				X	X				X			X						
X	X					X	X										X						
X																							

Kategorie	Unterkategorie	Risiken	Risikobegriffe	Maier et al. 2007	Sandvoß 2004	Gondring 2007	GdW 2000
Fortsetzung Objekteigenschaften	Fortsetzung Bauweise	Objekteffizienz	Wirtschaftlichkeit der Gebäudekonzeption; Wirtschaftlichkeit des Projekts (insbes. Flächenausnutzung)				
			Gebäudeeffizienz; Objekteffizienz				
			Flächenproduktivität				
			Funktionalität				
		Bauweise	Bauweise				
		Zuschnitt	Flächenaufteilung; Wohnungsgrößenmix; Zuschnitt			X	
		Ökologie	Ökologie; Umwelteinflüsse aus dem Objekt				
	Ausstattung	Ausstattungsniveau	Altersstruktur und Ausstattung der Wohnungen; Objektausstattung		X	X	X
			Ausstattung; Bestimmung des Qualitätsniveaus der Gebäudeausstattung				
			Technische Ausstattung		X		
			Betriebseinrichtungen		X		
			Multifunktionalität		X		
		Verkehrsanbindung	Anschluss an verkehrstechnische Erschließung				
			Parkmöglichkeiten; Parkplatzsituation; Stellplatzangebot			X	
		Sicherheitsaspekte	Sicherheitsaspekte				
	Ökologische Qualität	Ökologie	Ökologie; Umwelteinflüsse aus dem Objekt				
		Umweltbelastungen	Umweltbelastungen		X		

Bone-Winkel 1994	Wellner 2003	Kook et al. 2003	Gürtler 2007	Lausberg 2001	Jedem 2006	Lange 2005	Trotz 2004	Mönke 2002	Wüstefeld 2000	Pfnür et al. 2001	Alda et al. 2007	Bone-Winkel 1996	Diederichs 1996	Dietrich 2005	Isenhöfer et al. 2000	Muncke 1996	Wiedenmann 2005	Girmscheid et al. 2008a	Girmscheid et al. 2008b	Nemuth 2006	Gondring 2004	Romeike 2005	Schmitz et al. 2006
							X	X															
					X					X													
X																							
														X									
							X																
X								X															
							X							X									
							X		X														
									X														
		X							X														
									X														
							X							X									

4 Objektrisiken (Entstehungsphase)

Kategorie	Unterkategorie	Risiken	Risikobegriffe	Maier et al. 2007	Sandvoß 2004	Gondring 2007	GdW 2000
Risiken in der Projektentwicklung	Entwicklungsrisiko	Entwicklungs-risiko	Entwicklungsrisiko; Produktentwicklung; Produktentwicklungsrisiko		X		X
			Konkurrenz		X		X
			Konzeptionsrisiko; Nicht marktgerechtes Bauprogramm		X		X
			Nutzungskonzept; Nutzungskonzeption				
			Gebäudekonzeption				
			Bauprogrammplanung		X		X
			Lebenszyklen der Produkte		X		X
			Grundstücksvorhaltung		X		X
			Entwicklungsrisiko; Entwicklungsrisiko / Marktrisiko; Markt; Marktrisiko; Planänderungsrisiko				
		Management-risiko	Managementrisiken; Spezifische Managementrisiken				
			Projektplanung und -controlling				
			Investitionscontrolling				
		Planungsrisiken	Planungs- und Leistungsbestimmungsrisiko; Planungsrisiken; Planungsrisiken (Entscheidungsvorbereitung); Planungsrisiko	X	X		
			Architektur; Gestaltung				
			Ökologie				
			Städtebau				
			Ausstattung; Technische Ausstattung				
			Fehlende Bedarfsanalysen		X		X

Bone-Winkel 1994	Wellner 2003	Kook et al. 2003	Gürtler 2007	Lausberg 2001	Jedem 2006	Lange 2005	Trotz 2004	Mönke 2002	Wüstefeld 2000	Pfnür et al. 2001	Alda et al. 2007	Bone-Winkel 1996	Diederichs 1996	Dietrich 2005	Isenhöfer et al. 2000	Muncke 1996	Wiedenmann 2005	Girmscheid et al. 2008a	Girmscheid et al. 2008b	Nemuth 2006	Gondring 2004	Romeike 2005	Schmitz et al. 2006
									X				X		X								
																	X						
									X								X						
									X														
			X								X	X		X	X								
						X												X					
						X																	
						X																	
	X		X														X	X					
														X			X						
														X									
														X									
									X								X						

Kategorie	Unterkategorie	Risiken	Risikobegriffe	Maier et al. 2007	Sandvoß 2004	Gondring 2007	GdW 2000
Fortsetzung Risiken in der Projektentwicklung	Fortsetzung Entwicklungsrisiko	Organisation	Organisationsrisiken; Organisationsrisiko				
			Organisation des Gesamtprojekts nicht zweckmäßig				
			Eigene Projektorganisation nicht zweckmäßig				
			Auftraggeberorganisation ermöglicht keine optimale Projektabwicklung				
			Planerorganisation ermöglicht keine optimale Projektabwicklung				
			Qualifikation und Erfahrung				
		Vermarktungsrisiken	Abnahmerisiko; Vermarktungsrisiken; Verwertungsrisiko	X			
			Erstvermarktungsrisiko; Erstvermietung				
			Leerstandsrisiko				
	Finanzierung	Finanzierungsrisiko	Finanzierungsrisiko				
		Finanzstrukturrisiko	Finanzstrukturrisiko				
			Leverage-Risiko	X			
			Finanzierungsquellen				
		Kapitalmarktrisiko	Finanzmarktrisiken; Kapitalmarktrisiko; Risiken des Finanzmarkts	X			
		Zinsrisiken	Finanzierungsrisiko (Zinsrisiko); Zinsrisiko	X			
			Änderungen im Zinsniveau; Zinsänderungsrisiko	X	X		X
			Zinsstrukturrisiko	X			
			Zinsvolatilitätsrisiko	X			
			Zinsfestschreibungsrisiko	X			
			Basisrisiko	X			
		Finanzierungskonditionen	Änderung der Kreditkonditionen der Banken; Finanzierungsstruktur; Konditionsrisiko	X			
			Änderung von Kreditkonditionen; Eigenkapital				
			Projektbewertung / Beleihungswert				

Bone-Winkel 1994	Wellner 2003	Kook et al. 2003	Gürtler 2007	Lausberg 2001	Jedem 2006	Lange 2005	Trotz 2004	Mönke 2002	Wüstefeld 2000	Pfnür et al. 2001	Alda et al. 2007	Bone-Winkel 1996	Diederichs 1996	Dietrich 2005	Isenhöfer et al. 2000	Muncke 1996	Wiedenmann 2005	Girmscheid et al. 2008a	Girmscheid et al. 2008b	Nemuth 2006	Gondring 2004	Romeike 2005	Schmitz et al. 2006
													X					X					
																		X					
																		X					
																		X					
																		X					
						X																	
						X			X														
						X						X											
									X														
			X									X	X		X		X						
																			X				
X																							
																		X	X				
											X												
	X		X																				
																	X	X					
																	X		X				
																	X						

Kategorie	Unterkategorie	Risiken	Risikobegriffe	Maier et al. 2007	Sandvoß 2004	Gondring 2007	GdW 2000
Forts. Risiken i. d. Projektentwicklung	Fortsetzung Finanzierung	Fremdwährungsrisiken	Konvertierungsrisiko	X			
			Währungs- und Wechselkursrisiko; Währungsrisiko	X			
			Transferrisiko	X			
		Liquiditätsrisiko	Liquiditätsrisiko	X	X		X
		Baukostenrisiko	Baukostenrisiko; Kostenrisiko; Kostenüberschreitungsrisiko; Preisrisiken	X	X		X
			Kostenstrukturrisiko				
			Investitionsrechnung		X		X
		Forderungsausfall	Ausfall von Forderungen; Forderungsausfälle; Kreditausfallrisiko; Zahlungsunfähigkeit des Auftraggebers	X			
			Bonität der Auftragnehmer		X		X
Bautätigkeit	Boden- und Baugrundrisiken	Boden- und Baugrundrisiken	Boden- und Baugrundrisiko; Standortrisiko	X			
			Baugrund; Baugrundrisiko; Bodenrisiko	X			
		Gefahrerforschungsrisiko	Gefahrerforschungsrisiko				
		Baugrundrisiko (Tragfähigkeit, Wasserhaltung)	Bodenbeschaffenheit; Geologie / Untergrund schlechter als erwartet; Risiken aus Baugrund				
			Risiken aus Wasserverhältnisse; Wasserhaltungsmaßnahmen aufwändiger als erwartet				
		Altlastenrisiko	Altlasten; Altlastenrisiko; Kontamination des Baugrunds; Risiken aus Kontamination	X	X		X
			Umweltrisiken				
			Abfallbeseitigungsrisiko				
			Sanierungsrisiko				
			Strafrechtliche Risiken				
			Risiko zivilrechtlicher Inanspruchnahme				
		Denkmalschutz	Historische Baufunde				

Bone-Winkel 1994	Wellner 2003	Kook et al. 2003	Gürtler 2007	Lausberg 2001	Jedem 2006	Lange 2005	Trotz 2004	Mönke 2002	Wüstefeld 2000	Pfnür et al. 2001	Alda et al. 2007	Bone-Winkel 1996	Diederichs 1996	Dietrich 2005	Isenhöfer et al. 2000	Muncke 1996	Wiedenmann 2005	Girmscheid et al. 2008a	Girmscheid et al. 2008b	Nemuth 2006	Gondring 2004	Romeike 2005	Schmitz et al. 2006
																				X			
	X		X																				
																			X				
																		X	X	X			
															X								
			X								X		X	X									
																	X						
																	X	X		X			
																		X		X			
X									X								X	X		X			
									X														
																	X						
																	X						
																	X						
																	X						
																	X						

Kategorie	Unterkategorie	Risiken	Risikobegriffe	Maier et al. 2007	Sandvoß 2004	Gondring 2007	GdW 2000
Fortsetzung Bautätigkeit	Kostenrisiken	Baukostenrisiko	Baukosten; Baukostenrisiko; Baupreisrisiko; Kosten; Kostenrisiko; Kostensicherheit; Kostenüberschreitungsrisiko	X	X		X
			Kostenüberschreitung				
			Baukostenerhöhungsrisiko				
		Preisrisiko	Preisrisiken		X		X
			Fremdleistungen können nicht zu den ins Angebot eingeflossenen Konditionen eingekauft werden				
			Baumarktentwicklung				
		Kalkulationsrisiko	Kalkulationsrisiko; Risiken aus fehlerhafter Kalkulation				
			Angebotskostenrisiko				
			Mengenrisiken				
			Nachtragsrisiko				
			Investitionsrechnung		X		X
		Forderungsausfall	nicht dem Leistungsfortschritt entsprechende Zahlungspläne				
			Insolvenz von Nachunternehmern; Insolvenzrisiko privater Partner				
		Akquisitionskostenrisiko	Akquisitionskostenrisiko				
		Reklamationen	Reklamationen				X
	Terminrisiken	Terminrisiken	Bauzeitrisiko; Fertigstellung; Fertigstellungsrisiko; Risiken aus Bauzeit und Vertragsstrafen; Termine; Terminrisiko; Zeitrisiko	X			
			Bauzeitverlängerungsrisiko				
			Risiken aus der Arbeitsvorbereitung (Falsch geschätzte Dauern, Witterung etc.)				
			Verzögerungen durch andere Risiken (Genehmigung, Qualitätsmängel etc.)				
			Risiken durch Nachunternehmer; Risiken durch Nachunternehmer und Lieferanten; Termintreue der Auftragnehmer		X		X
			Höhere Gewalt				

Bone-Winkel 1994	Wellner 2003	Kook et al. 2003	Gürtler 2007	Lausberg 2001	Jedem 2006	Lange 2005	Trotz 2004	Mönke 2002	Wüstefeld 2000	Pfnür et al. 2001	Alda et al. 2007	Bone-Winkel 1996	Diederichs 1996	Dietrich 2005	Isenhöfer et al. 2000	Muncke 1996	Wiedenmann 2005	Girmscheid et al. 2008a	Girmscheid et al. 2008b	Nemuth 2006	Gondring 2004	Romeike 2005	Schmitz et al. 2006
	X		X					X	X		X		X	X	X								
												X											
																	X						
																	X						
X																							
			X																	X			
																				X			
																				X			
			X														X						
																	X						
			X															X					
			X																				
	X		X			X			X		X	X	X	X	X					X			
																	X						
																		X					
																		X					
																		X		X			
			X																				

Kategorie	Unterkategorie	Risiken	Risikobegriffe	Maier et al. 2007	Sandvoß 2004	Gondring 2007	GdW 2000
Fortsetzung Bautätigkeit	Genehmigungsrisiken	Genehmigungsrisiko	Baurecht; Baurechtliche Unwägbarkeiten				
			Abhängigkeiten von Genehmigungsverfahren; Baugenehmigung; Genehmigung; Genehmigungsrisiko; Probleme bei der Erlangung der Baugenehmigung			X	
		Bauplanungsrecht	Genehmigung nach Bauplanungsrecht				
			Bauplanungsrecht			X	
		Bauordnungsrecht	Art und Maß baulicher Nutzung			X	
			Genehmigung nach Bauordnungsrecht				
		Nachbarschutz	Nachbarschutz				
			Einsprüche von Nachbarn / öffentlichen Gruppierungen gegen die Durchführung des Bauvorhabens				
			Nachbarschaftsklagen führen zu Einschränkungen bei der Tagesarbeitszeit				
		Auflagen	Auflagen; Erfüllung von Auflagen durch öffentliche Aufsichtsbehörden; spezielle Auflagen			X	
		Denkmalschutz	Denkmalschutz			X	
			Historische Baufunde				
		Rechtliche Einschränkungen	Rechte am Grundstück				
			Nutzungsrechte und -beschränkungen			X	
	technische Risiken	Bauausführungsrisiken	Bauausführungsrisiko; Risiken aus Bauverfahrensanwendung und Materialeinsatz				
			Ineffiziente / ungeeignete Baustelleneinrichtung				
			Risiken aus Maschineneinsatz				
			Einsatz neuer nicht ausreichend erprobter Materialien und Geräte				
			Einsatz neuer technischer Verfahren (mangelnde Erfahrung)				

Bone-Winkel 1994	Wellner 2003	Kook et al. 2003	Gürtler 2007	Lausberg 2001	Jedem 2006	Lange 2005	Trotz 2004	Mönke 2002	Wüstefeld 2000	Pfnür et al. 2001	Alda et al. 2007	Bone-Winkel 1996	Diederichs 1996	Dietrich 2005	Isenhöfer et al. 2000	Muncke 1996	Wiedenmann 2005	Girmscheid et al. 2008a	Girmscheid et al. 2008b	Nemuth 2006	Gondring 2004	Romeike 2005	Schmitz et al. 2006
X								X															
			X			X			X		X		X	X	X		X	X					X
									X														
									X														
									X														
																		X					
																		X					
																		X					X
																	X						
																	X						
			X																	X			
																		X					
																				X			
																		X					
																		X					

Kategorie	**Unterkategorie**	**Risiken**	**Risikobegriffe**	**Maier et al. 2007**	**Sandvoß 2004**	**Gondring 2007**	**GdW 2000**
Fortsetzung Bautätigkeit	Fortsetzung technische Risiken	Planungsfehler und -änderungen	Planungsfehler (durch Architekten und Fachplaner)				
			Planungsänderungen (durch Architekten und Fachplaner)				
			Fehler in der Umsetzung der Planung				
			Kurzfristige Änderungen oder Fehler im Bauablauf				
		Qualitätsrisiken	Qualitätsniveau; Qualitätsniveau der Auftragnehmer; Qualitätsrisiko; Qualitätsrisiko während der Ausführung; Risiken aus Qualitätsmängeln und Gewährleistungsforderungen		X		
			Risikoverteilung bei der Gestaltung der Abnahme				
			Gewährung umfangreicher Garantien				
		Risiko des zufälligen Untergangs / Beschädigung	Schäden an bereits fertiggestellten Leistungen durch Unfall, Feuer etc.				
			Höhere Gewalt (Erdbeben, Überschwemmung)				
		Boden- und Baugrundrisiken	Risiko aufwendiger Gründungsmaßnahmen				
			Wasserhaltung aufwändiger als erwartet				
		Arbeitssicherheit und Sicherungspflichten	Arbeitssicherheit				

Bone-Winkel 1994	Wellner 2003	Kook et al. 2003	Gürtler 2007	Lausberg 2001	Jedem 2006	Lange 2005	Trotz 2004	Mönke 2002	Wüstefeld 2000	Pfnür et al. 2001	Alda et al. 2007	Bone-Winkel 1996	Diederichs 1996	Dietrich 2005	Isenhöfer et al. 2000	Muncke 1996	Wiedenmann 2005	Girmscheid et al. 2008a	Girmscheid et al. 2008b	Nemuth 2006	Gondring 2004	Romeike 2005	Schmitz et al. 2006
																		X					
																		X					
																		X					
																		X					
	X										X	X	X				X			X			
																		X					
																		X					
																		X					
																		X					
																	X						
																		X					
																		X					

5 Unternehmensrisiken

Kategorie	Unterkategorie	Risiken	Risikobegriffe	Maier et al. 2007	Sandvoß 2004	Gondring 2007	GdW 2000
Managementrisiken	Führung und Organisation	Risiken aus der Unternehmens-strategie	Strategische Risiken; Unternehmensrisiko				
			Unternehmensstrategie				
			örtliche Präsenz, Kernkompetenzen und Wettbewerbssituation; Risiken aus der gewählten Geschäftsaufteilung (Spezialisierung)				
			Leistungsangebot				
			Leistungsbreite				
			Leistungstiefe				
			Sonstige Unternehmenseigenschaften				
		Managementrisiken	Management; Managementrisiken; Managementrisiko	X			
		Führungs- und Organisationsrisiken	Führungs- und Organisationsrisiken; Führungsrisiken; Führungsrisiko		X		
			Führungs- und Organisationsrisiken; Organisation und Zuständigkeiten; Organisationsrisiken; Organisationsrisiko; Organisationsstruktur; Organisatorische Risiken		X		X
			Projektstruktur; Unternehmensstruktur				
			Arbeits- und Entscheidungsabläufe; Entscheidungswege sind lang; Lange Entscheidungswege				
			Informationsaustausch und Kommunikation; Informationsfluss ist mangelhaft				
			Fehler in der Festlegung von Zuständigkeiten				
			Ungünstige Arbeitsteilung				
			schlechte Problemlösung				
			Vertretungs- und Nachfolgeregelungen				X
			Funktionstrennung				X
			Schnittstellenrisiko				
			Risiken aus dem privaten Bereich des Unternehmers				

Bone-Winkel 1994	Wellner 2003	Kook et al. 2003	Gürtler 2007	Lausberg 2001	Jedem 2006	Lange 2005	Trotz 2004	Mönke 2002	Wüstefeld 2000	Pfnür et al. 2001	Alda et al. 2007	Bone-Winkel 1996	Diederichs 1996	Dietrich 2005	Isenhöfer et al. 2000	Muncke 1996	Wiedenmann 2005	Girmscheid et al. 2008a	Girmscheid et al. 2008b	Nemuth 2006	Gondring 2004	Romeike 2005	Schmitz et al. 2006
																	X					X	
						X																	
																		X		X			
																			X				
																			X				
																			X				
						X																	
				X		X											X	X					
																		X	X				
											X		X				X	X	X			X	
						X											X						
																	X	X	X				
																	X	X					
																		X					
																			X				
																			X				
			X																				
																							X

Kategorie	Unterkategorie	Risiken	Risikobegriffe	Maier et al. 2007	Sandvoß 2004	Gondring 2007	GdW 2000
Fortsetzung Managementrisiken	Fortsetzung Führung und Organisation	Forts. Führungs- und Organisationsrisiken	Persönliches Umfeld und Charakter (d. Unternehmers); Risiken aus dem privaten Bereich des Unternehmers				
		Zuverlässigkeit und Erfahrung des Managements	Persönliches Umfeld und Charakter (d. Unternehmers); Zuverlässigkeit				
			Erfahrung (d. Unternehmers); Fachspezifische Erfahrung				
		Risiken aus den Pflichten der Geschäftsführung	Gesetzliche und satzungsgemäße Pflichten der Geschäftsführung (Jahresabschluss)				X
			Verstoß gegen Gesellschaftsvertrag / Satzung (Genehmigungs- und Vorlagepflichten)				X
			Nichtbeachtung / Zuwiderhandlung Gesellschafterweisungen				X
			Zahlungsverkehr				X
			Versicherungsschutz				X
		Unternehmenskultur	Corporate-Governance-Risiken; Unternehmensführung- und kultur				
			Führungsstil; schlechter Führungsstil				
			Wertesystem / Unternehmenskultur				
		Unternehmensimage	Unternehmensimage, öff. Ansehen		X		
			Öffentlichkeit				
			ethisch und moralisch vertretbare Handlungen				
			Emissionen				
			ökologische Gefahrenquellen				
			Corporate Idendity				

Bone-Winkel 1994	Wellner 2003	Kook et al. 2003	Gürtler 2007	Lausberg 2001	Jedem 2006	Lange 2005	Trotz 2004	Mönke 2002	Wüstefeld 2000	Pfnür et al. 2001	Alda et al. 2007	Bone-Winkel 1996	Diederichs 1996	Dietrich 2005	Isenhöfer et al. 2000	Muncke 1996	Wiedenmann 2005	Girmscheid et al. 2008a	Girmscheid et al. 2008b	Nemuth 2006	Gondring 2004	Romeike 2005	Schmitz et al. 2006
								X															X
						X		X															
						X		X															
																	X						X
																	X		X				X
																							X
																		X					
																			X				
																			X				
																			X				
																		X					

Kategorie	Unterkategorie	Risiken	Risikobegriffe	Maier et al. 2007	Sandvoß 2004	Gondring 2007	GdW 2000
Fortsetzung Managementrisiken	Fortsetzung Führung und Organisation	Führungsinstrumente	Controlling; Controllinginstrumente; Kontrollrisiken; Risiken aus dem Bereich Controlling				
			Berichtswesen		X		
			Finanzplanungsinstrumente				
			Risikomanagement; Risikomanagementsystem				
			Risiken aus den Bereichen des Risiko-, Wissens- und Innovationsmanagements				
		Risiken aus der Geschäftstätigkeit	Betreiberrisiko	X			
			Unternehmensspezifische Mietpreisgestaltung				X
			Vertragsmanagement				
			Bestandsportfolio		X		
			Haltedauer / Timing				
			Managementkosten		X		
			Sachkosten		X		
			Bewirtschaftungseffizienz			X	
			Verwaltungskosten				
		Geschäftspartnerrisiko	Auswahl der Beteiligten; Dauerhaftigkeit der Beziehung Lieferant - Kunde; Gegenparteirisiko; Geschäftspartner-Risiko; Risiken aus Auftraggeber und Projektbeteiligten; Risiken durch Nachunternehmer	X			
			Bonität der Auftragnehmer; Insolvenz von Nachunternehmern; Insolvenzrisiko privater Partner; Zahlungsunfähigkeit des Auftraggebers		X		
			Bonität der Autraggeber; Insolvenz des Bauherren		X		
		Markting	Risiken in Bezug auf das Marketing; Vertrieb				
		Kundenzufriedenheit	Kundenzufriedenheit, Loyalität				
			Kundenorientierung				
			Mieterzufriedenheit		X		

	1	2	3	4	5	6	7	8	9	10	11	12	13	14	15	16	17	18	19	20	21
Bone-Winkel 1994								X		X											
Wellner 2003																					
Kook et al. 2003																					
Gürtler 2007																X					
Lausberg 2001																					
Jedem 2006																					
Lange 2005	X			X														X		X	
Trotz 2004																					
Mönke 2002																					
Wüstefeld 2000																					
Pfnür et al. 2001														X							
Alda et al. 2007																					
Bone-Winkel 1996																					
Diederichs 1996																					
Dietrich 2005																					
Isenhöfer et al. 2000																					
Muncke 1996																					
Wiedenmann 2005	X		X	X											X						
Girmscheid et al. 2008a	X														X	X	X		X		
Girmscheid et al. 2008b	X				X										X			X			
Nemuth 2006															X	X					
Gondring 2004																					
Romeike 2005															X						
Schmitz et al. 2006																					

Kategorie	Unterkategorie	Risiken	Risikobegriffe	Maier et al. 2007	Sandvoß 2004	Gondring 2007	GdW 2000
Fortsetzung Managementrisiken	Personal	personalbezogene Risiken	personalbezogene Risiken; Risiken aus Personaleinsatz				
		Personalverfügbarkeit; Personalentwicklung	Verfügbarkeit der Mitarbeiter				
			Loyalität				
			Fluktuation				
			Verlust von Belegschaft				
			ungenügende Förderung				
			Überforderung des eingesetzten Personals				
			schlechte Arbeitsbedingungen				
			Management- und Mitarbeiterpotential				
			Führungskräfteentwicklung; Management- und Mitarbeiterpotential				X
			Personalplanung und -einsatz; Ungenügende Personalbereitstellung				X
		Qualifikation und Leistungsfähigkeit	Know-How; Know-How-Risiko	X			
			Fachliche Qualifikation; Mangelnde fachliche Qualifikation ; Qualifikation (d. Unternehmers); Qualifikation der Mitarbeiter				
			Marktkenntnis				
			Verhandlungsgeschick				
			Auftreten; Mangelnde soziale Kompetenz (Führungsverhalten, Teamfähigkeit, Verantwortungsbewußtsein etc.)				
			Qualität des Immobilienmanagements				
			Bewirtschaftungseffizienz			X	
			Mitarbeiter erkennen die Relevanz ihrer Tätigkeit für das Risiko				
			Mangelnde Leistungsbereitschaft; Motivation; Motivation der Mitarbeiter				
		Mitarbeitermotivation	Motivation der Mitarbeiter				
			schlechte Arbeitsbedingungen				
			Entlohnungssystem				

Bone-Winkel 1994	Wellner 2003	Kook et al. 2003	Gürtler 2007	Lausberg 2001	Jedem 2006	Lange 2005	Trotz 2004	Mönke 2002	Wüstefeld 2000	Pfnür et al. 2001	Alda et al. 2007	Bone-Winkel 1996	Diederichs 1996	Dietrich 2005	Isenhöfer et al. 2000	Muncke 1996	Wiedenmann 2005	Girmscheid et al. 2008a	Girmscheid et al. 2008b	Nemuth 2006	Gondring 2004	Romeike 2005	Schmitz et al. 2006
																				X		X	
																			X				
																			X				X
																		X					
																		X					
																			X				
																		X					
																			X				
X																							
X																							
																			X				
																	X						
						X		X										X	X				X
								X															
																	X						
																	X	X					
										X													
																							X
																	X	X					X
																							X
																			X				
																							X

Kategorie	Unterkategorie	Risiken	Risikobegriffe	Maier et al. 2007	Sandvoß 2004	Gondring 2007	GdW 2000
Fortsetzung Managementrisiken	Fortsetzung Personal	Personalkosten	Tarifänderung		X		
			Entlohnungssystem; Personalkosten		X		
			Entlohnung nicht marktgerecht				
			Lohnproduktivität				
		Menschliches Versagen	Individuelle Fehler des Personals aufgrund menschlichen Versagens; Management- und Mitarbeiterpotential; Personalauswahl; Qualität des Personals; Risiken aus Personalwahl		X		X
		Fehlverhalten	Fehlverhalten				
			Wirtschaftskriminelle Handlungen				
			Funktionstrennung; Unterschlagungen		X		X
			Vorteilsnahmen		X		
			ethisch und moralisch vertretbare Handlungen				
		Risiken aus arbeitsrechtlichen Vorschriften	HR Melde- und Anzeigepflichten				X
			Zahlungsverkehr				X
			Versicherungsschutz				X
			ungenügende Arbeitsplatzsicherung				
	Risiken aus Supportprozessen	Immobilienmanagement	Bestandsmanagement; Qualität des Immobilienmanagements				
			Vertragsmanagement				
		Planung	Planung		X		
		Beratung	Beratungsrisiko	X			
		Technologische Risiken / Prozessrisiken	Technologische Risiken / Prozessrisiken				
		Marketing	Risiken aus dem Bereich Markteting; Risiken in Bezug auf das Marketing; Vermarktung; Vermarktungsrisiken; Vertriebspotential				

Bone-Winkel 1994	Wellner 2003	Kook et al. 2003	Gürtler 2007	Lausberg 2001	Jedem 2006	Lange 2005	Trotz 2004	Mönke 2002	Wüstefeld 2000	Pfnür et al. 2001	Alda et al. 2007	Bone-Winkel 1996	Diederichs 1996	Dietrich 2005	Isenhöfer et al. 2000	Muncke 1996	Wiedenmann 2005	Girmscheid et al. 2008a	Girmscheid et al. 2008b	Nemuth 2006	Gondring 2004	Romeike 2005	Schmitz et al. 2006
																							X
																			X				
						X																	
X																	X	X					
																		X					
																							X
																			X				
																			X				
						X				X													
						X																	
																						X	
						X		X									X	X	X				

Kategorie	Unterkategorie	Risiken	Risikobegriffe	Maier et al. 2007	Sandvoß 2004	Gondring 2007	GdW 2000
Fortsetzung Managementrisiken	Fortsetzung Risiken aus Supportprozessen	Internes und externes Rechnungswesen	Risiken aus dem Bereich Controlling				
			Investitions- und Finanzplanung				
			Buchhaltung; Gesetzliche und satzungsgemäße Pflichten der Geschäftsführung (Jahresabschluss)		X		X
			Abgabe von Steuererklärungen				X
			Zahlungsverkehr				X
			Investitionsrechnung		X		
		Versicherungsschutz	Versicherungsschutz				X
		Risikomanagement	Risiken aus den Bereichen des Risiko-, Wissens- und Innovationsmanagements				
		Wissens- und Innovationsmanagement	Risiken aus den Bereichen des Risiko-, Wissens- und Innovationsmanagements				
		Risiken aus EDV	EDV-Planung; EDV-Risiko; Risiken aus dem Bereich Informationsverarbeitung				X
Risiken aus der Finanzierung		Kapitalstruktur	Art des Kapitals; Finanzierungsstruktur; Finanzstrukturrisiko; Kapital- und Vermögensstruktur; Kapitalstrukturrisiko		X		
			Eigenkapital; Eigenkapitalquote				
			Verschuldungsquote				
			Leverage-Risiko	X			
			Fremdkapitalstruktur				
			Förderzeitraum		X		
		Finanzielle Risiken aus Geschäftstätigkeit	zu geringer Cashflow				
			zu geringe Rendite				
			Kostenstrukturrisiko		X		
			Kostenmanagement				
			zu hohe AGK				
		Liquidität	Liquidität; Liquiditätslage; Liquiditätsrisiko	X	X		
			Liquiditätsgrad				
			Kapitaldienstfähigkeit				
			Net working capital				

Bone-Winkel 1994	Wellner 2003	Kook et al. 2003	Gürtler 2007	Lausberg 2001	Jedem 2006	Lange 2005	Trotz 2004	Mönke 2002	Wüstefeld 2000	Pfnür et al. 2001	Alda et al. 2007	Bone-Winkel 1996	Diederichs 1996	Dietrich 2005	Isenhöfer et al. 2000	Muncke 1996	Wiedenmann 2005	Girmscheid et al. 2008a	Girmscheid et al. 2008b	Nemuth 2006	Gondring 2004	Romeike 2005	Schmitz et al. 2006
																			X				
						X																	
																			X				
																			X				
																			X				X
				X		X				X									X				X
				X		X		X															
						X																	
						X																	
																			X				
																			X				
																			X				
								X															
																			X				
				X		X		X															X
						X																	
						X																	
						X																	

Kategorie	Unterkategorie	Risiken	Risikobegriffe	Maier et al. 2007	Sandvoß 2004	Gondring 2007	GdW 2000
Risiken aus der Finanzierung		Marktrisiko	Finanzmarktrisiken; Kapitalmarkt; Kapitalmarktrisiko; Marktrisiken; Marktrisiko; Risiken des Finanzmarkts	X			
			Basisrisiko	X			
			Aktienkursrisiko; Risiko aus Wertpapieren				
			Optionsrisiko; Risiko aus Derivaten				
		Zinsrisiko	Fristigkeit des Kapitals; Zinsstrukturrisiko	X			
			Änderungen im Zinsniveau; Kosten des Kapitals; Zins- und Hypothekenzinsentwicklung; Zinsänderungsrisiko; Zinsen; Zinsentwicklung; Zinssatz für Fremdkapital	X	X		
			Zinsvolatilitätsrisiko	X			
			Laufzeiten; Zinsfestschreibungsrisiko	X	X		
			Schuldentilgungsdauer				
		Finanzierungskonditionen	Änderung der Kreditkonditionen der Banken; Änderung von Kreditkonditionen; Konditionsrisiko	X			
			Bonitätsrisiko				
		Refinanzierungsrisiko	Refinanzierungsrisiko				
		Risiken aus Eigenkapital	Kalkulatorischer Zinssatz für Eigenkapital; Kosten des Kapitals				
			Rendite alternativer Kapitalanlagen				
			Rechte der Kapitalgeber				
		Fremdwährungsrisiken	Risiko aus Währungen; Währungsrisiko	X			
			Wechselkursrisiko	X			
			Konvertierungsrisiko	X			
			Transferrisiko	X			
		Rohstoffrisiko	Rohstoffrisiko				
		Forderungsausfall	Insolvenzrisiko privater Partner				
			Ausfall von Forderungen; Forderungsausfälle; Kreditausfallrisiko; Kreditrisiko; Ausfallrisiko	X			

Bone-Winkel 1994	Wellner 2003	Kook et al. 2003	Gürtler 2007	Lausberg 2001	Jedem 2006	Lange 2005	Trotz 2004	Mönke 2002	Wüstefeld 2000	Pfnür et al. 2001	Alda et al. 2007	Bone-Winkel 1996	Diederichs 1996	Dietrich 2005	Isenhöfer et al. 2000	Muncke 1996	Wiedenmann 2005	Girmscheid et al. 2008a	Girmscheid et al. 2008b	Nemuth 2006	Gondring 2004	Romeike 2005	Schmitz et al. 2006
												X						X	X			X	X
																						X	X
																						X	X
																							X
	X		X	X	X	X				X												X	X
						X																	
																		X	X				
																							X
			X																				
										X													X
										X													
																							X
																						X	X
																						X	
			X																				
																		X	X				X

Kategorie	Unterkategorie	Risiken	Risikobegriffe	Maier et al. 2007	Sandvoß 2004	Gondring 2007	GdW 2000
Rechtliche Risiken		Rechtliche Risiken	Risiken aus dem Bereich des Rechts				
		Privatrechtliche Risiken	Aktuelle und potentielle Rechtsstreitigkeiten; Privatrechtliche Rechtsstreitigkeiten			X	
		Vertragsgestaltung- und Management	Ausgestaltung und Verpflichtungen langfristiger Verträge; Objektspezifische Vertragsgestaltung; Qualität der Verträge; Risiken auf vertraglicher Ebene; Vertragsrisiko				
			Vertragsmanagement				
			Unpräzise oder widersprüchliche Vertragsformulierungen				
			Vertragskonflikte mit Bauherren, Nachunternehmenr, Lieferanten u.a.				
			Mietvertragsstruktur			X	
			Grunderwerbsrisiko				
		Zivilrechtliche Haftung	Risiko zivilrechtlicher Inanspruchnahme				
			Haftung gegenüber dem Bauherrn für Mängel; Reklamationen (Bautätigkeit)				X
			Nichteinhaltung zugesicherter Eigenschaften durch Ausführungsmängel				
			Haftung bei Schädigung Dritter				
		Nutzungsrechte von immateriellen vermögensgegenständen	Nutzungsrechte von immateriellen vermögensgegenständen				
		Risiken aus Bauvertrag	Vergaberisiko; Werkverträge				
			Risiken aus der Bauvertragsart				
		Insolvenzrisiko	Insolvenzrisiko privater Partner				
		Risiken aus öffentlich-rechtlichen Vorschriften	Beachtung von gesetzlichen Verboten und Einschränkungen				
			Verstoß gegen umweltrechtliche Vorschriften				
			Emissionen				
			ökologische Gefahrenquellen				
			Verstoß gegen die Sicherungsvorschriften der MaBV		X		X

Bone-Winkel 1994	Wellner 2003	Kook et al. 2003	Gürtler 2007	Lausberg 2001	Jedem 2006	Lange 2005	Trotz 2004	Mönke 2002	Wüstefeld 2000	Pfnür et al. 2001	Alda et al. 2007	Bone-Winkel 1996	Diederichs 1996	Dietrich 2005	Isenhöfer et al. 2000	Muncke 1996	Wiedenmann 2005	Girmscheid et al. 2008a	Girmscheid et al. 2008b	Nemuth 2006	Gondring 2004	Romeike 2005	Schmitz et al. 2006
																			X				
																							X
	X					X				X								X					X
						X																	
																		X					
																		X					
																	X						
																	X						
																		X					
																		X					
																		X					
																							X
									X								X						
																				X			
			X																				
																							X
																	X						
																			X				
																			X				

Kategorie	Unterkategorie	Risiken	Risikobegriffe	Maier et al. 2007	Sandvoß 2004	Gondring 2007	GdW 2000
Forts.	rechtl. R.	Strafrechtliche Risiken	Strafrechtliche Risiken; Wirtschaftskriminelle Handlungen				
			Unterschlagungen		X		
			Vorteilsnahmen		X		

Bone-Winkel 1994	Wellner 2003	Kook et al. 2003	Gürtler 2007	Lausberg 2001	Jedem 2006	Lange 2005	Trotz 2004	Mönke 2002	Wüstefeld 2000	Pfnür et al. 2001	Alda et al. 2007	Bone-Winkel 1996	Diederichs 1996	Dietrich 2005	Isenhöfer et al. 2000	Muncke 1996	Wiedenmann 2005	Girmscheid et al. 2008a	Girmscheid et al. 2008b	Nemuth 2006	Gondring 2004	Romeike 2005	Schmitz et al. 2006
																	X						X

Anhang B: Risikokatalog

Standort- und Marktrisiken

Wirtschaftliche Entwicklung 464
Soziodemographische Entwicklung 468
Politische, steuerliche und juristische Rahmenbedingungen 472
Immobilienmarkt 476
Standortrisiken 480
Großschadensereignisse 484
Soziale Risiken 488
Umweltrisiken 492

Risiken des Objekts in der Nutzungsphase

Gebäudesubstanz 496
Ökologisches Risiko 500
Mietwert 504
Bewirtschaftungskostenrisiko 508
Wertentwicklung 512
Rechtliche Risiken (Objekt) 516

Risiken des Objekts in der Entstehungsphase

Projektkonzeption 520
Finanzierung 524
Boden- und Baugrundrisiko 528
Kostenrisiken 532
Terminrisiko 536
Genehmigungsrisiko 540
Technische Risiken 544

Unternehmensrisiken

Führungs- und Organisationsrisiken ... 548
Personalrisiken ... 552
Risiken aus Supportprozessen ... 556
Risiken aus der Finanzierung (Unternehmen) ... 560
Rechtliche Risiken (Unternehmen) ... 564

1 Wirtschaftliche Entwicklung

Definition

Das Risiko der wirtschaftlichen Entwicklung ist das Risiko einer positiven oder negativen Veränderung der allgemeinen Wirtschaftslage auf globaler, nationaler oder regionaler Ebene. Dies umfasst alle Branchen. Bei der Bewertung des Risikos spielen sowohl die aktuelle Lage als auch die Zukunftsaussichten eine Rolle.
Die Änderung der wirtschaftlichen Entwicklung beeinflusst eine Vielzahl für die Immobilienwirtschaft relevanter Risikofaktoren, zum Beispiel die Immobilienmärkte, die Finanzmärkte oder die Bewirtschaftungskosten (über das allgemeine Preisniveau). Mittelfristig wird auch die soziodemographische Entwicklung beeinflusst, was selbst wiederum zu einer Änderung der (regionalen) Wirtschaftslage führt. Die wirtschaftliche Entwicklung kann in begrenztem Rahmen durch die Politik beeinflusst werden.

Risikokategorien

Risikogruppe:

Standort und Markt	Objekt (in Nutzung)	Objekt (Eigenschaft)	Objekt (Erstellung)	Unternehmensrisiko

Ebenen, auf denen das Risiko erscheint:

National	**Regional**	Mikrostandort

Risikodimension:

eindimensional negativ	**zweidimensional**	eindimensional positiv

Einordnung des Risikos:

systematisches Risiko	unbestimmt	unsystematisches Risiko

Risikokette

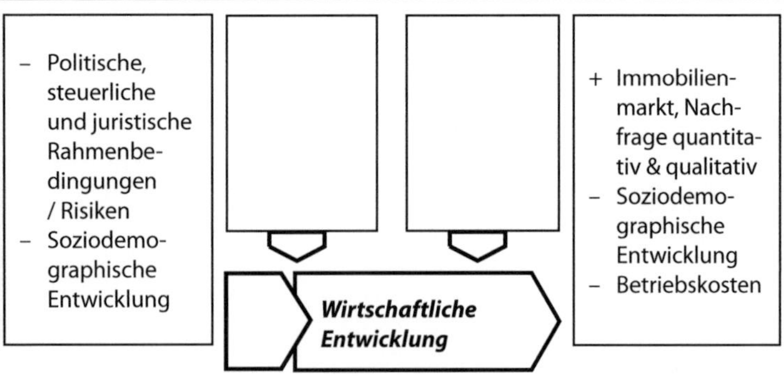

	Projektentwicklung				Nutzung			Verwertung
	Konzeption	Planung	Ausführung	Vermarktung	Nutzung	Renovierung /Umbau		Redevelopment
						Planung	Ausführung	
Projektentwickler	Entstehung	Entstehung	Entstehung	Auswirkung				Einfluss
Immobilienunternehmen					Auswirkung	Einfluss	Einfluss	
Nutzer					Übertragung			
Planer		Einfluss				Einfluss		Einfluss
Unternehmer								
EK-Geber				teilweise Auswirkung	teilweise Auswirkung			
FK-Geber				teilweise Auswirkung	teilweise Auswirkung			
Versicherung								
Kommunalpolitik	Einfluss	Einfluss	Einfluss	Einfluss	Einfluss	Einfluss	Einfluss	Einfluss
Landespolitik	Einfluss	Einfluss	Einfluss	Einfluss	Einfluss	Einfluss	Einfluss	Einfluss
Bundespolitik	Einfluss	Einfluss	Einfluss	Einfluss	Einfluss	Einfluss	Einfluss	Einfluss

Das Risiko „Wirtschaftliche Entwicklung" im Lebenszyklus

Teilrisiken und Risikobegriffe

Teilrisiken	Risikobegriffe
Beschäftigungsentwicklung	Beschäftigte; Beschäftigungsentwicklung; Beschäftigungsquote; Beschäftigungsrisiko
Image (des Landes oder der Region)	Image
Investitionsklima	Investitionsklima; technologische Kapazität; Umsatz und Steueraufkommen; Wirtschaftsklima Land; Wirtschaftsklima Stadt
Regionale Wirtschaftsstruktur	Ansiedlung von Großunternehmen; Aufgabe von Standorten; Beschäftigte nach Wirtschaftszweigen; Industrie- / Branchenmix; Künftige Entwicklung der Region; Regionale Spezialisierungen; Strukturelle bzw. sektorale Entwicklung; Voraussichtliche Entwicklung; Wirtschaftliche Konzentration; Wirtschaftsstruktur
Wirtschaftliche Entwicklung	Gesamtwirtschaftlicher Rahmen; Wirtschaftliche Entwicklung
Wirtschaftliche Rahmenbedingungen	Konjunktur; Konjunkturrisiko; Regionales Wirtschaftswachstum; Wirtschaftliche Rahmenbedingungen; Wirtschaftlicher Erfolg; Wirtschaftsentwicklung; Wirtschaftskraft
Zentralität	Infrastrukturelle Zentralität; Räumliche Anbindung; Zentrumsfunktion

Bone-Winkel, Stephan (1994): Das strategische Management von offenen Immobilienfonds - Unter besonderer Berücksichtigung der Projektentwicklung von Gewerbeimmobilien. Köln: Müller (Schriften zur Immobilienökonomie, 1)

Gondring, Hanspeter (2004): Immobilienwirtschaft - Handbuch für Studium und Praxis. München: Vahlen

Jedem, Ulrike (2006): Immobilienrating - Überlegungen zur Risikoeinschätzung bei Immobilien aus Sicht der Kapitalgeber. 1. Aufl. Freiburg, Breisgau: Rombach (Finanzmärkte und Immobilienwirtschaft, 2)

Kühne-Büning, Lidwina; Nordalm, Volker; Steveling, Lieselotte (2005): Grundlagen der Wohnungs- und Immobilienwirtschaft. Vormals „Lehrbuch der Wohnungswirtschaft". 4., überarb. und erw. Aufl. Hamburg: Hammonia-Verl. [u.a.]

Kurzrock, Björn-Martin (2007): Einflussfaktoren auf die Performance von Immobilien-Direktanlagen. Köln: Rudolf Müller (Schriftenreihe zur immobilienwirtschaftlichen Forschung, 01)

Lange, Bettina (2005): Immobilienrating - Modell zur Analyse von Ausfallrisiken immobilienwirtschaftlicher Kreditengagements. Norderstedt: Books on Demand (Immobilienmanagement, 9)

Lausberg, Carsten (2001): Das Immobilienmarktrisiko deutscher Banken. Sternenfels: Verl. Wiss. und Praxis (Studienreihe der Stiftung Kreditwirtschaft an der Universität Hohenheim, 29)

Maier, Kurt M.; Graf, Karl Herbert; Schwatlo, Winfried; Steinbrenner, Hans-Peter (2007): Risikomanagement im Immobilien- und Finanzwesen - Ein Leitfaden für Theorie und Praxis. 3., überarb. und erw. Aufl. Frankfurt am Main: Knapp

Mönke, Reinhard (2002): Ausfallrisiken gewerblicher Immobilienfinanzierungen. Zugl.: Köln, Univ., Diss., 2002. Lohmar , Köln: Eul (Reihe: Finanzierung, Kapitalmarkt und Banken, 19)

Trotz, Raymond (2004): Immobilien - Markt- und Objektrating - Ein praxiserprobtes System für die Immobilienanalyse. 1. Aufl. Köln: Müller

Wiedenmann, Markus (2005): Risikomanagement bei der Immobilien-Projektentwicklung unter besonderer Berücksichtigung der Risikoanalyse und Risikoquantifizierung. Norderstedt: Books on Demand

Wüstefeld, Hermann (2000): Risiko und Rendite von Immobilieninvestments. Frankfurt am Main: Knapp

2 Soziodemographische Entwicklung

Definition

Das Risiko der soziodemographischen Entwicklung ist das Risiko von Veränderungen in der Bevölkerung. Dies ist zunächst die Veränderung der Einwohnerzahl, aber auch andere Merkmale wie die Anzahl der Haushalte bzw. die Haushaltsgröße, Altersverteilung, Ausbildung, Berufstätigkeit, Kinder und Migrationshintergrund spielen aus Sicht der Immobilienwirtschaft eine große Rolle.
Einige dieser Indikatoren hängen direkt mit der wirtschaftlichen Entwicklung zusammen (z. B. die Berufstätigkeit), andere werden mittelfristig von ihr beeinflusst. Ferner versucht die Politik mit diversen Steuerungsinstrumenten Einfluss zu nehmen.
Die soziodemographische steht in Wechselwirkung mit der wirtschaftlichen Entwicklung und beeinflusst insbesondere den Immobilienmarkt.

Risikokategorien

Risikogruppe:

Standort und Markt	Objekt (in Nutzung)	Objekt (Eigenschaft)	Objekt (Erstellung)	Unternehmensrisiko

Ebenen, auf denen das Risiko erscheint:

National	Regional	Mikrostandort

Risikodimension:

eindimensional negativ	zweidimensional	eindimensional positiv

Einordnung des Risikos:

systematisches Risiko	unbestimmt	unsystematisches Risiko

Risikokette

- – Wirtschaftliche Entwicklung
- – Politische, steuerliche und juristische Rahmenbedingungen

Soziodemographische Entwicklung

- \+ Immobilienmarkt, Nachfrage quantitativ
- – Wirtschaftliche Entwicklung
- – Immobilienmarkt, Nachfrage qualitativ

	Projektentwicklung				Nutzung			Verwertung
	Konzeption	Planung	Ausführung	Vermarktung	Nutzung	Renovierung /Umbau		Redevelopment
						Planung	Ausführung	
Projektentwickler	Entstehung	Entstehung	Entstehung	Auswirkung				Einfluss
Immobilienunternehmen					Auswirkung	Einfluss	Einfluss	
Nutzer					Übertragung			
Planer		Einfluss				Einfluss		Einfluss
Unternehmer								
EK-Geber				teilweise Auswirkung	teilweise Auswirkung			
FK-Geber				teilweise Auswirkung	teilweise Auswirkung			
Versicherung								
Kommunalpolitik	Einfluss	Einfluss	Einfluss	Einfluss	Einfluss	Einfluss	Einfluss	Einfluss
Landespolitik	Einfluss	Einfluss	Einfluss	Einfluss	Einfluss	Einfluss	Einfluss	Einfluss
Bundespolitik	Einfluss	Einfluss	Einfluss	Einfluss	Einfluss	Einfluss	Einfluss	Einfluss

Das Risiko „Soziodemographische Entwicklung" im Lebenszyklus

Teilrisiken und Risikobegriffe

Teilrisiken	Risikobegriffe
Soziodemographische Entwicklung	Demographie; Soziodemographische Rahmenbedingungen; soziodemographisches Risiko; Regionale Soziodemographika; Soziodemographische Struktur
	Strukturwandel
	Künftige Entwicklung der Region
Bevölkerungsentwicklung	Bevölkerung
	Bevölkerungsentwicklung; Bevölkerungswachstum
	Einwohnerzahl
	Bevölkerungsdichte; Einwohnerdichte
	Migrationstrends; Wanderungsbewegungen
	Künftige Entwicklung der Region
Bevölkerungsstruktur	Bevölkerungsstruktur
Altersstruktur	Altersstruktur; Altersverteilung- und entwicklung
Sozialstruktur	Einkommens- und Kaufkraftentwicklung; Einkommensrisiko; Kaufkraft
	Arbeitslosenquote; Arbeitslosigkeit; Arbeitsmarkt; Arbeitsmarktrisiko; Arbeitsmarktsituation
	Beschäftigungsrisiko
	Qualifikations- und Bildungsstruktur
kulturelle Werte	kultureller Wandel
Sozialstruktur	Sozialstruktur
	Ausländeranteil
	Beschäftigte; Beschäftigungsentwicklung; Beschäftigungsquote
	Qualifikation der Arbeitskräfte
	Bildungsniveau; Qualifikations- und Bildungsstruktur
	Arbeitsplatzangebot
	Karrieremöglichkeiten
	Einkommensrisiko; Einkommenstruktur; Erwerbsstruktur; Kaufkraft; Kaufkraftindex
	Einkommensentwicklung; Einkommensverhältnisse
Pendleraufkommen	Pendleraufkommen
Haushaltsstruktur	Haushaltsstruktur
	Haushaltsgröße

Bone-Winkel, Stephan (1994): Das strategische Management von offenen Immobilienfonds - Unter besonderer Berücksichtigung der Projektentwicklung von Gewerbeimmobilien. Köln: Müller (Schriften zur Immobilienökonomie, 1)

Gondring, Hanspeter (2004): Immobilienwirtschaft - Handbuch für Studium und Praxis. München: Vahlen

Jedem, Ulrike (2006): Immobilienrating - Überlegungen zur Risikoeinschätzung bei Immobilien aus Sicht der Kapitalgeber. 1. Aufl. Freiburg, Breisgau: Rombach (Finanzmärkte und Immobilienwirtschaft, 2)

Lange, Bettina (2005): Immobilienrating - Modell zur Analyse von Ausfallrisiken immobilienwirtschaftlicher Kreditengagements. Norderstedt: Books on Demand (Immobilienmanagement, 9)

Maier, Kurt M.; Graf, Karl Herbert; Schwatlo, Winfried; Steinbrenner, Hans-Peter (2007): Risikomanagement im Immobilien- und Finanzwesen - Ein Leitfaden für Theorie und Praxis. 3., überarb. und erw. Aufl. Frankfurt am Main: Knapp

Trotz, Raymond (2004): Immobilien - Markt- und Objektrating - Ein praxiserprobtes System für die Immobilienanalyse. 1. Aufl. Köln: Müller

Wellner, Kristin (2003): Entwicklung eines Immobilien-Portfolio-Management-Systems - Zur Optimierung von Rendite-Risiko-Profilen diversifizierter Immobilien-Portfolios. Norderstedt: Books on Demand (Reihe, 3)

Wiedenmann, Markus (2005): Risikomanagement bei der Immobilien-Projektentwicklung unter besonderer Berücksichtigung der Risikoanalyse und Risikoquantifizierung. Norderstedt: Books on Demand

Wüstefeld, Hermann (2000): Risiko und Rendite von Immobilieninvestments. Frankfurt am Main: Knapp

3 Politische, steuerliche und juristische Rahmenbedingungen

Definition

Der Begriff der politischen, steuerlichen und juristischen Rahmenbedingungen beschreibt den vom Staat gesetzten Handlungsrahmen der Wirtschaftssubjekte. Dies sind zunächst grundlegende Dinge wie die politische Ordnung, die Steuerbelastung, die Themen Bürokratie und Verwaltung sowie die Gestaltung der Rechtsordnung. Hinzu kommen die sich aus Veränderungen derselben ergebenden Risiken, zum Beispiel durch zusätzliche Auflagen. Des Weiteren sind hierunter auch speziell für die Immobilienbranche relevante Ordnungs- und Anreizinstrumente zu verstehen, unter anderem steuerliche Regelungen für Immobilienunternehmen (z. B. REIT-Gesetz), Subventionen oder Bauvorschriften (EnEV). Der Einfluss auf andere Risikofaktoren ist entsprechend vielfältig, zum Beispiel auf die wirtschaftliche und soziodemographische Entwicklung oder auf die Immobilienmärkte.

Risikokategorien

Risikogruppe:

Standort und Markt	Objekt (in Nutzung)	Objekt (Eigenschaft)	Objekt (Erstellung)	Unternehmensrisiko

Ebenen, auf denen das Risiko erscheint:

National	Regional	Mikrostandort

Risikodimension:

eindimensional negativ	zweidimensional	eindimensional positiv

Einordnung des Risikos:

systematisches Risiko	unbestimmt	unsystematisches Risiko

Risikokette

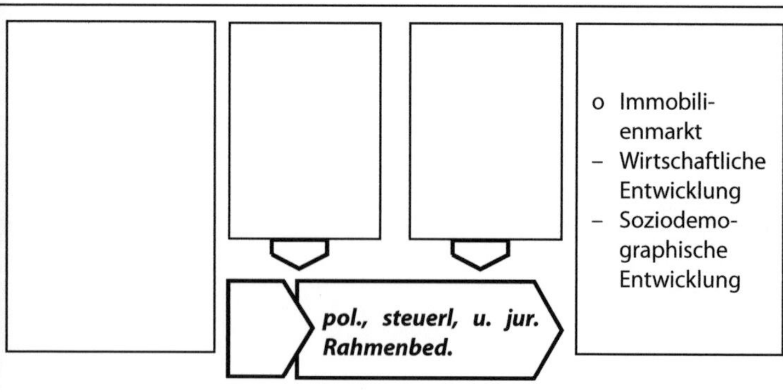

	Projektentwicklung				Nutzung			Verwertung
	Konzeption	Planung	Ausführung	Vermarktung	Nutzung	Renovierung /Umbau		Redevelop-ment
						Planung	Ausführung	
Projektentwickler	Entstehung	Entstehung & Auswirkung	Entstehung & Auswirkung	Auswirkung				Entstehung & Auswirkung
Immobilienunternehmen					Auswirkung	Entstehung & Auswirkung	Entstehung & Auswirkung	
Nutzer								
Planer		Einfluss				Einfluss		Einfluss
Unternehmer								
EK-Geber				teilweise Auswirkung	teilweise Auswirkung			teilweise Auswirkung
FK-Geber								
Versicherung								
Kommunalpolitik	Einfluss	Einfluss	Einfluss	Einfluss	Einfluss	Einfluss	Einfluss	Einfluss
Landespolitik	Einfluss	Einfluss	Einfluss	Einfluss	Einfluss	Einfluss	Einfluss	Einfluss
Bundespolitik	Einfluss	Einfluss	Einfluss	Einfluss	Einfluss	Einfluss	Einfluss	Einfluss

Das Risiko „Politische, steuerliche und juristische Rahmenbedingungen" im Lebenszyklus

Teilrisiken und Risikobegriffe

Teilrisiken	**Risikobegriffe**
Administratives Risiko	Administratives Risiko; Struktur und Effizienz der Kommunalverwaltung; Wirtschaftsklima Land; Wirtschaftsklima Stadt
Politisches Risiko	Staatliche Maßnahmen; Politik; Politische Einflüsse; Gesetze und Verordnungen; Rechtliche Änderungen; (...)
Wirtschafts- und Rechtsordnung	Gestaltung der Marktordnung; Wirtschafts- und Rechtsordnung
Ordnungspolitisches Risiko	Ordnungspolitisches Risiko; Politik; Ökologische und gesellschaftliche Anforderungen; Umweltschutzauflagen (...)
Rechtssicherheit	Durchsetzungsmöglichkeit des Rechts; Rechtssicherheit; Zivilrecht; (...); Rechtliche Änderungen; Zusätzliche Auflagen durch Gesetzesänderungen
Steuern	Belastungen durch Steuern und Abgaben ; Steueränderungsrisiko; Steuerliche Rahmenbedingungen; Steuerliches Risiko; Steuerrecht; (...)
Subventionen	Fördermittel am Ort; Subventionen; (...)
Einkommens- & Kaufkraftentw.	Einkommens- und Kaufkraftentwicklung
Risiken aus Zollbestimmungen & Im- od. Exportbeschr.	Risiken aus Zollbestimmungen und Import- oder Exportbeschränkungen; Kapitaltransferbeschränkungen; Restriktionen auf Immobilienerwerb (...)
Politische Stabilität	Streik; Korruption; Krieg
Kulturrisiko	Kulturrisiko; Soziale und kulturelle Risiken
Kommunalpolitische Risiken	Kommunalpolitische Gegebenheiten; Politische Risiken (insbes. nach Wahl); Politische Situation; Politik; Politisches Risiko; lokalpolitisches Risiko
Öffentliches Baurecht	Abhängigkeiten von Genehmigungsverfahren; Genehmigungspraxis; Baurecht; Öffentliches Baurecht (...)
Planungsvorgaben	Planungsvorgaben
	Auflagen (Bsp. Umwelt- oder Arbeitsrecht); (...)
Raumordnungspolitik	Landesentwicklungsplan; Raumordnungspolitik; Stadtentwicklungspolitik; Räumliche Situation (...)
Stadtstruktur / -entwicklung	Stadtstruktur / -entwicklung; Infrastrukturelle Zentralität; Regionale Infrastruktur; Zentralörtlichkeit; Zentrumsfunktion; Bildungsangebot; Öffentliche Einrichtungen (...)
Stadtentwicklungspolitik	Stadtentwicklungspolitik; Städtebauliche Entwicklung; Kommunale Flächenausweisung, Bodenpolitik
Infrastrukturangebot	Infrastruktur; Verkehrsanbindung; Infrastruktur; Nahversorgungsattraktivität; Staatliches Angebot (...)
Image	Stadt- und Regionalmarketing; Image; Image der Stadt; Stadt-/ Regionsimage
	Branchenkontakte

Bone-Winkel, Stephan (1994): Das strategische Management von offenen Immobilienfonds - Unter besonderer Berücksichtigung der Projektentwicklung von Gewerbeimmobilien. Köln: Müller (Schriften zur Immobilienökonomie, 1)

Gondring, Hanspeter (2004): Immobilienwirtschaft - Handbuch für Studium und Praxis. München: Vahlen

Gürtler, Volkhard (2007): Stochastische Risikobetrachtung bei PPP-Projekten. Renningen: Expert-Verl. (Aus Forschung und Praxis, 9)

Jedem, Ulrike (2006): Immobilienrating - Überlegungen zur Risikoeinschätzung bei Immobilien aus Sicht der Kapitalgeber. 1. Aufl. Freiburg, Breisgau: Rombach (Finanzmärkte und Immobilienwirtschaft, 2)

Kurzrock, Björn-Martin (2007): Einflussfaktoren auf die Performance von Immobilien-Direktanlagen. Köln: Rudolf Müller (Schriftenreihe zur immobilienwirtschaftlichen Forschung, 01)

Lange, Bettina (2005): Immobilienrating - Modell zur Analyse von Ausfallrisiken immobilienwirtschaftlicher Kreditengagements. Norderstedt: Books on Demand (Immobilienmanagement, 9)

Maier, Kurt M.; Graf, Karl Herbert; Schwatlo, Winfried; Steinbrenner, Hans-Peter (2007): Risikomanagement im Immobilien- und Finanzwesen - Ein Leitfaden für Theorie und Praxis. 3., überarb. und erw. Aufl. Frankfurt am Main: Knapp

Nemuth, Tilo (2006): Risikomanagement bei internationalen Bauprojekten. Renningen: Expert-Verl. (Aus Forschung und Praxis)

Spieth, Wolf (2008): Investoren müssen Klimarisiken ins Auge fassen - Europa steht vor einer Regulierung bei Treibhausgasen, die Marktwert und Geschäfte der Unternehmen drastisch verändert. In: Handelsblatt, Jg. 2008, 21.01.2008, S. 7

Trotz, Raymond (2004): Immobilien - Markt- und Objektrating - Ein praxiserprobtes System für die Immobilienanalyse. 1. Aufl. Köln: Müller

Veser, Jürgen; Thrun, Thomas; Jaedicke, Wolfgang (2008): Veränderungen der Anbieterstruktur im deutschen Wohnungsmarkt und wohnungspolitische Implikationen. Unter Mitarbeit von Karin Lorenz-Hennig und Christoph Zander. Bonn: Eigenverlag BBR (Forschungen, 124)

Wüstefeld, Hermann (2000): Risiko und Rendite von Immobilieninvestments. Frankfurt am Main: Knapp

4 Immobilienmarkt

Definition

Das Immobilienmarktrisiko bezeichnet das Risiko durch Änderungen auf dem relevanten Immobilien-Teilmarkt. Unterscheidungskriterien sind dabei unter anderem die Region, die Nutzungsart, ob Kauf oder Miete, Neubau oder Bestand, sowie weitere Faktoren.
Änderungen ergeben sich durch eine Veränderung auf der Nachfrage- oder der Angebotsseite, die die Fläche oder die Qualität der Flächen betreffen kann.
Das Immobilienmarktrisiko ist eines der zentralen Risiken in der Immobilienwirtschaft, da die Entwicklung der Mieteinnahmen und des Werts der Objekte maßgeblich davon beeinflusst wird.
Wesentliche Einflussfaktoren auf die Immobilienmärkte sind wirtschaftliche und soziodemographische Entwicklung, politische, steuerliche und juristische Rahmenbedingungen sowie der Standort.

Risikokategorien

Risikogruppe:

Standort und Markt	Objekt (in Nutzung)	Objekt (Eigenschaft)	Objekt (Erstellung)	Unternehmensrisiko

Ebenen, auf denen das Risiko erscheint:

National	**Regional**	**Mikrostandort**

Risikodimension:

eindimensional negativ	**zweidimensional**	eindimensional positiv

Einordnung des Risikos:

systematisches Risiko	unbestimmt	unsystematisches Risiko

Risikokette

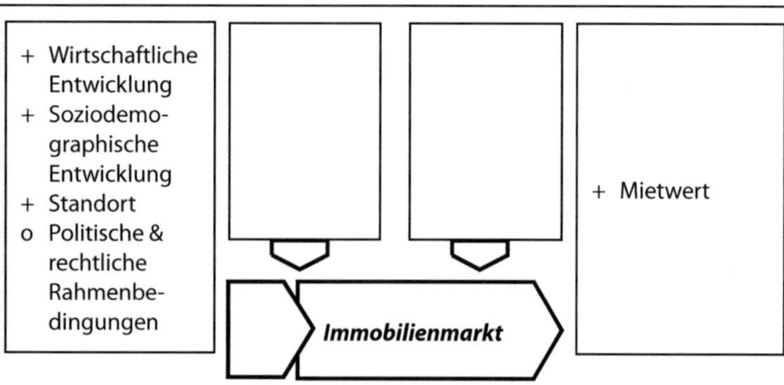

	Projektentwicklung				Nutzung			Verwertung
	Konzeption	Planung	Ausführung	Vermarktung	Nutzung	Renovierung /Umbau		Redevelop-ment
						Planung	Ausführung	
Projektentwickler	Entstehung	Entstehung		Auswirkung				Entstehung
Immobilienunternehmen					Auswirkung	Einfluss		
Nutzer								
Planer								
Unternehmer								
EK-Geber				teilweise Auswirkung	teilweise Auswirkung			
FK-Geber				teilweise Auswirkung	teilweise Auswirkung			
Versicherung								
Kommunalpolitik	Einfluss	Einfluss	Einfluss	Einfluss	Einfluss	Einfluss	Einfluss	Einfluss
Landespolitik								
Bundespolitik								

Das Risiko „Immobilienmarkt" im Lebenszyklus

Teilrisiken und Risikobegriffe

Teilrisiken	Risikobegriffe
Wettbewerbssituation	Markt- und Wettbewerbssituation für Immobilien- und Mietangebote; Marktanteil; Marktpotential und Konkurrenz; Erwartungen der Marktteilnehmer; Marktmacht der Marktteilnehmer; Verhandlungsstärke der Anbieter von Immobilien; Nachfrage- und Angebotsentwicklung; Flächenbedarf; Flächenbedarfsentwicklung; Grad der Marktanspannung; Marktanspannung; Direkte Konkurrenzobjekte; Konkurrenz; Leerstände; Verhältnis Leerstand-Vermietungsleistungen (...)
Miet- und Preisentwicklung; Preisrigidität	Flächen-/Mietkosten; Miet- und Kaufpreisniveau; Nachhaltigkeit des Preis-Leistungsverhältnisses; Wertentwicklungspotential; Wertsteigerungspotential (...)
Lokale / regionale Marktverhältnisse	Entwicklungsrisiko / Marktrisiko; Markt; Marktrisiko; Lokale Markteintrittsbarrieren; Marktgröße (...)
Markttransparenz	Intransparenz; Markttransparenz; Markttransparenzrisiko
Marktänderung	Marktänderungen; Marktzyklus; Trendveränderung; Zeitliche Verzögerung; Volatilität des Marktes (...)
Nutzeranforderungen	Eignung des Mikrostandorts; Standortpräferenzen; Ansprüche an Immobilienobjekte (...)
Funktionale Substitutionskonkurrenz	Funktionale Substitutionskonkurrenz durch Eigennutzung
Wettbewerbsfähigkeit	Risiken in Bezug auf die eigene Wettbewerbsfähigkeit
Entwicklungsrisiko	Entwicklungsrisiko; Entwicklungsrisiko / Marktrisiko; Intransparenz; Markt; Markttransparenzrisiko
Standortrisiko	Standortrisiko
Portfoliorisiken	Portfoliorisiken; Regionalität; Nutzungsart (...)
Bodenverfügbarkeit	Verfügbarkeitsfaktoren; vorhandener Boden; Raumkapazitäten; Baulandpreise; Bodenkosten;
Ökol. und gesellschaftl. Anforderg.	Ökologische und gesellschaftliche Anforderungen
Kostenentwicklung	Beschaffungs- und Absatzmärkte; Baukosten; Marktliquidität; (...)
Umfeldbeurteilung	Umfeldbeurteilung
Lage der Bestände	Lage der Bestände
Allgemeine Renditeentwicklung	Allgemeine Renditeentwicklung

Bach, Hansjörg; Ottmann, Matthias; Sailer, Erwin, et al. (Hg.) (2005): Immobilienmarkt und Immobilienmanagement - Entscheidungsgrundlagen für die Immobilienwirtschaft. München: Vahlen

Bone-Winkel, Stephan (1994): Das strategische Management von offenen Immobilienfonds - Unter besonderer Berücksichtigung der Projektentwicklung von Gewerbeimmobilien. Köln: Müller (Schriften zur Immobilienökonomie, 1)

Gondring, Hanspeter (2004): Immobilienwirtschaft - Handbuch für Studium und Praxis. München: Vahlen

Jedem, Ulrike (2006): Immobilienrating - Überlegungen zur Risikoeinschätzung bei Immobilien aus Sicht der Kapitalgeber. 1. Aufl. Freiburg, Breisgau: Rombach (Finanzmärkte und Immobilienwirtschaft, 2)

Just, Tobias (31.08.2005): Europas Immobilienmärkte - Was sie verbindet, was sie unterscheidet. Veranstaltung vom 31.08.2005. Berlin.

Kholodilin, Konstantin A.; Menz, Jan-Oliver; Siliverstovs, Boriss (2008): Immobilienkrise? - Warum in Deutschland die Preise seit Jahrzehnten stagnieren. In: Wochenbericht des DIW, Jg. 75, H. 17, S. 214–223.

Krone, Hans G. (Hg.) (2004): Zukunftsorientierte Immobilienwirtschaft - Neue Trends und innovative Lösungen. Tönning: Der Andere Verl. (Leipziger Beiträge zur praxisorientierten Wirtschaft)

Kühne-Büning, Lidwina; Nordalm, Volker; Steveling, Lieselotte (2005): Grundlagen der Wohnungs- und Immobilienwirtschaft. Vormals „Lehrbuch der Wohnungswirtschaft". 4., überarb. und erw. Aufl. Hamburg: Hammonia-Verl. [u.a.]

Lange, Bettina (2005): Immobilienrating - Modell zur Analyse von Ausfallrisiken immobilienwirtschaftlicher Kreditengagements. Norderstedt: Books on Demand (Immobilienmanagement, 9)

Lausberg, Carsten (2001): Das Immobilienmarktrisiko deutscher Banken. Sternenfels: Verl. Wiss. und Praxis (Studienreihe der Stiftung Kreditwirtschaft an der Universität Hohenheim, 29)

Maier, Kurt M.; Graf, Karl Herbert; Schwatlo, Winfried; Steinbrenner, Hans-Peter (2007): Risikomanagement im Immobilien- und Finanzwesen - Ein Leitfaden für Theorie und Praxis. 3., überarb. und erw. Aufl. Frankfurt am Main: Knapp

5 Standortrisiken

Definition

Der Wert eines Grundstücks wird regelmäßig maßgeblich von seiner Umgebung geprägt. Unter dem Begriff der Standortrisiken sollen hier alle wertbeeinflussenden Eigenschaften des Umfelds verstanden werden, wobei die Punkte Wirtschaft, Soziodemographie und politische und rechtliche Rahmenbedingungen aufgrund ihrer hohen Bedeutung gesondert betrachtet werden.
Bei den Standortfaktoren wird zwischen harten und weichen Standortfaktoren mit einem fließenden Übergang unterschieden. Dies sind u. A. die Lage und Topographie, Verkehrsanbindung und Infrastruktur, Umfeldnutzung, Soziodemographie und das Image des Standorts. Auf viele dieser Standortfaktoren hat die Politik Einfluss, insbesondere auf kommunaler Ebene. Die Standortrisiken beeinflussen insbesondere die Nachfrageseite des Immobilienmarkts.

Risikokategorien

Risikogruppe:

Standort und Markt	Objekt (in Nutzung)	Objekt (Eigenschaft)	Objekt (Erstellung)	Unternehmensrisiko

Ebenen, auf denen das Risiko erscheint:

National	Regional	Mikrostandort

Risikodimension:

eindimensional negativ	zweidimensional	eindimensional positiv

Einordnung des Risikos:

systematisches Risiko	unbestimmt	unsystematisches Risiko

Risikokette

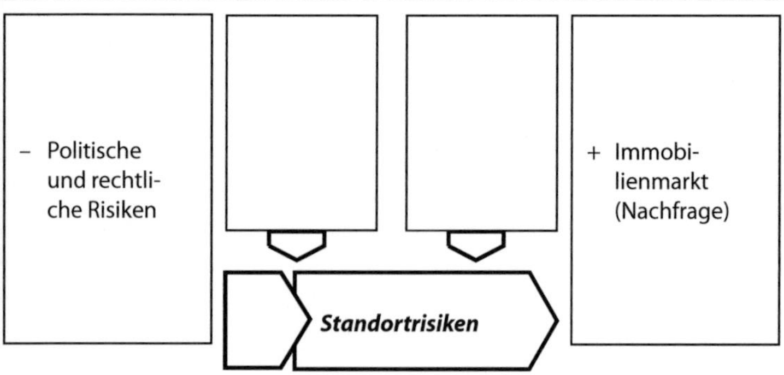

	Projektentwicklung				Nutzung			Verwertung
	Konzeption	Planung	Ausführung	Vermarktung	Nutzung	Renovierung /Umbau		Redevelop-ment
						Planung	Ausführung	
Projektentwickler	Entstehung	Entstehung	Entstehung	Auswirkung				Entstehung
Immobilienunternehmen					Auswirkung	Einfluss	Einfluss	
Nutzer								
Planer		Einfluss				Einfluss		Einfluss
Unternehmer								
EK-Geber				teilweise Auswirkung	teilweise Auswirkung			
FK-Geber				teilweise Auswirkung	teilweise Auswirkung			
Versicherung								
Kommunalpolitik	Einfluss	Einfluss	Einfluss	Einfluss	Einfluss	Einfluss	Einfluss	Einfluss
Landespolitik	Einfluss	Einfluss	Einfluss	Einfluss	Einfluss	Einfluss	Einfluss	Einfluss
Bundespolitik	Einfluss	Einfluss	Einfluss	Einfluss	Einfluss	Einfluss	Einfluss	Einfluss

Das Risiko „Standortrisiken" im Lebenszyklus

Teilrisiken und Risikobegriffe

Teilrisiken	Risikobegriffe
Räumliche Situation	Räumliche Situation
Image (Stadt / Region)	Reiz der Region; Image; Image der Stadt; Stadt-/ Regionsimage; Image; Image Betriebsstandort; Image des Quartiers und der Adresse; Image des Standortes; Imagefaktoren; Nachbarschaft
Raumordnungspolitik	Landesentwicklungsplan, Flächennutzungsplan; Raumordnungspolitik; Stadtentwicklungspolitik
	Infrastrukturelle Zentralität; Regionale Infrastruktur; Zentralörtlichkeit; Zentrumsfunktion
Infrastruktur	Öffentliche Einrichtungen; Staatliche Einrichtungen; Bildungsangebot; Hochschulen / Forschung; Kultur- und Freizeiteinrichtungen; Kultur- und Freizeitangebot; Überregionale Verkehrsstruktur; Flughafen / Hafen; Bahn-Anbindung; Fernstraßennetz; Innerstädtisches Straßennetz; ÖPNV-Netz;
Wohnqualität	Wohnqualität
Stadtstruktur / -entwicklung	Stadtstruktur / -entwicklung
	Branchenkontakte
Standort	Lage (Qualität Mikro-/Makrostandort); Lagefaktoren; Standort; Standortqualität zum Erwerbs- oder Erstellungstermin; Standortrisiko
Zentralität	Stadt- und Zentrumsfunktion; Stadtgeographische Spezialisierungen; Nähe zum Unternehmen; Nähe Absatzmärkte;
Umfeld	Charakteristik Umfeld; Adresse, Attraktivität; Bebauung, Baustruktur; Nachbarbebauung und -entwicklung; Reiz der Stadt; Grundstückslage; Umgebung; Sichtanbindung; Branchenmix; Aufenthaltsqualität; Grünanteil, Sauberkeit; Wohnen und Wohnumfeld; Agglomerationseffekte (...)
Physische Grundstücksbeschaffenheit	Bebaubarkeit; Grundstück; Grundstücksbeschaffenheit; Physische Grundstücksbeschaffenheit; Topographie; Größe, Zuschnitt (...)
Infrastrukturangebot	Infrastruktur; Qualität der Nahversorgung von Grundstück und Quartier; Zentrale Einrichtungen; Anzahl von Einrichtung für Bildung, Sport, Freizeit und Erholung (...)
Verkehrsanbindung	Infrastruktur hinsichtlich Verkehrsanbindung; Qualität der Verkehrsanbindung von Grundstück und Quartier; Verkehrsfrequenz; Passantenfrequenz; Parksituation Umfeld; Anbindung an öffentliche Verkehrsmittel; Entfernung Flughafen, Bahnhof (...)
Technische Ver- und Entsorgung	Technische Ver- und Entsorgung

Bone-Winkel, Stephan (1994): Das strategische Management von offenen Immobilienfonds - Unter besonderer Berücksichtigung der Projektentwicklung von Gewerbeimmobilien. Köln: Müller

Bulwien, Hartmut (2001): Anforderungen des Immobilienmarktes an Standortgutachten. In: Gondring, Hanspeter; Lammel, Eckhard (Hg.): Handbuch Immobilienwirtschaft. 1. Auflage. Wiesbaden: Gabler

Ertle-Straub, Susanne (2003): Standortanalyse für Büroimmobilien. Zugl.: Leipzig, Univ., Diss., 2002. Norderstedt: Books on Demand

Jedem, Ulrike (2006): Immobilienrating - Überlegungen zur Risikoeinschätzung bei Immobilien aus Sicht der Kapitalgeber. 1. Aufl. Freiburg, Breisgau: Rombach (Finanzmärkte und Immobilienwirtschaft, 2)

Kook, Heiner; Sydow, Manfred (2003): Strategisches Portfoliomanagement in der Immobilienwirtschaft - Ein Leitfaden für Theorie und Praxis. 1. Aufl. Hamburg: Hammonia-Verl.

Kurzrock, Björn-Martin (2007): Einflussfaktoren auf die Performance von Immobilien-Direktanlagen. Köln: Rudolf Müller

Lange, Bettina (2005): Immobilienrating - Modell zur Analyse von Ausfallrisiken immobilienwirtschaftlicher Kreditengagements. Norderstedt: Books on Demand (Immobilienmanagement, 9)

Lausberg, Carsten (2001): Das Immobilienmarktrisiko deutscher Banken. Sternenfels: Verl. Wiss. und Praxis

Maier, Kurt M.; Graf, Karl Herbert; Schwatlo, Winfried; Steinbrenner, Hans-Peter (2007): Risikomanagement im Immobilien- und Finanzwesen - Ein Leitfaden für Theorie und Praxis. 3., überarb. und erw. Aufl. Frankfurt am Main: Knapp

Trotz, Raymond (2004): Immobilien - Markt- und Objektrating - Ein praxiserprobtes System für die Immobilienanalyse. 1. Aufl. Köln: Müller

Wellner, Kristin (2003): Entwicklung eines Immobilien-Portfolio-Management-Systems - Zur Optimierung von Rendite-Risiko-Profilen diversifizierter Immobilien-Portfolios. Norderstedt: Books on Demand (Reihe, 3)

Wüstefeld, Hermann (2000): Risiko und Rendite von Immobilieninvestments. Frankfurt am Main: Knapp

6 Grossschadensereignisse

Definition

Unter dem Begriff Großschadensereignisse werden alle das Grundstück beeinträchtigenden negativen Ereignisse zusammengefasst, die nur sporadisch und zufällig auftreten. Dies sind vor allem Naturkatastrophen wie Hochwasser, Sturm oder Hagel, aber auch Unfälle und Katastrophen, Kriminalität, innere Unruhen oder kriegerische Auseinandersetzungen - was insbesondere bei Auslandsinvestitionen relevant ist. Es schließt auch die Gefahr des zufälligen Untergangs des Objekts ein

Das Risiko von Großschadensereignissen muss jeweils im Einzelfall geprüft werden, im Anschluß ist über adäquate Gegenmaßnahmen wie bauliche Vorkehrungen zu entscheiden. Das Risiko wirkt sich im Wesentlichen auf das Bausubstanzrisiko aus.

Risikokategorien

Risikogruppe:

Standort und Markt	Objekt (in Nutzung)	Objekt (Eigenschaft)	Objekt (Erstellung)	Unternehmensrisiko

Ebenen, auf denen das Risiko erscheint:

National	Regional	Mikrostandort

Risikodimension:

eindimensional negativ	zweidimensional	eindimensional positiv

Einordnung des Risikos:

systematisches Risiko	unbestimmt	unsystematisches Risiko

Risikokette

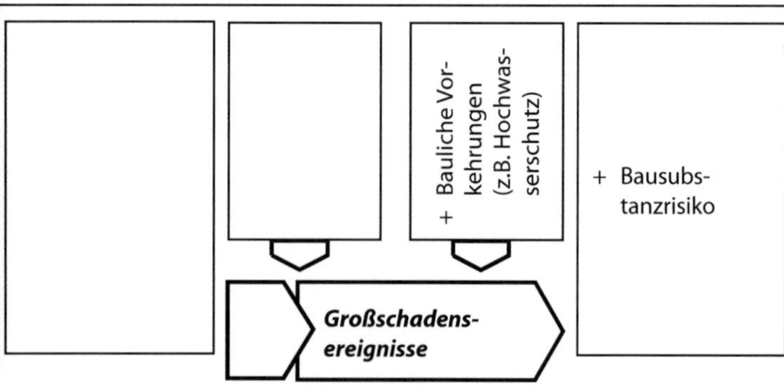

	Projektentwicklung				Nutzung			Verwertung
	Konzeption	Planung	Ausführung	Vermarktung	Nutzung	Renovierung /Umbau		Redevelop-ment
						Planung	Ausführung	
Projektentwickler		Einfluss		teilweise Auswirkung				Einfluss
Immobilienunternehmen					Auswirkung	Einfluss		
Nutzer					Auswirkung			
Planer		Einfluss				Einfluss		Einfluss
Unternehmer								
EK-Geber					Auswirkung			
FK-Geber					Auswirkung			
Versicherung					Übertragung			
Kommunalpolitik								
Landespolitik					Einfluss			
Bundespolitik								

Das Risiko „Großschadensereignisse" im Lebenszyklus

Teilrisiken und Risikobegriffe

Teilrisiken	Risikobegriffe
	Höhere Gewalt
Naturkatastrophen	Naturrisiko; Höhere Gewalt (Erdbeben, Überschwemmung); Naturkatastrophen; Risiken aus höherer Gewalt; Umfeldbeurteilung; Risiken aus Katastrophen; Umweltrisiko
Man-Made-Großschäden	Gefährdung durch technische Katastrophen; Man-Made-Großschäden
Kriminalität	Allgemeine Gewalteinwirkungen (Kriminalität, Terrorgefahr)
Risiko des zufälligen Untergangs /Beschädigung	Risiko des zufälligen Untergangs; Untergang des Objekts; Betriebsunterbrechungsrisiko; Risiken aus Schlechtwetter

Bradler, Andreas (2004): Immobilienspezifisches Riskmanagement in der Kommune. In: Lutz, Ulrich; Klaproth, Thomas (Hg.): Riskmanagement im Immobilienbereich. Technische und wirtschaftliche Risiken. Berlin: Springer (Engineering online library), S. 241–255¶

Girmscheid, Gerhard; Busch, Thorsten A. (2008a): Projektrisikomanagement in der Bauwirtschaft. Berlin: Bauwerk-Verl.

Gürtler, Volkhard (2007): Stochastische Risikobetrachtung bei PPP-Projekten. Renningen: Expert-Verl. (Aus Forschung und Praxis, 9)

Kook, Heiner; Sydow, Manfred (2003): Strategisches Portfoliomanagement in der Immobilienwirtschaft - Ein Leitfaden für Theorie und Praxis. 1. Aufl. Hamburg: Hammonia-Verl.

Maier, Kurt M.; Graf, Karl Herbert; Schwatlo, Winfried; Steinbrenner, Hans-Peter (2007): Risikomanagement im Immobilien- und Finanzwesen - Ein Leitfaden für Theorie und Praxis. 3., überarb. und erw. Aufl. Frankfurt am Main: Knapp

Nemuth, Tilo (2006): Risikomanagement bei internationalen Bauprojekten. Renningen: Expert-Verl. (Aus Forschung und Praxis)

Schmitz, Thorsten; Wehrheim, Michael (2006): Risikomanagement - Grundlagen, Theorie, Praxis. Stuttgart: Kohlhammer

Trotz, Raymond (2004): Immobilien - Markt- und Objektrating - Ein praxiserprobtes System für die Immobilienanalyse. 1. Aufl. Köln: Müller

Wellner, Kristin (2003): Entwicklung eines Immobilien-Portfolio-Management-Systems - Zur Optimierung von Rendite-Risiko-Profilen diversifizierter Immobilien-Portfolios. Norderstedt: Books on Demand (Reihe, 3)

Wüstefeld, Hermann (2000): Risiko und Rendite von Immobilieninvestments. Frankfurt am Main: Knapp

7 Soziale Risiken

Definition

Das soziale Risiko umfasst Risiken, die ihre Ursache in der Sozialstruktur der Bewohner am Standort haben. Ihre negative Seite lässt sich durch den Begriff „Sozialer Brennpunkt" charakterisieren. Zu den sozialen Risiken zählen hohe Arbeitslosigkeit, geringer Bildungsstand, Segregationsrisiken, Drogenabhängigkeit, Gewalt und (Klein-) Kriminalität. Im positiven kann ein stabiles soziales Gefüge aber auch zur Stabilisierung der Nachbarschaft beitragen.
Die Folge sind Auswirkungen auf die Betriebskosten (z. B. die Beseitigung von Vandalismusschäden) und auf die Mieteinnahmen (z. B. durch Mietrückstände).

Risikokategorien

Risikogruppe:

Standort und Markt	Objekt (in Nutzung)	Objekt (Eigenschaft)	Objekt (Erstellung)	Unternehmensrisiko

Ebenen, auf denen das Risiko erscheint:

National	Regional	Mikrostandort

Risikodimension:

eindimensional negativ	zweidimensional	eindimensional positiv

Einordnung des Risikos:

systematisches Risiko	unbestimmt	unsystematisches Risiko

Risikokette

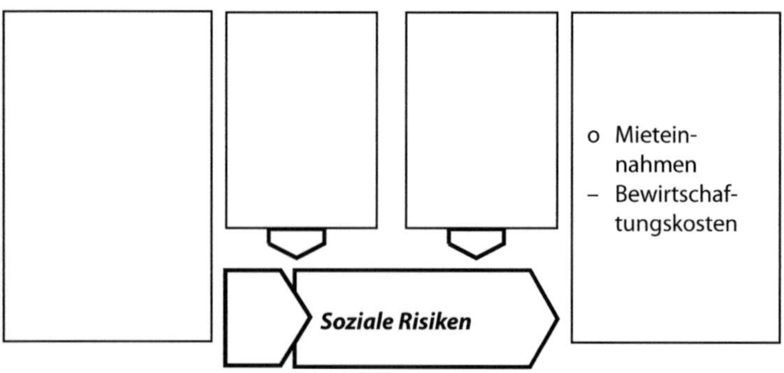

	Projektentwicklung				Nutzung			Verwertung
	Konzeption	Planung	Ausführung	Vermarktung	Nutzung	Renovierung /Umbau		Redevelopment
						Planung	Ausführung	
Projektentwickler	Entstehung	Entstehung		teilweise Auswirkung				Entstehung
Immobilienunternehmen					Auswirkung	Einfluss		
Nutzer					teilweise Auswirkung			
Planer		Einfluss				Einfluss		Einfluss
Unternehmer								
EK-Geber	Einfluss	Einfluss			teilweise Auswirkung			Einfluss
FK-Geber								
Versicherung					teilweise Auswirkung			
Kommunalpolitik	Einfluss	Einfluss			Einfluss	Einfluss		Einfluss
Landespolitik								
Bundespolitik								

Das Risiko „Soziale Risiken" im Lebenszyklus

Teilrisiken	Risikobegriffe
Nachbarschaft	Nachbarschaft; Umfeld / Einzugsbereich; Umfeldbeurteilung; Wohnbevölkerung Einzugsgebiet
Altersstruktur	Altersstruktur der Mieter; Altersverteilung
Sozialstruktur	Sozialstruktur; Einkommen, Kaufkraftniveau; Ausländeranteil;
Problemgruppen	Belegungsstruktur der Bestände nach Problemgruppen; Nachbarschaft; Randgruppen
Kriminalität	Allgemeine Gewalteinwirkungen (Kriminalität, Terrorgefahr)

Eekhoff, Johann; Arentz, Oliver; Rauen, Stephan; Langner, Benedikt (2007): Zur Ökonomisierung der Immobilienwirtschaft – Entwicklungen und Perspektiven - Bericht der Kommission des Deutschen Verbandes für Wohnungswesen, Städtebau und Raumordnung e.V. im Auftrag des Bundesministeriums für Verkehr, Bau und Stadtentwicklung. Berlin.

Franzen, Jörg (2008): Kommunale Wohnungsunternehmen – zwischen Rendite und sozialer Verantwortung - Die Positionierung der kommunalen Wohnungsunternehmen zwischen Gesellschaftererwartungen, Versorgungsfunktion und Markterfordernissen. In: vhw Forum Wohneigentum, H. April-Mai, S. 85–88.

Jedem, Ulrike (2006): Immobilienrating - Überlegungen zur Risikoeinschätzung bei Immobilien aus Sicht der Kapitalgeber. 1. Aufl. Freiburg, Breisgau: Rombach (Finanzmärkte und Immobilienwirtschaft, 2)

Kook, Heiner; Sydow, Manfred (2003): Strategisches Portfoliomanagement in der Immobilienwirtschaft - Ein Leitfaden für Theorie und Praxis. 1. Aufl. Hamburg: Hammonia-Verl.

Krone, Hans G. (Hg.) (2004): Zukunftsorientierte Immobilienwirtschaft - Neue Trends und innovative Lösungen. Tönning: Der Andere Verl. (Leipziger Beiträge zur praxisorientierten Wirtschafts- und Sozialforschung, 1)

Sandvoß, Jörg (2004): Grundlagen des Risikomanagements in der Immobilienwirtschaft. In: Lutz, Ulrich; Klaproth, Thomas (Hg.): Riskmanagement im Immobilienbereich. Technische und wirtschaftliche Risiken. Berlin: Springer (Engineering online library), S. 1–38

Scharp, Michael; Behrendt, Siegfried; Galonska, Jürgen; Knoll, Michael; Kreibich, Rolf (2002): Nachhaltigkeit des Bauens und Wohnens - Perspektiven und Handlungsfelder für die Wohnungswirtschaft. 1. Aufl. Baden-Baden: Nomos-Verl.-Ges. (ZukunftsStudien, 26)

Wiedenmann, Markus (2005): Risikomanagement bei der Immobilien-Projektentwicklung unter besonderer Berücksichtigung der Risikoanalyse und Risikoquantifizierung. Norderstedt: Books on Demand

Winkler, Frank; Gladis, Katharina (2004): Leerstands-- und Segregationsrisiken in Wohnungsbeständen - Ursachen, Auswirkungen, Handlungsspielräume und mögliche Gegenmaßnahmen. In: Lutz, Ulrich; Klaproth, Thomas (Hg.): Riskmanagement im Immobilienbereich. Technische und wirtschaftliche Risiken. Berlin: Springer, S. 129–148

8 Umweltrisiken

Definition

Bei den Umweltrisiken handelt es sich um Risiken, die am Standort die Umwelt beeinträchtigen. Dies beinhaltet zunächst die allgemeine Umweltqualität am Standort, aber auch Immissionen von Lärm, Staub oder Schadstoffen.

Je nach Art der Belastung ist zunächst zu überprüfen, ob es Möglichkeiten gibt, diese an der Quelle zu reduzieren. Ist dies nicht der Fall, können ggf. bauliche Schutzvorkehrungen wie Schallschutz oder die angepasste Orientierung der Nutzung Abhilfe schaffen. Grundsätzlich ist die Eignung des Standorts für die angestrebte Nutzung zu hinterfragen.

Umweltrisiken wirken sich auf den Mietwert und die Bausubstanz aus.

Risikokategorien

Risikogruppe:

Standort und Markt	Objekt (in Nutzung)	Objekt (Eigenschaft)	Objekt (Erstellung)	Unternehmensrisiko

Ebenen, auf denen das Risiko erscheint:

National	Regional	**Mikrostandort**

Risikodimension:

eindimensional negativ	zweidimensional	eindimensional positiv

Einordnung des Risikos:

systematisches Risiko	**unbestimmt**	unsystematisches Risiko

Risikokette

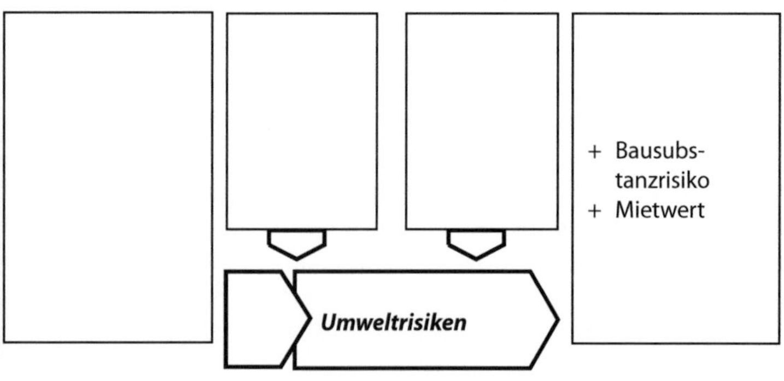

	Projektentwicklung				Nutzung			Verwertung
	Konzeption	Planung	Ausführung	Vermarktung	Nutzung	Renovierung /Umbau		Redevelop-ment
						Planung	Ausführung	
Projektentwickler	Entstehung	Entstehung	Entstehung	Auswirkung				Entstehung
Immobilienunternehmen					Auswirkung	Einfluss	Einfluss	
Nutzer					teilweise Auswirkung			
Planer		Einfluss	Einfluss			Einfluss		Einfluss
Unternehmer			Einfluss				Einfluss	
EK-Geber	Einfluss	Einfluss		teilweise Auswirkung	teilweise Auswirkung			Einfluss
FK-Geber		Einfluss		teilweise Auswirkung	teilweise Auswirkung			Einfluss
Versicherung								
Kommunalpolitik	Einfluss	Einfluss	Einfluss	Einfluss	Einfluss	Einfluss	Einfluss	Einfluss
Landespolitik	Einfluss	Einfluss	Einfluss	Einfluss	Einfluss	Einfluss	Einfluss	Einfluss
Bundespolitik	Einfluss	Einfluss	Einfluss	Einfluss	Einfluss	Einfluss	Einfluss	Einfluss

Das Risiko „Umweltrisiken" im Lebenszyklus

Teilrisiken und Risikobegriffe

Teilrisiken	Risikobegriffe
Umweltqualität	Naturrisiko; Umweltqualität; Umweltrisiko; Immissionen; Umweltbelastungen; Umwelteinflüsse / Immissionen; Umweltrisiko; Umweltverschmutzung; Umfeldbeurteilung; Freizeitwert; Grünanteil, Sauberkeit;
Naturkatastrophen	Naturrisiko; Höhere Gewalt (Erdbeben, Überschwemmung); Naturkatastrophen; Risiken aus höherer Gewalt; Umfeldbeurteilung; Risiken aus Katastrophen; Umweltrisiko
Altlasten	Kontamination des Baugrunds; ökologische Altlasten; Schadstoffbelastung; Altlasten
Immissionen	Imissionsbeeinträchtigung durch Lärm, Geruch und sonst. Immissionen; Immissionen; CO2-Emissionen; Schwebestaubemissionen;

Bundesministerium für Verkehr, Bau-und Wohnungswesen (Berlin) (Januar 2001): Leitfaden Nachhaltiges Bauen. 1. Nachdruck (mit redaktionellen Änderungen). Bundesministerium für Verkehr, Bau und Wohnungswesen (Berlin). Berlin.

Diederichs, Claus Jürgen; Getto, Petra; Streck, Stefanie (2003): Entwicklung eines Bewertungssystems für ökonomisches und ökologisches Bauen und gesundes Wohnen. Stuttgart: Fraunhofer-IRB-Verl.

Girmscheid, Gerhard; Busch, Thorsten A. (2008a): Projektrisikomanagement in der Bauwirtschaft. Berlin: Bauwerk-Verl.

Gürtler, Volkhard (2007): Stochastische Risikobetrachtung bei PPP-Projekten. Renningen: Expert-Verl. (Aus Forschung und Praxis, 9)

Jedem, Ulrike (2006): Immobilienrating - Überlegungen zur Risikoeinschätzung bei Immobilien aus Sicht der Kapitalgeber. 1. Aufl. Freiburg, Breisgau: Rombach (Finanzmärkte und Immobilienwirtschaft, 2)

Kook, Heiner; Sydow, Manfred (2003): Strategisches Portfoliomanagement in der Immobilienwirtschaft - Ein Leitfaden für Theorie und Praxis. 1. Aufl. Hamburg: Hammonia-Verl.

Maier, Kurt M.; Graf, Karl Herbert; Schwatlo, Winfried; Steinbrenner, Hans-Peter (2007): Risikomanagement im Immobilien- und Finanzwesen - Ein Leitfaden für Theorie und Praxis. 3., überarb. und erw. Aufl. Frankfurt am Main: Knapp

Sandvoß, Jörg (2004): Grundlagen des Risikomanagements in der Immobilienwirtschaft. In: Lutz, Ulrich; Klaproth, Thomas (Hg.): Riskmanagement im Immobilienbereich. Technische und wirtschaftliche Risiken. Berlin: Springer (Engineering online library), S. 1–38

Schulze Darup, Burkhard (1996): Bauökologie. Wiesbaden: Bauverl.

Wiedenmann, Markus (2005): Risikomanagement bei der Immobilien-Projektentwicklung unter besonderer Berücksichtigung der Risikoanalyse und Risikoquantifizierung. Norderstedt: Books on Demand

Wilson, Alex (1998): Green development - Integrating ecology and real estate. New York, NY: Wiley (The Wiley series in sustainable design)

9 Gebäudesubstanz

Definition

Das Gebäudesubstanzrisiko ist das Risiko physischer Schäden am Gebäude, die über das Maß der Schönheitsreparatur herausgehen. Hinzu kommt die sog. Obsoleszenz, also die Überalterung des Gebäudekonzepts. Ursache können direkte Einwirkungen von außen durch Großschadensereignisse sein, aber auch objektinterne Schäden wie Brand- oder Wasserschäden. Hinzu kommt die normale Alterung und Abnutzung der Gebäudesubstanz. Diese kann durch Wartung und Instandhaltung verlangsamt oder durch Umwelteinflüsse beschleunigt werden. Hierauf hat auch die Bauweise Einfluss. Die Gefahr der Obsoleszenz kann durch eine flexible Primärstruktur gesenkt werden.
Der Zustand der Gebäudesubstanz entscheidet auch über die möglichen Mieteinnahmen - ggf. kann es auch zu Mietminderungen kommen - und über die Bewirtschaftungskosten.

Risikokategorien

Risikogruppe:

Standort und Markt	**Objekt (in Nutzung)**	Objekt (Eigenschaft)	Objekt (Erstellung)	Unternehmensrisiko

Ebenen, auf denen das Risiko erscheint:

National	Regional	Mikrostandort

Risikodimension:

eindimensional negativ	zweidimensional	eindimensional positiv

Einordnung des Risikos:

systematisches Risiko	unbestimmt	**unsystematisches Risiko**

Risikokette

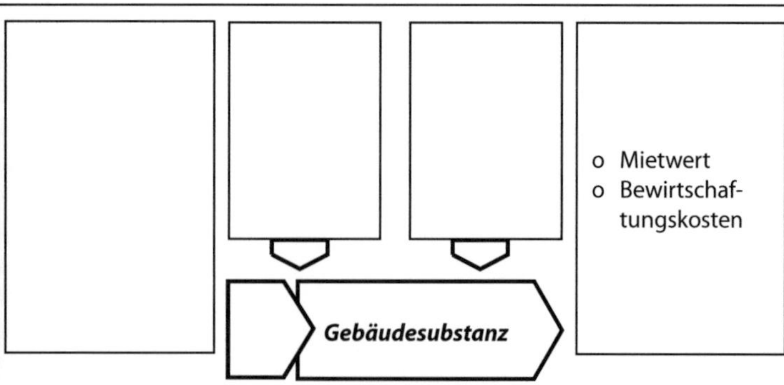

	Projektentwicklung				Nutzung			Verwertung
	Konzeption	Planung	Ausführung	Vermarktung	Nutzung	Renovierung /Umbau		Redevelop-ment
						Planung	Ausführung	
Projektentwickler		Entstehung	Entstehung	teilweise Auswirkung				
Immobilienunternehmen					Auswirkung	Einfluss	Einfluss	
Nutzer					teilweise Auswirkung			
Planer		Einfluss	Einfluss			Einfluss	Einfluss	Einfluss
Unternehmer			Einfluss				Einfluss	Einfluss
EK-Geber				teilweise Auswirkung	teilweise Auswirkung			
FK-Geber								
Versicherung					Übertragung			
Kommunalpolitik								
Landespolitik		Einfluss	Einfluss			Einfluss	Einfluss	Einfluss
Bundespolitik								

Das Risiko „Gebäudesubstanz" im Lebenszyklus

Teilrisiken und Risikobegriffe

Teilrisiken	Risikobegriffe
Bausubstanz; Ausstattung	Bauqualität; Bausubstanz; Bausubstanz/-technik; Bausubstanzrisiko; Bauweise; Gebäudesubstanz; Qualität Objekt; Substanzrisiko; Objektrisiko; Langfristige Werthaltigkeit; Alter; Objektzustand; Instandhaltung; Instandhaltungsstau; Zeitraum seit der letzten Modernisierung; Redevelopmentbedarf; Erscheinungsbild; Baumängel; Funktionsfähigkeit; Funktionsfähigkeit; Dach; Fenster / Türen; Fassade; Treppenhaus; Balkon; Heizung; Bad; Parkmöglichkeiten; Parkplatzsituation
Mieterzufriedenheit	Kundenzufriedenheit, Loyalität; Mieterzufriedenheit; Fluktuation
Nutzungs- bzw. Mieteradäquanz	Mieteradäquanz; Nutzungs- bzw. Mieteradäquanz
Lageadäquanz	Lageadäquanz
Technologische Überalterung	Technologische Adäquanz; Technologische Neuerungen; Überalterungsrisiko
Flexibilität	Reserveflächen / Expansionsfähigkeit
Risiko des zufälligen Untergangs	Risiko des zufälligen Untergangs; Untergang des Objekts
Umweltrisiken	Umweltrisiken

Girmscheid, Gerhard; Busch, Thorsten A. (2008a): Projektrisikomanagement in der Bauwirtschaft. Berlin: Bauwerk-Verl.

Gürtler, Volkhard (2007): Stochastische Risikobetrachtung bei PPP-Projekten. Renningen: Expert-Verl. (Aus Forschung und Praxis, 9)

Hankammer, Gunter (2009): Schäden an Gebäuden - Erkennen und beurteilen. 2., aktualisierte und erweiterte Auflage. Köln: Müller

Hassler, Uta; Kohler, Niklaus; Wang, Wilfried (1999): Umbau - Über die Zukunft des Baubestandes. Tübingen: Wasmuth

Jedem, Ulrike (2006): Immobilienrating - Überlegungen zur Risikoeinschätzung bei Immobilien aus Sicht der Kapitalgeber. 1. Aufl. Freiburg, Breisgau: Rombach (Finanzmärkte und Immobilienwirtschaft, 2)

Kottjé, Johannes; Sous, Silke; Oswald, Rainer (2005): Kostengünstig bauen - Schäden vermeiden. München: DVA¶

Lange, Bettina (2005): Immobilienrating - Modell zur Analyse von Ausfallrisiken immobilienwirtschaftlicher Kreditengagements. Norderstedt: Books on Demand (Immobilienmanagement, 9)

Lausberg, Carsten (2001): Das Immobilienmarktrisiko deutscher Banken. Sternenfels: Verl. Wiss. und Praxis (Studienreihe der Stiftung Kreditwirtschaft an der Universität Hohenheim, 29)

Liebert, Géraldine; Spilker, Ralf; Oswald, Rainer (2007): Schimmelpilzbefall bei hochwärmegedämmtem Neu- und Altbauten - Erhebung von Schadensfällen - Ursachen und Konsequenzen. Stuttgart: Fraunhofer-IRB-Verl. (Bau- und Wohnforschung, 2506)

Maier, Kurt M.; Graf, Karl Herbert; Schwatlo, Winfried; Steinbrenner, Hans-Peter (2007): Risikomanagement im Immobilien- und Finanzwesen - Ein Leitfaden für Theorie und Praxis. 3., überarb. und erw. Aufl. Frankfurt am Main: Knapp

Spilker, Ralf; Oswald, Rainer (2000): Konzepte für die praxisorientierte Instandhaltungsplanung im Wohnungsbau. Unter Mitarb. von Ruth Abel. Stuttgart: Fraunhofer-IRB-Verl. (Bauforschung für die Praxis, 55)

Trotz, Raymond (2004): Immobilien - Markt- und Objektrating - Ein praxiserprobtes System für die Immobilienanalyse. 1. Aufl. Köln: Müller

Wüstefeld, Hermann (2000): Risiko und Rendite von Immobilieninvestments. Frankfurt am Main: Knapp

10 Ökologisches Risiko

Definition

Das ökologische Risiko eines Objekts in der Nutzungsphase beinhaltet insbesondere negative Wirkungen auf die Nutzer, die von dem Gebäude ausgehen, sowie negative Wirkungen auf die Umwelt. So kann beispielsweise die Raumluft durch Baumaterialien wie belastet sein, zum Beispiel durch Asbestfasern oder Ausdünstungen von Farben und Klebern, oder das Klima gewährleistet keine Behaglichkeit. An negativen Auswirkungen auf die Umwelt sind sowohl Umweltschäden durch unvorhergesehene Ereignisse, beispielsweise Boden- und Gewässerschäden durch ausgelaufenes Heizöl, aber auch Emissionen im laufenden Gebäudebetrieb, beispielsweise durch die Heizanlage, mit in Betracht zu ziehen.

Ökologischen Risiken kann durch sorgfältige Planung und regelmäßige Wartung und Instandhaltung vorgebeugt werden.

Risikokategorien

Risikogruppe:

Standort und Markt	Objekt (in Nutzung)	Objekt (Eigenschaft)	Objekt (Erstellung)	Unternehmensrisiko

Ebenen, auf denen das Risiko erscheint:

National	Regional	Mikrostandort

Risikodimension:

eindimensional negativ	zweidimensional	eindimensional positiv

Einordnung des Risikos:

systematisches Risiko	unbestimmt	unsystematisches Risiko

Risikokette

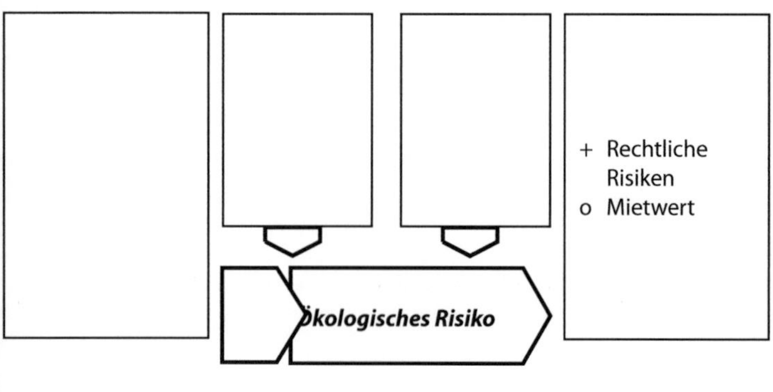

	Projektentwicklung				Nutzung			Verwertung
	Konzeption	Planung	Ausführung	Vermarktung	Nutzung	Renovierung /Umbau		Redevelopment
						Planung	Ausführung	
Projektentwickler	Entstehung	Entstehung	Entstehung	Auswirkung				Entstehung & Auswirkung
Immobilienunternehmen					Auswirkung	Einfluss	Einfluss	
Nutzer					Auswirkung			
Planer		Einfluss	Einfluss			Einfluss	Einfluss	Einfluss
Unternehmer			Einfluss				Einfluss	
EK-Geber		Einfluss	Einfluss	teilweise Auswirkung	teilweise Auswirkung	Einfluss	Einfluss	teilweise Auswirkung
FK-Geber		Einfluss	Einfluss	teilweise Auswirkung	teilweise Auswirkung	Einfluss	Einfluss	teilweise Auswirkung
Versicherung		Einfluss	Einfluss		Übertragung	Einfluss	Einfluss	Einfluss
Kommunalpolitik								
Landespolitik								
Bundespolitik								

Das Risiko „Ökologisches Risiko" im Lebenszyklus

Teilrisiken und Risikobegriffe

Teilrisiken	*Risikobegriffe*
Umweltrisiken	Umweltrisiken
	Ökologie; Umwelteinflüsse aus dem Objekt
	Umweltbelastungen
Immissionen	Imissionsbeeinträchtigung durch Lärm, Geruch und sonst. Immissionen
Altlasten	Kontamination des Baugrunds; ökologische Altlasten; Schadstoffbelastung

Sandvoß, Jörg (2004): Grundlagen des Risikomanagements in der Immobilienwirtschaft. In: Lutz, Ulrich; Klaproth, Thomas (Hg.): Riskmanagement im Immobilienbereich. Technische und wirtschaftliche Risiken. Berlin: Springer (Engineering online library), S. 1–38

Bundesministerium für Verkehr, Bau-und Wohnungswesen (Berlin) (Januar 2001): Leitfaden Nachhaltiges Bauen. 1. Nachdruck (mit redaktionellen Änderungen). Bundesministerium für Verkehr, Bau-und Wohnungswesen (Berlin). Berlin. Online verfügbar unter http://www.bmvbs.de/Anlage/original_8183/Leitfaden-Nachhaltiges-Bauen.pdf, zuletzt geprüft am 11.04.2008

Diederichs, Claus Jürgen; Getto, Petra; Streck, Stefanie (2003): Entwicklung eines Bewertungssystems für ökonomisches und ökologisches Bauen und gesundes Wohnen. Stuttgart: Fraunhofer-IRB-Verl. (Bauforschung für die Praxis, 57)

Hellbusch, Fabian (2008): Green Building als Wertfaktor. In: Immobilien & Finanzierung - Der langfristige Kredit, H. 22, S. 835

Schulze Darup, Burkhard (1996): Bauökologie. Wiesbaden: Bauverlag

Umweltbundesamt: Leitfaden zum ökologisch orientierten Bauen. 3., überarb. und erw. Aufl. Heidelberg: Müller

11 Mietwert

Definition

Der Mietwert ist die potentiell am Markt für ein entsprechendes Objekt erzielbare Miete. Sie stellt das Maximum der tatsächlichen Mieteinnahmen dar - diese können durch Sondereinflüsse wie Leerstand oder Mietausfall geringer sein. Des Weiteren hat die Qualität des Objektmanagements Einfluss darauf, ob eine Miete in Höhe des Mietwerts realisiert werden kann.

Der Mietwert wird durch das Verhältnis von Angebot und Nachfrage in dem relevanten, räumlich und sachlich abgegrenzten Teilmarkt bestimmt.

Der Mietwert ist eines der zentralen Risiken, da er sich mittelbar auf die Wertentwicklung der Immobilie auswirkt. Des Weiteren hängt der Cash Flow des Immobilienunternehmens von der Höhe der Mieteinnahmen ab.

Risikokategorien

Risikogruppe:

Standort und Markt	Objekt (in Nutzung)	Objekt (Eigenschaft)	Objekt (Erstellung)	Unternehmensrisiko

Ebenen, auf denen das Risiko erscheint:

National	Regional	Mikrostandort

Risikodimension:

eindimensional negativ	zweidimensional	eindimensional positiv

Einordnung des Risikos:

systematisches Risiko	unbestimmt	unsystematisches Risiko

Risikokette

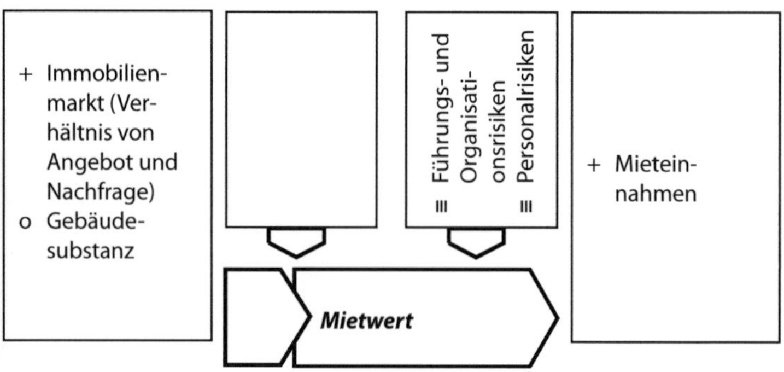

Das Risiko „Mietwert" im Lebenszyklus

	Projektentwicklung				Nutzung			Verwertung
	Konzeption	Planung	Ausführung	Vermarktung	Nutzung	Renovierung /Umbau		Redevelop-ment
						Planung	Ausführung	
Projektentwickler	Entstehung	Entstehung	Einfluss	Auswirkung				Einfluss
Immobilienunternehmen					Auswirkung	Einfluss	Einfluss	
Nutzer								
Planer		Einfluss				Einfluss		Einfluss
Unternehmer								
EK-Geber	Einfluss	Einfluss		teilweise Auswirkung	teilweise Auswirkung	Einfluss		Einfluss
FK-Geber				teilweise Auswirkung	teilweise Auswirkung			
Versicherung								
Kommunalpolitik					Einfluss			
Landespolitik								
Bundespolitik								

Teilrisiken und Risikobegriffe

Teilrisiken	Risikobegriffe
Vermietungsrisiko	Vermietungsrisiko; Anschlussvermietung; Wiedervermietbarkeit / Marktgängigkeit; Prestige / Standing; Langfristige Werthaltigkeit; Cash Flow; Ertragslage; Ertragsrisiko; Nachhaltigkeit der Mieterträge; Volatilität und Risiko; Vermietungssituation;
Mietpotential; aktuelle Miethöhe	Erzielbare Miete; Mieteinnahmen; Miethöhe; Mietpreise; Mietzins; Gesamtkapitalrentabilität; Performancerisiko; Renditerisiko; Mietpotential; Preisfindung; Unternehmensspezifische Mietpreisgestaltung; Mietentwicklung; Art der Mietzinsanpassung; Mietdauer; Headlines und Incentives; Mietkonzessionen; Vorvermietungsrisiko; Mietgarantien; Bestehende Mietsteigerungspotentiale; Mietsteigerungspotential; Entwicklungsfähigkeit (Indexierung, Umsatzbeteiligung, Anschlußvermietung)
Mieterzufriedenheit	Mieterzufriedenheit
Mietermix; Problemgruppen	Anfänglicher Mietermix; Mietermix; Belegungsstruktur der Bestände nach Problemgruppen; Mieterklima; Nachbarschaft; Altersstruktur der Mieter; Sozialstruktur der Mieter; Branchen, Größen und Flächenmix
Marktanteil	Marktanteil am Standort; Marktanteil am Gesamtbestand

Bone-Winkel, Stephan (1994): Das strategische Management von offenen Immobilienfonds - Unter besonderer Berücksichtigung der Projektentwicklung von Gewerbeimmobilien. Köln: Müller (Schriften zur Immobilienökonomie, 1)

GdW - Bundesverband Deutscher Wohnungs- und Immobilienunternehmen e.V. (Berlin): Risiko-Managementsystem im Wohnungsunternehmen. 2. Aufl (2000). Hamburg: Hammonia Verlag (Fachbuch für die Wohnungswirtschaft)

Jedem, Ulrike (2006): Immobilienrating - Überlegungen zur Risikoeinschätzung bei Immobilien aus Sicht der Kapitalgeber. 1. Aufl. Freiburg, Breisgau: Rombach (Finanzmärkte und Immobilienwirtschaft, 2)

Köberle, Gesa (2008): Erfolgskriterien nachhaltiger Immobilien. In: Immobilien & Finanzierung - Der langfristige Kredit, H. 22, S. 828–829¶

Kook, Heiner; Sydow, Manfred (2003): Strategisches Portfoliomanagement in der Immobilienwirtschaft - Ein Leitfaden für Theorie und Praxis. 1. Aufl. Hamburg: Hammonia-Verl.

Kurzrock, Björn-Martin (2007): Einflussfaktoren auf die Performance von Immobilien-Direktanlagen. Köln: Rudolf Müller (Schriftenreihe zur immobilienwirtschaftlichen Forschung, 01)

Lange, Bettina (2005): Immobilienrating - Modell zur Analyse von Ausfallrisiken immobilienwirtschaftlicher Kreditengagements. Norderstedt: Books on Demand (Immobilienmanagement, 9)

Lausberg, Carsten (2001): Das Immobilienmarktrisiko deutscher Banken. Sternenfels: Verl. Wiss. und Praxis (Studienreihe der Stiftung Kreditwirtschaft an der Universität Hohenheim, 29)

Maier, Kurt M.; Graf, Karl Herbert; Schwatlo, Winfried; Steinbrenner, Hans-Peter (2007): Risikomanagement im Immobilien- und Finanzwesen - Ein Leitfaden für Theorie und Praxis. 3., überarb. und erw. Aufl. Frankfurt am Main: Knapp

Trotz, Raymond (2004): Immobilien - Markt- und Objektrating - Ein praxiserprobtes System für die Immobilienanalyse. 1. Aufl. Köln: Müller

Wiedenmann, Markus (2005): Risikomanagement bei der Immobilien-Projektentwicklung unter besonderer Berücksichtigung der Risikoanalyse und Risikoquantifizierung. Norderstedt: Books on Demand

Wüstefeld, Hermann (2000): Risiko und Rendite von Immobilieninvestments. Frankfurt am Main: Knapp

12 Bewirtschaftungskostenrisiko

Definition

Im Bewirtschaftungskostenrisiko sind Änderungen der umlagefähigen und der nicht-umlagefähigen Bewirtschaftungskosten zusammengefasst.

Umlagefähige Bewirtschaftungskosten sind zwar vom Mieter zu tragen. Da diese aber gewöhnlich mit den Gesamtkosten für die Nutzung rechnen, schmälern hohe Betriebskosten den Mietwert der Immobilie. Bei den nicht-umlagefähigen Bewirtschaftungskosten handelt es sich im Wesentlichen um Kosten der laufenden Instandsetzung und der Verwaltung.

Die Bewirtschaftungskosten wirken sich auf die Netto-Mieteinnahmen und die Wertentwicklung aus. Sie lassen sich durch eine entsprechende Bauweise, insbesondere eine hohe Bauqualität und einen niedrigen Energiebedarf, abfedern.

Risikokategorien

Risikogruppe:

Standort und Markt	Objekt (in Nutzung)	Objekt (Eigenschaft)	Objekt (Erstellung)	Unternehmensrisiko

Ebenen, auf denen das Risiko erscheint:

National	Regional	Mikrostandort

Risikodimension:

eindimensional negativ	zweidimensional	eindimensional positiv

Einordnung des Risikos:

systematisches Risiko	unbestimmt	unsystematisches Risiko

Risikokette

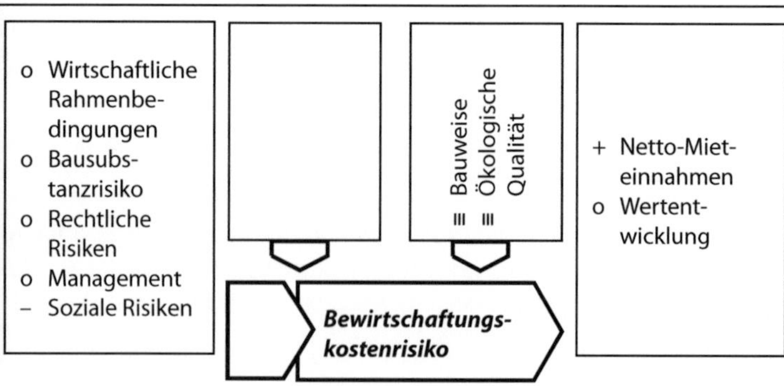

	Projektentwicklung				Nutzung			Verwertung
	Konzeption	Planung	Ausführung	Vermarktung	Nutzung	Renovierung /Umbau		Redevelop-ment
						Planung	Ausführung	
Projektentwickler	Entstehung	Entstehung	Entstehung	teilweise Auswirkung				Einfluss
Immobilienunternehmen					Auswirkung	Einfluss	Einfluss	
Nutzer					Übertragung			
Planer		Einfluss	Einfluss			Einfluss	Einfluss	Einfluss
Unternehmer			Einfluss				Einfluss	Einfluss
EK-Geber				teilweise Auswirkung	teilweise Auswirkung			
FK-Geber								
Versicherung					Übertragung			
Kommunalpolitik								
Landespolitik								
Bundespolitik								

Das Risiko „Bewirtschaftungskostenrisiko" im Lebenszyklus

Teilrisiken und Risikobegriffe

Teilrisiken	Risikobegriffe
Bewirtschaftungskostenrisiko	Ertragslage; Ertragsrisiko; Volatilität und Risiko; Rendite; Gesamtkapitalrentabilität; Performancerisiko; Renditerisiko; Volatilität und Risiko; Cash Flow;
Mietausfall	Mieterausfälle; Mietausfälle; Mietausfallrisiko; Mietrückstände;
Mieterbonität	Bonität; Bonität der Mieter; Mieterbonität; Objektspezifische Mieterbonität; Schuldnerausfallrisiko; Vermietungsrisiko (Mieterbonität)
	Erlösschmälerung
Fluktuation	Fluktuation
Leerstand	Leerstand; Leerstand am Stichtag; Leerstandrisiko; Leerstandsrisiko; Vermietungsrisiko (Leerstand); Vermietungsstand; Vermietungssituation; Vermietungsstand; Durchschnittliche Leerstandsdauer
Bewirtschaftungskosten (umlagefähig / nicht umlagefähig); Instandhaltungskosten	Betriebs- und Instandhaltungskostenrisiko; Bewirtschaftungs- und Instandhaltungsaufwand; Instandhaltung; Instandhaltungskosten; Bewirtschaftungskosten; Nicht umlagefähige Betriebskosten; Nicht umlagefähige Bewirtschaftungskosten; Analyse der Betriebskosten; Betriebs- und sonstige Kosten; Betriebskostenentwicklung; Bewirtschaftungskosten; Umlagefähige Bewirtschaftungskosten; Umlagefähige Nebenkosten; Bewirtschaftungseffizienz; Bewirtschaftungskostenquote; Reinigung; Strom- und Wasserversorgung; Winterdienst; Sicherheitsdienst; Abfallentsorgung; Wartungsverträge für TGA; Versicherungen; Analyse der Betriebskosten; Kostenstrukturrisiko; Objekteffizienz
Qualität / Effizienz des Objektmanagements	Exogene vs. interne Managementausführung; Managementrisiko; Objektmanagement; Qualität des Immobilienmanagements; Verwaltung; Kaufmännische Verwaltung; Verwaltung; Facility Management; Ressourcenbindung; Objektspezifische Vertragsgestaltung; Sach- und Preisgefahr

Altmeppen, Hermann (2007): Kosten für Mieterwechsel mutieren zu Renditefressern. In: Immobilien Zeitung, H. 44, S. 4.

Bogenberger, Stefan; Reisbeck, Tilman (2006): Elemente und Bausteine eines Immobilien-Benchmarkings. In: Reisbeck, Tilman; Schöne, Lars Bernhard (Hg.): Immobilien-Benchmarking. Ziele, Nutzen, Methoden und Praxis. Berlin, Heidelberg: Springer-Verlag Berlin Heidelberg , S. 53–88

Bone-Winkel, Stephan (1994): Das strategische Management von offenen Immobilienfonds - Unter besonderer Berücksichtigung der Projektentwicklung von Gewerbeimmobilien. Köln: Müller

Ehrlichmann, Jürgen (03.06.2008): Konzeption zur Energieeinsparung - Was muss der Vermieter an Energiesparmaßnahmen umsetzen. Veranstaltung vom 03.06.2008. Frankfurt am Main. Veranstalter: Bundesverband öffentlicher Banken.

GdW - Bundesverband Deutscher Wohnungs- und Immobilienunternehmen e.V. (Berlin): Risiko-Managementsystem im Wohnungsunternehmen. 2. Aufl (2000). Hamburg: Hammonia Verlag

Gürtler, Volkhard (2007): Stochastische Risikobetrachtung bei PPP-Projekten. Renningen: Expert-Verl. (Aus Forschung und Praxis, 9)

Jedem, Ulrike (2006): Immobilienrating - Überlegungen zur Risikoeinschätzung bei Immobilien aus Sicht der Kapitalgeber. 1. Aufl. Freiburg, Breisgau: Rombach (Finanzmärkte und Immobilienwirtschaft, 2)

Jones Lang LaSalle (Hg.) (2007): OSCAR 2007 - Office Service Charge Analysis Report - Büronebenkostenanalyse. Online verfügbar unter http://www.research.joneslanglasalle.com/download.asp?DocumentID=540

Kook, Heiner; Sydow, Manfred (2003): Strategisches Portfoliomanagement in der Immobilienwirtschaft - Ein Leitfaden für Theorie und Praxis. 1. Aufl. Hamburg: Hammonia-Verl.

Trotz, Raymond (2004): Immobilien - Markt- und Objektrating - Ein praxiserprobtes System für die Immobilienanalyse. 1. Aufl. Köln: Müller

Wüstefeld, Hermann (2000): Risiko und Rendite von Immobilieninvestments. Frankfurt am Main: Knapp

13 Wertentwicklung

Definition

Das Risiko der Wertentwicklung ist das Risiko, dass sich der Wert einer Immobilie verändert - sowohl positiv als auch negativ. Da die Wertentwicklung eine wesentliche Komponente der Immobilienrendite darstellt handelt es sich hierbei um ein für den wirtschaftlichen Erfolg der Investition zentrales Risiko.

Die Wertentwicklung ist direkt mit der Höhe der Netto-Mieteinnahmen verknüpft, da Investoren für Gewöhnlich den tragbaren Kaufpreis von Gebäuden auf dieser Basis mit Hilfe des Ertragswertverfahrens ermitteln. Insofern wirken sich Änderungen des Mietwerts und der Bewirtschaftungskosten unmittelbar auf den Wert des Gebäudes aus.

Das Risiko der Wertentwicklung beeinflusst entsprechend die finanzielle Situation des Unternehmens.

Risikokategorien

Risikogruppe:

Standort und Markt	**Objekt (in Nutzung)**	Objekt (Eigenschaft)	Objekt (Erstellung)	Unternehmensrisiko

Ebenen, auf denen das Risiko erscheint:

National	Regional	Mikrostandort

Risikodimension:

eindimensional negativ	**zweidimensional**	eindimensional positiv

Einordnung des Risikos:

systematisches Risiko	unbestimmt	**unsystematisches Risiko**

Risikokette

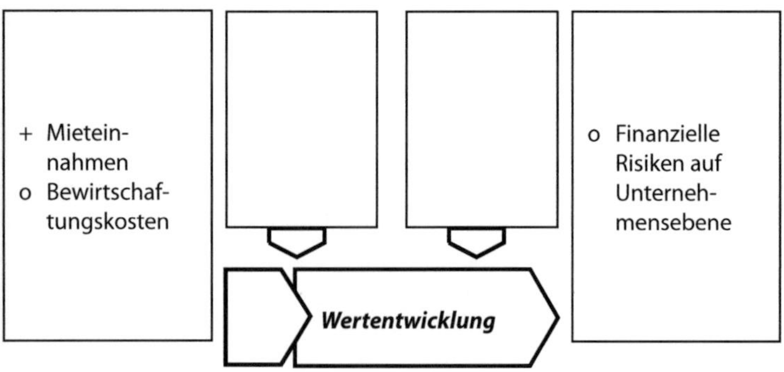

	Projektentwicklung				Nutzung			Verwertung
	Konzeption	Planung	Ausführung	Vermarktung	Nutzung	Renovierung /Umbau		Redevelop-ment
						Planung	Ausführung	
Projektentwickler	Entstehung	Entstehung	Entstehung	Auswirkung				Einfluss
Immobilienunternehmen					Auswirkung	Einfluss	Einfluss	
Nutzer								
Planer		Einfluss	Einfluss			Einfluss	Einfluss	Einfluss
Unternehmer			Einfluss				Einfluss	Einfluss
EK-Geber	Einfluss			teilweise Auswirkung	teilweise Auswirkung	Einfluss		Einfluss
FK-Geber				teilweise Auswirkung	teilweise Auswirkung			
Versicherung								
Kommunalpolitik				Einfluss	Einfluss			
Landespolitik								
Bundespolitik								

Das Risiko „Wertentwicklung" im Lebenszyklus

Teilrisiken	Risikobegriffe
Investitionsrisiko	Investitionsrisiko
Wertentwicklungsrisiko	Wertentwicklungspotential; Wertsteigerungspotential; Erzielbarer Verkaufserlös; Restwertrisiko; Wert; Wertänderungsrisiko; Risiko aus Exit-Strategien; Renditerisiko; Anschaffungs- bzw. Herstellkosten; Vervielfältiger; Ertragsrisiko; Bewertungsrisiko; Beleihungswertrisiko; Sicherheitenverwertung; Veräußerungsrisiko; Verkaufsrisiko; Verwertungsrisiko

Bone-Winkel, Stephan (1994): Das strategische Management von offenen Immobilienfonds - Unter besonderer Berücksichtigung der Projektentwicklung von Gewerbeimmobilien. Köln: Müller

Gleißner, Werner (2004): Integrierte Risiko- und Portfoliomanagementsysteme in der Immobilienwirtschaft. In: Lutz, Ulrich; Klaproth, Thomas (Hg.): Riskmanagement im Immobilienbereich. Technische und wirtschaftliche Risiken. Berlin: Springer

Gürtler, Volkhard (2007): Stochastische Risikobetrachtung bei PPP-Projekten. Renningen: Expert-Verl. (Aus Forschung und Praxis, 9)

Kholodilin, Konstantin A.; Menz, Jan-Oliver; Siliverstovs, Boriss (2008): Immobilienkrise? - Warum in Deutschland die Preise seit Jahrzehnten stagnieren. In: Wochenbericht des DIW, Jg. 75, H. 17, S. 214–223.

Lange, Bettina (2005): Immobilienrating - Modell zur Analyse von Ausfallrisiken immobilienwirtschaftlicher Kreditengagements. Norderstedt: Books on Demand (Immobilienmanagement, 9)

Lausberg, Carsten (2001): Das Immobilienmarktrisiko deutscher Banken. Sternenfels: Verl. Wiss. und Praxis

Maier, Kurt M.; Graf, Karl Herbert; Schwatlo, Winfried; Steinbrenner, Hans-Peter (2007): Risikomanagement im Immobilien- und Finanzwesen - Ein Leitfaden für Theorie und Praxis. 3., überarb. und erw. Aufl. Frankfurt am Main: Knapp

Sandvoß, Jörg (2004): Grundlagen des Risikomanagements in der Immobilienwirtschaft. In: Lutz, Ulrich; Klaproth, Thomas (Hg.): Riskmanagement im Immobilienbereich. Technische und wirtschaftliche Risiken. Berlin: Springer (Engineering online library), S. 1–38

Trotz, Raymond (2004): Immobilien - Markt- und Objektrating - Ein praxiserprobtes System für die Immobilienanalyse. 1. Aufl. Köln: Müller

Wellner, Kristin (2003): Entwicklung eines Immobilien-Portfolio-Management-Systems - Zur Optimierung von Rendite-Risiko-Profilen diversifizierter Immobilien-Portfolios. Norderstedt: Books on Demand

Wiedenmann, Markus (2005): Risikomanagement bei der Immobilien-Projektentwicklung unter besonderer Berücksichtigung der Risikoanalyse und Risikoquantifizierung. Norderstedt: Books on Demand

Wüstefeld, Hermann (2000): Risiko und Rendite von Immobilieninvestments. Frankfurt am Main: Knapp

14 Rechtliche Risiken (Objekt)

Definition

Rechtliche Risiken im Zusammenhang mit einem Objekt umfassen alle rechtlichen Probleme im Zusammenhang mit dem Kauf, der Bebauung, der Vermietung und dem Objektmanagement. Hierunter fallen beispielsweise Belastungen des Grundstücks, mietrechtliche Fragen oder auch die Grundstückseigentümerhaftung.
Die rechtlichen Risiken werden einerseits durch die gültige Rechtsordnung, andererseits durch die Managementqualität des Unternehmens beeinflusst. Sie wirken sich im Wesentlichen finanziell aus, je nach Sachlage auf die (nicht überwälzbaren) Bewirtschaftungskosten, den Wert der Immobilie oder die Finanzen des Unternehmens als Ganzes.

Risikokategorien

Risikogruppe:

Standort und Markt	Objekt (in Nutzung)	Objekt (Eigenschaft)	Objekt (Erstellung)	Unternehmensrisiko

Ebenen, auf denen das Risiko erscheint:

National	Regional	Mikrostandort

Risikodimension:

eindimensional negativ	zweidimensional	eindimensional positiv

Einordnung des Risikos:

systematisches Risiko	unbestimmt	unsystematisches Risiko

Risikokette

- Politische und rechtliche Risiken (national und regional)
- Führungs- und Organisationsrisiken

Rechtliche Risiken (Objekt)

- Bewirtschaftungskosten
- Wertentwicklung
- Risiken aus der Finanzierung

	Projektentwicklung				Nutzung			Verwertung
	Konzeption	Planung	Ausführung	Vermarktung	Nutzung	Renovierung /Umbau		Redevelopment
						Planung	Ausführung	
Projektentwickler	Entstehung & Auswirkung	Entstehung & Auswirkung	Entstehung & Auswirkung	Entstehung & Auswirkung				Entstehung & Auswirkung
Immobilienunternehmen					Entstehung & Auswirkung	Entstehung & Auswirkung	Entstehung & Auswirkung	
Nutzer					teilweise Auswirkung			
Planer								
Unternehmer			teilweise Auswirkung				teilweise Auswirkung	
EK-Geber	teilweise Auswirkung	teilweise Auswirkung	teilweise Auswirkung	teilweise Auswirkung	teilweise Auswirkung	teilweise Auswirkung	teilweise Auswirkung	teilweise Auswirkung
FK-Geber								
Versicherung								
Kommunalpolitik								
Landespolitik								
Bundespolitik								

Das Risiko „Rechtliche Risiken (Objekt)" im Lebenszyklus

Teilrisiken und Risikobegriffe

Teilrisiken	Risikobegriffe
Rechtliche Risiken	Risiken aus dem Bereich des Rechts
Privatrechtliche Risiken	Aktuelle und potentielle Rechtsstreitigkeiten; Privatrechtliche Rechtsstreitigkeiten
Vertragsgestaltung- und Management	Ausgestaltung und Verpflichtungen langfristiger Verträge; Objektspezifische Vertragsgestaltung; Qualität der Verträge; Risiken auf vertraglicher Ebene; Vertragsrisiko; Vertragsmanagement; Unpräzise oder widersprüchliche Vertragsformulierungen; Vertragskonflikte mit Bauherren, Nachunternehmenr, Lieferanten u.a.; Mietvertragsstruktur; Grunderwerbsrisiko
Mietvertragsstruktur	Mietvertragsstruktur
Eigentumsverhältnisse	Belastungen in Abt. I und II (des Grundbuchs) ; Eigentumsverhältnisse; Baulasten; Baurecht;
Privatrechtliche Rechtsstreitigkeiten	Privatrechtliche Rechtsstreitigkeiten
Zivilrechtliche Haftung	Risiko zivilrechtlicher Inanspruchnahme; Haftung gegenüber dem Bauherrn für Mängel; Reklamationen (Bautätigkeit); Nichteinhaltung zugesicherter Eigenschaften durch Ausführungsmängel; Haftung bei Schädigung Dritter
Nutzungsrechte von immateriellen vermögensgegenständen	Nutzungsrechte von immateriellen vermögensgegenständen
Risiken aus Bauvertrag	Vergaberisiko; Werkverträge; Risiken aus der Bauvertragsart
Insolvenzrisiko	Insolvenzrisiko privater Partner
Risiken aus öffentlich-rechtlichen Vorschriften	Beachtung von gesetzlichen Verboten und Einschränkungen; Verstoß gegen umweltrechtliche Vorschriften; Emissionen; ökologische Gefahrenquellen; Verstoß gegen die Sicherungsvorschriften der MaBV
Strafrechtliche Risiken	Strafrechtliche Risiken; Wirtschaftskriminelle Handlungen; Unterschlagungen; Vorteilsnahmen
Denkmalschutzauflagen	Denkmalschutzauflagen

Bone-Winkel, Stephan (1994): Das strategische Management von offenen Immobilienfonds - Unter besonderer Berücksichtigung der Projektentwicklung von Gewerbeimmobilien. Köln: Müller (Schriften zur Immobilienökonomie, 1)

Gondring, Hanspeter (2007): Risiko Immobilie - Methoden und Techniken der Risikomessung bei Immobilieninvestitionen. 1. Aufl. München: Oldenbourg

Stellmann, Frank (2008): Rechtsrisiken sind potenzielle Deal-Breaker - Serie Immobilien-Risikomanagement, Teil 6: Rechtliches Risikomanagement. In: Immobilien Zeitung, Ausgabe 43, 30.10.2008, S. 10

Usinger, Wolfgang; Minuth, Klaus (Hg.) (2004): Immobilien Recht und Steuern: Immobilien Manager Verlag IMV

15 Projektkonzeption

Definition

Das Projektkonzeptionsrisiko ist das Risiko, dass es aufgrund eines nicht marktgerechten Gebäudekonzepts zu Schwierigkeiten bei der Vermarktung kommt, bzw. dass die Vermarktung bei einem guten Gebäudekonzept leicht fällt. Dies betrifft sowohl die Vermarktung durch den Projektentwickler am Ende der Entstehungsphase als auch die Vermietung durch den Investor in der Nutzungsphase.
Das Projektkonzeptionsrisiko ist in der Einschätzung der aktuellen und zukünftigen Standort- und Marktlage durch den Projektentwickler begründet. Es wirkt sich primär auf den Mietwert der Immobilie und mittelbar auf ihre Wertentwicklung aus. Ein flexibles Gebäudekonzept kann die Auswirkungen einer Fehlkonzeption abmildern.

Risikokategorien

Risikogruppe:

Standort und Markt	Objekt (in Nutzung)	Objekt (Eigenschaft)	Objekt (Erstellung)	Unternehmensrisiko

Ebenen, auf denen das Risiko erscheint:

National	Regional	Mikrostandort

Risikodimension:

eindimensional negativ	zweidimensional	eindimensional positiv

Einordnung des Risikos:

systematisches Risiko	unbestimmt	unsystematisches Risiko

Risikokette

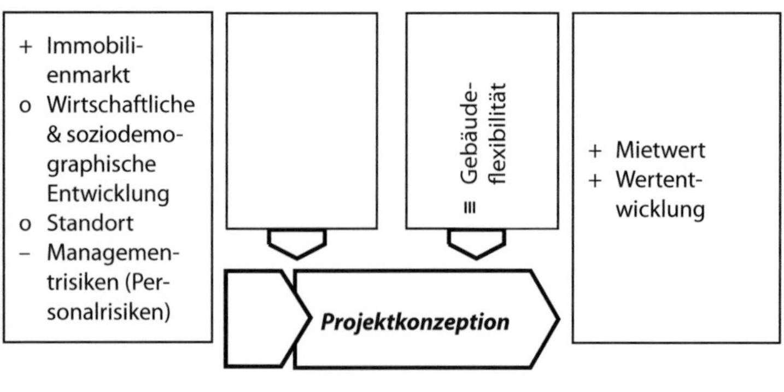

	Projektentwicklung				Nutzung			Verwertung
	Konzeption	Planung	Ausführung	Vermarktung	Nutzung	Renovierung /Umbau		Redevelop-ment
						Planung	Ausführung	
Projektentwickler	Entstehung			Auswirkung				Einfluss
Immobilienunternehmen					Auswirkung	Einfluss		
Nutzer								
Planer								
Unternehmer								
EK-Geber	Einfluss			teilweise Auswirkung	teilweise Auswirkung	Einfluss		Einfluss
FK-Geber				teilweise Auswirkung	teilweise Auswirkung			
Versicherung								
Kommunalpolitik	Einfluss							
Landespolitik								
Bundespolitik								

Das Risiko „Projektkonzeption" im Lebenszyklus

Teilrisiken und Risikobegriffe

Teilrisiken	**Risikobegriffe**
Entwicklungsrisiko	Entwicklungsrisiko; Produktentwicklung; Produktentwicklungsrisiko; Konkurrenz; Konzeptionsrisiko; Nichtmarktgerechtes Bauprogramm; Nutzungskonzept; Nutzungskonzeption; Gebäudekonzeption; Bauprogrammplanung; Lebenszyklen der Produkte; Grundstücksvorhaltung; Entwicklungsrisiko; Entwicklungsrisiko/Marktrisiko; Markt; Marktrisiko; Planänderungsrisiko
Managementrisiko	Managementrisiken; Spezifische Managementrisiken; Projektplanung und -controlling; Investitionscontrolling
Planungsrisiken	Planungs- und Leistungsbestimmungsrisiko; Planungsrisiken; Planungsrisiken (Entscheidungsvorbereitung); Planungsrisiko; Architektur; Gestaltung; Ökologie; Städtebau; Ausstattung; Technische Ausstattung; Fehlende Bedarfsanalysen
Organisation	Organisationsrisiken; Organisationsrisiko; Organisation des Gesamtprojekts nicht zweckmäßig; Eigene Projektorganisation nicht zweckmäßig; Auftraggeberorganisation ermöglicht keine optimale Projektabwicklung; Planerorganisation ermöglicht keine optimale Projektabwicklung; Qualifikation und Erfahrung
Vermarktungsrisiken	Abnahmerisiko; Vermarktungsrisiken; Verwertungsrisiko; Erstvermarktungsrisiko; Erstvermietung; Leerstandsrisiko

Alda, Willi; Hirschner, Joachim (2007): Projektentwicklung in der Immobilienwirtschaft - Grundlagen für die Praxis. 2. Aufl. Wiesbaden: Teubner (Leitfaden des Baubetriebs und der Bauwirtschaft)

Bone-Winkel, Stephan (1996): Wertschöpfung durch Projektentwicklung - Möglichkeiten für Immobilieninvestoren. In: Schulte, Karl-Werner (Hg.): Handbuch Immobilien-Projektentwicklung. Köln: Müller (Immobilien-Wissen), S. 427–463

Diederichs, Claus Jürgen (1996): Grundlagen der Projektentwicklung. In: Schulte, Karl-Werner (Hg.): Handbuch Immobilien-Projektentwicklung. Köln: Müller (Immobilien-Wissen), S. 17–80

Dietrich, Reinhard (2005): Entwicklung werthaltiger Immobilien - Einflussgrößen - Methoden - Werkzeuge. Stuttgart: Teubner (Leitfaden des Baubetriebs und der Bauwirtschaft)

Ertle-Straub, Susanne (2003): Standortanalyse für Büroimmobilien. Zugl.: Leipzig, Univ., Diss., 2002. Norderstedt: Books on Demand GmbH (Reihe: Immobilienmanagement, 4)

Hellerforth, Michaela (2001): Der Weg zu erfolgreichen Immobilienprojekten durch Risikobegrenzung und Risikomanagement. Eschborn: RKW-Verlag

Kyrein, Rolf (2002): Immobilien-Projektmanagement - Projektentwicklung und -steuerung: Immobilien Manager Verlag IMV

Lange, Bettina (2005): Immobilienrating - Modell zur Analyse von Ausfallrisiken immobilienwirtschaftlicher Kreditengagements. Norderstedt: Books on Demand (Immobilienmanagement, 9)

Maier, Kurt M.; Graf, Karl Herbert; Schwatlo, Winfried; Steinbrenner, Hans-Peter (2007): Risikomanagement im Immobilien- und Finanzwesen - Ein Leitfaden für Theorie und Praxis. 3., überarb. und erw. Aufl. Frankfurt am Main: Knapp

Wellner, Kristin (2003): Entwicklung eines Immobilien-Portfolio-Management-Systems - Zur Optimierung von Rendite-Risiko-Profilen diversifizierter Immobilien-Portfolios. Norderstedt: Books on Demand (Reihe, 3)

Wiedenmann, Markus (2005): Risikomanagement bei der Immobilien-Projektentwicklung unter besonderer Berücksichtigung der Risikoanalyse und Risikoquantifizierung. Norderstedt: Books on Demand

Wüstefeld, Hermann (2000): Risiko und Rendite von Immobilieninvestments. Frankfurt am Main: Knapp

16 Finanzierung

Definition

Finanzierungsrisiken des Objekts in der Erstellung sind alle Risiken, die mit der Zwischenfinanzierung bis zur Veräußerung des Objekts an einen langfristigen Investor entstehen und direkt der Immobilie zuzuordnen sind.
Hier besteht einerseits eine gewisse Abhängigkeit von Veränderungen am Kapitalmarkt, andererseits hat aber auch der Projektverlauf Auswirkungen auf die Finanzierung. Hier wirken sich insbesondere zusätzliche Kosten und Terminverzögerungen aus, einerseits da ggf. zusätzliches Kapital beschafft bzw. die Zwischenfinanzierung verlängert werden muss, was eine Erhöhung der Finanzierungskosten nach sich zieht.
Finanzierungsrisiken im Projekt wirken sich wiederum auf die Finanzlage des Unternehmens aus.

Risikokategorien

Risikogruppe:

Standort und Markt	Objekt (in Nutzung)	Objekt (Eigenschaft)	Objekt (Erstellung)	Unternehmensrisiko

Ebenen, auf denen das Risiko erscheint:

National	Regional	Mikrostandort

Risikodimension:

eindimensional negativ	zweidimensional	eindimensional positiv

Einordnung des Risikos:

systematisches Risiko	unbestimmt	unsystematisches Risiko

Risikokette

+ Wirtschaftliche Entwicklung
+ Projektkonzeption
+ Kostenrisiken
+ Terminrisiken
o technische Risiken

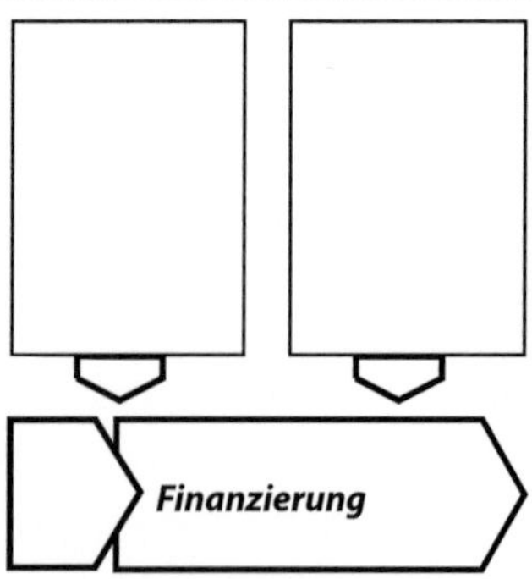

+ Finanzierungsrisiken (auf Unternehmensebene)

	Projektentwicklung				Nutzung			Verwertung
	Konzeption	Planung	Ausführung	Vermarktung	Nutzung	Renovierung /Umbau		Redevelop-ment
						Planung	Ausführung	
Projektentwickler	Entstehung & Auswirkung	Entstehung & Auswirkung	Entstehung & Auswirkung	Entstehung & Auswirkung				Entstehung & Auswirkung
Immobilienunternehmen					Entstehung & Auswirkung	Entstehung & Auswirkung	Entstehung & Auswirkung	
Nutzer								
Planer								
Unternehmer								
EK-Geber	teilweise Auswirkung	teilweise Auswirkung	teilweise Auswirkung	teilweise Auswirkung	teilweise Auswirkung	teilweise Auswirkung	teilweise Auswirkung	teilweise Auswirkung
FK-Geber	teilweise Auswirkung	teilweise Auswirkung	teilweise Auswirkung	teilweise Auswirkung	teilweise Auswirkung	teilweise Auswirkung	teilweise Auswirkung	teilweise Auswirkung
Versicherung								
Kommunalpolitik								
Landespolitik								
Bundespolitik	Einfluss	Einfluss	Einfluss	Einfluss	Einfluss	Einfluss	Einfluss	Einfluss

Das Risiko „Finanzierung" im Lebenszyklus

Teilrisiken und Risikobegriffe

Teilrisiken	Risikobegriffe
Finanzierungsrisiko	Finanzierungsrisiko
Finanzstrukturrisiko	Finanzstrukturrisiko; Leverage-Risiko; Finanzierungsquellen
Kapitalmarktrisiko	Finanzmarktrisiken; Kapitalmarktrisiko; Risiken des Finanzmarkts
Zinsrisiken	Finanzierungsrisiko (Zinsrisiko); Zinsrisiko; Änderungen im Zinsniveau; Zinsänderungsrisiko; Zinsstrukturrisiko; Zinsvolatilitätsrisiko; Zinsfestschreibungsrisiko; Basisrisiko
Finanzierungskonditionen	Änderung der Kreditkonditionen der Banken; Finanzierungsstruktur; Konditionsrisiko; Änderung von Kreditkonditionen; Eigenkapital; Projektbewertung / Beleihungswert
Fremdwährungsrisiken	Konvertierungsrisiko; Währungs- und Wechselkursrisiko; Währungsrisiko; Transferrisiko
Liquiditätsrisiko	Liquiditätsrisiko
Baukostenrisiko	Baukostenrisiko; Kostenrisiko; Kostenüberschreitungsrisiko; Preisrisiken; Kostenstrukturrisiko; Investitionsrechnung
Forderungsausfall	Ausfall von Forderungen; Forderungsausfälle; Kreditausfallrisiko; Zahlungsunfähigkeit des Auftraggebers; Bonität der Auftragnehmer

Bone-Winkel, Stephan (1994): Das strategische Management von offenen Immobilienfonds - Unter besonderer Berücksichtigung der Projektentwicklung von Gewerbeimmobilien. Köln: Müller

GdW - Bundesverband Deutscher Wohnungs- und Immobilienunternehmen e.V. (Berlin): Finanzierung in der Wohnungs- und Immobilienwirtschaft - Grundlagen, Strategien, Instrumente (2006). Hamburg: Hammonia-Verl. Fachverl. für die Wohnungswirtschaft

Girmscheid, Gerhard; Busch, Thorsten A. (2008a): Projektrisikomanagement in der Bauwirtschaft. Berlin: Bauwerk-Verl.

Gürtler, Volkhard (2007): Stochastische Risikobetrachtung bei PPP-Projekten. Renningen: Expert-Verl. (Aus Forschung und Praxis, 9)

Hellerforth, Michaela (2008): Immobilieninvestition und -finanzierung. München: Oldenbourg (Lehrbuch kompakt)

Klinger, Franz; Müller, Michael (Hg.) (2003): Basel II & Immobilien - Herausforderung für die Immobilienfinanzierung. Unter Mitarbeit von Britta Göckeritz, Sabine Henke und Franz Klinger et al. Berlin: Lexxion-Verl.

Link, Andreas (2006): Rating und Kreditentscheidungsmodell für Immobilien-Projektentwicklungen. 1. Aufl. Frankfurt am Main: Bankakademie-Verl.

Maier, Kurt M.; Graf, Karl Herbert; Schwatlo, Winfried; Steinbrenner, Hans-Peter (2007): Risikomanagement im Immobilien- und Finanzwesen - Ein Leitfaden für Theorie und Praxis. 3., überarb. und erw. Aufl. Frankfurt am Main: Knapp

Mönke, Reinhard (2002): Ausfallrisiken gewerblicher Immobilienfinanzierungen. Zugl.: Köln, Univ., Diss., 2002. Lohmar , Köln: Eul

Sinz, Gerhard B. (2004): Basel II - rechtliche Auswirkungen auf die Immobilien- und Projektfinanzierung. In: Suyter, Alexander (Hg.): Risikomanagement. Aktuelle Entwicklungen und Auswirkungen auf Banken und Unternehmen. Frankfurt am Main: Knapp , S. 367–384

Weber, Barbara; Alfen, Wilhelm; Maser, Stefan (2006): Projektfinanzierung und PPP - Praktische Anleitung für PPP und andere Projektfinanzierungen. Stand: 2006. Köln: Bank-Verl.

Wiedenmann, Markus (2005): Risikomanagement bei der Immobilien-Projektentwicklung unter besonderer Berücksichtigung der Risikoanalyse und Risikoquantifizierung. Norderstedt: Books on Demand

17 Boden- und Baugrundrisiko

Definition

Das Boden- und Baugrundrisiko ist das Risiko, dass es aufgrund der Eigenschaften des Bodens am gewählten Standort zu Bauverzögerungen oder Kostensteigerungen kommt, oder sogar unmöglich ist, das projektierte Gebäude dort zu errichten.

Die Ursachen hierfür können in der Tragfähigkeit des Untergrunds liegen, was zu einer aufwändigeren Gründung führt. Weitere Boden- und Baugrundrisiken sind Kontaminationen im Erdreich, die zunächst saniert werden müssen, oder der Fund von Bodendenkmälern, was eine Verzögerung oder gar die Untersagung der Baumaßnahmen nach sich ziehen kann.

Für gewöhnlich sind Boden- und Baugrundrisiken nur in der Erstellungsphase relevant, in seltenen Fällen kann es aber auch nach Fertigstellung noch zu Schäden durch Setzungen u. ä. kommen.

Risikokategorien

Risikogruppe:

Standort und Markt	Objekt (in Nutzung)	Objekt (Eigenschaft)	Objekt (Erstellung)	Unternehmensrisiko

Ebenen, auf denen das Risiko erscheint:

National	Regional	Mikrostandort

Risikodimension:

eindimensional negativ	zweidimensional	eindimensional positiv

Einordnung des Risikos:

systematisches Risiko	unbestimmt	unsystematisches Risiko

Risikokette

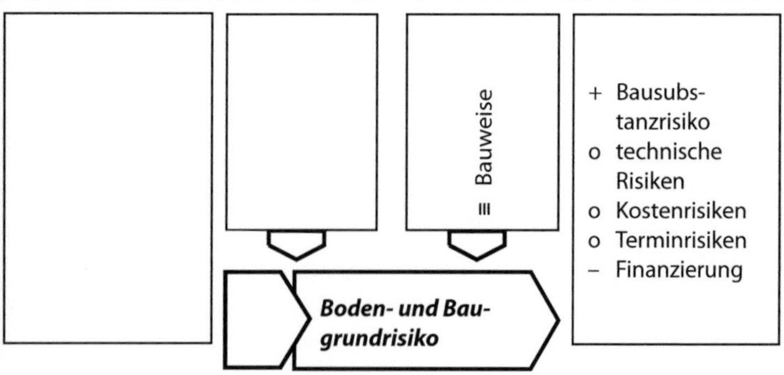

	Projektentwicklung				Nutzung			Verwertung
	Konzeption	Planung	Ausführung	Vermarktung	Nutzung	Renovierung /Umbau		Redevelopment
						Planung	Ausführung	
Projektentwickler			Auswirkung					Auswirkung
Immobilienunternehmen					teilweise Auswirkung		Auswirkung	
Nutzer					teilweise Auswirkung			
Planer		Einfluss					Einfluss	Einfluss
Unternehmer			Übertragung				Übertragung	Übertragung
EK-Geber			teilweise Auswirkung		teilweise Auswirkung		teilweise Auswirkung	teilweise Auswirkung
FK-Geber								
Versicherung			Übertragung		Übertragung		Übertragung	Übertragung
Kommunalpolitik								
Landespolitik								
Bundespolitik								

Das Risiko „Boden- und Baugrundrisiko" im Lebenszyklus

Teilrisiken und Risikobegriffe

Teilrisiken	**Risikobegriffe**
Boden- und Baugrundrisiken	Boden- und Baugrundrisiko; Standortrisiko; Baugrund; Baugrundrisiko; Bodenrisiko
Gefahrerforschungsrisiko	Gefahrerforschungsrisiko
Baugrundrisiko (Tragfähigkeit, Wasserhaltung)	Bodenbeschaffenheit; Geologie / Untergrund schlechter als erwartet; Risiken aus Baugrund; Risiken aus Wasserverhältnisse; Wasserhaltungsmaßnahmen aufwändiger als erwartet
Altlastenrisiko	Altlasten; Altlastenrisiko; Kontamination des Baugrunds; Risiken aus Kontamination; Umweltrisiken; Abfallbeseitigungsrisiko; Sanierungsrisiko; Strafrechtliche Risiken; Risiko zivilrechtlicher Inanspruchnahme
Denkmalschutz	Historische Baufunde

Alda, Willi; Hirschner, Joachim (2007): Projektentwicklung in der Immobilienwirtschaft - Grundlagen für die Praxis. 2. Aufl. Wiesbaden: Teubner (Leitfaden des Baubetriebs und der Bauwirtschaft)

Bone-Winkel, Stephan (1994): Das strategische Management von offenen Immobilienfonds - Unter besonderer Berücksichtigung der Projektentwicklung von Gewerbeimmobilien. Köln: Müller

Dietrich, Reinhard (2005): Entwicklung werthaltiger Immobilien - Einflussgrößen - Methoden - Werkzeuge. Stuttgart: Teubner (Leitfaden des Baubetriebs und der Bauwirtschaft)

GdW - Bundesverband Deutscher Wohnungs- und Immobilienunternehmen e.V. (Berlin): Risiko-Managementsystem im Wohnungsunternehmen. 2. Aufl (2000). Hamburg: Hammonia Verlag (Fachbuch für die Wohnungswirtschaft)

Girmscheid, Gerhard; Busch, Thorsten A. (2008a): Projektrisikomanagement in der Bauwirtschaft. Berlin: Bauwerk-Verl.

Gürtler, Volkhard (2007): Stochastische Risikobetrachtung bei PPP-Projekten. Renningen: Expert-Verl. (Aus Forschung und Praxis, 9)

Isenhöfer, Björn; Väth, Arno (2000): Projektentwicklung. In: Schulte, Karl-Werner (Hg.): Immobilienökonomie. Betriebswirtschaftliche Grundlagen. 2.,. überarb. Aufl. München: Oldenbourg (Immobilienökonomie, Bd. 1), S. 149–228

Nemuth, Tilo (2006): Risikomanagement bei internationalen Bauprojekten. Renningen: Expert-Verl. (Aus Forschung und Praxis)

Sandvoß, Jörg (2004): Grundlagen des Risikomanagements in der Immobilienwirtschaft. In: Lutz, Ulrich; Klaproth, Thomas (Hg.): Riskmanagement im Immobilienbereich. Technische und wirtschaftliche Risiken. Berlin: Springer (Engineering online library), S. 1–38

Wiedenmann, Markus (2005): Risikomanagement bei der Immobilien-Projektentwicklung unter besonderer Berücksichtigung der Risikoanalyse und Risikoquantifizierung. Norderstedt: Books on Demand

Wüstefeld, Hermann (2000): Risiko und Rendite von Immobilieninvestments. Frankfurt am Main: Knapp

18 Kostenrisiken

Definition

Kostenrisiken sind Risiken der Abweichung der tatsächlichen von den veranschlagten Baukosten, meist in Form von Kostensteigerungen. Kostenrisiken sind ein nachgelagertes Risiko, da sich nahezu alle Risiken im Zusammenhang mit der Bauerstellung auch auf die Kosten auswirken. Dies sind insbesondere Boden- und Baugrundrisiken, technische Risiken, Terminrisiken und Genehmigungsrisiken.
Kostenrisiken wirken sich wiederum auf die Finanzierung des Projekts aus, da ggf. zusätzliche Mittel beschafft werden müssen bzw. vereinbarte Kreditrahmen nicht ausgeschöpft werden. Aufgrund der vergleichsweise geringen Margen im Projektentwicklungs- und Bauträgergeschäft in Verbindung mit einem geringen Eigenkapitalanteil bergen Kostenrisiken ein hohes Schadenspotential.

Risikokategorien

Risikogruppe:

Standort und Markt	Objekt (in Nutzung)	Objekt (Eigenschaft)	**Objekt (Erstellung)**	Unternehmensrisiko

Ebenen, auf denen das Risiko erscheint:

National	Regional	Mikrostandort

Risikodimension:

eindimensional negativ	**zweidimensional**	eindimensional positiv

Einordnung des Risikos:

systematisches Risiko	unbestimmt	**unsystematisches Risiko**

Risikokette

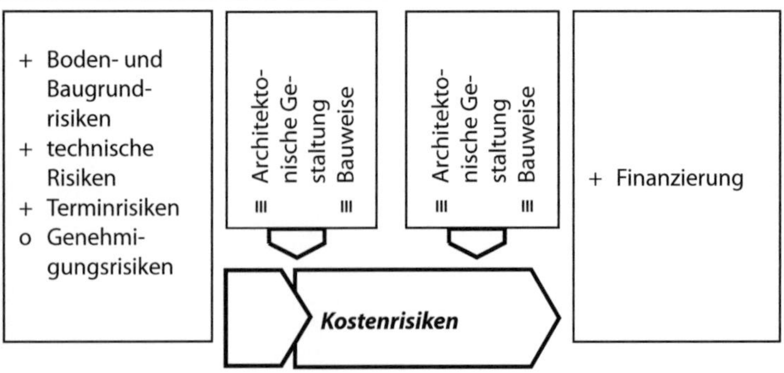

Das Risiko „Kostenrisiken" im Lebenszyklus

	Projektentwicklung				Nutzung			Verwertung
	Konzeption	Planung	Ausführung	Vermarktung	Nutzung	Renovierung /Umbau		Redevelopment
						Planung	Ausführung	
Projektentwickler	Entstehung	Entstehung	Entstehung & Auswirkung					Entstehung & Auswirkung
Immobilienunternehmen							Entstehung & Auswirkung	
Nutzer								
Planer		Einfluss				Einfluss		Einfluss
Unternehmer			Übertragung				Übertragung	Übertragung
EK-Geber			teilweise Auswirkung				teilweise Auswirkung	teilweise Auswirkung
FK-Geber								
Versicherung			Übertragung				Übertragung	Übertragung
Kommunalpolitik	Einfluss	Einfluss	Einfluss			Einfluss	Einfluss	Einfluss
Landespolitik	Einfluss	Einfluss	Einfluss			Einfluss	Einfluss	Einfluss
Bundespolitik	Einfluss	Einfluss	Einfluss			Einfluss	Einfluss	Einfluss

Teilrisiken und Risikobegriffe

Teilrisiken	Risikobegriffe
Baukostenrisiko	Baukosten; Baukostenrisiko; Baupreisrisiko; Kosten; Kostenrisiko; Kostensicherheit; Kostenüberschreitungsrisiko; Kostenüberschreitung; Baukostenerhöhungsrisiko
Preisrisiko	Preisrisiken; Fremdleistungen können nicht zu den ins Angebot eingeflossenen Konditionen eingekauft werden; Baumarktentwicklung
Kalkulationsrisiko	Kalkulationsrisiko; Risiken aus fehlerhafter Kalkulation; Angebotskostenrisiko; Mengenrisiken; Nachtragsrisiko; Investitionsrechnung
Forderungsausfall	nicht dem Leistungsfortschritt entsprechende Zahlungspläne; Insolvenz von Nachunternehmern; Insolvenzrisiko privater Partner
Akquisitionskosten-risiko	Akquisitionskostenrisiko
Reklamationen	Reklamationen

Alda, Willi; Hirschner, Joachim (2007): Projektentwicklung in der Immobilienwirtschaft - Grundlagen für die Praxis. 2. Aufl. Wiesbaden: Teubner (Leitfaden des Baubetriebs und der Bauwirtschaft)

Bone-Winkel, Stephan (1994): Das strategische Management von offenen Immobilienfonds - Unter besonderer Berücksichtigung der Projektentwicklung von Gewerbeimmobilien. Köln: Müller

Diederichs, Claus Jürgen (1996): Grundlagen der Projektentwicklung. In: Schulte, Karl-Werner (Hg.): Handbuch Immobilien-Projektentwicklung. Köln: Müller (Immobilien-Wissen), S. 17–80

Dietrich, Reinhard (2005): Entwicklung werthaltiger Immobilien - Einflussgrößen - Methoden - Werkzeuge. Stuttgart: Teubner (Leitfaden des Baubetriebs und der Bauwirtschaft)

Girmscheid, Gerhard; Busch, Thorsten A. (2008a): Projektrisikomanagement in der Bauwirtschaft. Berlin: Bauwerk-Verl.

Gürtler, Volkhard (2007): Stochastische Risikobetrachtung bei PPP-Projekten. Renningen: Expert-Verl. (Aus Forschung und Praxis, 9)

Maier, Kurt M.; Graf, Karl Herbert; Schwatlo, Winfried; Steinbrenner, Hans-Peter (2007): Risikomanagement im Immobilien- und Finanzwesen - Ein Leitfaden für Theorie und Praxis. 3., überarb. und erw. Aufl. Frankfurt am Main: Knapp

Nemuth, Tilo (2006): Risikomanagement bei internationalen Bauprojekten. Renningen: Expert-Verl. (Aus Forschung und Praxis)

Sandvoß, Jörg (2004): Grundlagen des Risikomanagements in der Immobilienwirtschaft. In: Lutz, Ulrich; Klaproth, Thomas (Hg.): Riskmanagement im Immobilienbereich. Technische und wirtschaftliche Risiken. Berlin: Springer (Engineering online library), S. 1–38

Wiedenmann, Markus (2005): Risikomanagement bei der Immobilien-Projektentwicklung unter besonderer Berücksichtigung der Risikoanalyse und Risikoquantifizierung. Norderstedt: Books on Demand

Wüstefeld, Hermann (2000): Risiko und Rendite von Immobilieninvestments. Frankfurt am Main: Knapp

19 Terminrisiko

Definition

Das Terminrisiko ist das Risiko, dass es zu Verzögerungen im Bauablauf kommt und das Gebäude nicht zum vereinbarten Termin genutzt werden kann.
Hierzu kann es in der Folge von Boden- und Baugrundrisiken, Genehmigungsrisiken oder technischen Problemen kommen, dann ist das Terminrisiko wie auch das Kostenrisiko ein nachgelagertes Risiko. Zusätzlich kann aber auch die ursprüngliche Terminplanung mangelhaft sein, dann handelt es sich um ein vorgelagertes Risiko.
Folge von Terminverzögerungen sind meist Kostensteigerungen durch Vertragsstrafen, Erhöhung der Kosten der Zwischenfinanzierung oder durch Erhöhung der Baukosten.

Risikokategorien

Risikogruppe:

Standort und Markt	Objekt (in Nutzung)	Objekt (Eigenschaft)	**Objekt (Erstellung)**	Unternehmensrisiko

Ebenen, auf denen das Risiko erscheint:

National	Regional	Mikrostandort

Risikodimension:

eindimensional negativ	zweidimensional	eindimensional positiv

Einordnung des Risikos:

systematisches Risiko	unbestimmt	**unsystematisches Risiko**

Risikokette

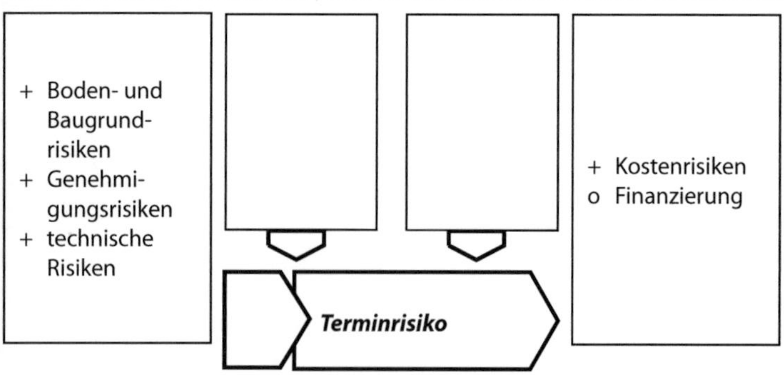

	Projektentwicklung				Nutzung			Verwertung
	Konzeption	Planung	Ausführung	Vermarktung	Nutzung	Renovierung /Umbau		Recevelop-ment
						Planung	Ausführung	
Projektentwickler	Entstehung	Entstehung	Entstehung & Auswirkung	Auswirkung				Entstehung & Auswirkung
Immobilienunternehmen						Entstehung	Entstehung & Auswirkung	
Nutzer								
Planer		Entstehung	Übertragung			Entstehung	Übertragung	Übertragung
Unternehmer			Übertragung				Übertragung	Übertragung
EK-Geber			teilweise Auswirkung	teilweise Auswirkung			teilweise Auswirkung	teilweise Auswirkung
FK-Geber								
Versicherung								
Kommunalpolitik		Einfluss	Einfluss			Einfluss	Einfluss	Einfluss
Landespolitik								
Bundespolitik								

Das Risiko „Terminrisiko" im Lebenszyklus

Teilrisiken und Risikobegriffe

Teilrisiken	Risikobegriffe
Terminrisiken	Bauzeitrisiko; Fertigstellung; Fertigstellungsrisiko; Risiken aus Bauzeit und Vertragsstrafen; Termine; Terminrisiko; Zeitrisiko
	Bauzeitverlängerungsrisiko
	Risiken aus der Arbeitsvorbereitung (Falsch geschätzte Dauern, Witterung etc.)
	Verzögerungen durch andere Risiken (Genehmigung, Qualitätsmängel etc.)
	Risiken durch Nachunternehmer; Risiken durch Nachunternehmer und Lieferanten; Termintreue der Auftragnehmer
	Höhere Gewalt

Alda, Willi; Hirschner, Joachim (2007): Projektentwicklung in der Immobilienwirtschaft - Grundlagen für die Praxis. 2. Aufl. Wiesbaden: Teubner (Leitfaden des Baubetriebs und der Bauwirtschaft)

Bone-Winkel, Stephan (1996): Wertschöpfung durch Projektentwicklung - Möglichkeiten für Immobilieninvestoren. In: Schulte, Karl-Werner (Hg.): Handbuch Immobilien-Projektentwicklung. Köln: Müller (Immobilien-Wissen), S. 427–463

Diederichs, Claus Jürgen (1996): Grundlagen der Projektentwicklung. In: Schulte, Karl-Werner (Hg.): Handbuch Immobilien-Projektentwicklung. Köln: Müller (Immobilien-Wissen), S. 17–80

Dietrich, Reinhard (2005): Entwicklung werthaltiger Immobilien - Einflussgrößen - Methoden - Werkzeuge. Stuttgart: Teubner

Girmscheid, Gerhard; Busch, Thorsten A. (2008a): Projektrisikomanagement in der Bauwirtschaft. Berlin: Bauwerk-Verl.

Gürtler, Volkhard (2007): Stochastische Risikobetrachtung bei PPP-Projekten. Renningen: Expert-Verl. (Aus Forschung und Praxis, 9)

Isenhöfer, Björn; Väth, Arno (2000): Projektentwicklung. In: Schulte, Karl-Werner (Hg.): Immobilienökonomie. Betriebswirtschaftliche Grundlagen. 2.,. überarb. Aufl. München: Oldenbourg (Immobilienökonomie, Bd. 1), S. 149–228

Maier, Kurt M.; Graf, Karl Herbert; Schwatlo, Winfried; Steinbrenner, Hans-Peter (2007): Risikomanagement im Immobilien- und Finanzwesen - Ein Leitfaden für Theorie und Praxis. 3., überarb. und erw. Aufl. Frankfurt am Main: Knapp

Nemuth, Tilo (2006): Risikomanagement bei internationalen Bauprojekten. Renningen: Expert-Verl. (Aus Forschun

Sandvoß, Jörg (2004): Grundlagen des Risikomanagements in der Immobilienwirtschaft. In: Lutz, Ulrich; Klaproth, Thomas (Hg.): Riskmanagement im Immobilienbereich. Technische und wirtschaftliche Risiken. Berlin: Springer (Engineering online library), S. 1–38

Wiedenmann, Markus (2005): Risikomanagement bei der Immobilien-Projektentwicklung unter besonderer Berücksichtigung der Risikoanalyse und Risikoquantifizierung. Norderstedt: Books on Demand

Wüstefeld, Hermann (2000): Risiko und Rendite von Immobilieninvestments. Frankfurt am Main: Knapp

20 Genehmigungsrisiko

Definition

Das Genehmigungsrisiko ist das Risiko, dass eine zum Bau erforderliche Genehmigung durch die zuständige Behörde nicht, nur verzögert oder nur unter Auflagen erteilt wird. Dabei handelt es sich primär um die Baugenehmigung durch das Bauamt, zusätzlich können aber weitere behördliche Genehmigungen eine Rolle spielen, zum Beispiel der Brandschutz, Denkmalschutz oder Umweltaspekte.
Die Ursache von Genehmigungsrisiken liegt meist in der Projektkonzeption oder in bautechnischen Aspekten. Sie können ggf. durch eine hohe Qualität der architektonischen Gestaltung, ein positives Image sowie eine hohe ökologische und soziale Qualität des Gebäudes gemildert werden. Genehmigungsrisiken wirken sich durch Zeitverzögerungen und Kostensteigerungen, ob durch zusätzliche Auflagen oder als Folge der Verzögerung, aus.

Risikokategorien

Risikogruppe:

Standort und Markt	Objekt (in Nutzung)	Objekt (Eigenschaft)	**Objekt (Erstellung)**	Unternehmensrisiko

Ebenen, auf denen das Risiko erscheint:

National	Regional	Mikrostandort

Risikodimension:

eindimensional negativ	zweidimensional	eindimensional positiv

Einordnung des Risikos:

systematisches Risiko	unbestimmt	**unsystematisches Risiko**

Risikokette

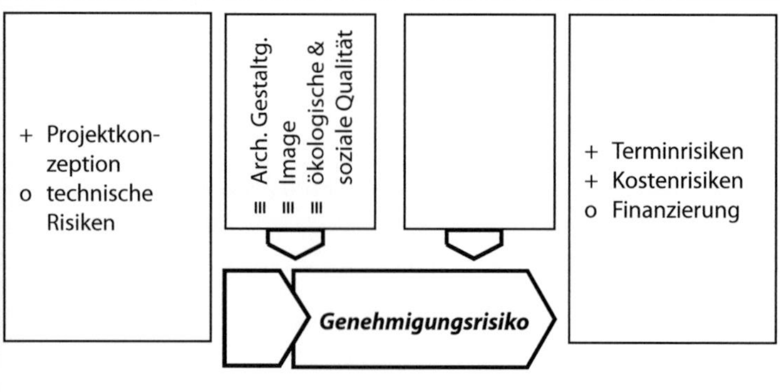

	Projektentwicklung				Nutzung			Verwertung
	Konzeption	Planung	Ausführung	Vermarktung	Nutzung	Renovierung /Umbau		Redevelopment
						Planung	Ausführung	
Projektentwickler	Entstehung	Entstehung & Auswirkung	Entstehung & Auswirkung					Entstehung & Auswirkung
Immobilienunternehmen						Entstehung & Auswirkung		
Nutzer								
Planer		Einfluss	Einfluss			Einfluss		Einfluss
Unternehmer								
EK-Geber		teilweise Auswirkung	teilweise Auswirkung	teilweise Auswirkung		teilweise Auswirkung		teilweise Auswirkung
FK-Geber								
Versicherung								
Kommunalpolitik		Entstehung				Entstehung		Entstehung
Landespolitik								
Bundespolitik								

Das Risiko „Genehmigungsrisiko" im Lebenszyklus

Teilrisiken und Risikobegriffe

Teilrisiken	Risikobegriffe
Genehmigungsrisiko	Baurecht; Baurechtliche Unwägbarkeiten; Abhängigkeiten von Genehmigungsverfahren; Baugenehmigung; Genehmigung; Genehmigungsrisiko; Probleme bei der Erlangung der Baugenehmigung
Bauplanungsrecht	Genehmigung nach Bauplanungsrecht; Bauplanungsrecht
Bauordnungsrecht	Art und Maß baulicher Nutzung; Genehmigung nach Bauordnungsrecht
Nachbarschutz	Nachbarschutz; Einsprüche von Nachbarn / öffentlichen Gruppierungen gegen die Durchführung des Bauvorhabens; Nachbarschaftsklagen führen zu Einschränkungen bei der Tagesarbeitszeit
Auflagen	Auflagen; Erfüllung von Auflagen durch öffentliche Aufsichtsbehörden; spezielle Auflagen
Denkmalschutz	Denkmalschutz; Historische Baufunde
Rechtliche Einschränkungen	Rechte am Grundstück; Nutzungsrechte und -beschränkungen

Alda, Willi; Hirschner, Joachim (2007): Projektentwicklung in der Immobilienwirtschaft - Grundlagen für die Praxis. 2. Aufl. Wiesbaden: Teubner (Leitfaden des Baubetriebs und der Bauwirtschaft)

Bone-Winkel, Stephan (1994): Das strategische Management von offenen Immobilienfonds - Unter besonderer Berücksichtigung der Projektentwicklung von Gewerbeimmobilien. Köln: Müller

Dammert, Bernd (2001): Öffentliches und privates Baurecht. In: Brauer, Kerry-U. (Hg.): Grundlagen der Immobilienwirtschaft. 3. vollst. überarb. Aufl. Wiesbaden: Gabler , S. 103–182

Diederichs, Claus Jürgen (1996): Grundlagen der Projektentwicklung. In: Schulte, Karl-Werner (Hg.): Handbuch Immobilien-Projektentwicklung. Köln: Müller (Immobilien-Wissen), S. 17–80

Dietrich, Reinhard (2005): Entwicklung werthaltiger Immobilien - Einflussgrößen - Methoden - Werkzeuge. Stuttgart: Teubner (Leitfaden des Baubetriebs und der Bauwirtschaft)

Girmscheid, Gerhard; Busch, Thorsten A. (2008a): Projektrisikomanagement in der Bauwirtschaft. Berlin: Bauwerk-Verl.

Gürtler, Volkhard (2007): Stochastische Risikobetrachtung bei PPP-Projekten. Renningen: Expert-Verl. (Aus Forschung und Praxis, 9)

Kniffka, Rolf; Koeble, Wolfgang (Hg.) (2008): Kompendium des Baurechts - Privates Baurecht und Bauprozess: Beck, C H

Lange, Bettina (2005): Immobilienrating - Modell zur Analyse von Ausfallrisiken immobilienwirtschaftlicher Kreditengagements. Norderstedt: Books on Demand (Immobilienmanagement, 9)

Usinger, Wolfgang; Minuth, Klaus (Hg.) (2004): Immobilien Recht und Steuern: Immobilien Manager Verlag IMV.

Wiedenmann, Markus (2005): Risikomanagement bei der Immobilien-Projektentwicklung unter besonderer Berücksichtigung der Risikoanalyse und Risikoquantifizierung. Norderstedt: Books on Demand

Wüstefeld, Hermann (2000): Risiko und Rendite von Immobilieninvestments. Frankfurt am Main: Knapp

21 Technische Risiken

Definition

Unter dem Begriff der technischen Risiken sind alle Risiken zusammengefasst, die ihre Ursache in der technischen Ausführung des Gebäudes haben. Dies sind insbesondere Planungsfehler, Probleme im Rahmen der Bauausführung wie Konstruktion, Bauverfahren, Baustellenorganisation und Arbeitssicherheit, sowie Qualitätsmängel. Ursache technischer Probleme kann ein nicht ausreichend tragfähiger Baugrund sein, desweiteren können eine außergewöhnliche architektonische Gestaltung oder Bauweise dazu beitragen. Technische Risiken wirken sich auf die Termin- und Kostenrisiken aus, ggf. kann es auch zu Problemen bei der Baugenehmigung kommen.

Risikokategorien

Risikogruppe:

Standort und Markt	Objekt (in Nutzung)	Objekt (Eigenschaft)	Objekt (Erstellung)	Unternehmensrisiko

Ebenen, auf denen das Risiko erscheint:

National	Regional	Mikrostandort

Risikodimension:

eindimensional negativ	zweidimensional	eindimensional positiv

Einordnung des Risikos:

systematisches Risiko	unbestimmt	unsystematisches Risiko

Risikokette

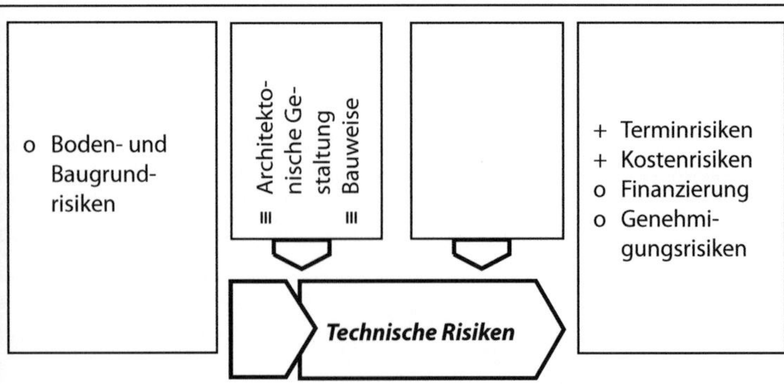

	Projektentwicklung				Nutzung			Verwertung
	Konzeption	Planung	Ausführung	Vermarktung	Nutzung	Renovierung /Umbau		Redevelopment
						Planung	Ausführung	
Projektentwickler	Entstehung	Entstehung	Entstehung & Auswirkung	Auswirkung				Entstehung & Auswirkung
Immobilienunternehmen					Auswirkung	Einfluss	Entstehung & Auswirkung	
Nutzer					teilweise Auswirkung			
Planer		Entstehung	Entstehung	Übertragung	Übertragung	Entstehung	Entstehung	
Unternehmer			Entstehung & Auswirkung	Übertragung	Übertragung		Entstehung & Auswirkung	Entstehung & Auswirkung
EK-Geber			teilweise Auswirkung	teilweise Auswirkung	teilweise Auswirkung		teilweise Auswirkung	teilweise Auswirkung
FK-Geber					teilweise Auswirkung			
Versicherung				Übertragung	Übertragung			
Kommunalpolitik								
Landespolitik								
Bundespolitik								

Das Risiko „Technische Risiken" im Lebenszyklus

Teilrisiken und Risikobegriffe

Teilrisiken	Risikobegriffe
Bauausführungsrisiken	Bauausführungsrisiko; Risiken aus Bauverfahrensanwendung und Materialeinsatz; Ineffiziente / ungeeignete Baustelleneinrichtung; Risiken aus Maschineneinsatz; Einsatz neuer nicht ausreichend erprobter Materialien und Geräte; Einsatz neuer technischer Verfahren (mangelnde Erfahrung);
Planungsfehler und -Änderungen	Planungsfehler (durch Architekten und Fachplaner); Planungsänderungen (durch Architekten und Fachplaner); Fehler in der Umsetzung der Planung; Kurzfristige Änderungen oder Fehler im Bauablauf
Qualitätsrisiken	Qualitätsniveau; Qualitätsniveau der Auftragnehmer; Qualitätsrisiko; Qualitätsrisiko während der Ausführung; Risiken aus Qualitätsmängeln und Gewährleistungsforderungen; Risikoverteilung bei der Gestaltung der Abnahme; Gewährung umfangreicher Garantien
Risiko des zufälligen Untergangs / Beschädigung	Schäden an bereits fertiggestellten Leistungen durch Unfall, Feuer etc.; Höhere Gewalt (Erdbeben, Überschwemmung)
Boden- und Baugrundrisiken	Risiko aufwendiger Gründungsmaßnahmen; Wasserhaltung aufwändiger als erwartet
Arbeitssicherheit und Sicherungspflichten	Arbeitssicherheit

Alda, Willi; Hirschner, Joachim (2007): Projektentwicklung in der Immobilienwirtschaft - Grundlagen für die Praxis. 2. Aufl. Wiesbaden: Teubner (Leitfaden des Baubetriebs und der Bauwirtschaft)

Bone-Winkel, Stephan (1996): Wertschöpfung durch Projektentwicklung - Möglichkeiten für Immobilieninvestoren. In: Schulte, Karl-Werner (Hg.): Handbuch Immobilien-Projektentwicklung. Köln: Müller (Immobilien-Wissen), S. 427–463

Diederichs, Claus Jürgen (1996): Grundlagen der Projektentwicklung. In: Schulte, Karl-Werner (Hg.): Handbuch Immobilien-Projektentwicklung. Köln: Müller (Immobilien-Wissen), S. 17–80

Girmscheid, Gerhard; Busch, Thorsten A. (2008a): Projektrisikomanagement in der Bauwirtschaft. Berlin: Bauwerk-Verl.

Gürtler, Volkhard (2007): Stochastische Risikobetrachtung bei PPP-Projekten. Renningen: Expert-Verl. (Aus Forschung und Praxis, 9)

Nemuth, Tilo (2006): Risikomanagement bei internationalen Bauprojekten. Renningen: Expert-Verl. (Aus Forschung und Praxis)¶

Sandvoß, Jörg (2004): Grundlagen des Risikomanagements in der Immobilienwirtschaft. In: Lutz, Ulrich; Klaproth, Thomas (Hg.): Riskmanagement im Immobilienbereich. Technische und wirtschaftliche Risiken. Berlin: Springer (Engineering online library), S. 1–38

Wiedenmann, Markus (2005): Risikomanagement bei der Immobilien-Projektentwicklung unter besonderer Berücksichtigung der Risikoanalyse und Risikoquantifizierung. Norderstedt: Books on Demand

22 Führungs- und Organisationsrisiken

Definition

Führungs- und Organisationsrisiken umfassen diejenigen Risiken, die in der Geschäftsleitung eines Unternehmens begründet sind. Dies umfasst insbesondere die Bereiche Unternehmensstrategie, Management, Organisation, Unternehmenskultur- und image, Mitarbeitermotivation, sowie Risiken aus der Geschäftstätigkeit und der Auswahl der Geschäftspartner.

Entsprechend der Weisheit „der Fisch stinkt vom Kopf her" wirken sie sich - positiv wie negativ - auf die anderen Bereiche der Unternehmensrisiken aus. Des Weiteren entscheidet auch die Qualität der Unternehmensführung über den Erfolg der Geschäftstätigkeit und damit der einzelnen Immobilie. So werden die Höhe der Mieteinnahmen sowie der (nicht umlegbaren) Bewirtschaftungskosten ebenfalls von der Qualität der Unternehmensführung mit beeinflusst.

Risikokategorien

Risikogruppe:

Standort und Markt	Objekt (in Nutzung)	Objekt (Eigenschaft)	Objekt (Erstellung)	**Unternehmensrisiko**

Ebenen, auf denen das Risiko erscheint:

National	Regional	Mikrostandort

Risikodimension:

eindimensional negativ	**zweidimensional**	eindimensional positiv

Einordnung des Risikos:

systematisches Risiko	unbestimmt	**unsystematisches Risiko**

Risikokette

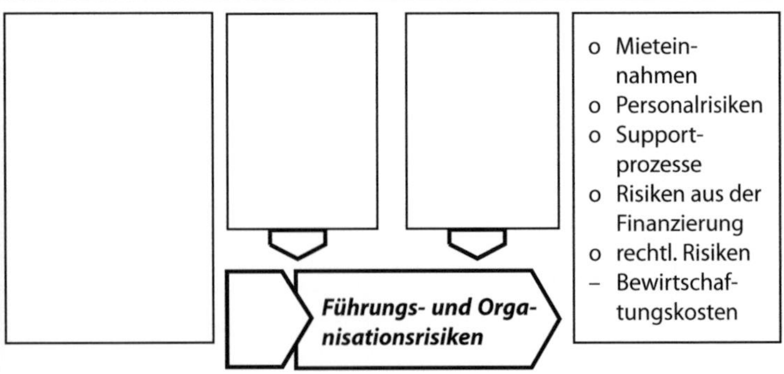

	Projektentwicklung				**Nutzung**			**Verwertung**
	Konzeption	Planung	Ausführung	Vermarktung	Nutzung	Renovierung /Umbau		Redevelop-ment
						Planung	Ausführung	
Projektentwickler	Auswirkung	Auswirkung	Auswirkung	Auswirkung				Auswirkung
Immobilienunternehmen					Auswirkung	Auswirkung	Auswirkung	
Nutzer								
Planer		Auswirkung	Auswirkung			Auswirkung		Auswirkung
Unternehmer			Auswirkung				Auswirkung	Auswirkung
EK-Geber				teilweise Auswirkung	teilweise Auswirkung			teilweise Auswirkung
FK-Geber				teilweise Auswirkung	teilweise Auswirkung			teilweise Auswirkung
Versicherung								
Kommunalpolitik								
Landespolitik								
Bundespolitik								

Das Risiko „Führungs- und Organisationsrisiken" im Lebenszyklus

Teilrisiken und Risikobegriffe

Teilrisiken	Risikobegriffe
Risiken aus der Unternehmensstrategie	Strategische Risiken; Unternehmensrisiko; örtliche Präsenz, Kernkompetenzen und Wettbewerbssituation; Leistungsangebot; Sonstige Unternehmenseigenschaften (...)
Managementrisiken	Management; Managementrisiken; Managementrisiko
Zuverlässigkeit und Erfahrung des Managements	Persönliches Umfeld und Charakter (d. Unternehmers); Zuverlässigkeit; Erfahrung (d. Unternehmers); Fachspezifische Erfahrung
Risiken aus den Pflichten der Geschäftsführung	Gesetzliche und satzungsgemäße Pflichten der Geschäftsführung (Jahresabschluss); Verstoß gegen Gesellschaftsvertrag / Satzung (Genehmigungs- und Vorlagepflichten); Nichtbeachtung / Zuwiderhandlung Gesellschafterweisungen; Zahlungsverkehr; Versicherungsschutz;
Führungs- und Organisationsrisiken	Führungs- und Organisationsrisiken; Führungsrisiken; Führungsrisiko; Führungs- und Organisationsrisiken; Organisation und Zuständigkeiten; Organisationsrisiken; Organisationsrisiko; Organisationsstruktur; Organisatorische Risiken; Projektstruktur; Unternehmensstruktur; Arbeits- und Entscheidungsabläufe; Informationsaustausch und Kommunikation; Fehler in der Festlegung von Zuständigkeiten; Ungünstige Arbeitsteilung; schlechte Problemlösung; Vertretungs- und Nachfolgeregelungen; Funktionstrennung; Schnittstellenrisiko; Risiken aus dem privaten Bereich des Unternehmers (...)
Führungsinstrumente	Controlling; Kontrollrisiken; Finanzplanungsinstrumente; Risikomanagement; Risiken aus den Bereichen des Risiko-, Wissens- und Innovationsmanagements (...)
Unternehmenskultur	Corporate-Governance-Risiken; Unternehmensführung und Kultur; Führungsstil; Schlechter Führungsstil; Wertesystem / Unternehmenskultur;
Unternehmensimage	Unternehmensimage, öff. Ansehen; ethisch und moralisch vertretbare Handlungen; Corporate Identitity (...)
Mitarbeitermotivation	Motivation der Mitarbeiter; schlechte Arbeitsbedingungen; Entlohnungssystem
Risiken aus der Geschäftstätigkeit	Betreiberrisiko; Unternehmensspezifische Mietpreisgestaltung; Vertragsmanagement; Bestandsportfolio; Haltedauer / Timing; Managementkosten; Sachkosten; Bewirtschaftungseffizienz; Verwaltungskosten
Geschäftspartnerrisiko	Auswahl der Beteiligten; Dauerhaftigkeit der Beziehung Lieferant - Kunde; Gegenparteirisiko; Geschäftspartner-Risiko; Risiken durch Nachunternehmer; Insolvenzrisiko privater Partner; Bonität der Autraggeber (...)
Marketing	Risiken in Bezug auf das Marketing; Vertrieb
Kundenzufriedenheit	Kundenzufriedenheit, Loyalität; Kundenorientierung; Mieterzufriedenheit

GdW - Bundesverband Deutscher Wohnungs- und Immobilienunternehmen e.V. (Berlin): Risiko-Managementsystem im Wohnungsunternehmen. 2. Aufl (2000). Hamburg: Hammonia Verlag (Fachbuch für die Wohnungswirtschaft)

Girmscheid, Gerhard; Busch, Thorsten A. (2008a): Projektrisikomanagement in der Bauwirtschaft. Berlin: Bauwerk-Verl.

Girmscheid, Gerhard; Busch, Thorsten A. (2008b): Unternehmensrisikomanagement in der Bauwirtschaft. 1. Aufl. Berlin: Bauwerk-Verlag

Gürtler, Volkhard (2007): Stochastische Risikobetrachtung bei PPP-Projekten. Renningen: Expert-Verl. (Aus Forschung und Praxis, 9)

Klann, Ralf J. (2008): Nachhaltigkeitsstrategien bei Immobilienaktiengesellschaften. In: Immobilien & Finanzierung - Der langfristige Kredit, H. 22, S. 836–837

Metzner, Steffen (2002): Immobiliencontrolling - Strategische Analyse und Steuerung von Immobilienergebnissen auf Basis von Informationssystemen. 1. Aufl. Norderstedt: Books on Demand GmbH

Nemuth, Tilo (2006): Risikomanagement bei internationalen Bauprojekten. Renningen: Expert-Verl. (Aus Forschung und Praxis)

Pfnür, Andreas; Armonat, Stefan (April 2001): Immobilienkapitalanlage institutioneller Investoren - Risikomanagement und Portfolioplanung - Ergebnisbericht. Arbeitsbereich öffentliche Wirtschaft am Fachbereich Wirtschaftswissenschaften der Universität Hamburg. Hamburg.

Romeike, Frank (Hg.) (2005): Modernes Risikomanagement - Die Markt-, Kredit- und operationellen Risiken zukunftsorientiert steuern. 1. Aufl. Weinheim: Wiley-VCH

Schmitz, Thorsten; Wehrheim, Michael (2006): Risikomanagement - Grundlagen, Theorie, Praxis. Stuttgart: Kohlhammer

Schwarz, Martin E. (2004): Strategisches Management in der Wohnungswirtschaft - Ehemals gemeinnützige Wohnungsunternehmen auf dem Weg zu einem neuen Führungsverständnis. 1. Aufl. Wiesbaden: Deutscher Universitäts-Verlag

Wiedenmann, Markus (2005): Risikomanagement bei der Immobilien-Projektentwicklung unter besonderer Berücksichtigung der Risikoanalyse und Risikoquantifizierung. Norderstedt: Books on Demand

23 Personalrisiken

Definition

Der Begriff Personalrisiken fasst die Risiken zusammen, die in der Sphäre der Mitarbeiter und des Personalwesens eines Unternehmens entstehen. Auf Ebene der einzelnen Mitarbeiter sind die Leistungsbereitschaft und -fähigkeit, aber auch Fehler und individuelles Versagen. Auf Ebene des Personalwesens ist sicherzustellen, dass stets ausreichend qualifiziertes Personal zur Verfügung steht. Des Weiteren ist auch die Höhe und Entwicklung der Personalkosten von Bedeutung, sowie die Einhaltung arbeitsrechtlicher Vorschriften.
Da die Verfügbarkeit qualifizierter Mitarbeiter für den Unternehmenserfolg unerlässlich ist, wirken sich Personalrisiken auch auf den Erfolg der einzelnen Immobilien aus. Weiterhin beeinflussen sie die Finanzlage des Unternehmens, und können ggf. rechtliche Probleme verursachen.

Risikokategorien

Risikogruppe:

Standort und Markt	Objekt (in Nutzung)	Objekt (Eigenschaft)	Objekt (Erstellung)	**Unternehmensrisiko**

Ebenen, auf denen das Risiko erscheint:

National	Regional	Mikrostandort

Risikodimension:

eindimensional negativ	**zweidimensional**	eindimensional positiv

Einordnung des Risikos:

systematisches Risiko	unbestimmt	**unsystematisches Risiko**

Risikokette

- o Führungs- ud Organisationsrisiken

Personalrisiken

- o Mieteinnahmen
- o Risiken aus der Finanzierung
- o rechtliche Risiken
- – Bewirtschaftungskosten

	Projektentwicklung				Nutzung			Verwertung
	Konzeption	Planung	Ausführung	Vermarktung	Nutzung	Renovierung /Umbau		Redevelop-ment
						Planung	Ausführung	
Projektentwickler	Auswirkung	Auswirkung	Auswirkung	Auswirkung				Auswirkung
Immobilienunternehmen					Auswirkung	Auswirkung	Auswirkung	
Nutzer								
Planer		Auswirkung	Auswirkung			Auswirkung		Auswirkung
Unternehmer			Auswirkung				Auswirkung	Auswirkung
EK-Geber				teilweise Auswirkung	teilweise Auswirkung			teilweise Auswirkung
FK-Geber				teilweise Auswirkung	teilweise Auswirkung			teilweise Auswirkung
Versicherung								
Kommunalpolitik								
Landespolitik								
Bundespolitik								

Das Risiko „Personalrisiken" im Lebenszyklus

Teilrisiken und Risikobegriffe

Teilrisiken	Risikobegriffe
personalbezogene Risiken	personalbezogene Risiken; Risiken aus Personaleinsatz
Personalverfügbarkeit; Personalentwicklung	Verfügbarkeit der Mitarbeiter; Loyalität; Fluktuation; Verlust von Belegschaft; ungenügende Förderung; Überforderung des eingesetzten Personals; schlechte Arbeitsbedingungen; Management- und Mitarbeiterpotential; Führungskräfteentwicklung; Management- und Mitarbeiterpotential; Personalplanung und -einsatz; Ungenügende Personalbereitstellung;
Qualifikation und Leistungsfähigkeit	Know-How; Know-How-Risiko; Fachliche Qualifikation; Mangelnde fachliche Qualifikation ; Qualifikation (d. Unternehmers); Qualifikation der Mitarbeiter; Marktkenntnis; Verhandlungsgeschick; Auftreten; Mangelnde soziale Kompetenz (Führungsverhalten, Teamfähigkeit, Verantwortungsbewußtsein etc.); Qualität des Immobilienmanagements; Bewirtschaftungseffizienz; Mitarbeiter erkennen die Relevanz ihrer Tätigkeit für das Risiko; Mangelnde Leistungsbereitschaft; Motivation; Motivation der Mitarbeiter
Personalkosten	Tarifänderung; Entlohnungssystem; Personalkosten; Entlohnung nicht marktgerecht; Lohnproduktivität;
Menschliches Versagen	Individuelle Fehler des Personals aufgrund menschlichen Versagens; Management- und Mitarbeiterpotential; Personalauswahl; Qualität des Personals; Risiken aus Personalwahl
Fehlverhalten	Fehlverhalten; Wirtschaftskriminelle Handlungen; Funktionstrennung; Unterschlagungen; Vorteilsnahmen; ethisch und moralisch vertretbare Handlungen
Risiken aus arbeitsrechtlichen Vorschriften	HR Melde- und Anzeigepflichten; Zahlungsverkehr; Versicherungsschutz; ungenügende Arbeitsplatzsicherung

GdW - Bundesverband Deutscher Wohnungs- und Immobilienunternehmen e.V. (Berlin): Risiko-Managementsystem im Wohnungsunternehmen. 2. Aufl (2000). Hamburg: Hammonia Verlag (Fachbuch für die Wohnungswirtschaft)

Girmscheid, Gerhard; Busch, Thorsten A. (2008a): Projektrisikomanagement in der Bauwirtschaft. Berlin: Bauwerk-Verl.

Girmscheid, Gerhard; Busch, Thorsten A. (2008b): Unternehmensrisikomanagement in der Bauwirtschaft. 1. Aufl. Berlin: Bauwerk-Verlag

Lange, Bettina (2005): Immobilienrating - Modell zur Analyse von Ausfallrisiken immobilienwirtschaftlicher Kreditengagements. Norderstedt: Books on Demand (Immobilienmanagement, 9)

Maier, Kurt M.; Graf, Karl Herbert; Schwatlo, Winfried; Steinbrenner, Hans-Peter (2007): Risikomanagement im Immobilien- und Finanzwesen - Ein Leitfaden für Theorie und Praxis. 3., überarb. und erw. Aufl. Frankfurt am Main: Knapp

Nemuth, Tilo (2006): Risikomanagement bei internationalen Bauprojekten. Renningen: Expert-Verl. (Aus Forschung und Praxis)

Pfnür, Andreas; Armonat, Stefan (April 2001): Immobilienkapitalanlage institutioneller Investoren - Risikomanagement und Portfolioplanung - Ergebnisbericht. Arbeitsbereich öffentliche Wirtschaft am Fachbereich Wirtschaftswissenschaften der Universität Hamburg. Hamburg.

Romeike, Frank (Hg.) (2005): Modernes Risikomanagement - Die Markt-, Kredit- und operationellen Risiken zukunftsorientiert steuern. 1. Aufl. Weinheim: Wiley-VCH

Sandvoß, Jörg (2004): Grundlagen des Risikomanagements in der Immobilienwirtschaft. In: Lutz, Ulrich; Klaproth, Thomas (Hg.): Riskmanagement im Immobilienbereich. Technische und wirtschaftliche Risiken. Berlin: Springer (Engineering online library), S. 1–38

Schmitz, Thorsten; Wehrheim, Michael (2006): Risikomanagement - Grundlagen, Theorie, Praxis. Stuttgart

Wiedenmann, Markus (2005): Risikomanagement bei der Immobilien-Projektentwicklung unter besonderer Berücksichtigung der Risikoanalyse und Risikoquantifizierung. Norderstedt: Books on Demand

24 Risiken aus Supportprozessen

Definition

Supportprozesse sind diejenigen Prozesse innerhalb des Unternehmens, die nicht das Kerngeschäft betreffen, für dessen Funktionieren aber notwendig sind, wie zum Beispiel Betrieb der EDV-Anlage. Risiken aus Supportprozessen sind demnach die hieraus resultierenden Risiken. Dementsprechend vielfältig ist diese Risikogruppe.
Ihre Ursache haben sie meist in Mängeln der Führung und Organisation des Unternehmens. Risiken aus Supportprozessen sollten nicht unterschätzt werden, da Probleme in diesen Bereichen das Funktionieren des Kerngeschäfts stark beeinträchtigen können. Im Allgemeinen führt dies zu finanziellen Belastungen, teilweise auch zu rechtlichen Risiken.

Risikokategorien

Risikogruppe:

Standort und Markt	Objekt (in Nutzung)	Objekt (Eigenschaft)	Objekt (Erstellung)	Unternehmensrisiko

Ebenen, auf denen das Risiko erscheint:

National	Regional	Mikrostandort

Risikodimension:

eindimensional negativ	zweidimensional	eindimensional positiv

Einordnung des Risikos:

systematisches Risiko	unbestimmt	unsystematisches Risiko

Risikokette

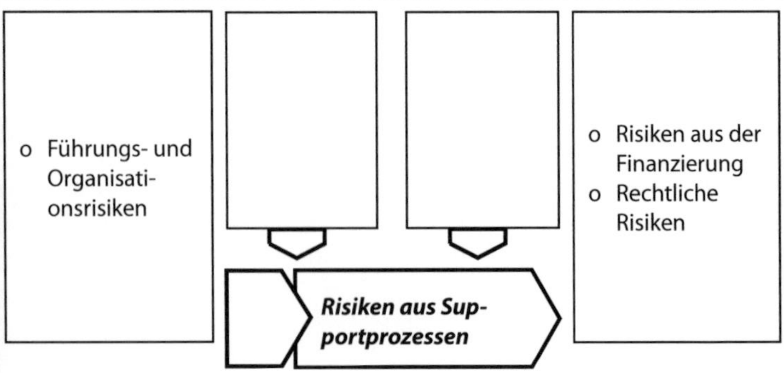

	Projektentwicklung				Nutzung			Verwertung
	Konzeption	Planung	Ausführung	Vermarktung	Nutzung	Renovierung /Umbau Planung	Renovierung /Umbau Ausführung	Redevelopment
Projektentwickler	Auswirkung	Auswirkung	Auswirkung	Auswirkung				Auswirkung
Immobilienunternehmen					Auswirkung	Auswirkung	Auswirkung	
Nutzer								
Planer		Auswirkung	Auswirkung			Auswirkung		Auswirkung
Unternehmer			Auswirkung				Auswirkung	Auswirkung
EK-Geber				teilweise Auswirkung	teilweise Auswirkung			teilweise Auswirkung
FK-Geber				teilweise Auswirkung	teilweise Auswirkung			teilweise Auswirkung
Versicherung								
Kommunalpolitik								
Landespolitik								
Bundespolitik								

Das Risiko „Risiken aus Supportprozessen" im Lebenszyklus

Teilrisiken und Risikobegriffe

Teilrisiken	Risikobegriffe
Immobilienmanagement	Bestandsmanagement; Qualität des Immobilienmanagements; Vertragsmanagement
Planung	Planung
Beratung	Beratungsrisiko
Technologische Risiken / Prozessrisiken	Technologische Risiken / Prozessrisiken
Marketing	Risiken aus dem Bereich Markteting; Risiken in Bezug auf das Marketing; Vermarktung; Vermarktungsrisiken; Vertriebspotential
Internes und externes Rechnungswesen	Risiken aus dem Bereich Controlling; Investitions- und Finanzplanung; Buchhaltung; Gesetzliche und satzungsgemäße Pflichten der Geschäftsführung (Jahresabschluss); Abgabe von Steuererklärungen; Zahlungsverkehr; Investitionsrechnung
Versicherungsschutz	Versicherungsschutz
Risikomanagement	Risiken aus den Bereichen des Risiko-, Wissens- und Innovationsmanagements
Risiken aus EDV	EDV-Planung; EDV-Risiko; Risiken aus dem Bereich Informationsverarbeitung

GdW - Bundesverband Deutscher Wohnungs- und Immobilienunternehmen e.V. (Berlin): Risiko-Managementsystem im Wohnungsunternehmen. 2. Aufl (2000). Hamburg: Hammonia Verlag (Fachbuch für die Wohnungswirtschaft)

Girmscheid, Gerhard; Busch, Thorsten A. (2008a): Projektrisikomanagement in der Bauwirtschaft. Berlin: Bauwerk-Verl.

Girmscheid, Gerhard; Busch, Thorsten A. (2008b): Unternehmensrisikomanagement in der Bauwirtschaft. 1. Aufl. Berlin: Bauwerk-Verlag

Lange, Bettina (2005): Immobilienrating - Modell zur Analyse von Ausfallrisiken immobilienwirtschaftlicher Kreditengagements. Norderstedt: Books on Demand (Immobilienmanagement, 9)

Maier, Kurt M.; Graf, Karl Herbert; Schwatlo, Winfried; Steinbrenner, Hans-Peter (2007): Risikomanagement im Immobilien- und Finanzwesen - Ein Leitfaden für Theorie und Praxis. 3., überarb. und erw. Aufl. Frankfurt am Main: Knapp

Pfnür, Andreas; Armonat, Stefan (April 2001): Immobilienkapitalanlage institutioneller Investoren - Risikomanagement und Portfolioplanung - Ergebnisbericht. Arbeitsbereich öffentliche Wirtschaft am Fachbereich Wirtschaftswissenschaften der Universität Hamburg. Hamburg.

Romeike, Frank (Hg.) (2005): Modernes Risikomanagement - Die Markt-, Kredit- und operationellen Risiken zukunftsorientiert steuern. 1. Aufl. Weinheim: Wiley-VCH

Sandvoß, Jörg (2004): Grundlagen des Risikomanagements in der Immobilienwirtschaft. In: Lutz, Ulrich; Klaproth, Thomas (Hg.): Riskmanagement im Immobilienbereich. Technische und wirtschaftliche Risiken. Berlin: Springer (Engineering online library), S. 1–38

Schmitz, Thorsten; Wehrheim, Michael (2006): Risikomanagement - Grundlagen, Theorie, Praxis. Stuttgart: Kohlhammer

Wiedenmann, Markus (2005): Risikomanagement bei der Immobilien-Projektentwicklung unter besonderer Berücksichtigung der Risikoanalyse und Risikoquantifizierung. Norderstedt: Books on Demand

25 Risiken aus der Finanzierung (Unternehmen)

Definition

Risiken aus der Finanzierung umfassen alle Risiken, die im Zusammenhang mit der Finanzierung des Unternehmens und der Immobilien entstehen, soweit diese nicht durch eine Projektfinanzierung getrennt erfolgt. Hierbei handelt es sich sowohl um systematische Marktrisiken als auch um unsystematische Risiken, wie zum Beispiel eine Änderung der Konditionen in Folge einer Veränderung der Bonitätseinschätzung.

In den Risiken aus der Finanzierung werden, wenn man auf den finanziellen Erfolg als Zielgröße des Unternehmens abstellt, alle anderen Risiken aggregiert. Maßgeblich ist hierbei zunächst der finanzielle Erfolg der Geschäftstätigkeit, hinzu kommen alle Risiken aus der Eigen- und Fremdfinanzierung.

Risikokategorien

Risikogruppe:

Standort und Markt	Objekt (in Nutzung)	Objekt (Eigenschaft)	Objekt (Erstellung)	Unternehmensrisiko

Ebenen, auf denen das Risiko erscheint:

National	Regional	Mikrostandort

Risikodimension:

eindimensional negativ	zweidimensional	eindimensional positiv

Einordnung des Risikos:

systematisches Risiko	unbestimmt	unsystematisches Risiko

Risikokette

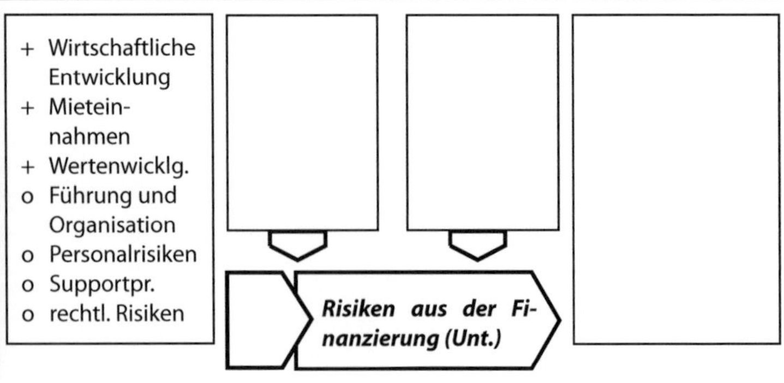

	Projektentwicklung				Nutzung			Verwertung
	Konzeption	Planung	Ausführung	Vermarktung	Nutzung	Renovierung /Umbau		Redevelop-ment
						Planung	Ausführung	
Projektentwickler	Entstehung	Entstehung & Auswirkung	Entstehung & Auswirkung	Auswirkung				Entstehung & Auswirkung
Immobilienunternehmen				Entstehung	Entstehung & Auswirkung	Einfluss		
Nutzer					Übertragung			
Planer								
Unternehmer								
EK-Geber	Entstehung	Auswirkung	Auswirkung	Auswirkung	Auswirkung			Entstehung & Auswirkung
FK-Geber		Übertragung	Übertragung	Übertragung	Übertragung			Übertragung
Versicherung								
Kommunalpolitik								
Landespolitik								
Bundespolitik	Einfluss	Einfluss	Einfluss	Einfluss	Einfluss	Einfluss	Einfluss	Einfluss

Das Risiko „Risiken aus der Finanzierung (Unternehmen)" im Lebenszyklus

Teilrisiken und Risikobegriffe

Teilrisiken	Risikobegriffe
Kapitalstruktur	Art des Kapitals; Finanzierungsstruktur; Finanzstrukturrisiko; Kapital- und Vermögensstruktur; Kapitalstrukturrisiko; Eigenkapital; Eigenkapitalquote; Verschuldungsquote; Leverage-Risiko; Fremdkapitalstruktur; Förderzeitraum;
Finanzielle Risiken aus Geschäftstätigkeit	zu geringer Cashflow; zu geringe Rendite; Kostenstrukturrisiko; Kostenmanagement; zu hohe AGK
Liquidität	Liquidität; Liquiditätslage; Liquiditätsrisiko; Liquiditätsgrad; Kapitaldienstfähigkeit; Net working capital;
Marktrisiko	Finanzmarktrisiken; Kapitalmarkt; Kapitalmarktrisiko; Marktrisiken; Marktrisiko; Risiken des Finanzmarkts; Basisrisiko; Aktienkursrisiko; Risiko aus Wertpapieren; Optionsrisiko; Risiko aus Derivaten
Zinsrisiko	Fristigkeit des Kapitals; Zinsstrukturrisiko; Änderungen im Zinsniveau; Kosten des Kapitals; Zins- und Hypothekenzinsentwicklung; Zinsänderungsrisiko; Zinsen; Zinsentwicklung; Zinssatz für Fremdkapital; Zinsvolatilitätsrisiko; Laufzeiten; Zinsfestschreibungsrisiko; Schuldentilgungsdauer
Finanzierungskonditionen	Änderung der Kreditkonditionen der Banken; Änderung von Kreditkonditionen; Konditionsrisiko; Bonitätsrisiko
Refinanzierungsrisiko	Refinanzierungsrisiko
Risiken aus Eigenkapital	Kalkulatorischer Zinssatz für Eigenkapital; Kosten des Kapitals; Rendite alternativer Kapitalanlagen; Rechte der Kapitalgeber
Fremdwährungsrisiken	Risiko aus Währungen; Währungsrisiko; Wechselkursrisiko; Konvertierungsrisiko; Transferrisiko
Rohstoffrisiko	Rohstoffrisiko
Forderungsausfall	Insolvenzrisiko privater Partner; Ausfall von Forderungen; Forderungsausfälle; Kreditausfallrisiko; Kreditrisiko; Ausfallrisiko

Brauer, Kerry-U. (Hg.) (2001): Grundlagen der Immobilienwirtschaft. 3. vollst. überarb. Aufl. Wiesbaden: Gabler

GdW - Bundesverband Deutscher Wohnungs- und Immobilienunternehmen e.V. (Berlin): Finanzierung in der Wohnungs- und Immobilienwirtschaft - Grundlagen, Strategien, Instrumente (2006). Hamburg: Hammonia-Verl. Fachverl. für die Wohnungswirtschaft

Gondring, Hanspeter (Hg.) (2003): Real Estate Investment Banking - Neue Finanzierungsformen bei Immobilieninvestitionen. 1. Aufl. Wiesbaden: Gabler

Hellerforth, Michaela (2008): Immobilieninvestition und -finanzierung. München: Oldenbourg (Lehrbuch kompakt)

Klinger, Franz; Müller, Michael (Hg.) (2003): Basel II & Immobilien - Herausforderung für die Immobilienfinanzierung. Unter Mitarbeit von Britta Göckeritz, Sabine Henke und Franz Klinger et al. Berlin: Lexxion-Verl.

Knobloch, Bernd (2008-2009): Die Klimaschutzgesetze der deutschen Bundesregierung und ihre Auswirkungen auf die Immobilienfinanzierung. In: Professionelles Immobilen-Banking, S. 52–57

Lauer, Jörg (2006): Strukturierte Immobilienfinanzierung. Frankfurt am Main: Knapp

Lohse, Moritz (2006): Die wirtschaftliche Situation deutscher Wohnungsunternehmen - Eine empirische Untersuchung. Herausgegeben von Andreas Pfnür. Technische Universität Darmstadt, Forschungscenter betriebliche Immobilienwirtschaft. Darmstadt.

Lützkendorf, Thomas; Lorenz, David Philipp; Kertes, Jürgen (2007): Gestaltung und Nutzung des Basel-II konformen Objekt-Rating für eine kostengünstige Finanzierung qualitativ hochwertiger und ökologisch vorteilhafter Neubau- und Sanierungsprojekte im Wohungsbau. Stuttgart: Fraunhofer-IRB-Verl.

Mönke, Reinhard (2002): Ausfallrisiken gewerblicher Immobilienfinanzierungen. Zugl.: Köln, Univ., Diss., 2002. Lohmar , Köln: Eul

Schulte, Karl-Werner; Achleitner, Ann-Kristin; Schäfers, Wolfgang, et al. (Hg.) (2002): Handbuch Immobilien-Banking - Von der traditionellen Immobilien-Finanzierung zum Immobilien-Investmentbanking. Köln: Müller (Immobilien-Wissen)

Usinger, Wolfgang; Minuth, Klaus (Hg.) (2004): Immobilien Recht und Steuern: Immobilien Manager Verlag IMV

26 Rechtliche Risiken (Unternehmen)

Definition

Rechtliche Risiken im Unternehmensbereich umfassen alle rechtlichen Risiken, die nicht im direkten Zusammenhang mit einer Immobilie stehen. Sie umfassen sowohl strafrechtliche Risiken wie Unterschlagung, Betrug, Korruption oder Steuerhinterziehung, Risiken aus dem Bereich des öffentlichen Rechts wie der Verstoß gegen behördliche Auflagen, als auch zivilrechtliche Risiken, beispielsweise aus den Bereichen Arbeitsrecht, Gesellschaftsrecht oder Vertragsrecht.
Rechtliche Risiken ziehen meist finanzielle Belastungen nach sich. Sie werden häufig durch Mängel im Management, Personalrisiken oder rechtliche Risiken auf Gebäudeebene verursacht.

Risikokategorien

Risikogruppe:

Standort und Markt	Objekt (in Nutzung)	Objekt (Eigenschaft)	Objekt (Erstellung)	**Unternehmensrisiko**

Ebenen, auf denen das Risiko erscheint:

National	Regional	Mikrostandort

Risikodimension:

eindimensional negativ	zweidimensional	eindimensional positiv

Einordnung des Risikos:

systematisches Risiko	unbestimmt	**unsystematisches Risiko**

Risikokette

- Politische und rechtliche Risiken
- Führungs- und Organisationsrisiken
- Personalrisiken
- Rechtliche Risiken (Einzelgebäude)

Rechtliche Risiken (Unt.)

- Risiken aus der Finanzierung

	Projektentwicklung				Nutzung			Verwertung
	Konzeption	Planung	Ausführung	Vermarktung	Nutzung	Renovierung /Umbau		Redevelop-ment
						Planung	Ausführung	
Projektentwickler	Entstehung & Auswirkung	Entstehung & Auswirkung	Entstehung & Auswirkung	Entstehung & Auswirkung				Entstehung & Auswirkung
Immobilienunternehmen				Entstehung	Entstehung & Auswirkung	Entstehung & Auswirkung	Entstehung & Auswirkung	
Nutzer					teilweise Auswirkung			
Planer								
Unternehmer								
EK-Geber	teilweise Auswirkung	teilweise Auswirkung	teilweise Auswirkung	teilweise Auswirkung	teilweise Auswirkung	teilweise Auswirkung	teilweise Auswirkung	teilweise Auswirkung
FK-Geber	teilweise Auswirkung	teilweise Auswirkung	teilweise Auswirkung	teilweise Auswirkung	teilweise Auswirkung	teilweise Auswirkung	teilweise Auswirkung	teilweise Auswirkung
Versicherung	Übertragung	Übertragung	Übertragung	Übertragung	Übertragung	Übertragung	Übertragung	Übertragung
Kommunalpolitik								
Landespolitik								
Bundespolitik	Einfluss	Einfluss	Einfluss	Einfluss	Einfluss	Einfluss	Einfluss	Einfluss

Das Risiko „Rechtliche Risiken (Unternehmen)" im Lebenszyklus

Teilrisiken und Risikobegriffe

Teilrisiken	Risikobegriffe
Rechtliche Risiken	Risiken aus dem Bereich des Rechts
Privatrechtliche Risiken	Aktuelle und potentielle Rechtsstreitigkeiten; Privatrechtliche Rechtsstreitigkeiten
Privatrechtliche Rechtsstreitigkeiten	Privatrechtliche Rechtsstreitigkeiten
Vertragsgestaltung- und Management	Ausgestaltung und Verpflichtungen langfristiger Verträge; Objektspezifische Vertragsgestaltung; Qualität der Verträge; Risiken auf vertraglicher Ebene; Vertragsrisiko; Vertragsmanagement; Unpräzise oder widersprüchliche Vertragsformulierungen; Vertragskonflikte mit Bauherren, Nachunternehmer, Lieferanten u.a.; Mietvertragsstruktur; Grunderwerbsrisiko
Zivilrechtliche Haftung	Risiko zivilrechtlicher Inanspruchnahme; Haftung gegenüber dem Bauherrn für Mängel; Reklamationen (Bautätigkeit); Nichteinhaltung zugesicherter Eigenschaften durch Ausführungsmängel; Haftung bei Schädigung Dritter
Nutzungsrechte von immateriellen vermögensgegenständen	Nutzungsrechte von immateriellen Vermögensgegenständen
Insolvenzrisiko	Insolvenzrisiko privater Partner
Risiken aus öffentlich-rechtlichen Vorschriften	Beachtung von gesetzlichen Verboten und Einschränkungen; Verstoß gegen umweltrechtliche Vorschriften; Emissionen; ökologische Gefahrenquellen; Verstoß gegen die Sicherungsvorschriften der MaBV
Strafrechtliche Risiken	Strafrechtliche Risiken; Wirtschaftskriminelle Handlungen; Unterschlagungen; Vorteilsnahmen

Götze, Uwe; Betz, Stefan; Götze-Henselmann-Mikus (Hg.) (2001): Risikomanagement. Heidelberg: Physica-Verl. (Beiträge zur Unternehmensplanung)

Kniffka, Rolf; Koeble, Wolfgang (Hg.) (2008): Kompendium des Baurechts - Privates Baurecht und Bauprozess: Beck, C H

Pflaum, Rainer E. (27.01.2006): Risikomanagement - Entwicklung der rechtlichen Anforderungen und Regelungen. Veranstaltung vom 27.01.2006. Düsseldorf. Online verfügbar unter http://cmsftp.world-soft-cms.info/r/risikozentrum.de/uploads/Rechtsentwicklung%20im%20RM.pdf, zuletzt geprüft am 07.02.2008

Stellmann, Frank (2008): Rechtsrisiken sind potenzielle Deal-Breaker - Serie Immobilien-Risikomanagement, Teil 6: Rechtliches Risikomanagement. In: Immobilien Zeitung, Ausgabe 43, 30.10.2008, S. 10

Usinger, Wolfgang; Minuth, Klaus (Hg.) (2004): Immobilien Recht und Steuern: Immobilien Manager Verlag IMV